案例名称：古朴客厅日景表现

教学视频：古朴客厅日景 .swf

案例名称：古朴客厅夜景表现

教学视频：古朴客厅夜景 .swf

案例名称：东南亚客厅日景效果

案例名称：东南亚客厅日景效果——冷色调

教学视频：东南亚客厅日景 .swf

本书案例欣赏

案例名称：掌握VRay2SidedMtl材质　　所在章节：第5章

案例名称：掌握VRayOverrideMtl材质　　所在章节：第5章

案例名称：黄金材质

教学视频：黄金.swf

案例名称：白银材质

教学视频：白银.swf

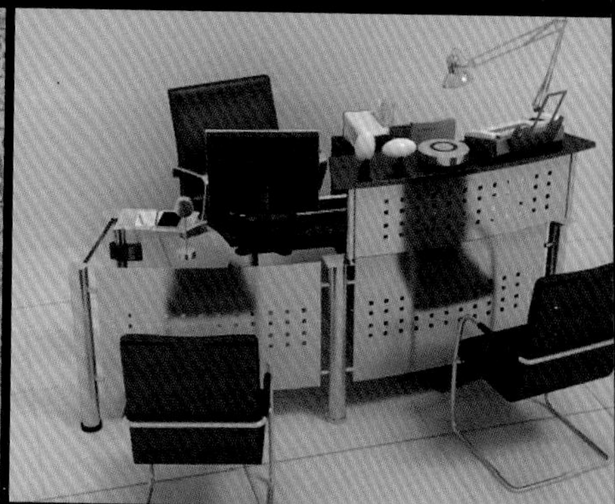

案例名称：磨砂金属材质

教学视频：磨砂金属.swf

案例名称：拉丝不锈钢材质

教学视频：拉丝不锈钢.swf

案例名称：冰裂纹玻璃材质

教学视频：冰裂玻璃.swf

案例名称：磨砂玻璃材质

教学视频：磨砂玻璃.swf

案例名称：清玻璃材质

教学视频：清玻璃.swf

案例名称：毛巾材质

教学视频：毛巾.swf

案例名称：光滑布匹材质

教学视频：光滑布匹.swf

案例名称：窗帘材质

案例名称：窗纱材质

教学视频：窗纱.swf

案例名称：绒布材质

教学视频：绒布.swf

所在章节：第6章

本书案例欣赏

案例名称：欧式沙发布材质

AVI 教学视频：欧式沙发布.swf

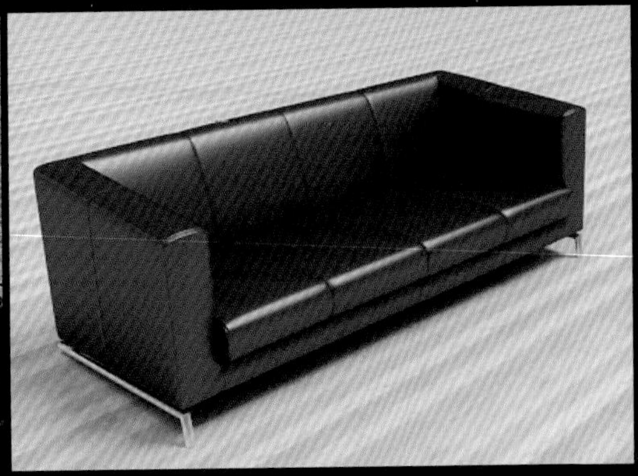

案例名称：皮革材质

AVI 教学视频：皮革.swf

案例名称：藤椅材质

AVI 教学视频：藤椅.swf

案例名称：陶瓷材质

AVI 教学视频：陶瓷.swf

案例名称：红酒及酒杯材质

AVI 教学视频：红酒.swf

所在章节：第6章

案例名称：烤漆材质

AVI 教学视频：蓝色烤漆.swf

案例名称：绚丽的焦散效果

所在章节：第7章

案例名称：雕花戒指效果　　　　所在章节：第7章

案例名称：动态模糊效果　　　　所在章节：第7章

案例名称：VRay物理相机　　所在章节：第8章

案例名称：汽车　　所在章节：第9章

教学视频：汽车.swf

案例名称：手机　　所在章节：第9章　　教学视频：手机.swf

案例名称：双龙鼎　　所在章节：第9章

教学视频：双龙鼎.swf

案例名称：KTV包房　所在章节：第10章　教学视频：KTV包间.swf

案例名称：欧式客厅空间　所在章节：第10章　教学视频：欧式客厅.swf

点智文化　编著

3ds Max 2010+VRay

材质、灯光、渲染与特效表现艺术

電子工業出版社
Publishing House of Electronics Industry
北京•BEIJING

内容简介

VRay是当前最流行的渲染器，其功能强大、渲染效率高、图像效果真实，听起来很诱人吧？但很多人可能会觉得这样一个高级的渲染器学习起来一定很难，其实学习VRay难度并不高，只需要从灯光、材质、渲染参数三个角度把握住其学习方向即可。本书正是一本专门讲解VRay灯光、材质与渲染参数的图书。

通过学习本书，各位读者将能够掌握面对不同渲染任务，例如，工业产品及室内外效果图等场景时，如何设置合理的材质，如何进行布光，如何调整渲染参数，如何进行后期优化，从而轻松得到逼真的效果图。

本书光盘包含书中案例模型、贴图文件、所有案例的视频教学文件等，可使读者学习起来更加轻松自如。

本书特别适合希望快速在效果图渲染方面提高渲染质量的人员阅读，也可以作为各大中专院校或相关社会类培训班用做相关课程的学习用书。

图书在版编目（CIP）数据

3ds Max 2010+VRay 材质、灯光、渲染与特效表现艺术 / 点智文化编著． — 北京 ：电子工业出版社，2011.1

（渲染天下）

ISBN 978-7-121-12038-1

Ⅰ．① 3… Ⅱ．①点… Ⅲ．①三维－动画－图形软件，3DS MAX 2010、VRay Ⅳ．① TP391.41

中国版本图书馆 CIP 数据核字（2010）第 203949 号

责任编辑：李云静
印　　刷：中国电影出版社印刷厂
装　　订：三河市皇庄路通装订厂
出版发行：电子工业出版社
北京市海淀区万寿路 173 信箱　　邮编 100036
开　　本：850×1168　　1/16　　印张：18.5　　字数：574 千字　　彩插：4
印　　次：2011 年 1 月第 1 次印刷
印　　数：4000 册
定　　价：76.00 元（含 DVD 光盘一张）

凡所购买电子工业出版社图书有缺损问题，请向购买书店调换。若书店售缺，请与本社发行部联系，联系及邮购电话：（010）88254888。

质量投诉请发邮件至 zlts@phei.com.cn，盗版侵权举报请发邮件至 dbqq@phei.com.cn。

服务热线：（010）88258888。

前　言

灯光、材质、渲染参数基本上就是 VRay 软件的主体，是渲染效果图必用的几种技术，也是衡量一个效果图制作人员是否掌握了此软件的标准。

本书是一本全面讲解 VRay 渲染技术的书籍，案例丰富、视频齐全、素材完备、讲解细致，相信通过学习本书必然能够帮助各位读者在 VRay 渲染技术方面，快速从新手成长为高手。

本书共包括 10 章内容，6 个完整场景案例，各章主要内容介绍如下。

第 1~8 章对 VRay 1.5 基础参数进行了讲解，并通过理论和实例的方式全面而深入地诠释了 VRay 的材质、灯光、阴影、特效及摄像机等控制参数，是各位读者学习 VRay、提高制作效果图水平的理论学习基础部分。

第 9 章和第 10 章为全书案例教学部分，书中既有工业产品的表现案例，也有室内外场景的表现案例，类型不可谓不丰富。

与市场上同类图书相比，本书具有以下特点：

1）内容全面。对 VRay 软件技术进行了全面讲解，对于该软件的大量参数进行了详细示例，并讲解了若干案例的完整渲染过程。

2）案例丰富。本书涉及效果图行业的多种空间渲染案例，既包含工业产品表现，又包含室内外空间表现。

3）视频教学。本书配套光盘中还提供了第 4 章、第 6 章、第 9 章、第 10 章等相关章节案例的教学视频，相信能够帮助各位读者快速掌握本书内容。

本书写作时使用的软件版本是 3ds Max 2010 中文版，操作系统环境为 Windows XP SP2，VRay 版本为 VRay 1.50 SP3，因此希望各位读者在学习时使用与笔者相同的软件环境，以降低出现问题的可能性。

如果读者希望就本书问题与笔者交流，请发邮件至 Lbuser@126.com；如果希望获得笔者更多图书作品，请浏览 www.dzwh.com.cn，也可以登录 http://byzlps.blog.sohu.com/ 进行咨询。

本书是集体劳动的结晶，参与本书编写工作的人员包括雷波、雷剑、吴腾飞、左福、范玉婵、刘志伟、李美、邓冰峰、刘小松、黄正、孙美娜、刘星龙、江海艳、张来勤、卢金凤等。

本书的所有素材与文件仅供学习使用，严禁用于其他商业领域！

笔者

2010-12-01

目录

第1章 VRay基础知识简介

第2章 VRay渲染器参数详解

第3章 VRay灯光阴影理论

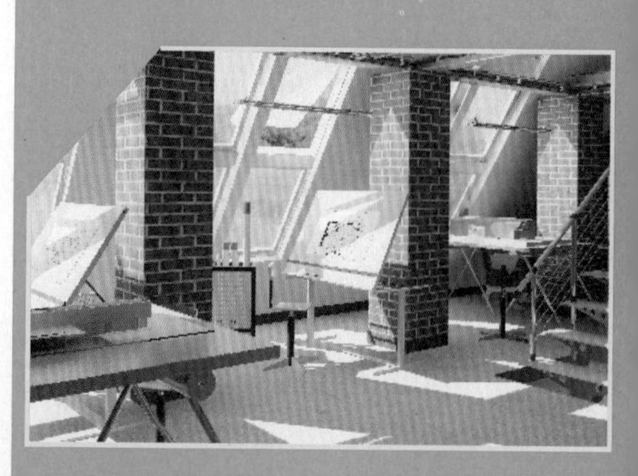

第4章 灯光实战

教学视频：第4章视频

第5章 VRay材质

目录

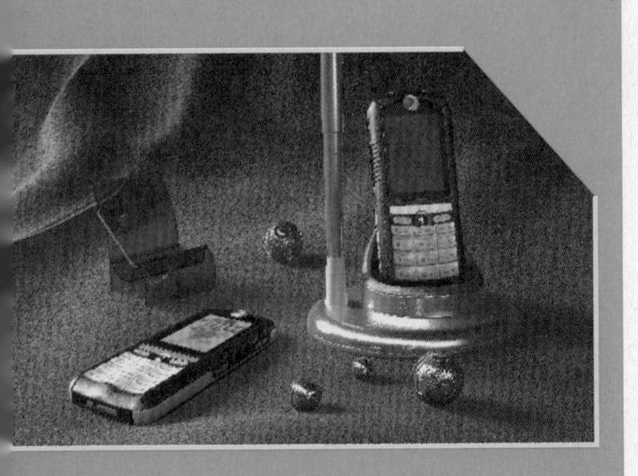

第8章 VRay物理相机详解

第9章 工业渲染实战 教学视频：第9章视频

第10章 室内外渲染 教学视频：第10章视频

第1章 VRay基础知识简介

Work 1.1 初步认识VRay渲染器

3ds Max 2010+VRay

VRay ART CHU BU REN SHI VRay XUAN RAN QI

VRay渲染器是一种真正的光线追踪和全局光渲染器。由于其使用简单、操作方便，因此在国内效果图渲染领域，已经有取代Lightscape等渲染软件的趋势。

VRay最大的技术特点是其优秀的indirect illumination（全局照明）功能，利用此特点能够在图中得到逼真而又柔和的阴影与光影漫反射效果。

VRay另一个引人注目的功能是irradiance map（发光贴图），此功能可以将indirect illumination（全局照明）的计算数据以贴图的形式来渲染效果，通过智能分析、缓冲和插补，irradiance map（发光贴图）可以既快又好地达到完美的渲染结果。

近年来VRay渲染器被广泛地应用于建筑效果图、电影、游戏等方面，图1.1所示的精美效果均为渲染大师们使用VRay渲染器渲染的。

图1.1

VRay渲染器不仅仅是一个支持全局照明的渲染器，其内部还集成了众多高级渲染功能，例如焦散、景深、运动模糊、烘焙贴图、置换贴图、HDRI高级照明等附加功能。如图1.2所示为使用VRay渲染器渲染得到的效果。

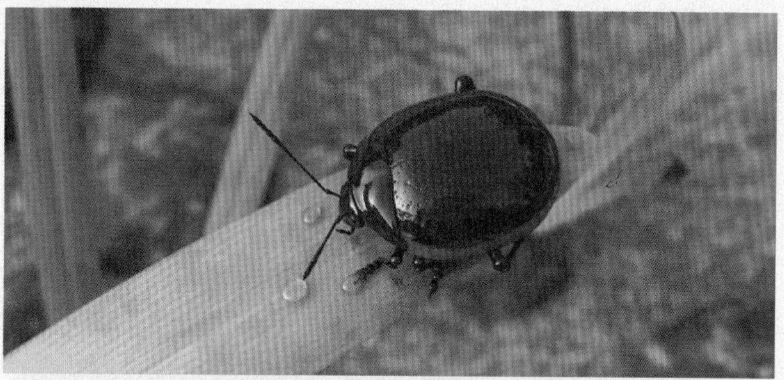

图1.2

Work 1.2 VRay渲染器的速度优势

3ds Max 2010+VRay

VRay ART VRay XUAN RAN QI DE SU DU YOU SHI

对于制作商业效果图的设计师来说，速度和质量是他们的第一生命。在实际工作中，并不会有商业机构无时间限制地让设计师做一张图。因为商业图和欣赏图不同，欣赏图可以无任何时间、精力限制，只追求最终的欣赏效果即可；但是商业效果图是用于产生商业价值的，所以必须在所规定的时间内完成，否则就无法体现其价值。

而出图速度快正是VRay渲染器的一大特点，作为使用核心准蒙特卡罗算法的渲染器，其渲染速度本身比采用Radiosity（光能传递）算法的Lightscape渲染器要快得多。

除了渲染速度快，VRay渲染器还提供了发光贴图（irradiance map）供使用者调用。简单地说，发光贴图就是可以对低像素（如640×480）的图像的光源照射进行运算，加载到高像素（如3200×2400）的图像中去，从而高像素图像无须再进行复杂的光照运算，使渲染速度成倍提高。

Work 1.3 VRay渲染器的兼容及模型优势

3ds Max 2010+VRay

VRay ART VRay XUAN RAN QI DE JIAN RONG JI MO XING YOU SHI

早期的Lightscape渲染器是一个独立的软件，只提供材质、灯光和渲染方面的功能。Lightscape渲染器无法直接识别3ds Max的文件，必须通过3ds Max导出成Lightscape渲染器特定的文件，这无疑大大增加了工作时间。

另外，Lightscape渲染器对于3ds Max制作的模型要求非常严格，模型之间不允许有交叉、重叠，在建模时可能要做到非常精细。不但如此，渲染好的图像如果需要更改，或者增添/减少模型，就要再回到3ds Max工作环境中，更改模型后，再次进入Lightscape进行材质设置、布光和渲染，这无疑是非常麻烦的。

Work 1.4 VRay的其他优势

3ds Max 2010+VRay

VRay ART VRay DE QI TA YOU SHI

VRay渲染器是直接作为3ds Max的一个插件开发成型的，所以和3ds Max中的模型、材质、灯光等都可以非常好地兼容，即可以直接在3ds Max软件中建立模型，然后激活VRay渲染器开始渲染，非常方便。

其核心的Global Illumination技术可以智能化地识别模型和模型之间的面相交，并且只计算可见面的受光影响。

使用Lightscape渲染器的读者都知道，虽然Lightscape支持3ds Max的部分材质，但对于3ds Max常用的凹凸材质、混合材质、透明材质等方面几乎是不支持的，因此在制作具有凹凸不平的效果或透明纱效果时非常不方便。

VRay渲染器作为3ds Max的插件，不仅可以兼容所有3ds Max材质，而且还特别加入了VRay专用的材质、灯光和阴影。使用这些材质、灯光和阴影，再用VRay渲染器渲染时，不仅可以获得更好的效果，还可以使渲染速度相应地得到提高。图1.3展示了使用VRay专用的材质、灯光和阴影得到的渲染效果。

图1.3

第2章 VRay渲染器参数详解

设置VRay渲染器

3ds Max 2010+VRay

Work 2.1 VRay ART SHE ZHI VRay XUAN RAN QI

本书案例全部采用功能比较完善的V-Ray Adv 1.50.SP3a版本和3ds Max 2010正式中文版。因为3ds Max在渲染时使用的是自身默认的渲染器，所以要手动设置VRay渲染器为当前渲染器，具体操作步骤如下。

01 首先确定已经正确安装了VRay渲染器。打开3ds Max 2010，在工具栏中单击按钮，打开渲染设置对话框，此时公用面板的“指定渲染器”卷展栏中提示的默认渲染器为“默认扫描线渲染器”，如图2.1所示。

02 单击“产品级”后面的...按钮，弹出“选择渲染器”对话框，在这个对话框中可以看到已经安装好的V-Ray Adv 1.50.SP3a渲染器，如图2.2所示。

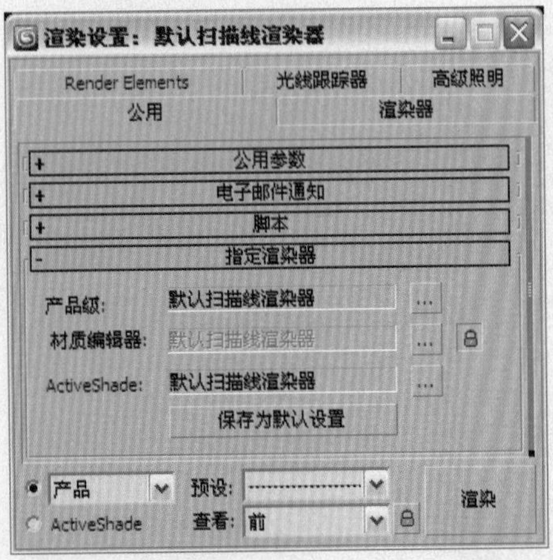

图2.1

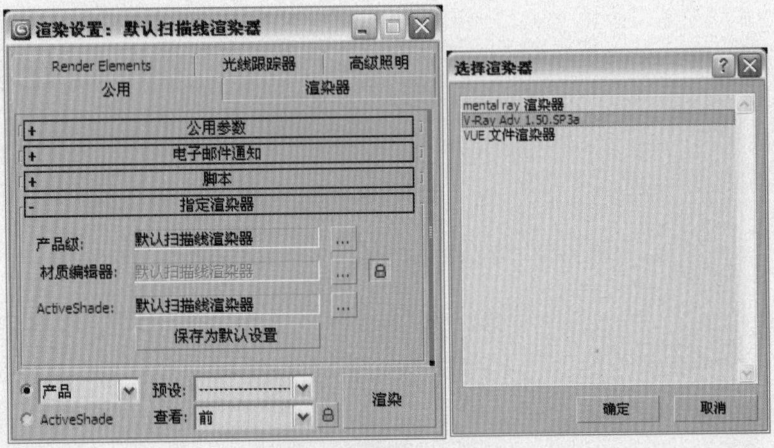

图2.2

03 选择V-Ray Adv 1.50.SP3a渲染器，然后单击“确定”按钮。此时可以看到产品级文本框中的渲染器名称变成了V-Ray Adv 1.50.SP3a。对话框上方的标题栏也变成了V-Ray Adv 1.50.SP3a渲染器的名称。这说明3ds Max目前的工作渲染器为V-Ray Adv 1.50.SP3a渲染器，如图2.3所示。

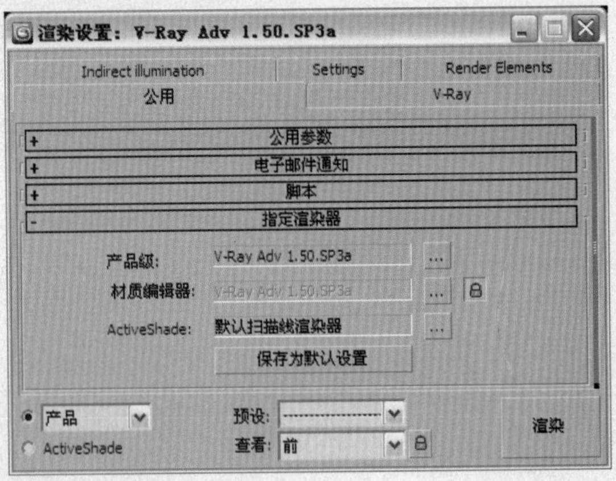

图2.3

VRay渲染器参数解析

3ds Max 2010+VRay

Work 2.2 VRay ART VRay XUAN RAN QI CAN SHU JIE XI

虽然，VRay在使用方面要优于其他渲染软件，在功能方面也较其他大多数渲染软件更强大，但在功能强大而丰富的背后是复杂而繁多的参数。因此要掌握此渲染器，首先要了解各个重要参数的功能。

V-Ray Adv 1.50.SP3a的渲染器控制面板如图2.4所示，下面将在各个小节中讲解各重要参数的含义。

VRay版本发布的频率并不高，要得到当前使用的软件版本号，可以观察图2.5所示的卷展栏。

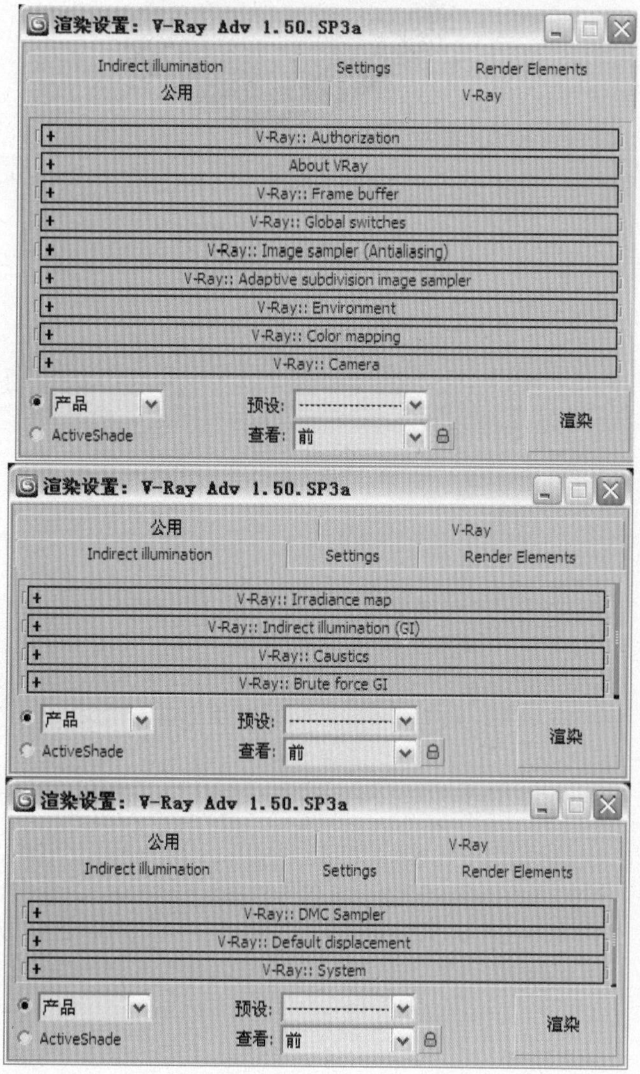

图 2.4

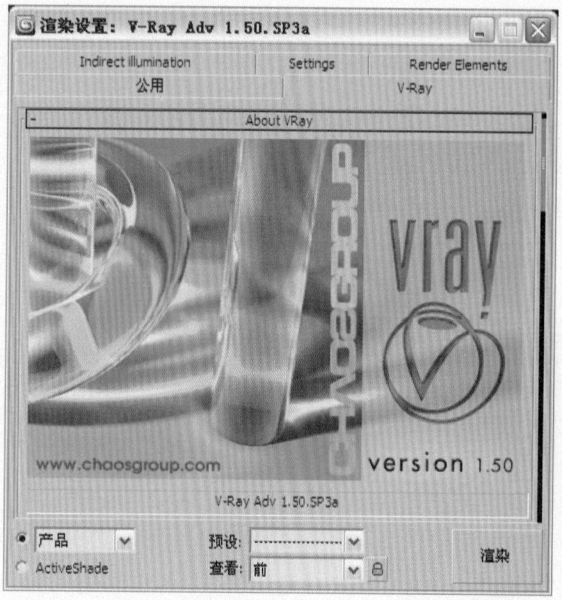

图2.5

2.2.1 V-Ray::Frame buffer（帧缓存）卷展栏

V-Ray::Frame buffer卷展栏如图2.6所示，其中的主要参数作用如下。

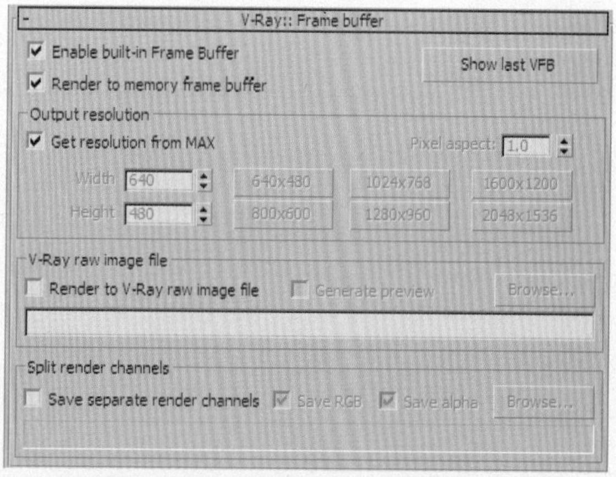

图2.6

- Enable built-in Frame Buffer（开启内建帧缓存）：使用内建的帧缓存，勾选这个选项将使用VRay渲染器内置的帧缓存。
- Render to memory frame buffer（渲染到内存）：勾选的时候将创建VRay的帧缓存，并使用它来存储颜色数据，以便在渲染时或者渲染后观察。
- Output resolution（输出分辨率）：这个选项在不勾选Get resolutlon from MAX这个选项的时候可以被激活，在此可以根据需要设置VRay渲染器使用的分辨率。
- Get resolution from MAX：勾选这个选项的时候，将从3ds Max获得分辨率。VRay将使用所设置的3ds Max的分辨率。
- Show last VFB：显示上次渲染的VFB窗口。
- Render to V-Ray raw image file：渲染到VRay图像文件。
- Generate preview：生成预览。
- Save separate render channels（保存单独的G缓存通道）：勾选这个选项，则可将G缓存中指定的特殊通道作为一个单独的文件保存在指定的目录中。

2.2.2 V-Ray::Global switches（全局开关）卷展栏

V-Ray::Global switches卷展栏如图2.7所示，其中的主要参数作用如下。

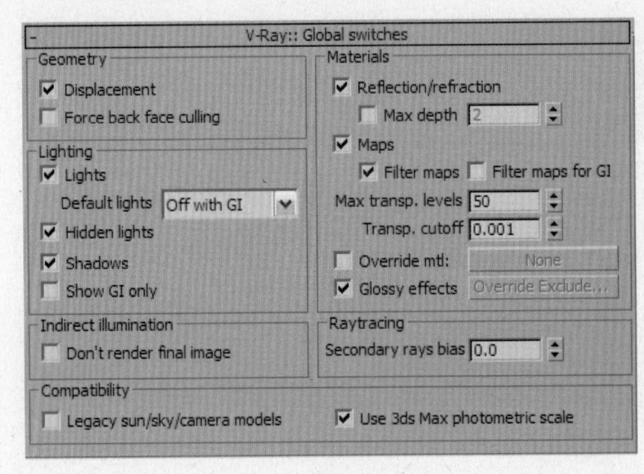

图2.7

1. Geometry（几何体）组

- Displacement（置换）：决定是否使用VRay自己的置换贴图。注意这个选项不会影响3ds Max自身的置换贴图。

Note 提示 2 通常在测试渲染或场景中没有使用VRay的置换贴图时，此参数不必开启。

2. Lighting（灯光）组

该组中的各项参数主要控制着全局灯光和阴影的开启或关闭。

- Lights（灯光）：场景灯光开关，勾选时表示渲染时计算场景中所有的灯光设置，如图2.8所示；取消勾选后，场景中只受默认灯光和天光的影响，如图2.9所示。取消Lights（灯光）和Default lights（默认灯光）的勾选后，可以明显地看到场景中只受天光的影响，如图2.10所示。

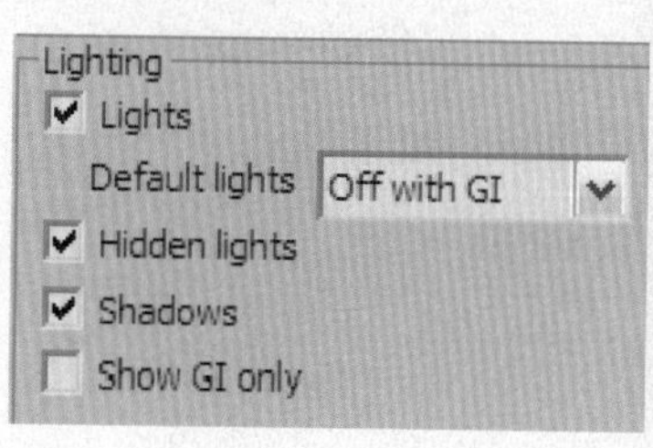

图2.8

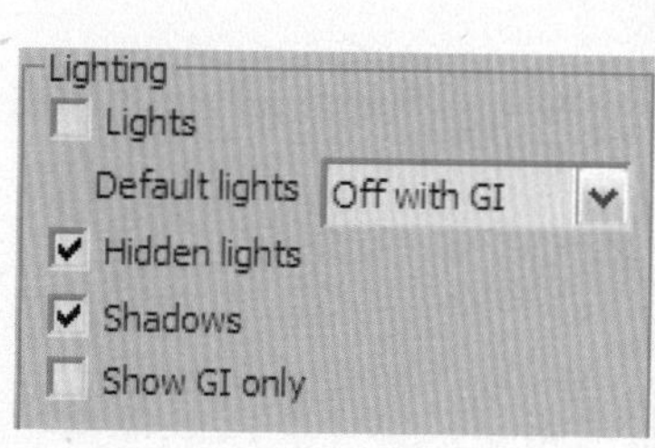

图2.9

Note 提示 2 取消Lights（灯光）的勾选后，虽然场景受到默认灯光和天光两方面的影响，但是默认灯光的影响太大，天光的影响已经无法分辨。

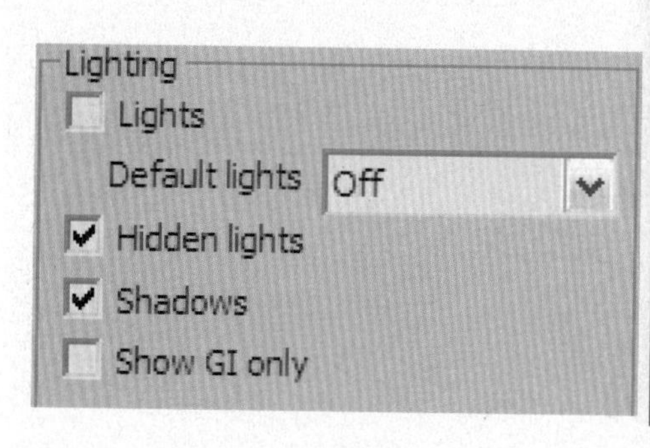

图2.10

- Default lights：默认灯光开关。此选项决定VRay渲染是否使用3ds Max的默认灯光，包括on、off和off with GI几项。
- Hidden lights：是否使用隐藏灯光。勾选的时候系统会渲染场景中的所有灯光（无论该灯光是否被隐藏）。

Note 提示 2 在处理灯光较多的场景时，为了操作方便会将灯光全部隐藏起来。但如果在渲染时未选择Hidden lights选项，则得到的图像会由于只有天空照明而没有其他灯光照明显得非常黑，如图2.11所示，这也是许多初学者非常容易犯的错误之一。所以一旦在渲染时遇到这样的效果，首先应该检查此选项的选择状态。

图2.11

◆ Shadows（阴影）：决定是否渲染灯光产生的阴影。

◆ Show GI only：决定是否只显示全局光。勾选的时候直接光照将不包含在最终渲染的图像中。

3. Materials（材质）组

该组主要对场景的材质进行基本控制。

◆ Reflection/refraction（反射/折射）：为VRay材质的反射和折射设置开关。取消勾选，场景中的VRay材质将不会产生光线的反射和折射，如图2.12所示。

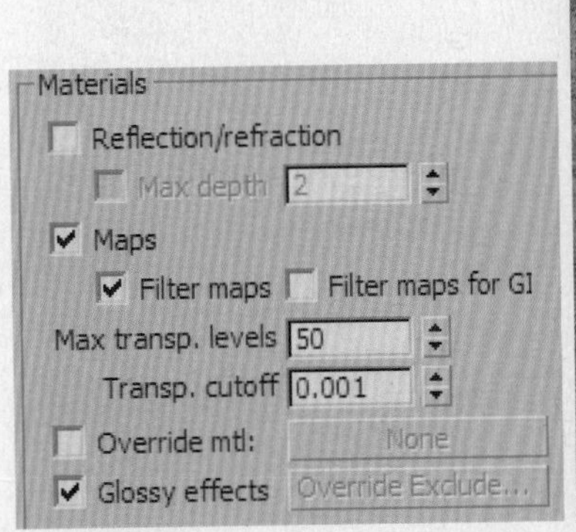

图2.12

◆ Max depth（最大深度）：通常情况下，材质的最大深度在材质面板中设置。当勾选此选项后，最大深度将由此选项控制。

◆ Maps（贴图）：是否使用纹理贴图。不勾选表示不渲染纹理贴图。不勾选此选项时的效果如图2.13所示。

◆ Filter maps（过滤贴图）：是否使用纹理贴图过滤。勾选之后材质效果将显得更加平滑。

◆ Max transp. levels（最大透明程度）：控制透明物体被光线追踪的最大深度。

◆ Transp. cutoff（透明度中止）：控制对透明物体的追踪何时中止。

Materials
☑ Reflection/refraction
☐ Max depth 2
☐ Maps
☑ Filter maps ☐ Filter maps for GI
Max transp. levels 50
Transp. cutoff 0.001
☐ Override mtl: None
☑ Glossy effects Override Exclude...

图2.13

> **Note 提示 2** 当Max transp. levels和Transp. cutoff两个参数保持默认时，具有透明材质属性的物体将正确显示其透明效果。

- Override mtl（材质替代）：勾选这个选项的时候，允许用户通过使用后面的材质槽指定的材质来替代场景中所有物体的材质来进行渲染。在实际工作中，常使用此参数来渲染白模，以观察大致灯光、场景明显效果，如图2.14所示。

图2.14

> **Note 提示 2** 如果希望在白模的基础上查看场景的大面积材质效果，如图2.15所示，此方法不太适用。

- Glossy effects（模糊效果）：此选项在被选中的情况下，将采用场景中材质的模糊折射/反射，如图2.16所示；在未被选中的情况下，渲染时忽略Hilight glossiness、Refl. glossiness等数值，得到平滑的没有模糊的镜面折射/反射效果，如图2.17所示，由于要精确计算折射/反射效果，所以此时计算时间会加长。

图2.15

图2.16

图2.17

4. Indirect illumination（间接照明）组

◆ Don't render final image（不渲染最终的图像）：勾选的时候，VRay只计算相应的全局光照贴图（光子贴图、灯光贴图和发光贴图）。这对于渲染动画过程很有用。如图2.18所示分别为勾选和未勾选此选项时的效果，可以看到勾选此选项时没有渲染最终的图像。

图2.18

5. Raytracing（光线追踪）组

◆ Secondary rays bias（二次光线偏移）：设置光线发生二次反弹的时候的偏移距离。

Note 提示 当V-Ray::Indirect illumination（GI）卷展栏中的GI开关关闭时，此选项对场景没有影响。

2.2.3 V-Ray::Image sampler（Antialiasing）（图像采样）卷展栏

V-Ray::Image sampler（Antialiasing）卷展栏如图2.19所示，其中的主要参数作用如下。

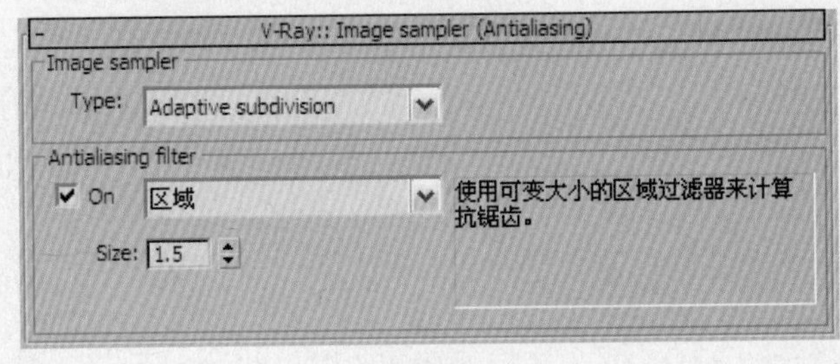

图2.19

1. Image sampler（采样设置）组

Type（采样器类型）中有以下几个选项。

◆ Fixed（Fixed rate sampler）：固定比率采样器。这是VRay中最简单的采样器，对于每一个像素它使用一个固定数量的样本。

Note 提示 通常进行测试渲染时使用此选项。

◆ Adaptive DMC：自适应DMC采样器。这个采样器根据每个像素和它相邻像素的亮度差异产生不同数量的样本。选择此选项后，出现与其相关的 Adaptive DMC卷展栏，如图2.20所示，通过控制其中的参数可以控制成品品质。

◆ Adaptive subdivision：自适应细分采样器。在没有VRay模糊特效（直接GI、景深、运动模糊等）的场景中，它是最好的首选采样器。选择此选项后，出现与其相关的卷展栏，如图2.21所示，通过控制其中的参数可以控制成品品质。

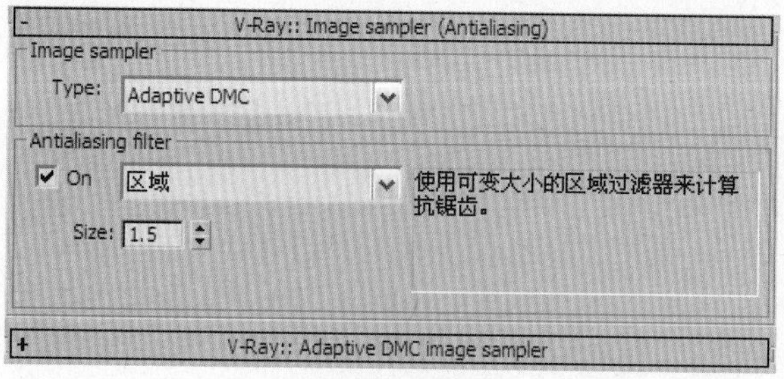

V-Ray:: Image sampler (Antialiasing)
Image sampler
Type: Adaptive DMC
Antialiasing filter
On 区域 使用可变大小的区域过滤器来计算抗锯齿。
Size: 1.5
V-Ray:: Adaptive DMC image sampler

图2.20

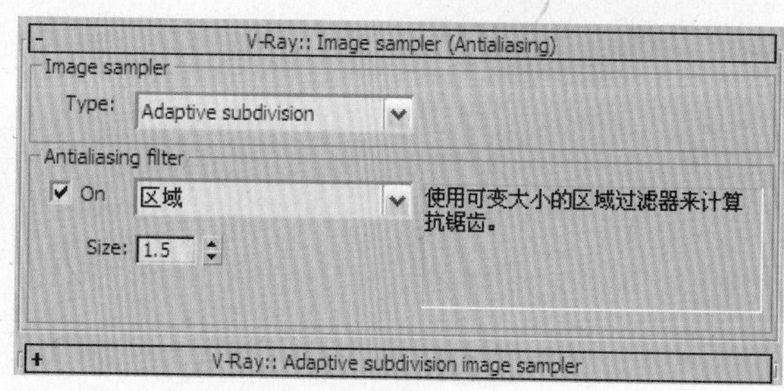

图2.21

2. Antialiasing filter（过滤方式设置）组

其中的On（开启）复选项作为一个抗锯齿开关。在其右侧的下拉列表框中可以选择抗锯齿过滤器。下面介绍一些常用的抗锯齿过滤器。

◆ 区域：区域过滤器，这是一种通过模糊边缘来达到抗锯齿效果的方法，使用区域的大小设置来设置边缘的模糊程度。区域值越大，模糊程度越强烈。这是测试渲染时最常用的过滤器，效果如图2.22所示。

图2.22

◆ Mitchell-Netravali：可得到较平滑的边缘（很常用的过滤器），效果如图2.23所示。

图2.23

◆ Catmull-Rom：可得到非常锐利的边缘（常被用于最终渲染），图2.24所示为使用此过滤器的渲染效果。

图2.24

是否开启抗锯齿参数，对于渲染时间的影响非常大。笔者通常习惯于在灯光、材质调整完成后，先在未开启抗锯齿的情况下渲染一张大图，等所有细节都确认没有问题的情况下，再使用较高的抗锯齿参数渲染最终大图。图2.25所示的图像是在未开启抗锯齿参数的情况下，渲染时间为1小时的效果；而在其他参数不变的情况下，使用较高的抗锯齿参数渲染花费了10多个小时，效果如图2.26所示。

图2.25

图2.26

除了在最终得到高品质图像时要开启抗锯齿选项外，如果需要观察反射模糊效果，同样需要开启该选项。如图2.27所示分别为未开启和开启后的渲染效果，可以看出来开启后能够更加真实地反映地板的反射模糊效果与质量。

图2.27

2.2.4 V-Ray::Adaptive subdivision image sampler（自适应细分图像采样器）卷展栏

V-Ray::Adaptive subdivision image sampler（自适应细分图像采样器）卷展栏如图2.28所示，其中的主要参数作用如下所示。

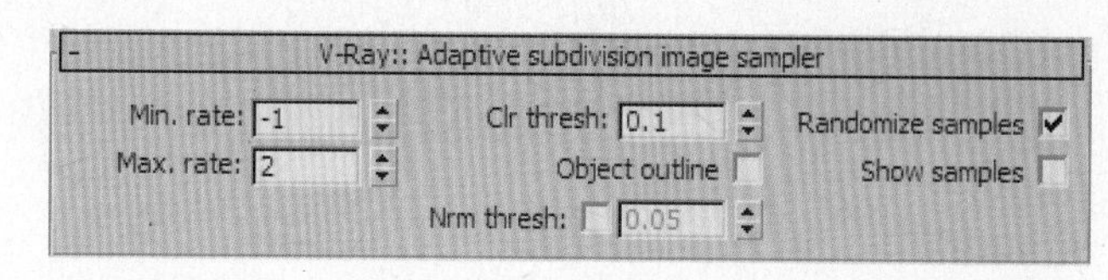

图2.28

Note 提示 2 只有采用Adaptive subdivision（自适应细分）采样器时这个卷展栏才能被激活。

- Min. rate（最小比率）：定义每个像素使用的样本的最小数量。
- Max. rate（最大比率）：定义每个像素使用的样本的最大数量。
- Clr thresh（极限值）：用于确定采样器在像素亮度改变方面的灵敏性。较低的值会产生较好的效果，但会花费较多的渲染时间。
- Randomize samples（随机采样）：略微转移样本的位置，以便在垂直线或水平线附近得到更好的效果。
- Object outline（物体轮廓）：勾选的时候使得采样器强制在物体的边进行超级采样而不管它是否需要进行超级采样。这个选项在使用景深或运动模糊的时候会失效。
- Nrm thresh（法向）：勾选将使超级采样沿法向急剧变化。

2.2.5 V-Ray::Indirect illumination（GI）（间接照明）卷展栏

V-Ray::Indirect illumination（GI）卷展栏如图2.29所示，其中的主要参数作用如下。

- On：决定是否计算场景中的间接光照明。

1. GI caustics（焦散控制）组

- Refractive：GI折射焦散。默认为开启状态。
- Reflective：GI反射焦散。默认为关闭状态。

图2.29

2. Post-processing（后期处理）组

该组主要是对间接照明设置增加到最终渲染前进行的一些额外修正。

◆ Saturation（饱和度）：这个参数控制着全局间接照明下的色彩饱和程度。

> **Note 2 提示** 此参数能够控制场景出现的色溢情况，数值越低色溢的控制效果越好；但过低的数值，可能导致场景中的色彩不饱和。如图2.30所示为此数值分别为1和0.6时的渲染效果，可以看出色溢情况得到有效控制。

图2.30

◆ Contrast（对比度）：这个参数控制着全局间接照明下的明暗对比度。

◆ Contrast base（对比度基数）：这个参数和Contrast（对比度）参数配合使用。两个参数之间的差值越大，场景中的亮部和暗部对比强度越大。

3. Primary bounces（初级漫射反弹选项）组

◆ Multiplier（倍增值）：这个参数决定为最终渲染图像贡献多少初级漫射反弹。

◆ GI engine：初级漫射反弹方法选择列表，如图2.31所示。

Irradiance map
Irradiance map
Photon map
Brute force
Light cache

图2.31

4. Secondary bounces（二次反弹）组

◆ Multiplier（倍增值）：确定在场景照明计算中次级漫射反弹的效果。如图2.32所示为GI engine选择Light cache（灯光缓存）后设置Multiplier数值为0.85时的效果，可以看出场景局部偏暗；如图2.33所示为将此数值调整为1.0时的效果，可以看出场景的暗部得到较好的修正。

图2.32

图2.33

◆ GI engine：二次反弹方法选择列表，如图2.34所示。其中选择Light cache，在时间与质量方面能够取得平衡。

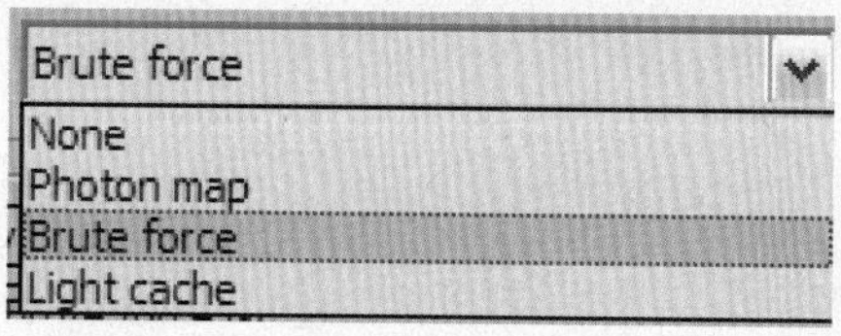

图2.34

2.2.6 V-Ray::Irradiance map（发光贴图）卷展栏

V-Ray::Irradiance map卷展栏如图2.35所示，其中的主要参数作用如下。

1. Built-in presets（内建预设）组

在Current preset（当前预设模式）下拉列表框中，系统提供了8种系统预设的模式供用户选择，如图2.36所示。如无特殊情况，这几种模式应该可以满足一般需要。

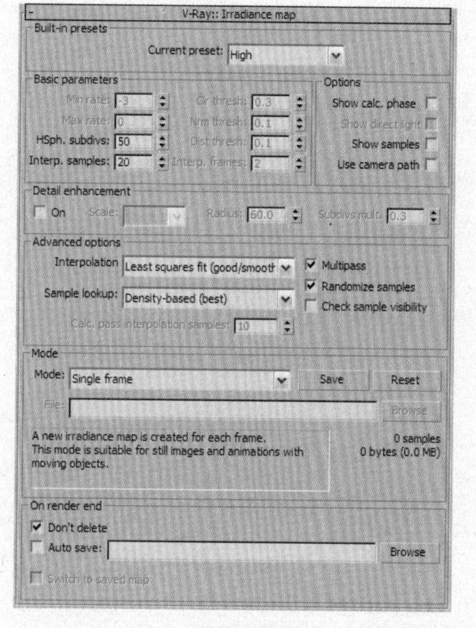

图2.35

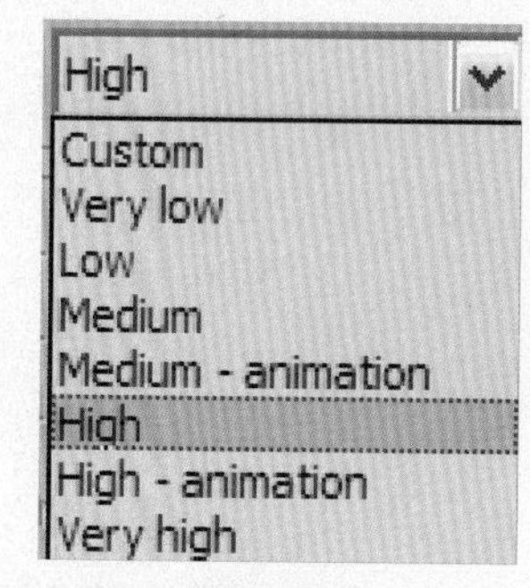

图2.36

◆ Very low（非常低）：这个预设模式仅仅对预览目的有用，只表现场景中的普通照明。

◆ Low（低）：一种低品质的用于预览的预设模式。

◆ Medium（中等）：一种中等品质的预设模式，如果场景中不需要太多的细节，大多数情况下可以产生好的效果。

◆ Medium animation（中等品质动画模式）：一种中等品质的预设动画模式，目标就是减少动画中的闪烁。

◆ High（高）：一种高品质的预设模式，可以应用在最多的情形下，即使是具有大量细节的动画。

◆ High animation（高品质动画）：主要用于解决High预设模式下渲染动画闪烁的问题。

◆ Very High（非常高）：一种极高品质的预设模式，一般用于有大量极细小的细节或极复杂的场景。

◆ Custom（自定义）：选择这个模式时，就可以根据自己的需要设置不同的参数，这也是默认的选项。

2. Basic parameters（基本参数）组

◆ Min rate（最小比率）：这个参数确定GI首次传递的分辨率。

◆ Max rate（最大比率）：这个参数确定GI传递的最终分辨率。

◆ Clr thresh（颜色极限值）：Color threshold的简写，这个参数确定发光贴图算法对间接照明变化的敏感程度。

◆ Nrm thresh（法线极限值）：Normal threshold的简写，这个参数确定发光贴图算法对表面法线变化的敏感程度。

◆ Dist thresh（距离极限值）：Distance threshold的简写，这个参数确定发光贴图算法对两个表面距离变化的敏感程度。

- ◆ HSph. subdivs（半球细分）：Hemispheric subdivs 的简写，这个参数决定单独的 GI 样本的品质。较小的取值可以获得较快的速度，但是也可能会产生黑斑，较高的取值可以得到平滑的图像。
- ◆ Interp. samples（插值的样本）：Interpolation samples的简写，定义被用于插值计算的 GI 样本的数量。较大的值会趋向于模糊 GI 的细节，虽然最终的效果很光滑；较小的取值会产生更光滑的细节，但是也可能会产生黑斑。

3. Options（选项）组

- ◆ Show calc phase（显示计算相位）：勾选的时候，VRay在计算发光贴图的时候将显示发光贴图的传递，同时会减慢一点渲染计算（特别是在渲染大的图像的时候）。
- ◆ Show direct light（显示直接照明）：只在 Show calc phase 勾选的时候才能被激活。它将促使VRay在计算发光贴图的时候，显示初级漫射反弹除了间接照明外的直接照明。
- ◆ Show samples（显示样本）：勾选的时候，VRay将在VFB窗口以小圆点的形态直观地显示发光贴图中使用的样本情况。

4. Advanced Options（高级选项）组

该组主要对发光贴图的样本进行高级控制。

- ◆ Interpolation（插补类型）：系统提供了 4 种类型供选择，如图2.37所示。
- ◆ Sample lookup（样本查找）：这个选项在渲染过程中使用，它决定发光贴图中被用于插补基础的合适的点的选择方法。系统提供了 4种方法供选择，如图2.38所示。

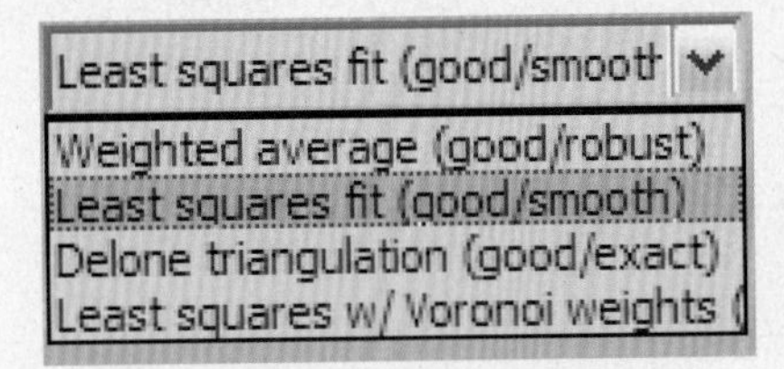

图2.37

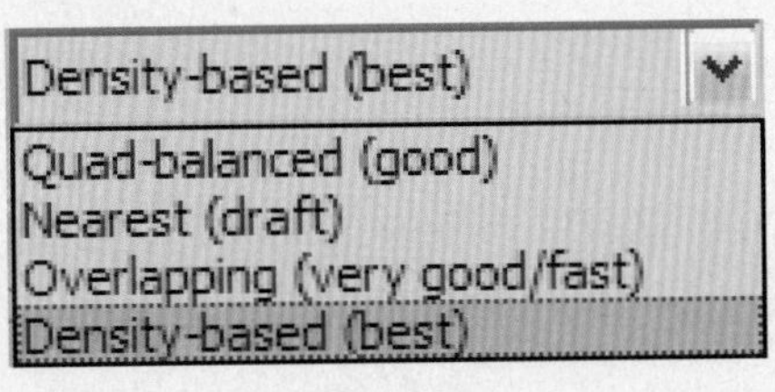

图2.38

- ◆ Calc. pass interpolation samples（计算传递插补样本）：在发光贴图计算过程中使用。它描述的是已经被采样算法计算的样本数量。较好的取值范围是 10～25。
- ◆ Multipass（倍增设置）：勾选状态下，发光贴图GI计算的次数将由Min rate和Max rate的间隔值决定。取消勾选后，GI预处理计算将合并成一次完成。
- ◆ Randomize samples（随机样本）：在发光贴图计算过程中使用。勾选的时候，图像样本将随机放置；不勾选的时候，将在屏幕上产生排列成网格的样本。默认勾选，推荐使用。
- ◆ Check sample visibility（检查样本的可见性）：在渲染过程中使用。它将促使VRay仅仅使用发光贴图中的样本，样本在插补点直接可见。可以有效地防止灯光穿透两面接受完全不同照明的薄壁物体时产生的漏光现象。当然，由于VRay要追踪附加的光线来确定样本的可见性，所以它会减慢渲染速度。

5. Mode（模式）组

Mode组共提供了8种渲染模式，如图2.39所示。

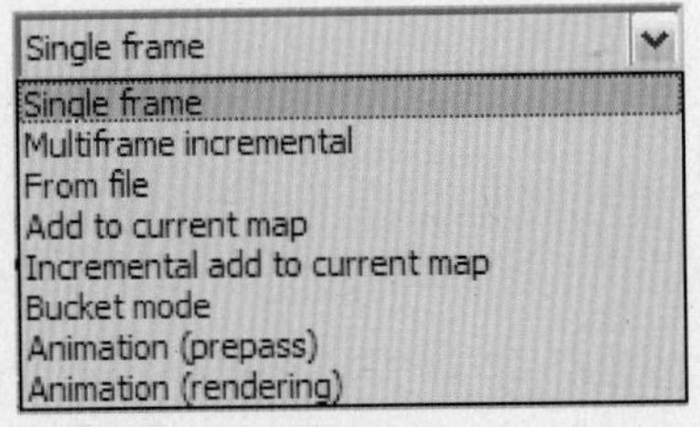

图2.39

选择哪一种模式需要根据具体场景的渲染任务来确定，不可能一个固定的模式能适合所有的场景。

- Single frame（单帧模式）：这是默认的模式。在这种模式下对于整个图像计算一个单一的发光贴图，每一帧都计算新的发光贴图。在分布式渲染的时候，每一个渲染服务器都各自计算它们自己的针对整体图像的发光贴图。
- Multiframe incremental（多重帧增加模式）：这个模式在渲染仅摄像机移动的帧序列的时候很有用。VRay将会为第一个渲染帧计算一个新的全图像的发光贴图；而对于剩下的渲染帧，VRay设法重新使用或精炼已经计算了的存在的发光贴图。
- From file（从文件模式）：使用这种模式，在渲染序列的开始帧，VRay简单地导入一个提供的发光贴图，并在动画的所有帧中都使用这个发光贴图。整个渲染过程中不会计算新的发光贴图。
- Add to current map（增加到当前贴图模式）：在这种模式下，VRay将计算全新的发光贴图，并把它增加到内存中已经存在的贴图中。
- Incremental add to current map（在已有的发光贴图文件中增补发光信息模式）：在这种模式下，VRay将使用内存中已存在的贴图，而仅仅在某些没有足够细节的地方对其进行精炼。
- Bucket mode（块模式）：在这种模式下，一个分散的发光贴图被运用在每一个渲染区域（渲染块）。这在使用分布式渲染的情况下尤其有用，因为它允许发光贴图在几部电脑之间进行计算。

6. On render end（渲染后）组

- Don't delete（不删除）：此选项默认勾选，意味着发光贴图将保存在内存中，直到下一次渲染前。如果不勾选，VRay会在渲染任务完成后删除内存中的发光贴图。
- Auto save（自动保存）：如果勾选这个选项，在渲染结束后，VRay将发光贴图文件自动保存到指定的目录中。
- Switch to saved map（切换到保存的贴图）：这个选项只有在Auto save勾选的时候才能被激活。勾选的时候，VRay渲染器也会自动设置发光贴图为From file模式。

2.2.7 V-Ray::Brute force GI（强力全局光照引擎）卷展栏

V-Ray::Brute force GI卷展栏如图2.40所示，其中的主要参数作用如下。

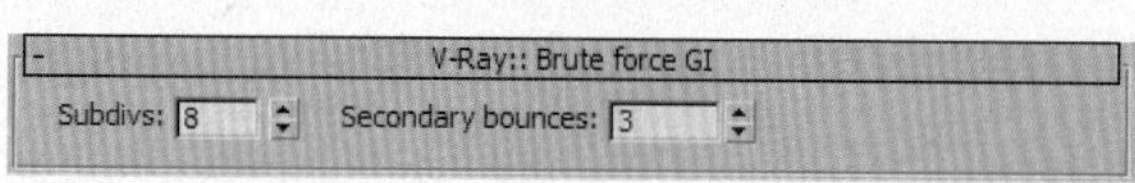

图2.40

> **Note 提示 2** 这个卷展栏只有在用户选择Brute force GI 渲染引擎作为初级或次级漫射反弹引擎的时候才能被激活。

- Subdivs（细分数值）：设置计算过程中使用的近似的样本数量。

> **Note 提示 2** 当Brute force GI渲染引擎作为二次反弹使用时，Subdivs（细分）值的设置对于图面品质将不会产生任何作用。

- Secondary bounces（二次反弹）：这个参数只有当次级漫射反弹设为准蒙特卡罗引擎的时候才被激活。

2.2.8 V-Ray::Light cache（灯光缓存）卷展栏

V-Ray::Light cache卷展栏如图2.41所示，其中的主要参数作用如下。

Note 提示 2 ▸ 这个卷展栏只有在用户选择Light cache（灯光缓存）渲染引擎作为初级或次级漫射反弹引擎的时候才能被激活。

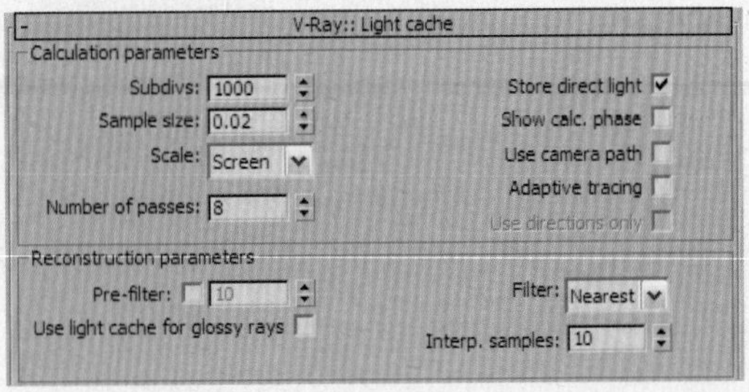

图2.41

1. Calculation parameters（计算参数）组

该组控制着灯光缓存的基本计算参数。

◆ Subdivs（细分）：这个参数将决定有多少条摄像机可见的视线路径被追踪到。此参数值越大，图像效果越平滑，但也会增加渲染时间。

◆ Sample size（样本尺寸）：这个参数决定灯光贴图中样本的间隔。值越小，样本之间相互距离越近，灯光贴图将保护灯光的细节部分，不过会导致产生噪波，并且占用较多的内存。值越大，效果越平滑，但可能导致场景的光效失真。

◆ Scale（比例)：这个参数主要用于确定样本尺寸和过滤器尺寸。提供了Screen（屏幕）和World（世界）两种类型。

◆ Number of passes（灯光缓存计算的次数）：如果你的CPU不是双核或没有超线程技术，建议把这个值设为1，这样可以得到最好的结果。

◆ Store direct light（存储直接光照明信息）：勾选这个选项后，灯光贴图中也将存储和插补直接光照明的信息。

◆ Show calc. phase（显示计算状态）：打开这个选项可以显示被追踪的路径。它对灯光缓存的计算结果没有影响，只是可以给用户一个比较直观的视觉反馈。

2. Reconstruction parameters（重建参数）组

◆ Pre-filter（预过滤器）：勾选的时候，在渲染前灯光贴图中的样本会被提前过滤。其数值越大，效果越平滑，噪波越少。

◆ Filter（过滤器）：这个选项确定灯光贴图在渲染过程中使用的过滤器类型。

◆ Use light cache for glossy rays：如果打开该选项，灯光贴图将会把光泽效果一同进行计算，在具有大量光泽效果的场景中，有助于加快渲染速度。

◆ Interp. samples（插值的样本）：Interpolation samples的简写，该参数定义被用于插值计算的 GI 样本的数量。较大的值会趋向于模糊 GI 的细节，虽然最终的效果很光滑；较小的取值会产生更光滑的细节，但是也可能会产生黑斑。

2.2.9 V-Ray::Global photon map（光子贴图）卷展栏

V-Ray::Global photon map卷展栏如图2.42所示，其中的主要参数作用如下。

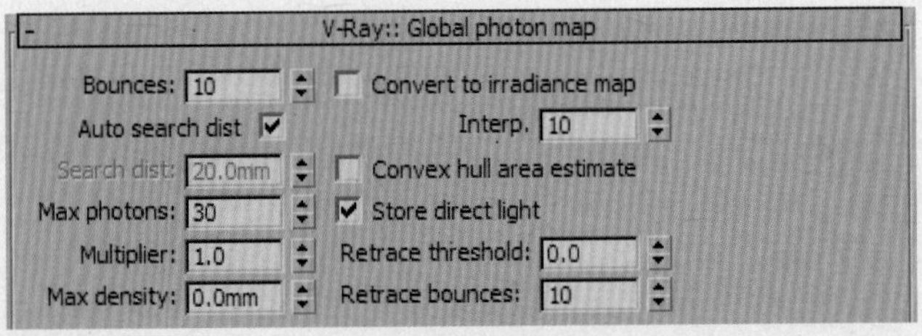

图2.42

Note 提示 2 ▸ 这个卷展栏只有在用户选择photon map（光子贴图）渲染引擎作为初级或次级漫射反弹引擎的时候才能被激活。

◆ Bounces（反弹次数）：控制光线反弹的次数。较大的反弹次数会产生更真实的效果，但是也会花费更多的渲染时间和占用更多的内存。

◆ Auto search dist（自动搜寻距离）：勾选的时候，VRay会估算一个距离来搜寻光子。

◆ Search dist（搜寻距离）：这个选项只有在Auto search dist不勾选的时候才被激活。

◆ Max photons（最大光子数）：这个参数决定在场景中参与计算的光子的数量，较高的取值会得到平滑的图像，从而增加渲染时间。

◆ Multiplier（倍增值）：用于控制光子贴图的亮度。

◆ Max density（最大密度）：这个参数用于控制光子贴图的分辨率。

◆ Convert to irradiance map：转化为发光贴图。

◆ Interp（插补样本）：这个选项用于确定勾选Convert to irradiance map选项的时候，从光子贴图中进行发光插补使用的样本数量。

◆ Convex hull area estimate：勾选后，基本上可以避免因此而产生的黑斑，但是同时会减慢渲染速度。

◆ Store direct light（存储直接光）：在光子贴图中同时保存直接光照明的相关信息。

◆ Retrace threshold（折回极限值）：设置光子进行来回反弹的倍增的极限值。

◆ Retrace bounces（折回反弹）：设置光子进行来回反弹的次数。数值越大，光子在场景中反弹的次数越多，产生的图像效果越细腻平滑，但渲染时间也就越长。

2.2.10 V-Ray::Caustics（焦散）卷展栏

V-Ray::Caustics（焦散）卷展栏如图2.43所示，其中的主要参数作用如下。

◆ On（焦散开关）：勾选后开启焦散设置，焦散参数可用。

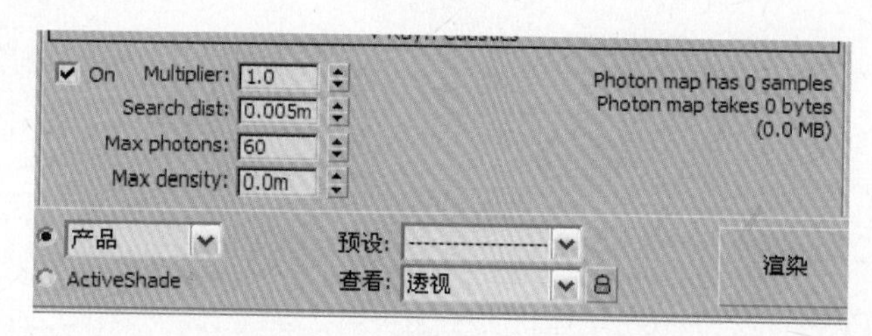

图2.43

◆ Multiplier（倍增值）：控制焦散的强度。它是一个全局控制参数，对场景中所有产生焦散特效的光源都有效。如图2.44所示分别为将倍增值设置为1.0和2.0时的效果，可以明显看到随着数值的增加焦散强度增强了。

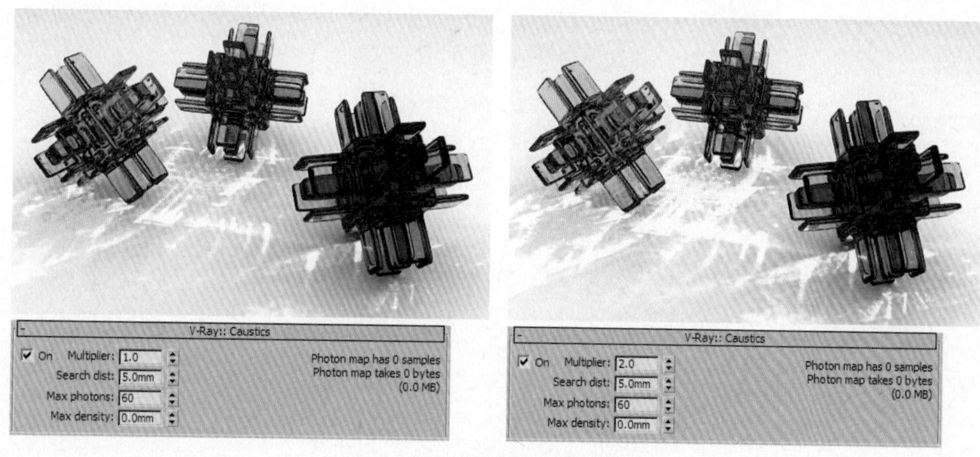

图2.44

◆ Search dist（搜寻距离）：在VRay的渲染过程中，对物体表现进行光子追踪，同时影响以初始光子为圆心，以Search dist（搜寻距离）为半径，和这个初始光子在同一平面的一定范围内的其他光子。Search dist（搜寻距离）设置值的大小，决定了光子影响的范围。值越大，光子影响范围越大，光斑效果就越弱化。如图2.45所示分别为将搜寻距离设置为1和40时的效果。

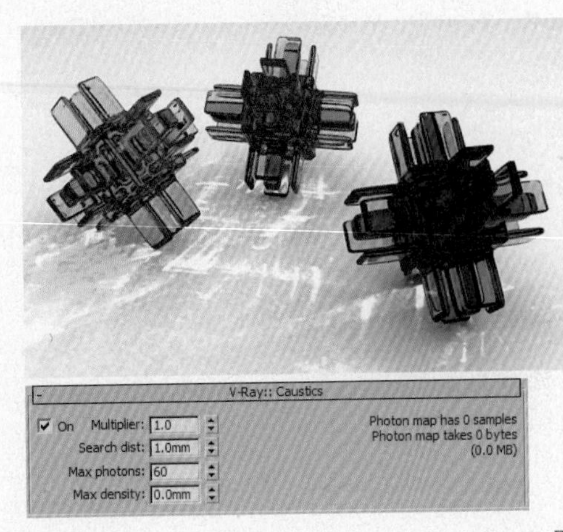

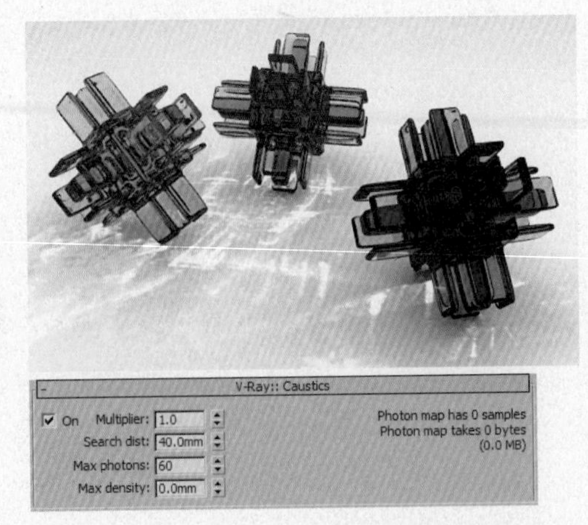

图2.45

◆ Max photons（最大光子数）：当VRay追踪撞击到物体表面的某些点的某一个光子的时候，也会将周围区域的光子计算在内，然后根据这个区域内的光子数量来均分照明。如果设置的影响范围内现有的光子数量超过了最大的光子数量，VRay也只会按照最大光子数进行计算。最大光子数越小，光斑现象越明显。如图2.46所示分别为将最大光子数设置为5和160时的效果。

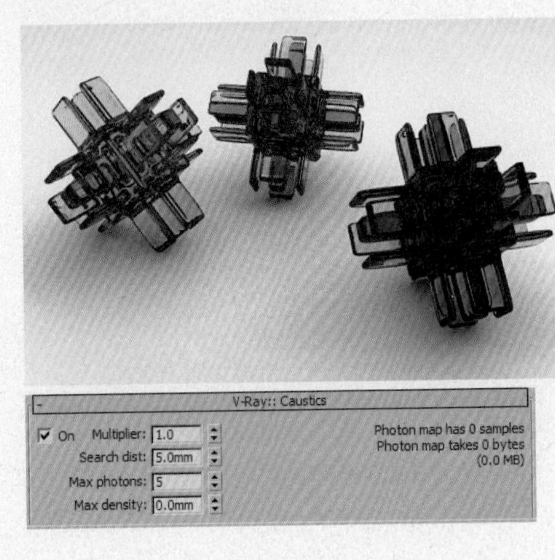

图2.46

◆ Max density（最大距离）：用于光子与光子之间的距离设置。当VRay追踪计算一定范围内的光子时，会同时计算出光子周围的光子，而这个光子与光子之间的距离设置控制着光子的密集度。数值越高意味着光子间的距离越大，斑点越严重。

2.2.11 V–Ray::Environment（环境）卷展栏

V–Ray::Environment卷展栏如图2.47所示，其中的主要参数作用如下。

V-Ray:: Environment
GI Environment (skylight) override
On Multiplier: 1.0 None
Reflection/refraction environment override
On Multiplier: 1.0 None
Refraction environment override
On Multiplier: 1.0 None

图2.47

1. GI Environment (skylight) override选项组

GI Environment（skylight）override[GI 环境（天空光）]选项组，允许用户在计算间接照明的时候替代 3ds Max 的环境设置，这种改变 GI 环境的效果类似于天空光。

◆ On：只有在勾选这个选项后，其下的参数才会被激活。

◆ Color：可指定背景颜色，即天空光的颜色。如图2.48所示分别为将颜色设置为蓝色和黄色时的效果。

图2.48

◆ Multiplier（倍增值）：上面指定的颜色的亮度倍增值。如图2.49所示分别为将倍增值设置为2.0和7.0时的效果。

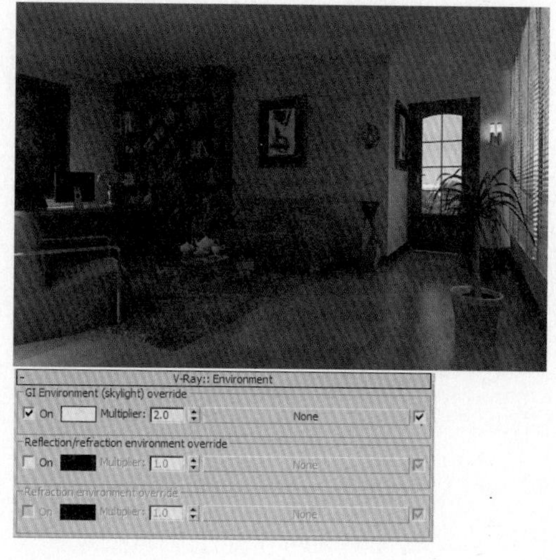

图2.49

◆ None（材质槽）：在此可指定背景贴图。添加贴图后，系统会忽略颜色的设置，优先选择贴图的设置。为其添加VRayHDRI贴图后的效果如图2.50所示。

图2.50

2. Reflection/refraction environment override选项组

Reflection/refraction environment override（反射/折射环境）选项组，在计算反射/折射的时候替代3ds Max 自身的环境设置。

◆ On：只有在勾选这个选项后，其下的参数才会被激活，如图2.51所示。

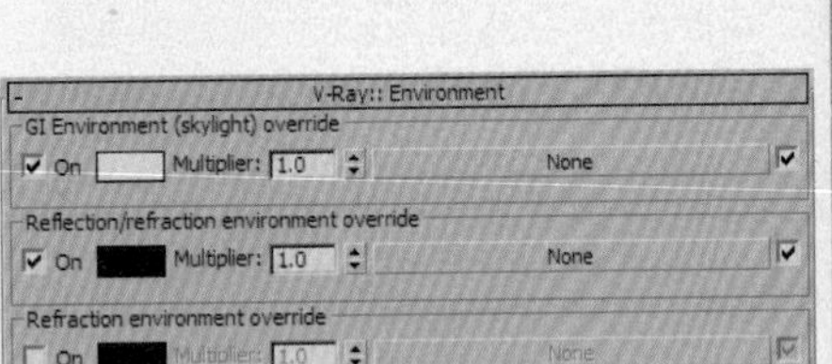

图2.51

◆ Color：指定反射/折射颜色。物体的背光部分和折射部分会反映出设置的颜色，如图2.52所示。

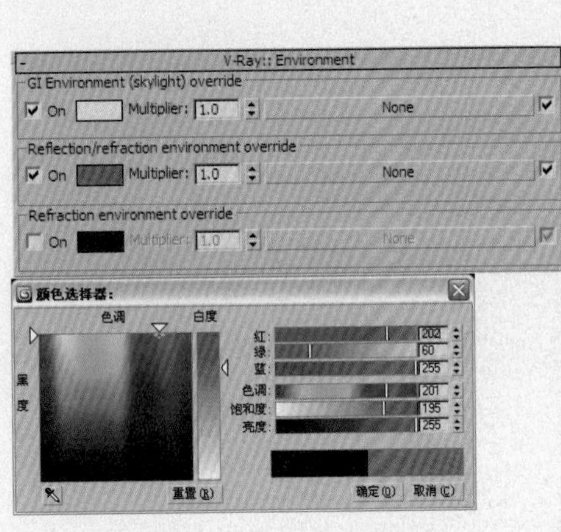

图2.52

◆ Multiplier（倍增值）：上面指定颜色的亮度倍增值。改变受影响部分的整体亮度和受影响的程度，如图2.53所示。

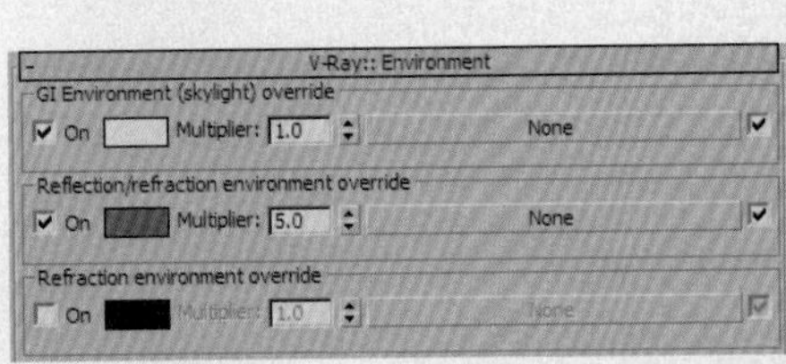

图2.53

◆ None（材质槽）：在此可指定反射/折射贴图。为其添加VRayHDRI贴图后的效果如图2.54所示。

图2.54

3. Refraction environment override（折射环境）选项组

Refraction environment override（折射环境）选项组，在计算折射的时候替代已经设置的参数对折射效果的影响，而只受此选项组参数的控制。

- On：只有在勾选这个选项后，其下的参数才会被激活，如图2.55所示。
- Color：指定折射部分的颜色。物体的背光部分和反射部分不受该颜色的影响，如图2.56所示。

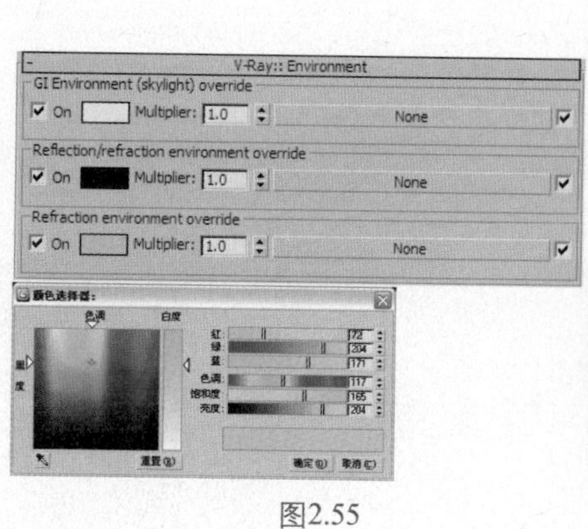

图2.55

图2.56

- Multiplier（倍增值）：上面指定颜色的亮度倍增值。改变折射部分的亮度，如图2.57所示。

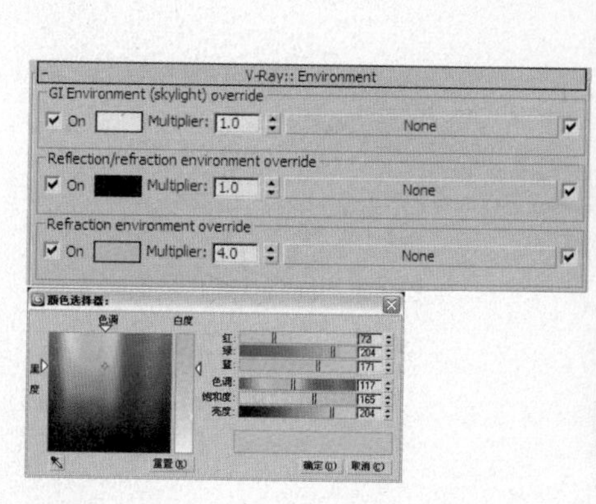

图2.57

◆ None（材质槽）：指定折射贴图。为其添加VRayHDRI贴图后的效果如图2.58所示。

图2.58

2.2.12 V-Ray::Color mapping（色彩映射）卷展栏

V-Ray::Color mapping卷展栏如图2.59所示，其中的主要参数作用如下。

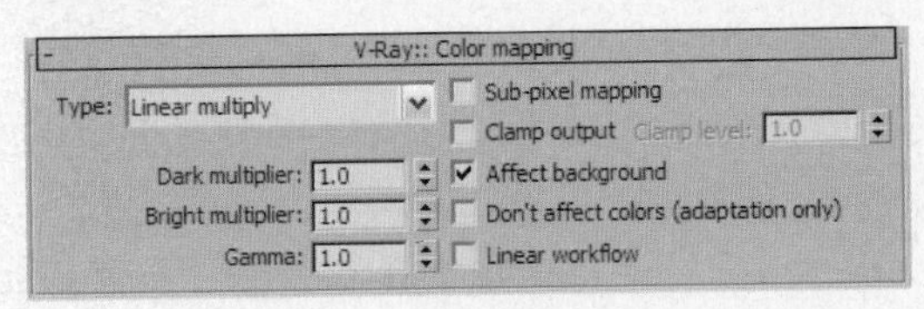

图2.59

1. 认识曝光方式

Type下拉列表中包含了7种曝光方式，这里着重介绍其中的4种。

◆ Linear multiply（线性倍增曝光方式）：这种曝光方式的特点是能让图面的白色更明亮，所以该模式容易出现局部曝光现象，效果如图2.60所示。

◆ Exponential（指数曝光方式）：在相同的设置参数下，使用这种曝光方式不会出现局部曝光现象，但是会使图面色彩的饱和度降低，效果如图2.61所示。

图 2.60

图2.61

◆ HSV exponential（色彩模型曝光方式）：所谓HSV就是Hus（色度）、Saturation（饱和度）和Value（纯度）的英文缩写。这种方式与上面提到的指数曝光方式非常相似，但是它会保护色彩的色调和饱和度，效果如图2.62所示。

◆ Intensity exponential（亮度指数曝光方式）：这是与指数曝光类似的颜色贴图计算方式，在亮度上有一些保留，效果如图2.63所示。

图2.62

图2.63

Note 提示 2 在实际的室内效果图制作过程中前3种曝光方式比较常用。如图2.64所示分别为采用Linear multiply和Exponential两种曝光方式进行合理设置后得到的理想效果。

图2.64

2. 认识倍增参数

- Dark multiplier（暗部倍增）：用来对暗部进行亮度倍增。如图2.65所示为Bright multiplier数值不变的情况下，分别将Dark multiplier设置为0.75与2时的渲染效果。

图2.65

◆ Bright multiplier（亮部倍增）：用来对亮部进行亮度倍增。如图2.66所示为Dark multiplier数值不变的情况下，分别将Bright multiplier设置为0.8与1.8时的渲染效果。

图2.66

3. 其他选项的作用

◆ Affect background（影响背景）：当关闭该选项时，颜色贴图将不会影响到背景的颜色。

◆ Clamp output（固定输出）：默认为开启状态，表示当Color mapping卷展栏中设置完成后，图面的颜色将固定下来。

2.2.13 V-Ray::Camera（摄像机）卷展栏

V-Ray::Camera卷展栏如图2.67所示，其中的主要参数作用如下。

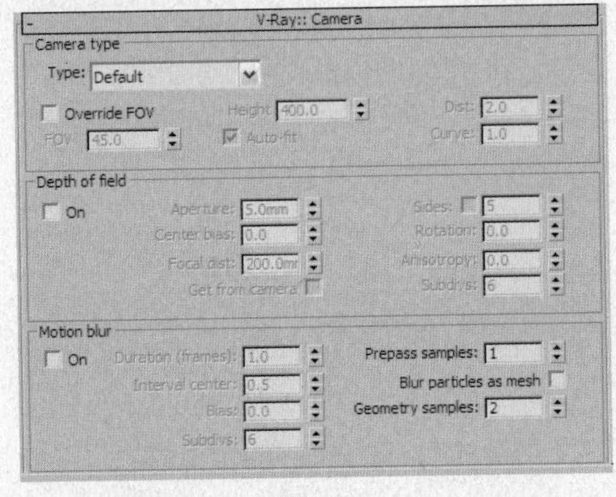

图2.67

1. Camera type（摄像机类型）

◆ Type：摄像机类型。一般情况下，VRay中的摄像机是定义发射到场景中的光线，从本质上来说就是确定场景是如何投射到屏幕上的。VRay 支持几种摄像机类型——标准（Standard）、球形（Spherical）、点状圆柱（Cylindrical point）、正交圆柱[Cylindrical (ortho)]、方体（Box）、鱼眼（Fish eye）和扭曲球状（Warped spherical），同时也支持正交视图。

◆ Override FOV（替代视场）：使用这个选项，可以替代 3ds Max 的视角。

◆ FOV：视角。

◆ Height（高度）：这个选项只有在正交圆柱状的摄像机类型中有效，用于设定摄像机的高度。

◆ Auto-fit（自动适配）：这个选项在使用鱼眼类型摄像机的时候被激活。

◆ Dist（距离）：这个参数是针对鱼眼摄像机类型的。

◆ Curve（曲线）：这个参数也是针对鱼眼摄像机类型的。

2. Depth of field（景深）选项组

- Aperture（光圈）：使用世界单位定义虚拟摄像机的光圈尺寸。
- Center bias（中心偏移）：这个参数决定景深效果的一致性。
- Focal dist（焦距）：确定从摄像机到物体被完全聚焦的距离。
- Get from camera（从摄像机获取）：当这个选项被激活的时候，如果渲染的是摄像机视图，焦距由摄像机的目标点确定。
- Side（边数）：这个选项让用户模拟真实世界摄像机的多边形形状的光圈。
- Rotation（旋转）：指定光圈形状的方位。
- Anisotropy（各项异性）：当设置为正数时在水平方向延伸景深效果；当设置为负数时在垂直方向延伸景深效果。
- Subdivs（细分）：用于控制景深效果的品质。

3. Motion blur（运动模糊）选项组

- Duration（frames）（持续时间）：在摄像机快门打开的时候指定在帧中持续的时间。
- Interval center（间隔中心点）：指定运动模糊中心与帧之间的距离。
- Bias（偏移）：控制运动模糊效果的偏移。
- Prepass samples：计算发光贴图的过程中在时间段有多少样本被计算。
- Blur particles as mesh：将粒子作为网格模糊。用于控制粒子系统的模糊效果。
- Geometry samples（几何学样本数量）：设置产生近似运动模糊的几何学片断的数量。
- Subdivs（细分）：确定运动模糊的品质。

2.2.14 V-Ray::DMC Sampler （DMC采样器）卷展栏

V-Ray::DMC Sampler 卷展栏如图2.68所示，其中的主要参数作用如下。

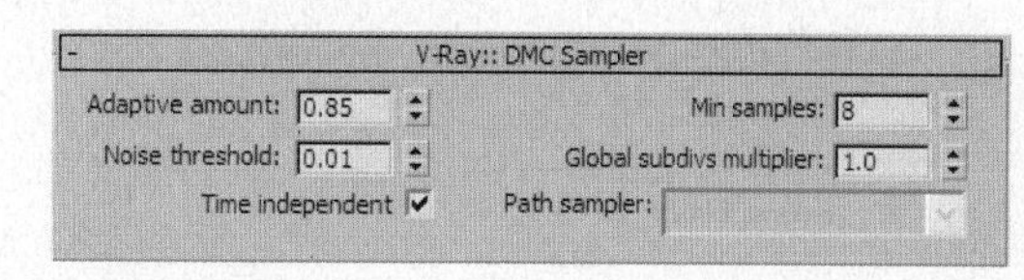

图2.68

- Adaptive amount（数量）：控制计算模糊特效采样数量的范围。值越小，渲染品质越高，渲染时间越长。值为1时，表示全应用；值为0时，表示不应用。
- Min samples（最小样本数）：决定采样的最小数量。一般设置为默认就可以了。
- Noise threshold（噪波极限值）：在评估一种模糊效果是否足够好的时候，控制VRay的判断能力，此数值对于场景中的噪点控制非常有效（但并非噪点的唯一控制参数）。图2.69所示为将此数值设置为0.1时的渲染效果，图2.70所示为将此数值设置为0.01时的效果，图2.71所示为将此数值设置为0.001时的效果。

图2.69

图2.70

图2.71

Note 提示 2 ▸ 数值越小，图像的渲染时间越长。

- Global subdivs multiplier（全局细分倍增）：可以通过设置这个数值来很快地增加或减小整体的采样细分设置。这个设置将影响全局。
- Time independent（时间约束设置）：这个设置开关针对渲染序列帧有效。

2.2.15 V-Ray::Default displacement（默认置换）卷展栏

V-Ray::Default displacement卷展栏如图2.72所示，其中的主要参数作用如下。

V-Ray:: Default displacement
Override Max's
Edge length 4.0 pixels　Amount 1.0　Tight bounds
View-dependent　Relative to bbox
Max subdivs 256

图2.72

- Override Max's：替代Max，勾选的时候，VRay将使用自己内置的微三角置换来渲染具有置换材质的物体。反之，将使用标准的3ds Max置换来渲染物体。如图2.73所示分别为不勾选和勾选此选项时的效果。

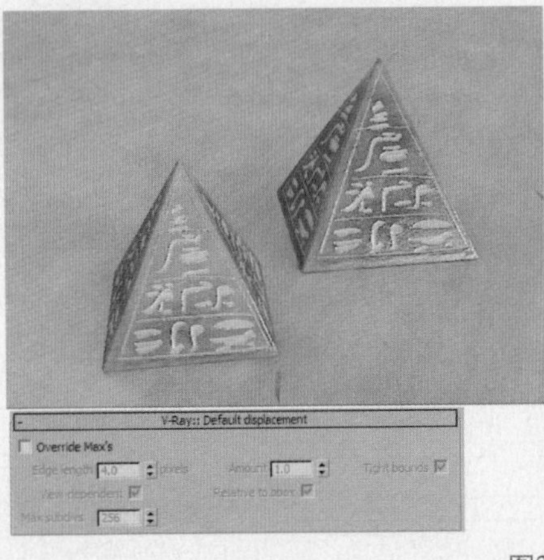

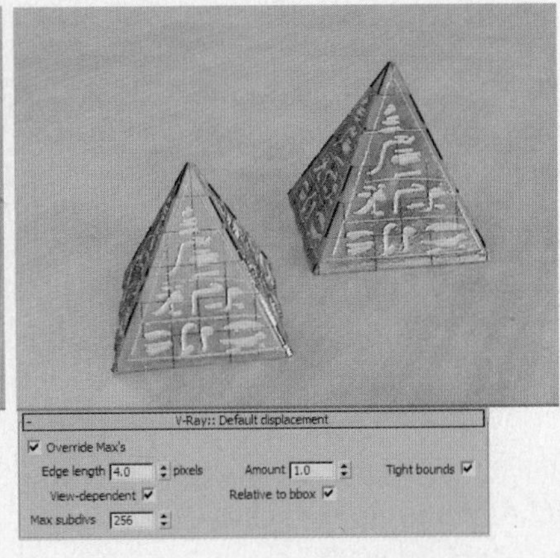

图2.73

- Edge length（边长度）：用于确定置换的品质。值越小，产生的细分三角形越多。更多的细分三角形意味着，置换时渲染的图面效果体现出更多的细节，同时需要更长的渲染时间。如图2.74为将边长度设置为2和20时的效果。

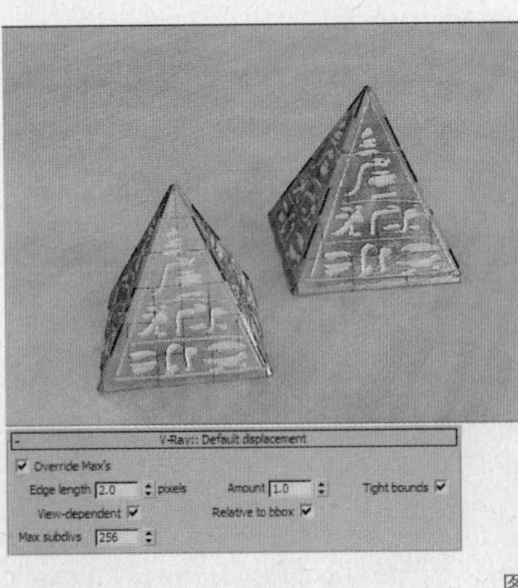

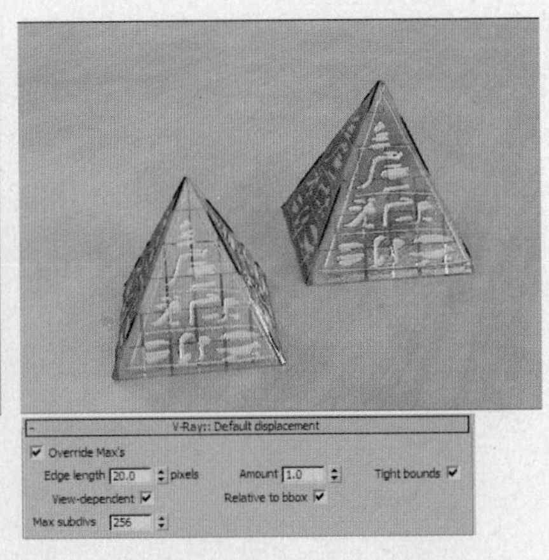

图2.74

- View-dependent（视图依据）：勾选这个选项的时候，以pixels（像素）为单位，确定细分三角形边的最大长度；场景的系统单位为mm，当该选项不被勾选时，将用系统单位来衡量细分三角形的最长边，如图2.75所示。

图2.75

◆ Max. subdivs（最大细分数量）：控制从原始的网格中产生出来的细分三角形的最大数量。输入值是以平方的方式来计算细分三角形的数量的。细分值越小，则图面细节就越少，渲染速度也就越快。

◆ Amount（数量设置）：这个选项决定着置换的幅度。如图2.76所示分别为将数量设置为-0.5和2.0时的效果。

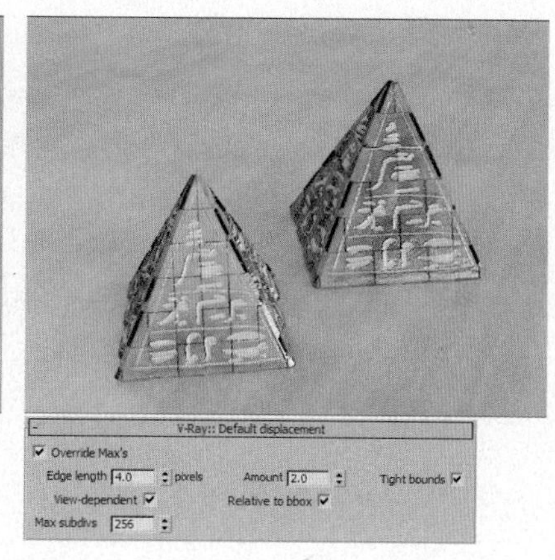

图2.76

◆ Relative to bbox：这个选项用来对Amount设置值进行单位切换。

◆ Tight bounds：当勾选这个选项的时候，VRay将试图计算来自原始网格物体的置换三角形的精确的限制体积。如果使用的纹理贴图有大量的黑色或者白色区域，可能需要对置换贴图进行预采样，但是渲染速度将是较快的。

2.2.16 V-Ray::System（系统）卷展栏

V-Ray::System卷展栏为VRay的系统卷展栏，在这里用户可以控制多种VRay参数，如图2.77所示。这个设置面板中包括光线投射参数设置组、渲染分割区域块设置组、分布式渲染设置组、日志设置组、帧印记设置组，等等。下面对其中比较常用的设置进行讲解。

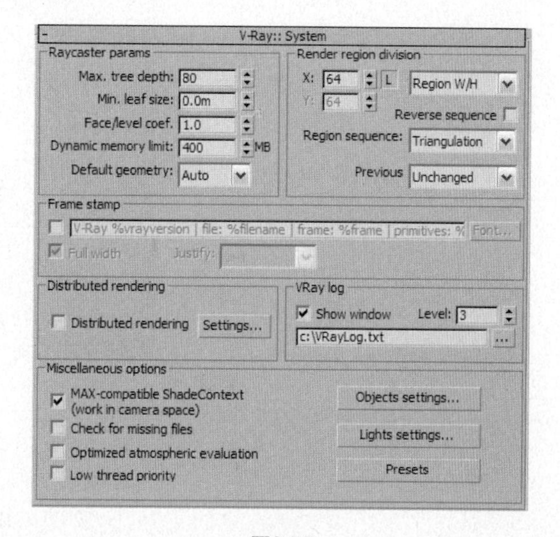

图2.77

1. Raycaster params（光线投射参数）设置组

在Raycaster params设置组中可以控制VRay二元空间划分树（BSP树）的相关参数。默认系统设置是比较合理的设置，一般使用默认设置就可以了。

2. Render region division（渲染分割区域块）设置组

这个选项组允许用户控制渲染分割区域（块）的各种参数。这些渲染分割区域块正是VRay分布式渲染系统的基础部分。每一个渲染分割区域块都是以矩形的方式出现，并且每一块相对其他块都是独立的。分布式渲染的另一个特点就是，如果是多个CPU设置的话，渲染分割区域块可以设置分布在多个CPU进行处理，以有效地利用资源。如果场景中有大量的置换贴图物体、VRayProxy或VRayFur物体时，系统默认的方式是最好的选择。这个设置组只是设置渲染过程中的显示方式，不影响最后的渲染结果。

◆ X：当选择Region W/H模式的时候，以像素为单位确定渲染块的最大宽度；在选择Region Count模式的时候，以像素为单位确定渲染块的水平尺寸。

◆ Y：当选择Region W/H模式的时候，以像素为单位确定渲染块的最大高度；在选择Region Count模式的时候，以像素为单位确定渲染块的垂直尺寸。

◆ Region sequence：渲染块次序，确定在渲染过程中块渲染进行的顺序。其中，Top->Bottom为从上到下渲染；Left->Right为从左到右渲染；Checker为以类似于棋盘格子的顺序渲染；Spiral为以螺旋形的顺序渲染；Triangulation为以三角形的顺序渲染；Hilbert curve 为以希耳伯特曲线的计算顺序执行渲染。

◆ Reverse sequence：为反向顺序，勾选后它就采取与Region sequence设置相反的顺序进行渲染。

◆ Previous：这个参数确定在渲染开始的时候，在帧缓冲中以什么样的方式显示先前渲染的图像，从而方便我们区分和观察两次渲染的差异。

3. Frame stamp（帧印记）设置组

帧印记设置组也就是水印设置，可以设置在渲染输出的图像下侧记录这个场景的一些相关信息。

◆ Font：设置显示信息的字体。

◆ Full width：显示占用图像的全部宽度，否则显示文字的实际宽度。

◆ Justify：指定文字在图像中的位置。Left为文字居左，Center为文字居中，Right为文字居右。

帧印记只有一行，所以显示的内容有限。可以通过设置信息编辑框来得到需要的信息，如图2.78所示。

图2.78

4. Distributed rendering（分布式渲染）设置组

分布式渲染是在几台计算机上同时渲染同一张图片的过程。实现分布式渲染要满足的条件是：在多台设备中同时安装了3ds Max和VRay，而且是相同的版本；多台参与计算设备上的相关软件（VRaySpaner）已经成功开启，运行正常。

◆ Distributed rendering：勾选该选项后开启分布式渲染。

◆ Settings：单击此按钮可以弹出VRay Networking settings对话框，在该对话框中可以添加或删除进行分布式渲染的计算机。

5. VRay log（日志）设置组

在VRay的渲染过程中会将各种信息都记录下来保存到VRay log中方便查阅。☑ Show window 为是否显示信息窗口，勾选为显示。Level: 3 为显示级别：1为显示错误信息；2为显示错误信息和警告信息；3为显示错误、警告和情报信息；4为显示所有信息。c:\VRayLog.txt ... 为保存路径。

6. Miscellaneous options设置组

- MAX-compatible ShadeContext（work in camera space）：默认勾选状态下一般可以得到较好的兼容性。
- Check for missing files（检查缺少的文件）：勾选的时候，VRay会试图在场景中寻找任何缺少的文件，并将它们以列表形式显示。
- Optimized atmospheric evaluation：勾选这个选项，可以使VRay优先评估大气效果，而大气后面的表面只有在大气非常透明的情况下才会被考虑着色。
- Low thread priority（低线程优先）：勾选的时候，将促使 VRay在渲染过程中使用较低的优先权的线程，避免抢占系统资源。
- Object Settings（物体设置）：单击该按钮会弹出VRay object properties对话框，如图2.79所示。在这个对话框中可以设置VRay 渲染器中每一个物体的局部参数，这些参数都是在标准的3ds Max物体属性面板中无法设置的，如GI、焦散、直接光照、反射、折射等属性。

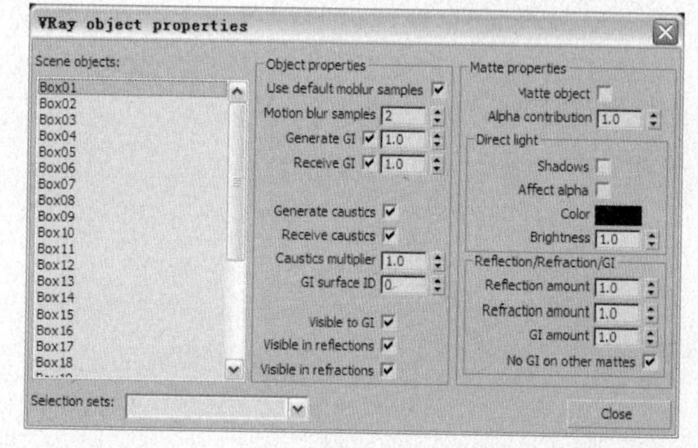

图2.79

- Light Settings（灯光设置）：单击该按钮会弹出VRay light properties对话框，如图2.80所示。在这个对话框中可以为场景中的灯光指定焦散或全局光子贴图的相关参数设置，左边是场景中所有可用光源的列表，右边是被选择光源的参数设置。该对话框中还有一个3ds Max选择设置（Selection sets）列表，可以很方便有效地控制光源组的参数。其中 Generate caustics ☑ 勾选时产生焦散；Caustic subdivs: 1500 为焦散细分值，增大该值将减慢焦散光子贴图的计算速度；Caustics multiplier: 1.0 为焦散倍增，增大该值表示灯光产生焦散的能力增加。
- Presets：VRay预设。单击该按钮会弹出VRay presets对话框，如图2.81所示。在这个对话框中可以将VRay的各种参数保存为一个text文件，方便快速地再次导入它们。

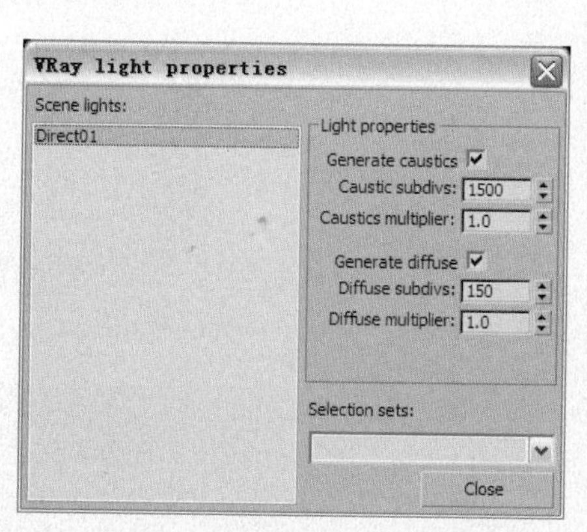

图2.80

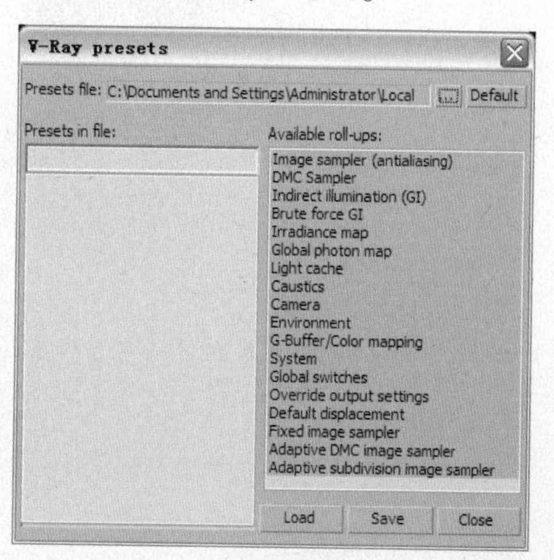

图2.81

光盘\第3章\VRay阴影\VRay阴影.MAX

光盘\第3章\VRay灯光\VRay灯光.MAX

光盘\第3章\VRay阳光\VRay阳光.MAX

第3章 VRay灯光阴影理论

Work 3.1 认识VRay（面）灯光

VRay ART REN SHI VRay (MIAN) DENG GUANG 3ds Max 2010+VRay

单击创建面板中的“灯光”按钮，在下拉菜单中选择VRay，就会出现VRay灯光的列表，如图3.1所示。这里首先介绍VRay（面）灯光的参数，如图3.2所示。

图3.1

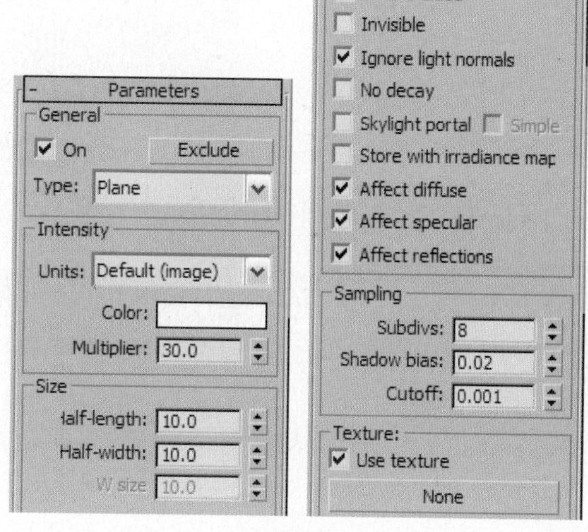

图3.2

下面将主要讲解VRay灯光中各项参数的作用。场景文件为本书所附光盘提供的“第3章\VRay灯光\VRay灯光.max”文件，如图3.3所示。

图3.3

1. General（常规）参数组

- On（开）：开启或关闭VRayLight。只有被勾选时灯光设置才对场景起作用。如图3.4所示分别为在主光“VRay灯光01”的参数设置中勾选和未勾选此选项时的效果。

图3.4

◆ Exclude（排除）：可以设置场景中的任何物体是否受某个灯光的照明和阴影的影响。如图3.5至图3.7所示分别为在主光“VRay灯光01”的参数设置中对物体“床单”进行照明和阴影排除设置的效果。

图3.5

Note 提示 3 ▸ 选择“二者兼有”表示排除灯光对床单的照明及产生的阴影，从图3.5中可以看到场景中的“床单”变黑，而且地面上也没有了它的阴影。

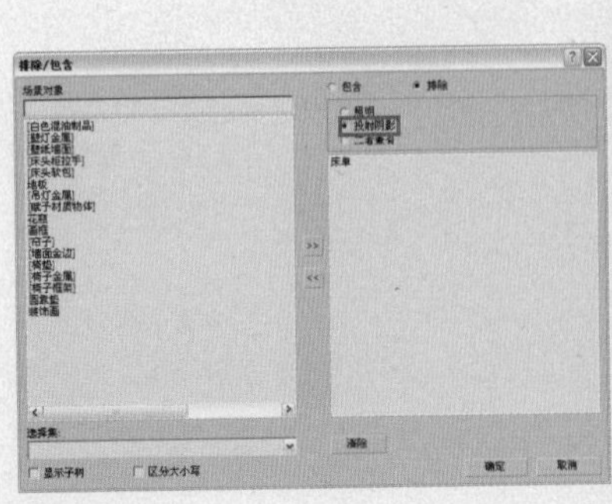

图3.6

Note 提示 3 ▶ 选择“投射阴影”后，灯光排除了对床单产生的阴影，从图3.6中可以看到床单的照明正常但没有在地面上产生阴影。

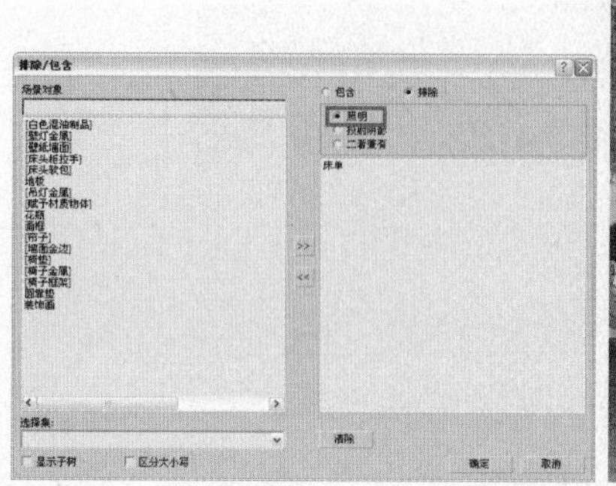

图3.7

Note 提示 3 ▶ 选择“照明”后，灯光排除了对“床单”的照明，从图3.7中可以看到“床单”变黑但在地面上产生的阴影仍然存在。

- Type（类型）：VRay灯光类型。其中有3种光源类型，即平面、穹顶和球体，比较常用的为平面和球体两种类型。

2. Intensity（强度）参数组

- Units（单位）：默认状态下为默认（图像），还包括发光率、亮度、辐射功率和辐射共5种单位样式。
- Color（颜色）：定义VRay灯光光线的颜色，效果如图3.8所示。

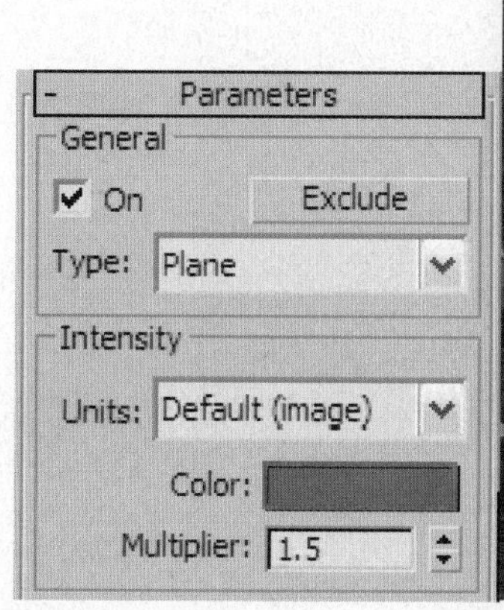

图3.8

- Multiplier（倍增器）：数值越大发光效果就越强烈。如图3.9所示分别为将主光“VRay灯光01”的倍增值设置为1和5时的效果。

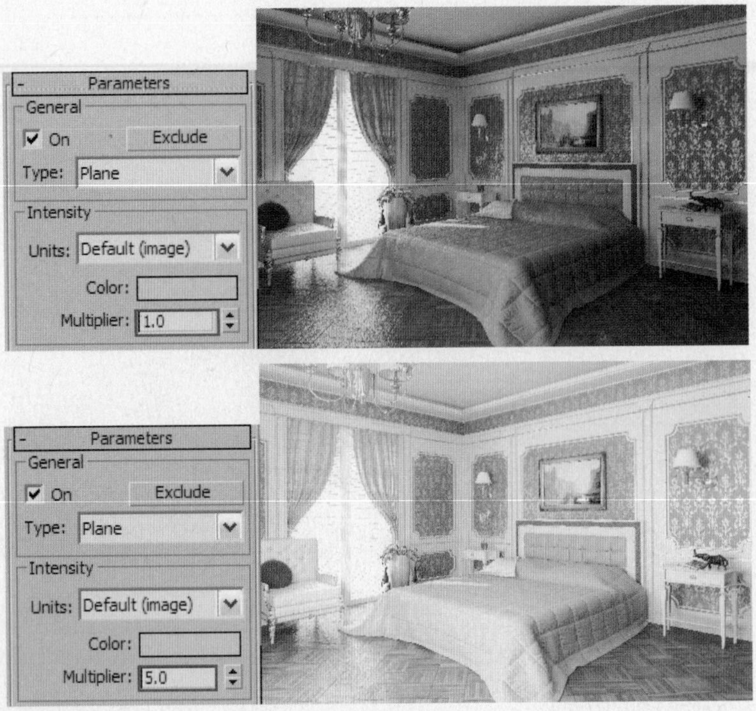

Parameters
General
On
Exclude
Type: Plane
Intensity
Units: Default (image)
Color:
Multiplier: 1.0
Parameters
General
On
Exclude
Type: Plane
Intensity
Units: Default (image)
Color:
Multiplier: 5.0

图3.9

Note 提 示 3 通常在测试渲染或场景中没有使用VRay的置换贴图时，此参数不必开启。

3. Size（大小）组

◆ 设置VRay灯光的尺寸。当灯光类型为平面时，可以设置平面光源的长度和宽度。当灯光类型为球体时，可以设置球形光源的半径。如图3.10所示为对主光“VRay灯光01”的长度和宽度进行设置后产生的效果。

Size
alf-length: 500.0mm
Half-width: 500.0mm
W size 10.0mm
Size
alf-length: 2000.0mn
Half-width: 2000.0mn
W size 10.0mm

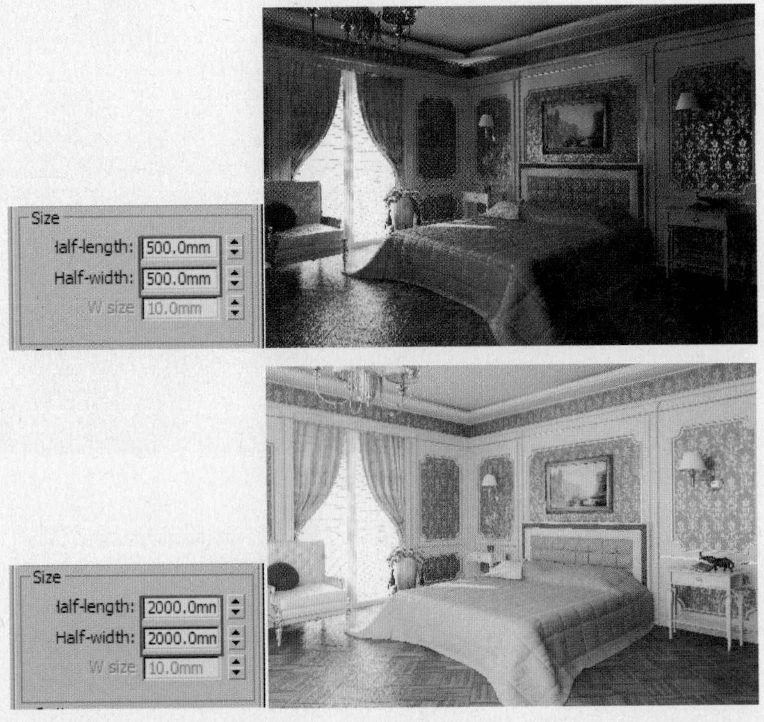

图3.10

Note 3 提示 从渲染效果中发现缩小“VRay灯光01”的尺寸后场景变暗。

4. Options（选项）参数组

- Cast shadows（投影）：开启此项后灯光对物体产生投影，关闭此项后投影也消失。
- Double-sided（双面）：当VRay灯光使用面光源时，开启此选项可以产生双面发光，否则只有VRay导向箭头指向的面才会发光。如图3.11和图3.12所示分别为在“VRay灯光03”的参数设置中不勾选和勾选此选项所产生的效果。

图3.11

Note 3 提示 从图3.11中可以发现不开启双面选项时，面光源只有向上发射光线。

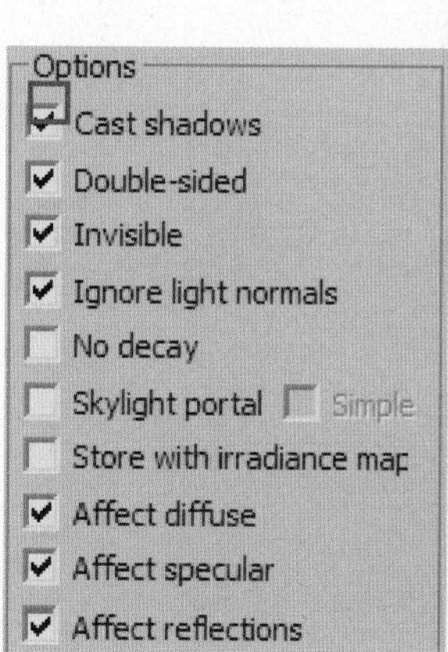

图3.12

Note 3 提示 从图3.12中可以发现开启双面选项后，面光源上下两面都发光。

- Invisible（不可见）：光源隐藏。开启此选项时可以在保留光照的情况下将光源隐藏，否则会显示光源模型。如图3.13所示分别为在“VRay灯光03”的参数设置中不勾选和勾选此选项所产生的效果。

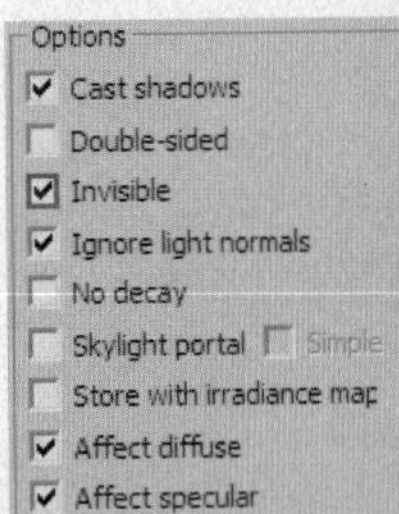

图3.13

Note 提示 3 从图3.13中可以发现不开启“光源隐藏”选项，光源可见；开启“光源隐藏”选项后，光源不可见。

- Ignore light normals（忽略灯光法线）：光源法线处理。可以控制VRay对光源法线的调节，系统为使渲染结果平滑，通常默认开启此项。
- No decay（无衰减）：一般情况下灯光亮度会按照与光源距离平方的倒数方式进行衰减。勾选此选项后，灯光的强度不会随距离而衰减。如图3.14所示分别为在主光“VRay灯光01”的参数设置中未勾选和勾选此选项时的效果。

图3.14

Note 提示 3 ▸ 从图3.14中可以看到不勾选该选项时，远离光源的物体比靠近光源的物体要暗；勾选该选项后，远离光源的物体与靠近光源的物体亮度相同。

- Skylight portal（天光入口）：开启后灯光的颜色和倍增值参数会被忽略，而是以环境光的颜色和亮度为准。
- Store with irradiance map（存储发光贴图）：开启此选项将保存当前灯光信息存储至最终光子贴图中。
- Affect diffuse（影响漫射）：默认状态为勾选。如果取消勾选，灯光对物体的漫反射颜色将发生改变。
- Affect specular（影响高光反射）：默认状态为勾选。如果取消勾选，物体的高光反射将消失。
- Affect reflections（影响反射）：默认状态为勾选。如果取消勾选，物体的反射将消失。

5. Sampling（采样）参数组

- Subdivs（细分）：VRay灯光的采样数值，数值越大画面质量越高，渲染速度越慢。如图3.15所示是灯光细分值为1时的测试渲染效果，如图3.16所示是细分值为4时的效果，如图3.17所示是细分值为12时的效果，如图3.18所示是细分值为20时的最终渲染效果。可以看出数值越大最后得到的效果越细腻，当然渲染所花费的时间也将越长。

图3.15

图3.16

图3.17

图3.18

Note 提示 3 ▸ 要得到细腻的效果除了要提高灯光的细分值外，还需要调整其他参数，这些参数将在以后的章节中陆续讲解。

- Shadow bias（阴影偏移）：这个参数控制物体的阴影渲染偏移程度。偏移值越低，阴影的范围越大，越模糊；偏移值越高，阴影范围越小，相对越清晰。如图3.19所示为对“VRay灯光01”的阴影偏移值进行设置后的效果。

图3.19

Note 提示 3 从图3.19中可以发现随着阴影偏移值的增加，阴影的范围越来越小，越来越清晰。

- Cutoff（中止）：参数值设置为0.01和10时的效果如图3.20所示。

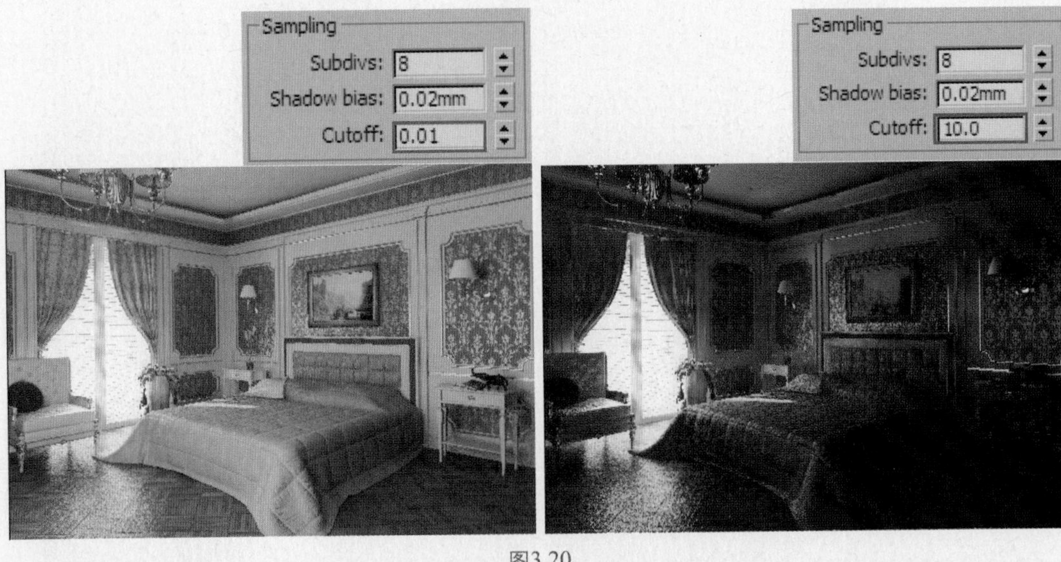

图3.20

6. Texture（纹理）参数组

- Use texture（使用纹理）：使用纹理开关。
- NONE（贴图通道按钮）：下面为"VRay灯光02"贴图通道按钮添加一张贴图，效果如图3.21所示。

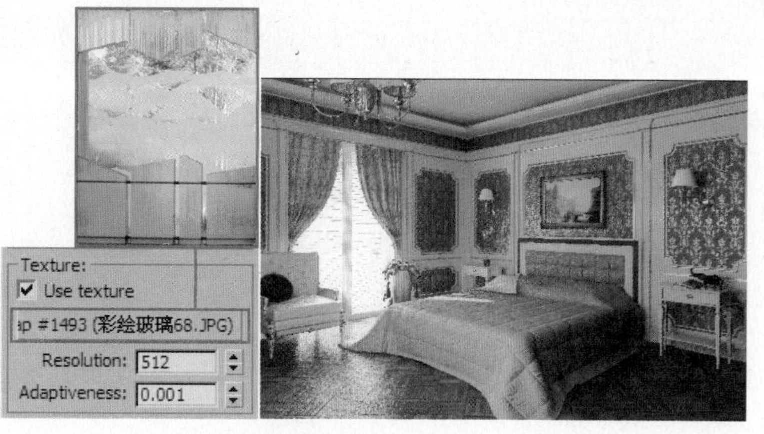

图3.21

◆ Resolution（分辨率）：将分辨率设置为1和800时的效果如图3.22所示。

图3.22

◆ Adaptiveness（参数）：将参数设置为1和0.001时的效果如图3.23所示。

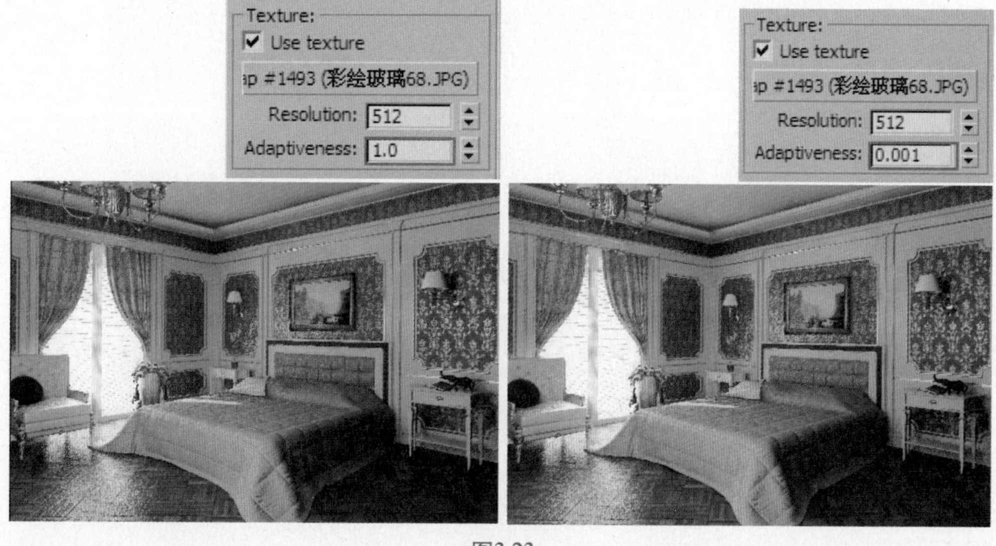

图3.23

Work 3.2 认识VRay（球形）灯光

VRay ART REN SHI VRay (QIU XING) DENG GUANG

上面已对VRay（面）灯光进行了详细讲解，VRay（球形）灯光的参数面板和VRay（面）灯光的参数面板基本相似，这里只对该参数面板中不同的参数进行讲解。

单击创建面板中的"灯光"按钮，在下拉菜单中选择VRay，就会出现VRay灯光的列表。这里介绍VRay（球形）灯光的参数，如图3.24所示。

下面将主要讲解VRay灯光中各项参数的作用。场景文件为本书所附光盘提供的"第3章\VRay球形光\VRay球形光.max"文件，如图3.25所示。

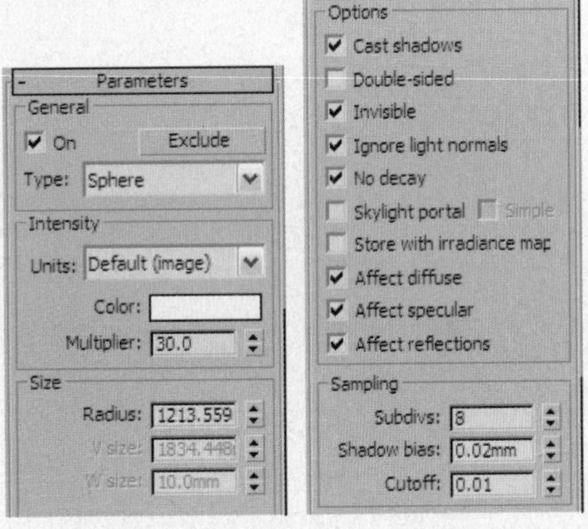

图3. 24

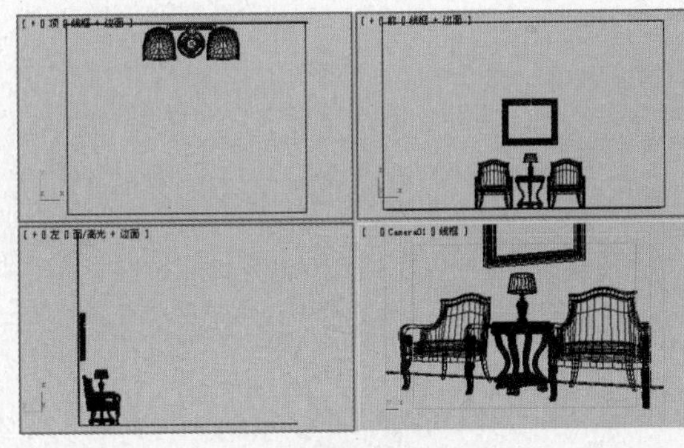

图3.25

◆ Radius（半径）：设置VRay（球形）灯光的尺寸。当灯光类型为平面时，可以设置平面光源的长度和宽度。如图3.26所示为对吊灯灯光"VRay（球形）灯光"的半径进行设置后产生的效果。

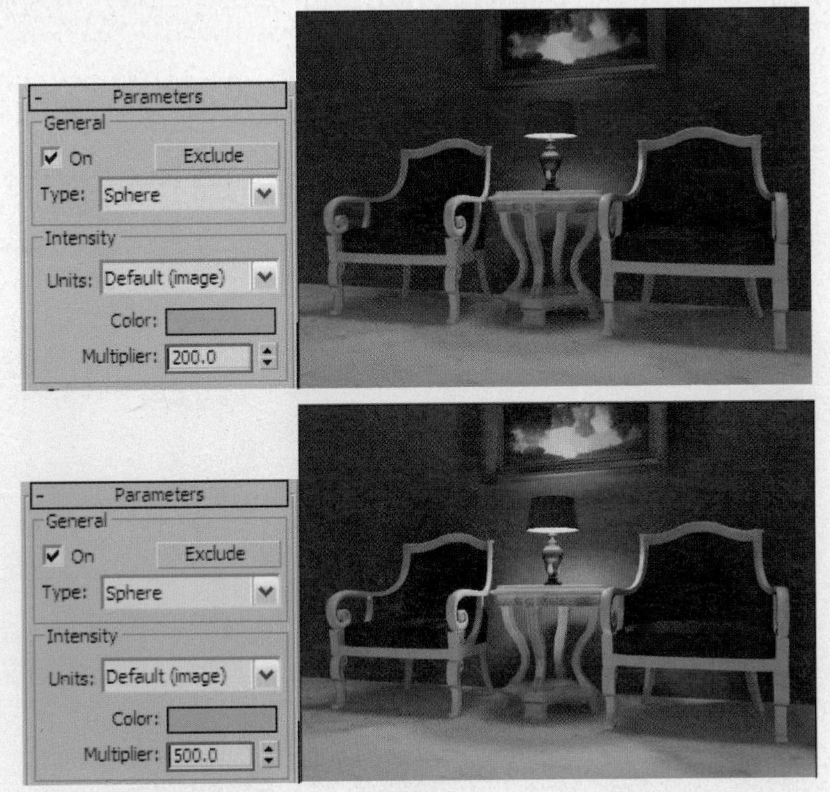

图3.26

Note 提示 3 从渲染效果中发现增大“VRayLight01”的尺寸后场景变亮。

Work 3.3 认识VRayIES灯光

3ds Max 2010+VRay

VRay ART REN SHI VRayIES DENG GUANG

单击创建面板中的“灯光”按钮，在下拉菜单中选择VRay就会出现VRay灯光的列表。这里我们介绍VRayIES灯光的参数，如图3.27所示。

下面将主要讲解VRayIES中各项参数的作用。场景文件为本书所附光盘提供的“第3章\VRayIES\VRayIES.max”文件，如图3.28所示。

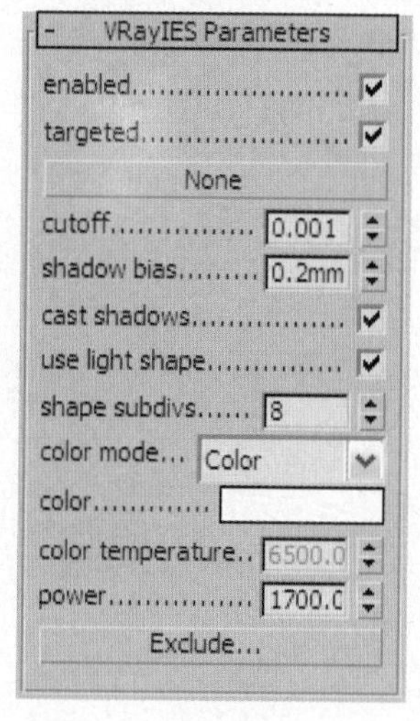

图3.27

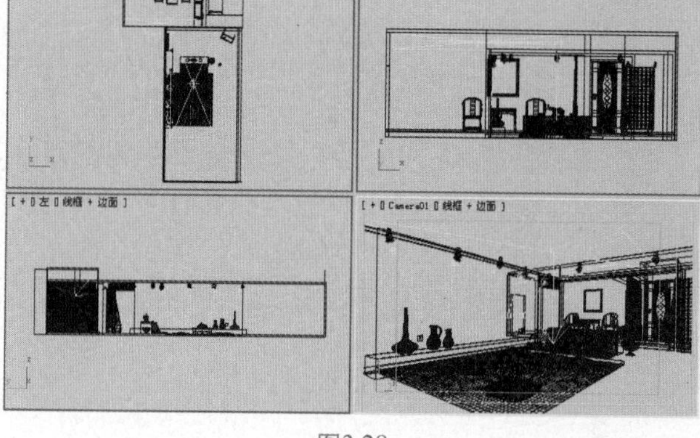

图3.28

常规参数如下所示。

- enabled（激活）：开启或关闭VRayIES。只有该选项被勾选时灯光设置才对场景起作用。如图3.29所示分别为在主光“VRayIES01”的参数设置中勾选和未勾选此选项时的效果。

图3.29

- targeted（目标）：当勾选该选项时场景中的VRayIES就有目标点，反之则没有。
- None（无）：此项是为VRayIES加载光域网的贴图通道。图3.30为没有加载光域网时的效果，图3.31为加载以后的效果。

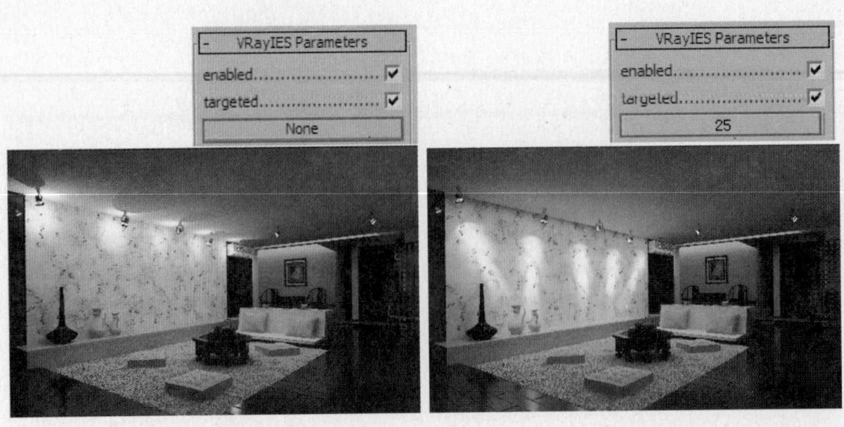

图3.30　　图3.31

◆ cutoff（截止）：当参数默认时效果如图3.32所示，当增大该参数（设置为2）时效果如图3.33所示。

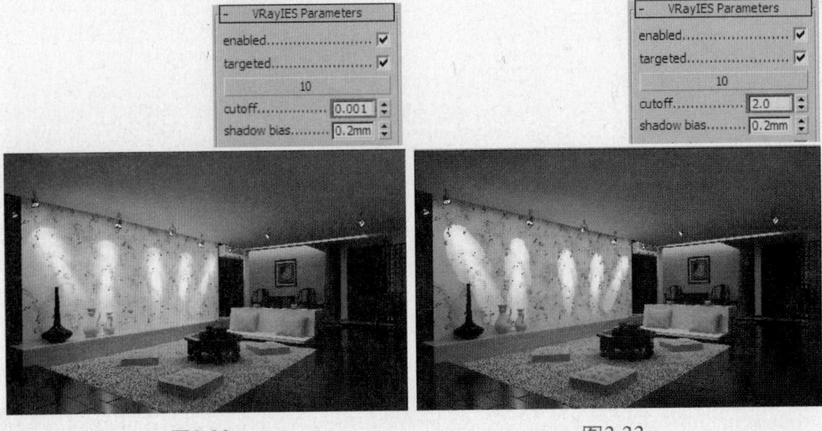

图3.32　　图3.33

◆ shadow bias（阴影偏移）：这个参数控制物体的阴影渲染偏移程度。偏移值越低，阴影的范围越大，越模糊；偏移值越高，阴影范围越小，相对越清晰。如图3.34所示为对“VRayIES01”的阴影偏移值进行设置后的效果。

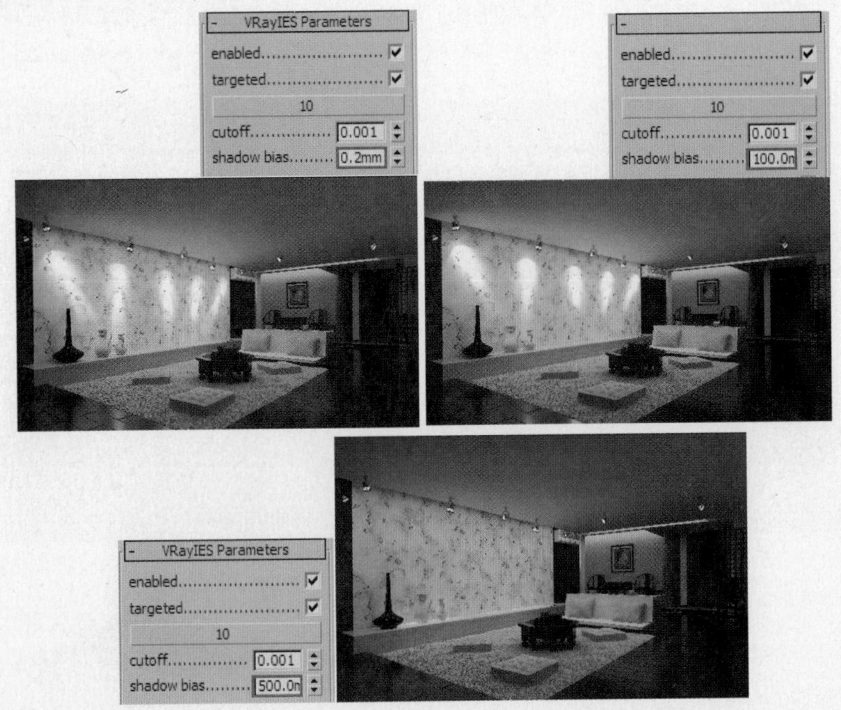

图3.34

Note 提示 3 ▸ 从图3.34中可以发现随着阴影偏移值的增加，阴影的范围越来越小，越来越清晰。

- cast shadows（投影）：阴影开关。当勾选此选项时，灯光VRayIES01产生投影；当不勾选此选项时不产生投影。
- use light shape（使用灯光截面）：只有当此选项勾选时，截面细分才起作用；不勾选时，截面细分不起作用。
- shape subdivs（截面细分）：数值越大画面质量越高，渲染速度越慢。可以看出，数值越大最后得到的效果越细腻，当然渲染所花费的时间也将越长。

Note 提示 3 ▸ 要得到细腻的效果除了要提高灯光的细分值外，还需要调整其他参数，这些参数将在以后的章节中陆续讲解。

- color mode（色彩模式）：包括Color（颜色）和Temperature（温度）两个选项，当选择Color时“颜色”项起作用，当选择Temperature时“色温”项起作用。
- color（颜色）：控制灯光的颜色，当颜色为蓝色和黄色时的效果如图3.35所示。

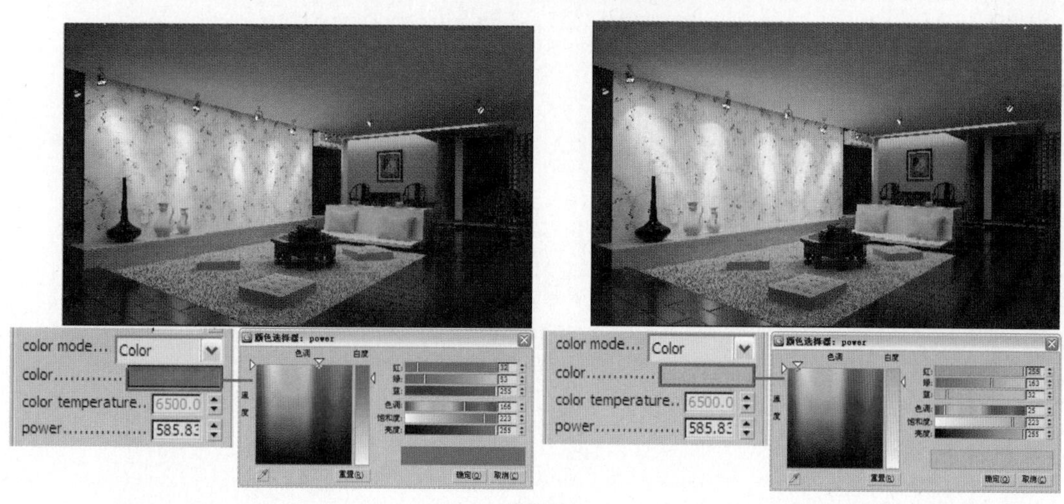

图3.35

- color temperature（色温）：调整色温的数值可以改变灯光的颜色，如图3.36所示值为1000和6000时的效果。

图3.36

- power（功率）：控制灯光的大小，如图3.37所示值为585.83和3000时的效果。

图3.37

◆ Exclude（排除）：可以设置场景中的任何物体是否受某个灯光的照明和阴影的影响。如图3.38所示分别为在主光“VRayIES01”的参数设置中对物体“装饰瓶”的照明和阴影进行排除设置的效果。

图3.38

Note 提示 3

选择“二者兼有”表示排除灯光对装饰瓶的照明及产生的阴影，可以看到场景中的“装饰瓶”变黑，而且木条上也没有了它的阴影；选择“投射阴影”后，灯光排除了对装饰瓶产生的阴影，从图3.38中可以看到装饰瓶的照明正常但没有在木条上产生阴影；选择“照明”后，灯光排除了对装饰瓶的照明，从图3.38中可以看到装饰瓶变黑但在木条上产生的阴影仍然存在。

Work 3.4 了解VRay阳光和VRay天光系统

3ds Max 2010+VRay

VRay ART LIAO JIE VRay YANG GUANG HE VRay TIAN GUANG XI TONG

从VRay 1.48版开始，VRay在系统中加入了新的VRay阳光和VRay天光，这使得运用VRay渲染器制作室外建筑效果图变得更加容易和快捷。

VRay阳光和VRay天光是VRay的一个新功能，它们能模拟物理世界里的真实阳光和天光的效果。它们的变化，主要是随着VRay阳光位置的变化而变化。

在3ds Max的创建命令面板下选择VRay灯光下的VRay阳光，在场景中创建一盏VRay阳光，然后在弹出的VRay阳光对话框中选择“是”选项，这样VRay天光就会被作为环境贴图。VRay阳光的参数面板如图3.39所示。

VRaySun Parameters	
enabled	☑
invisible	☐
turbidity	3.0
ozone	0.35
intensity multiplier	1.0
size multiplier	1.0
shadow subdivs	3
shadow bias	0.2
photon emit radius	50.0
Exclude...	

图3.39

- enabled（激活）：阳光开关。
- invisible（不可见）：勾选该选项后可以在保留光照的情况下将光源隐藏，否则在渲染时光源模型会影响场景。
- turbidity（空气浑浊度）：它影响阳光和天光的颜色。比较小的值表示晴朗干净的空气，阳光和天光的颜色比较蓝；较大的值表示灰尘含量重的空气，如沙尘暴，阳光和天光的颜色呈现黄色甚至橘黄色。如图3.40所示分别为将数值设置为2、5和10时的效果。

图3.40

- ozone（臭氧层浓度）：这个参数是指空气中氧气的含量。较小的值阳光比较黄，较大的值阳光比较蓝。如图3.41所示分别为将其设置为0、0.5和1时的效果。

图3.41

- intensity multiplier（强度倍增值）：这个参数用来控制阳光的亮度。默认值为1时，整个场景会过亮。在上面测试的例子中，阳光的强度为0.01。
- size multiplier（大小倍增值）：这个参数用来控制阳光的大小。它的作用主要表现在阴影的模糊程度上，值越大阴影越模糊。
- shadow subdivs（阴影细分）：这个参数用来控制阴影的细分程度。值越大渲染的阴影质量越好，相对的渲染时间也会增加。
- shadow bias（阴影偏移）：用来控制物体与阴影偏移的距离，较高的值会使阴影向灯光的方向偏移。
- photon emit radius（光子发射半径）：该参数控制光子发射的半径尺寸大小。
- Exclude（排除）：通过该功能可以在选择框下选择照射或不被照射的模型。

下面再来看一下VRay天光的相关参数，VRay天光贴图既可以放在3ds Max环境里，也可以放在VRay的环境里。在前面创建VRay阳光的时候系统已经自动为场景的环境添加了VRay天光贴图。首先按8键打开“环境和效果”对话框，然后将环境贴图通道按钮上的VRay天光贴图拖放到一个空白材质球上，并以“实例”方式进行关联复制，这样在材质编辑器中对VRay天光贴图参数的修改都会与环境贴图通道中的VRay天光贴图相关联，如图3.42所示。

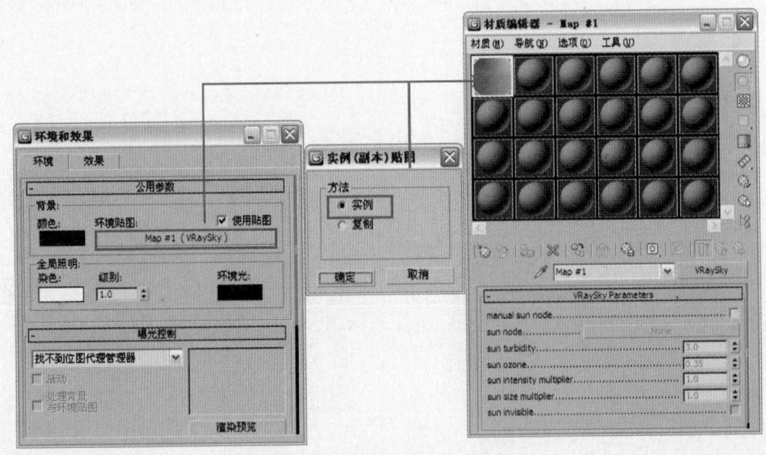

图3.42

- manual sun node（手动阳光节点）：当不勾选天光开关选项时，VRay天光的参数将从场景中VRay阳光的参数里自动匹配；当勾选天光开关选项时，用户就可以从场景中选择不同的光源，比如3ds Max里的目标平行光。在这种情况下，VRay阳光将不再控制VRay天光的效果，而VRay天光将用它自身的参数来改变VRay天光的效果。
- sun node（阳光节点）：这里除了可以选择VRay阳光之外，还可以选择其他光源。其余的参数都和VRay阳光里的参数效果是一样的，所以这里就不重复讲解了。

如图3.43所示分别为关闭和开启手动阳光节点时的场景渲染效果。

VRay天光面板中剩余的几个参数和VRay阳光面板里面的参数用法相同，这里不再赘述。

图3.43

Work 3.5 认识VRay阴影

3ds Max 2010+VRay

VRay ART REN SHI VRAY YIN YING

VRayShadows阴影类型常被用来配合3ds Max自带灯光在VRay渲染器中的渲染。由于3ds Max光线跟踪阴影并不能用VRay渲染器渲染出来，为了达到更好的渲染效果和更短的渲染时间，当使用3ds Max自带灯光类型时，最好设置阴影类型为VRayShadows类型。

设置阴影类型为VRayShadows，不但可以完成VRay阴影效果的创建，还能让VRay的置换物体和透明物体投射出正确的阴影效果。

不论是标准灯光还是光度学灯光，当选择了VRayShadows阴影类型后，都会出现VRayShadows params卷展栏，如图3.44所示。

下面通过一个小的场景来讲解这些参数的作用，场景文件为本书所附光盘提供的“第3章\VRay阴影\VRay阴影.max”文件，如图3.45所示。

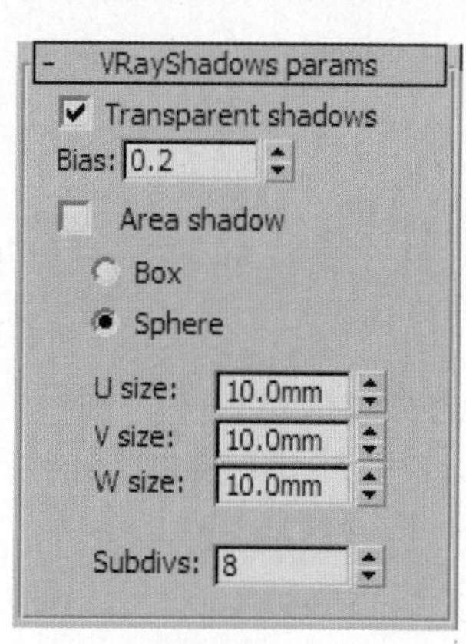

图3.44

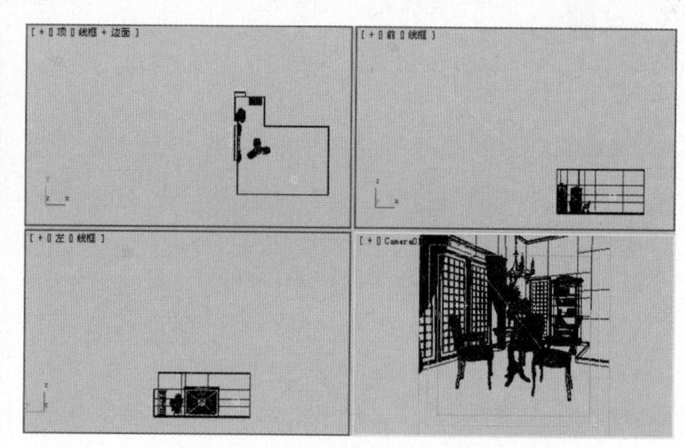

图3.45

Note 提示 3 场景中只有一盏“目标平行光”作为主光源，其阴影类型已经设置为VRayShadows。

- Transparent shadows（透明阴影开关）：当不勾选该选项时，场景的灯光、物体受**阴影参数**（标准灯光阴影）卷展栏的控制，如图3.46所示；当勾选此选项后，场景的灯光、物体不受**阴影参数**卷展栏的控制，如图3.47所示。

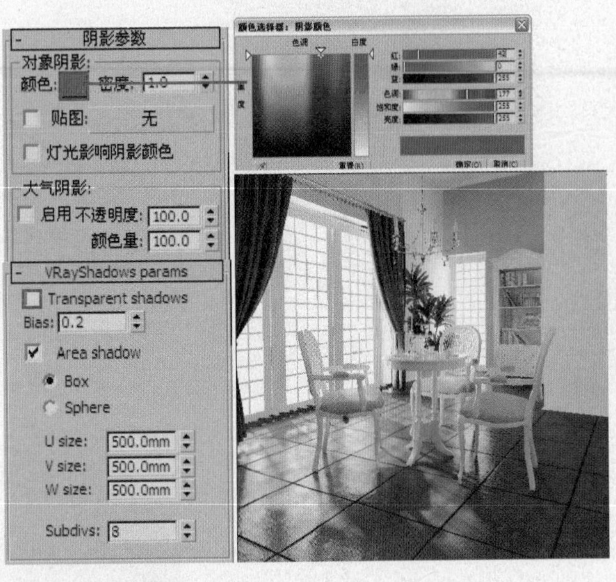

图3.46

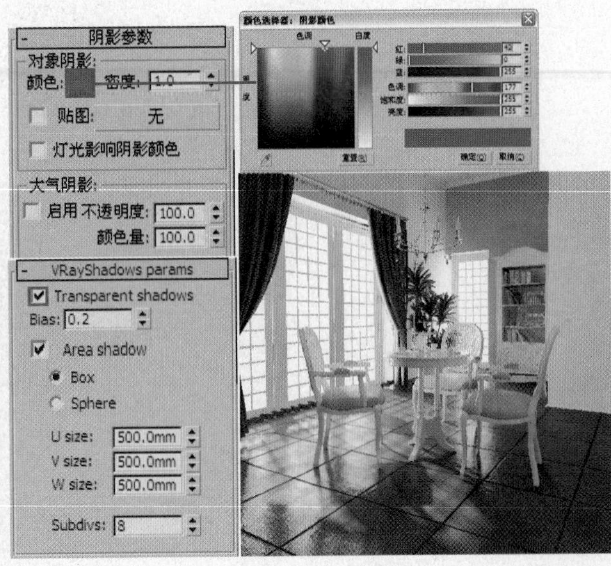

图3.47

Note 提示 3 ▸ 从图3.47中可以观察到当透明阴影开关不启用时，场景的背光部分显示为蓝紫色；当透明阴影开关启用时，场景的背光部分显示为灰色。

◆ Bias（偏移）：阴影偏移设置，默认为0.2，可以调整数值来控制阴影的偏移大小。如图3.48所示为调整平行光阴影偏移值后的效果。

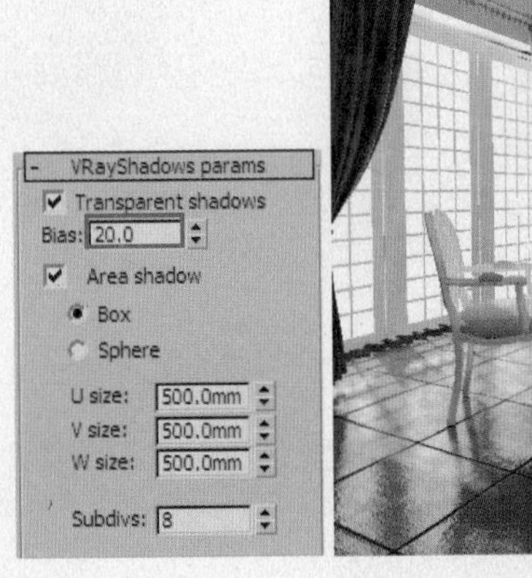

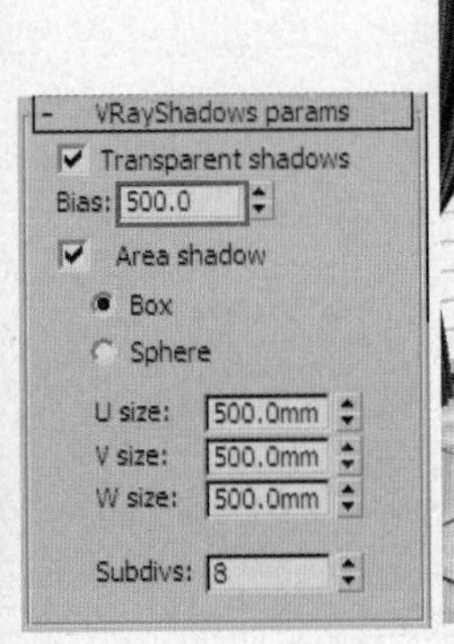

图3.48

◆ Area shadow（区域阴影）：开启或关闭区域阴影。当勾选此选项时，可以通过选择长方体或球体这两种方式来调整U尺寸、V尺寸和W尺寸，从而控制阴影的效果。

Box（长方体）——将投射阴影的灯光设置为长方体形状。

Sphere（球体）——将投射阴影的灯光设置为球体形状。

U size（U尺寸）——光源U方向的尺寸（如果选择球形光源，此数值为球形半径）。

V size（V尺寸）——光源V方向的尺寸（如果选择球形光源，此数值无效）。

W size（W尺寸）——光源W方向的尺寸（如果选择球形光源，此数值无效）。

下面通过对区域阴影各个参数的调节进一步了解各个参数的作用。

第一种参数设置——开启区域阴影后，采用系统默认设置，其效果如图3.49所示。

第二种参数设置——选择长方体方式，增大U尺寸，此时场景中的阴影纵向被模糊，如图3.50所示。

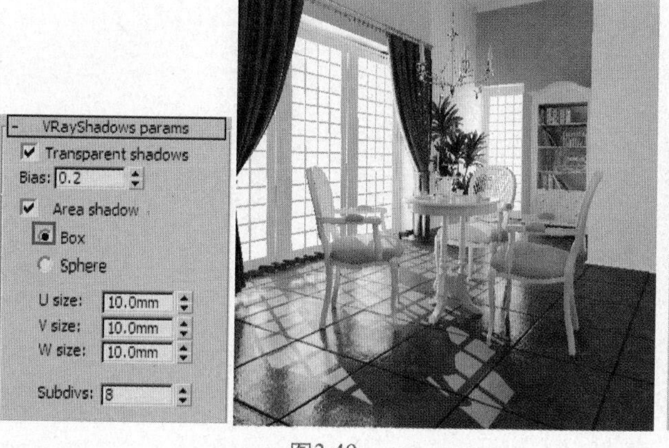

图3.49

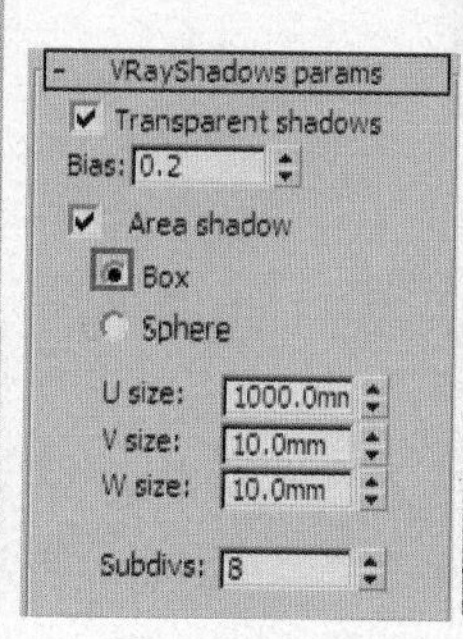

图3.50

第三种参数设置——增大V尺寸，此时场景中的阴影横向被模糊，如图3.51所示。
第四种参数设置——增大W尺寸，此时场景中的阴影横向、纵向都被模糊，如图3.52所示。

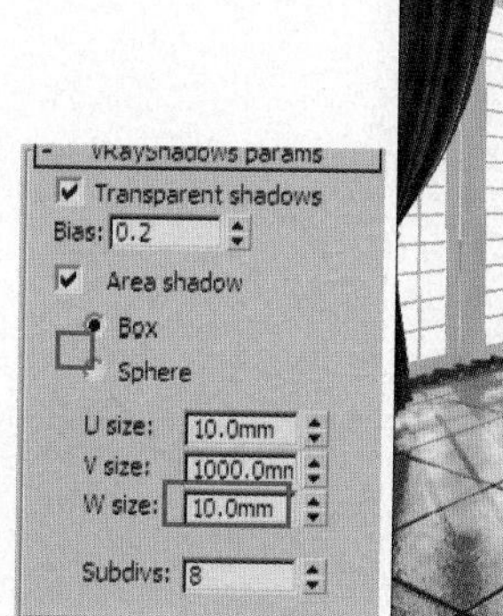

图3.51

图3.52

第五种参数设置——选择球体方式，增大U尺寸，此时场景中的阴影近处清晰，远处模糊，如图3.53所示。

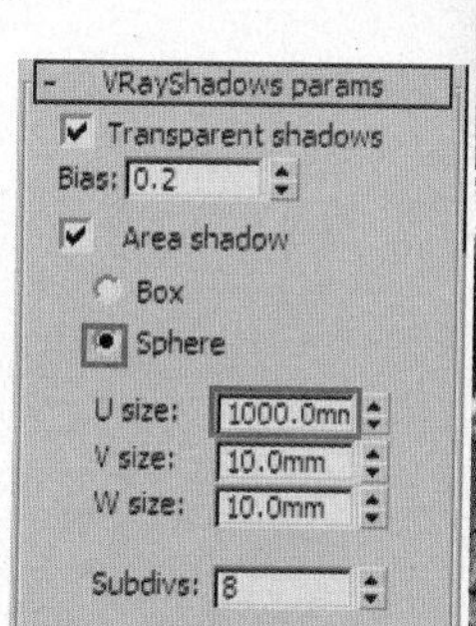

图3.53

Note 提示 3

选择球体方式时U尺寸对应球形发光体的半径。

第六种参数设置——增大V尺寸、W尺寸均对场景投影没有影响，如图3.54所示。

◆ Subdivs（细分）：与其他属性的细分值类似，这个值控制VRay将消耗多少样本来计算区域阴影。值越大，噪点越低，需要的渲染时间越长。

当细分值为1时，效果如图3.55所示，可以看到阴影位置的噪点很多。

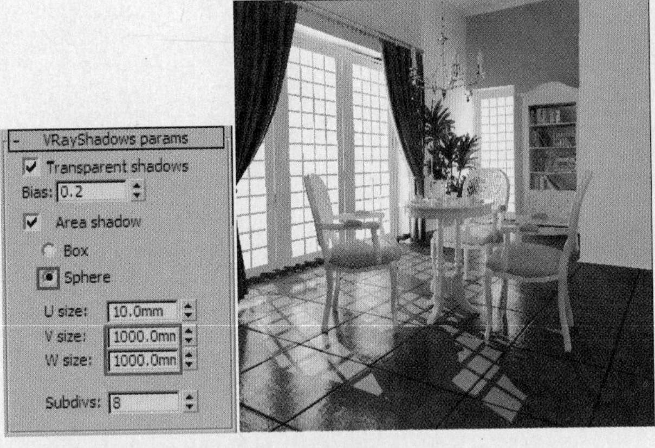

图3.54

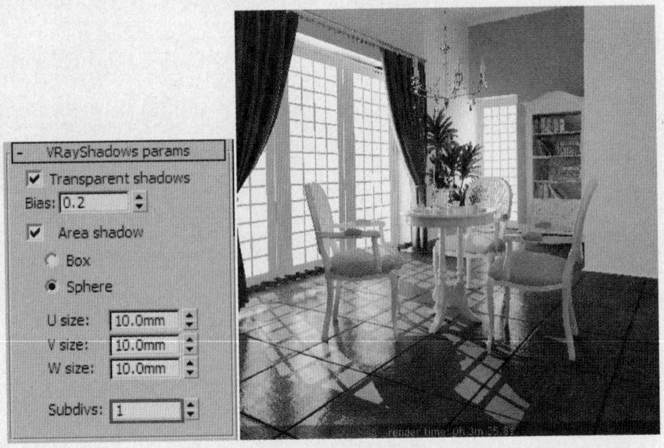

图3.55

当细分值为16时，效果如图3.56所示，可以看到阴影位置的噪点明显减少，但渲染时间也相对增加了。

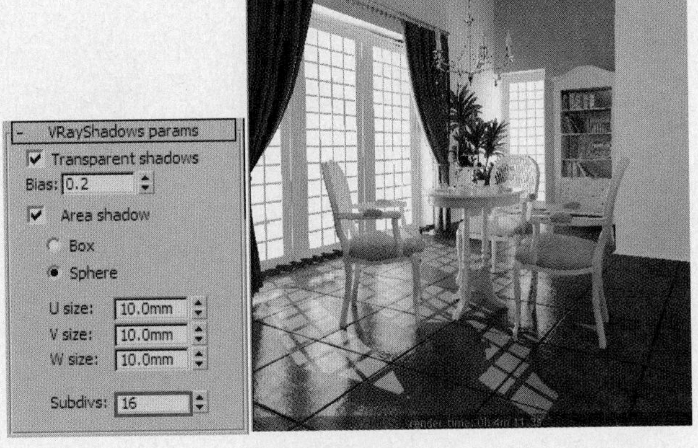

图3.56

光盘\视频\第4章视频

光盘\第4章\东南亚客厅\东南亚客厅（日景）效果

光盘\第4章\古朴客厅\古朴客厅夜景效果

第4章

灯光实战

古朴客厅日景表现 3ds Max 2010+VRay

Work 4.1 VRay ART GU PU KE TING RI JING BIAO XIAN

4.1.1 古朴客厅日景表现简介

本案例为一个海边别墅的客厅场景，作为一个用于度假的场所，整个空间更加注重于营造一个使人放松身心的氛围。复古的深色木质家具更彰显了平和稳重的气息，可使休憩者摆脱忙碌疲惫的情绪，平静地度过一个美好的假期。

客厅平面布局如图4.1所示，可以看到整个布局充分利用了建筑的原始结构，各个区域自然地分隔并有机地结合在一起，整个空间通透而宽敞。

本场景采用了日光的表现手法，体现了阳光的温暖与柔和，案例效果如图4.2所示。

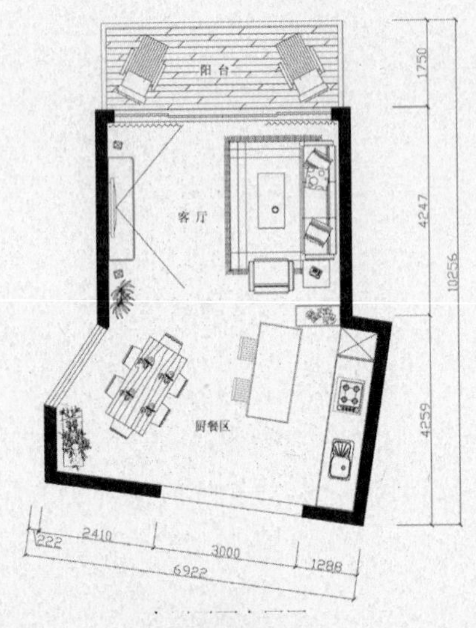

图4.1

图4.2

如图4.3所示为客厅模型的线框效果图。

图4.3

客厅的其他角度效果如图4.4所示。

图4.4

4.1.2 古朴客厅日景测试渲染设置

打开配套光盘中的“第4章\古朴客厅\古朴客厅日景效果\古朴客厅日景源文件.max”场景文件，如图4.5所示。可以看到这是一个已经创建好的客厅场景模型，并且场景中的摄像机已经创建完成。

图4.5

下面首先进行测试渲染参数设置，然后进行灯光设置。灯光布置包括室外天光、日光和室内光源的建立。

1. 设置测试渲染参数

测试渲染参数的设置步骤如下。

01 按F10键打开“渲染设置”对话框，渲染器已经设置为V-Ray Adv 1.50.SP3a渲染器，在公用参数卷展栏中设置较小的图像尺寸，如图4.6所示。

渲染设置: V-Ray Adv 1.50.SP3a
Indirect illumination　Settings　Render Elements
公用　V-Ray
公用参数
时间输出
单帧　每N帧: 1
活动时间段: -4 到 96
范围: 0 至 100
文件起始编号: 0
帧: 1,3,5-12
要渲染的区域
视图　选择的自动区域
输出大小
自定义　光圈宽度(毫米): 36.0
宽度: 500　320x240　720x486
高度: 313　640x480　800x600
图像纵横比: 1.59744　像素纵横比: 1.0
产品　预设: ----------
ActiveShade　查看: 顶　渲染

图4.6

02 进入V-Ray选项卡，在 V-Ray:: Global switches （全局开关）卷展栏中的参数设置如图4.7所示。

03 进入 V-Ray:: Image sampler (Antialiasing) （抗锯齿采样）卷展栏，参数设置如图4.8所示。

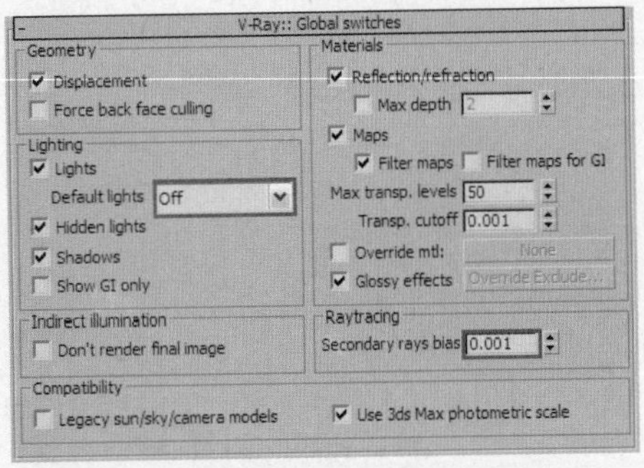

图4.7

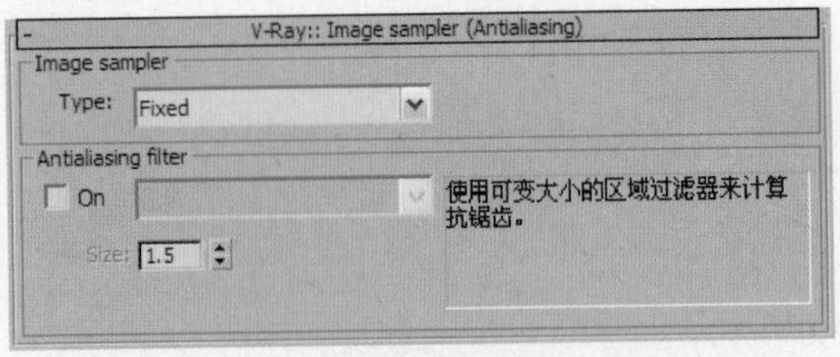

图4.8

04 打开 V-Ray:: Environment （环境）卷展栏，在GI Environment (skylight) override选项组、Reflection/refraction environment override选项组及Refraction environment override选项组中勾选On复选框，参数设置如图4.9所示。

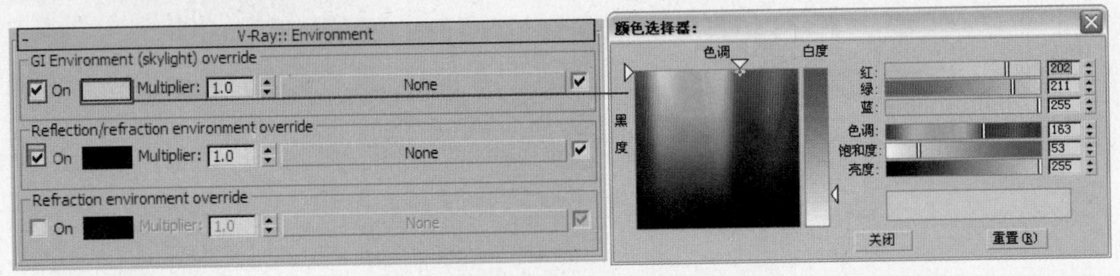

图4.9

05 在 V-Ray:: Environment （环境）卷展栏中单击Reflection/refraction environment override选项组中的None贴图通道按钮，为其添加一个 VRaySky 贴图，参数设置如图4.10所示。

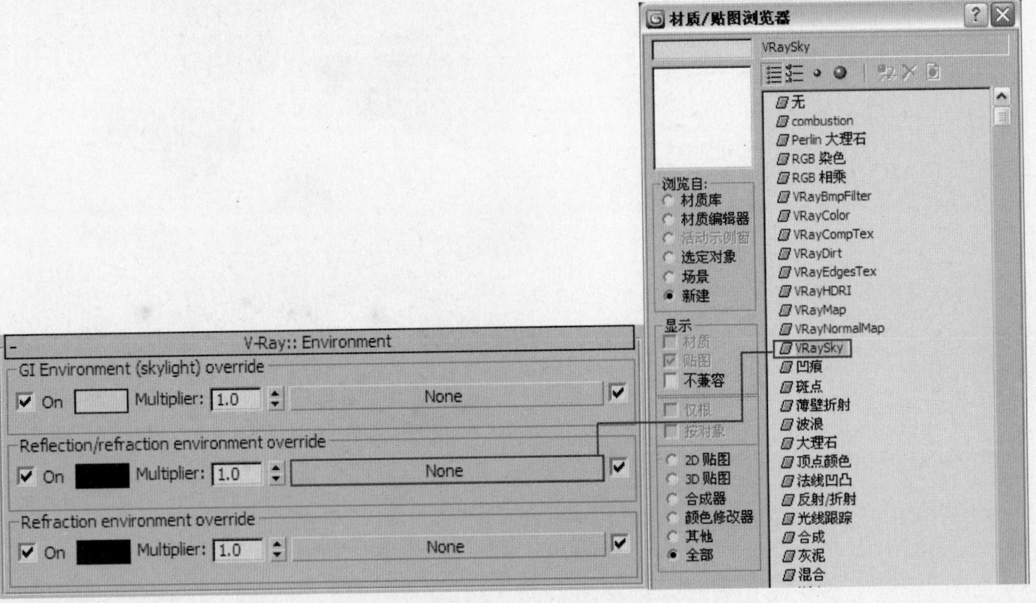

图4.10

06 按M键打开“材质编辑器”对话框，将Reflection/refraction environment override选项组中的None贴图通道按钮拖动到一个空白材质球上，并以“实例”方式进行关联复制，具体参数设置如图4.11所示。

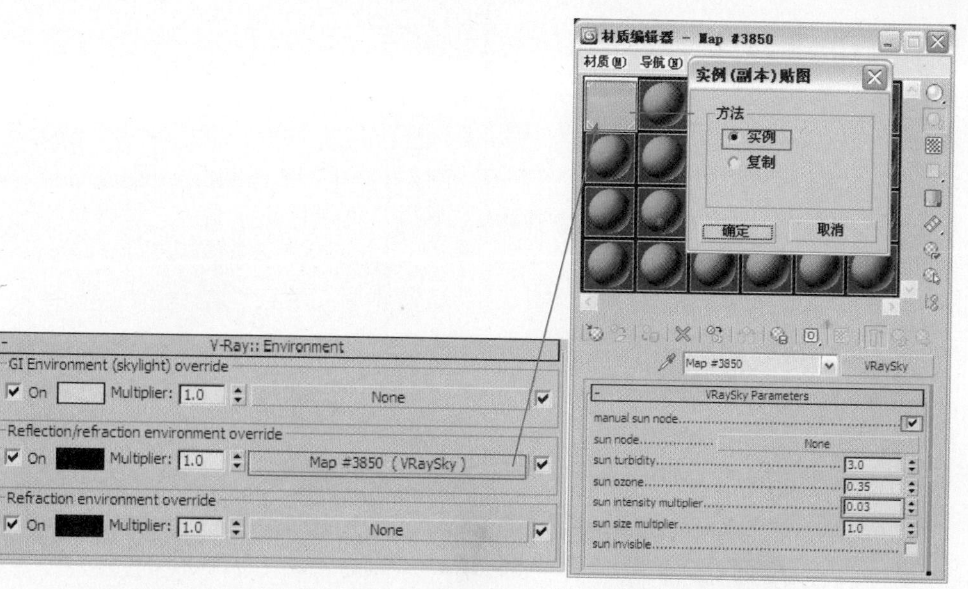

图4.11

07 在 V-Ray:: Environment （环境）卷展栏中将Reflection/refraction environment override选项组中的贴图通道按钮拖动到Refraction environment override选项组中的None贴图按钮上，并以“实例”方式进行关联复制，具体参数设置如图4.12所示。

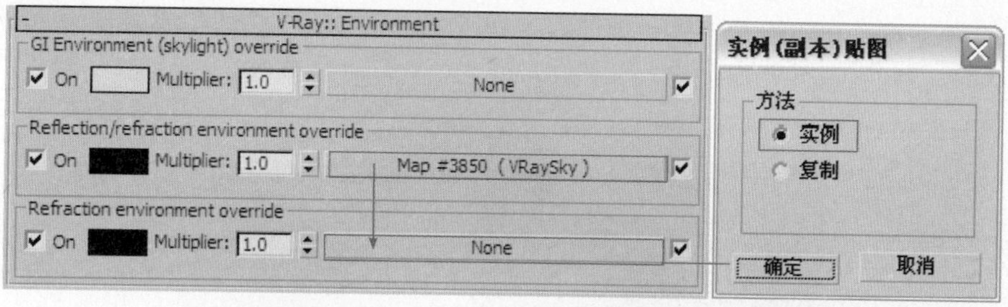

图4.12

08 进入Indirect illumination（间接照明）选项卡，在 V-Ray:: Indirect illumination (GI) （间接照明）卷展栏中设置参数，如图4.13所示。

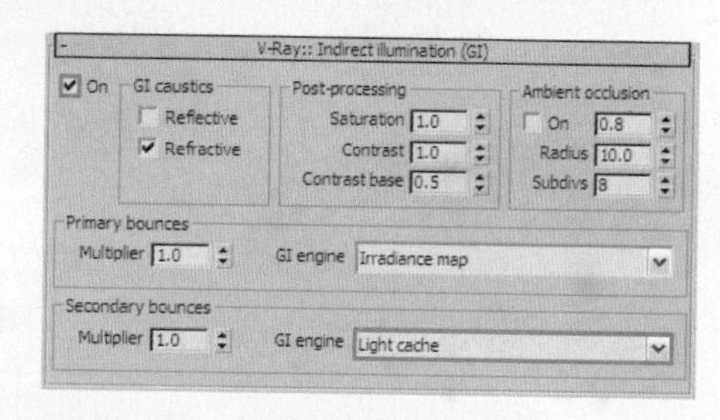

图4.13

09 在 V-Ray:: Irradiance map （发光贴图）卷展栏中设置参数，如图4.14所示。

10 在 V-Ray:: Light cache （灯光缓存）卷展栏中设置参数，如图4.15所示。

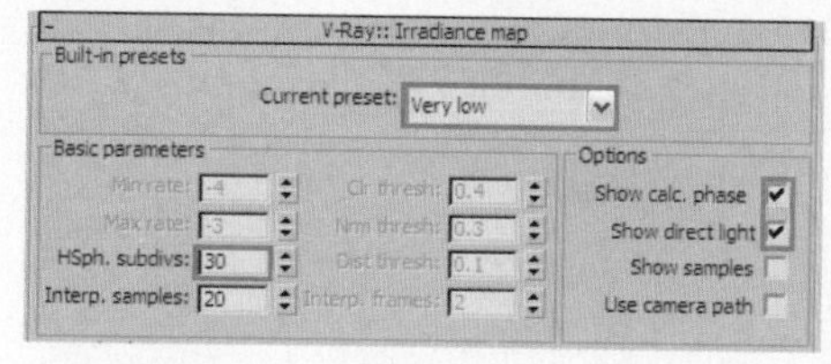

图4.14

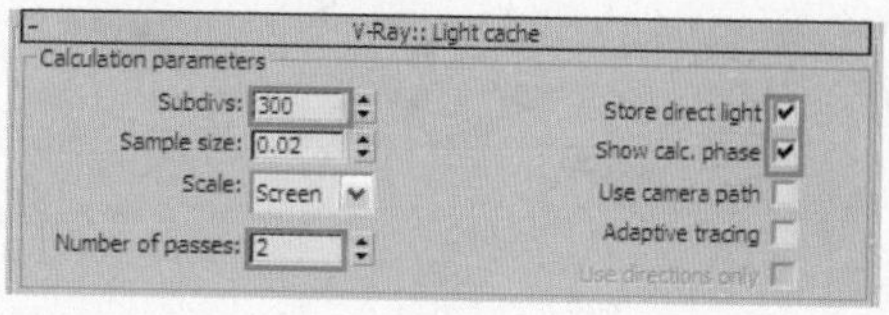

图4.15

Note 提示 4

预设测试渲染参数是根据自己的经验和计算机本身的硬件配制得到的一个相对低的渲染设置，读者在这里可以作为参考。当然，读者也可以自己尝试一些其他参数设置。

2. 布置场景灯光

本场景的光线来源主要为室外天光、日光和室内灯光。在为场景创建灯光前，首先用一种白色材质覆盖场景中的所有物体，这样便于观察灯光对场景的影响。

01 按M键打开“材质编辑器”对话框，选择一个空白材质球，单击其 Standard 按钮，在弹出的“材质/贴图浏览器”对话框中选择 VRayMtl 材质，将该材质命名为“替换材质”，具体参数设置如图4.16所示。

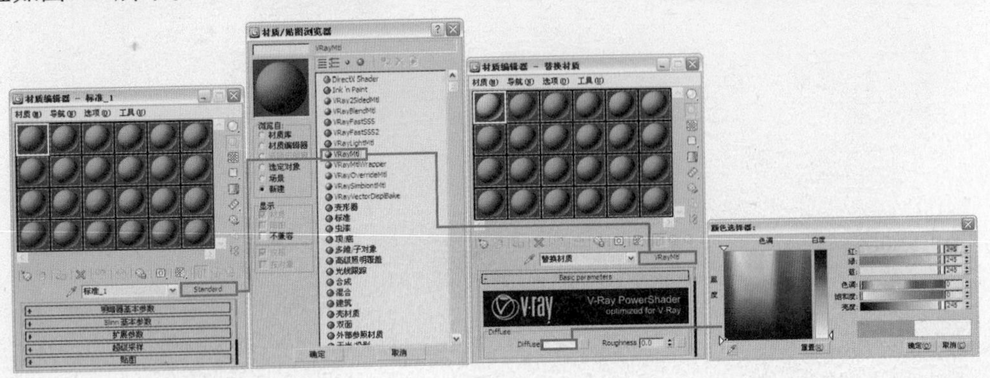

图4.16

02 按F10键打开“渲染设置”对话框，进入V-Ray选项卡，在 V-Ray:: Global switches （全局开关）卷展栏中，勾选Override mtl（覆盖材质）前的复选框，然后进入“材质编辑器”对话框，将“替换材质”材质的材质球拖放到Override mtl右侧的None贴图通道按钮上，并以“实例”方式进行关联复制，具体参数设置如图4.17所示。

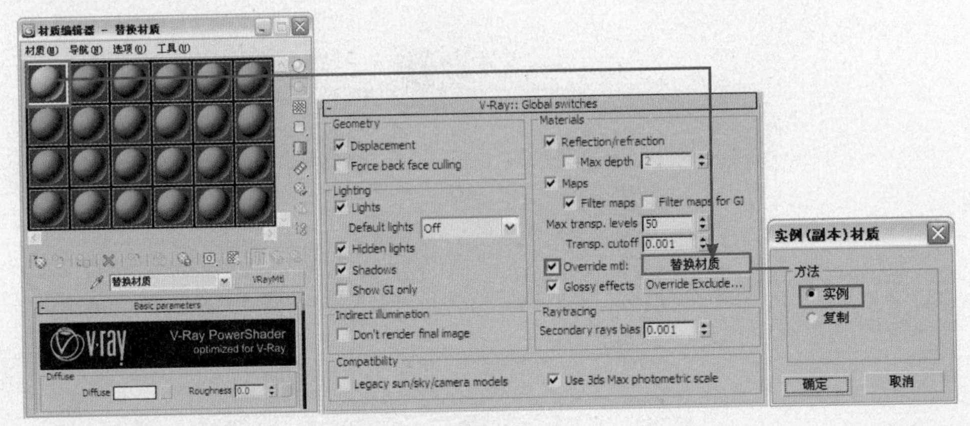

图4.17

03 首先创建室外部分的天光。单击（创建）按钮，进入创建命令面板，再单击（灯光）按钮，在下拉菜单中选择VRay选项，然后在“对象类型”卷展栏中单击 VRayLight 按钮，在场景的窗外部分创建一盏VRayLight灯光，如图4.18所示。灯光参数设置如图4.19所示。

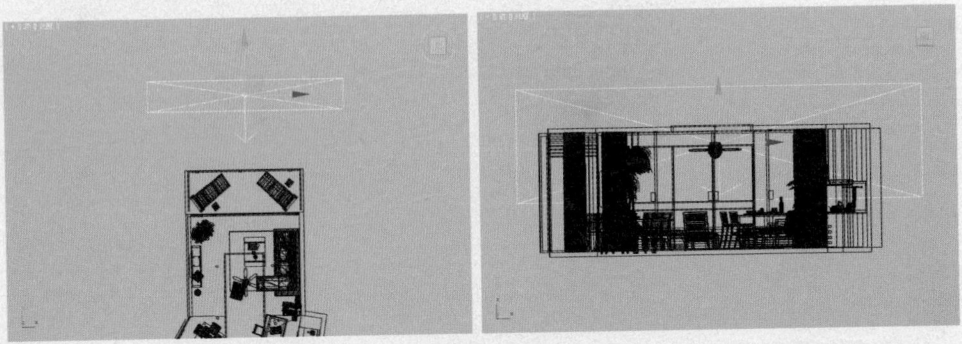

图4.18

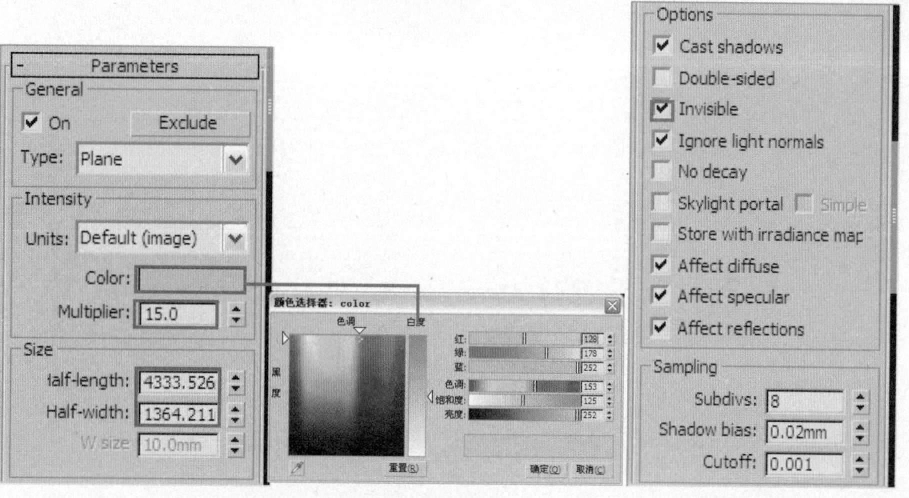

图4.19

04 下面对摄像机视图进行渲染，在渲染前先将场景中的物体“窗玻璃”隐藏。因为场景中所有物体的材质都已经被替换为一种白色的材质，所以原本应该透明的玻璃材质也一样被替换为不透明的白色了。在灯光测试阶段先将其隐藏以观察正确的灯光效果，渲染效果如图4.20所示。

图4.20

05 继续创建室外的天光。在如图4.21所示的位置创建一盏VRayLight，具体参数设置如图4.22所示。

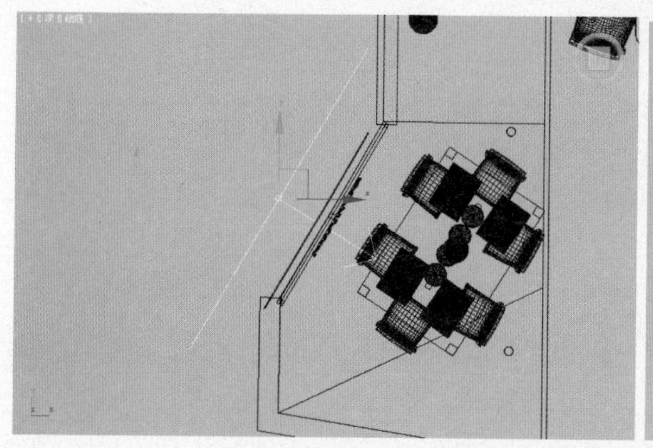
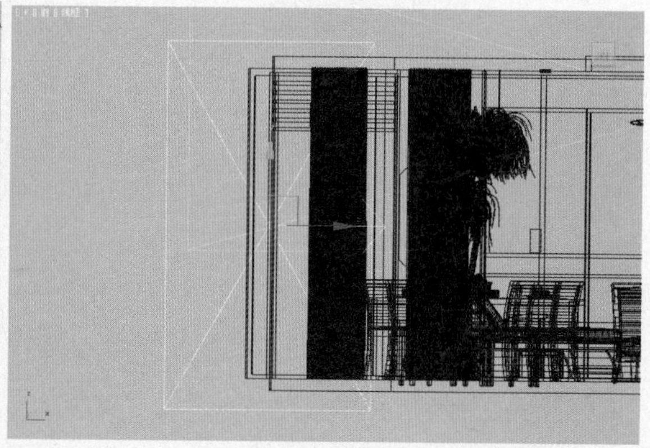

图4.21

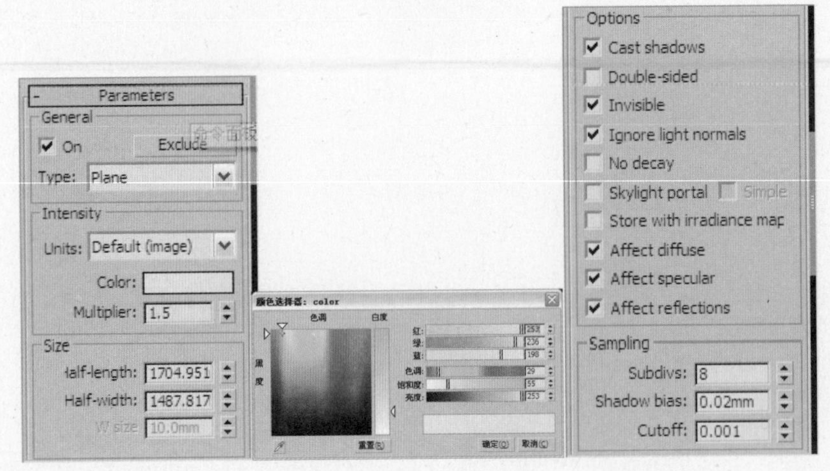

图4.22

06 在视图中选中刚刚创建的天光，将其关联复制出一盏灯光，灯光位置如图4.23所示。

图4.23

07 对摄像机视图进行渲染，效果如图4.24所示。

图4.24

08 室外的天光创建完毕，下面开始创建室外的日光。单击（创建）按钮，进入创建命令面板，再单击（灯光）按钮，在下拉菜单中选择“标准”选项，然后在“对象类型”卷展栏中单击 目标平行光 按钮，在视图中创建一盏目标平行光，位置如图 4.25 所示。

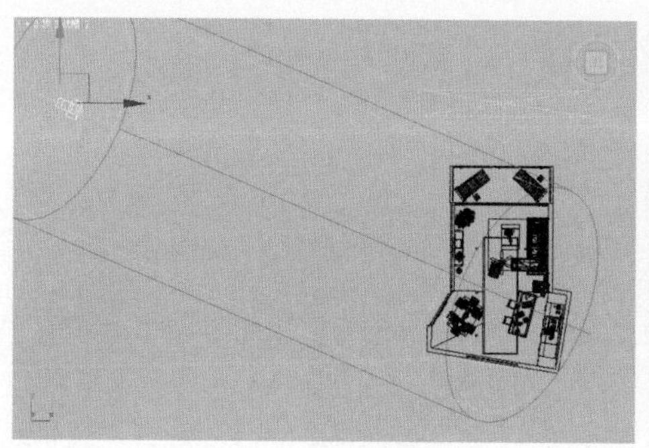

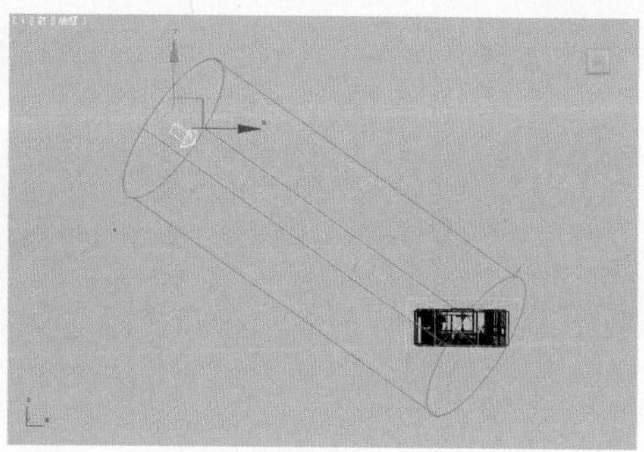

图4.25

09 单击（修改）按钮，进入修改命令面板，对刚刚创建的目标平行光的参数进行设置，如图4.26所示。

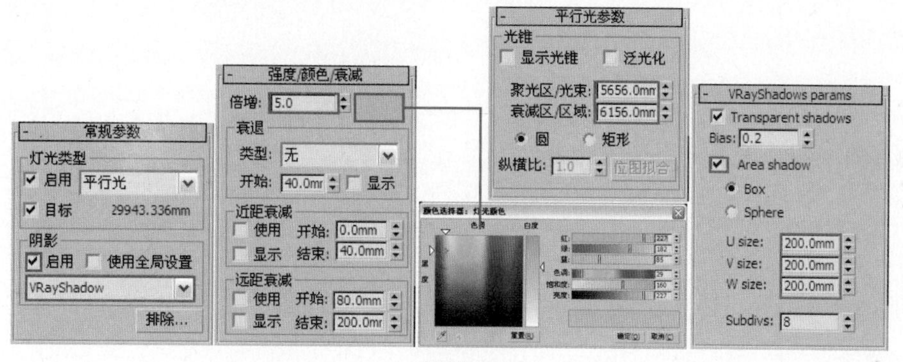

图4.26

10 对摄像机视图进行渲染，此时灯光效果如图4.27所示。

11 从渲染效果中可以发现场景由于日光的照射而曝光严重。下面通过调整场景曝光参数来降低场景亮度。按F10键打开“渲染设置”对话框，进入V-Ray选项卡，在 V-Ray:: Color mapping （色彩映射）卷展栏中进行曝光控制，参数设置如图4.28所示。再次渲染，效果如图4.29所示。

图4.27

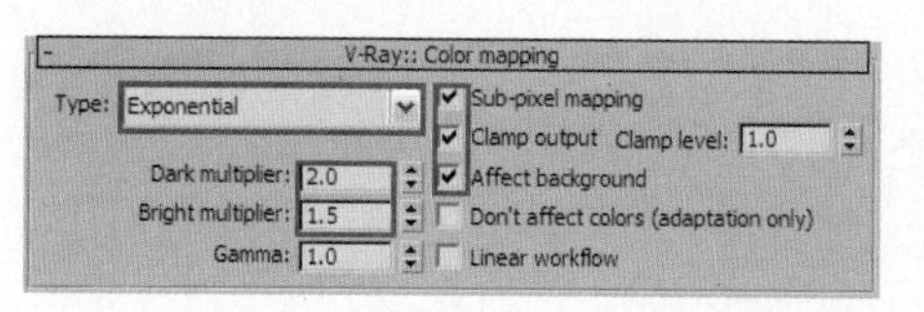

图4.28

图4.29

Note 提示 4

观察渲染结果，发现场景亮度问题已经解决。

12 下面布置室内灯光。首先为橱柜顶部的筒灯创建灯光。单击 （创建）按钮，进入创建命令面板，单击 （灯光）按钮，在下拉菜单中选择“光度学”选项，然后在“对象类型”卷展栏中单击 目标灯光 按钮，在如图4.30所示的位置创建一盏目标灯光来模拟筒灯灯光。

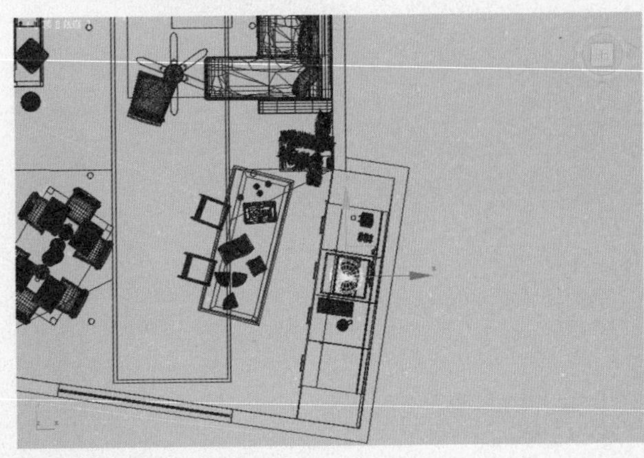
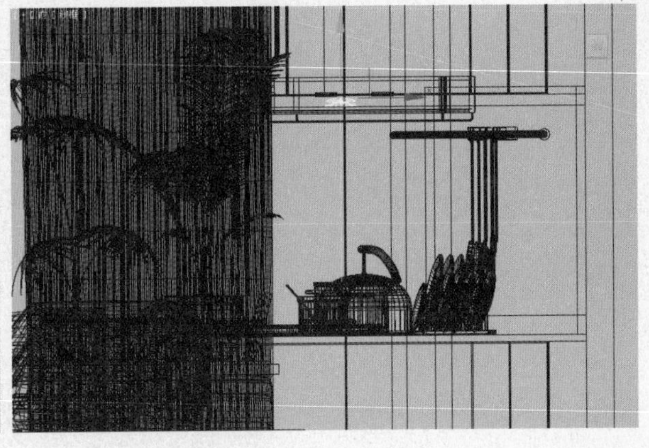

图4.30

13 进入修改命令面板，对创建的目标灯光参数进行设置，如图4.31所示。光域网文件为本书所附光盘提供的“第4章\古朴客厅\材质\9.IES”文件。

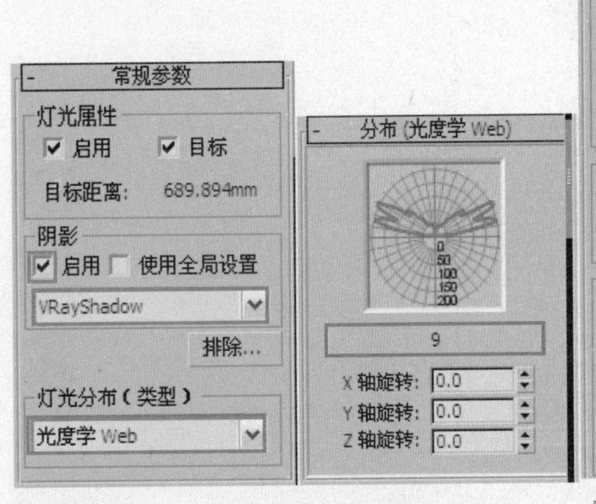

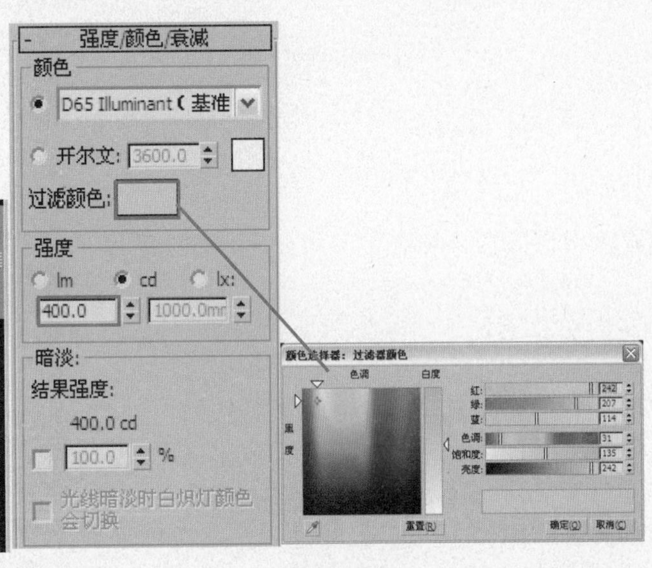

图4.31

14 在顶视图中，将刚刚创建的用来模拟筒灯灯光的目标灯光关联复制出一盏灯光，灯光位置如图4.32所示。对摄像机视图进行渲染，此时灯光效果如图4.33所示。

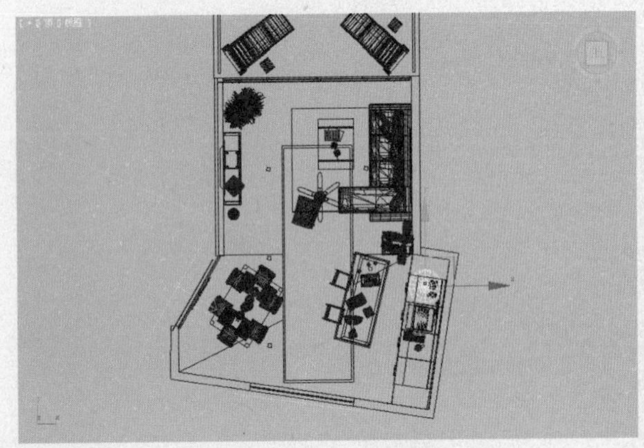

图4.32

图4.33

上面已经对场景的灯光进行了布置，最终测试结果比较满意。测试完灯光效果后，下面进行材质设置。

4.1.3 设置场景材质

由于本章中的重点在于如何布置场景中的灯光，所以场景中材质的制作在此不做具体讲解。为场景中的物体制作完材质后的场景效果如图4.34所示。至此，场景的灯光测试和材质设置都已经完成。下面将对场景进行最终渲染设置。最终渲染设置将决定图像的最终渲染品质。

图4.34

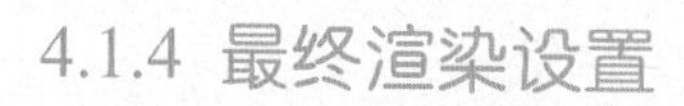

4.1.4 最终渲染设置

1. 最终测试灯光效果

场景中的材质设置完毕后需要对场景进行渲染，观察此时场景整体的灯光效果。对摄像机视图进行渲染，效果如图4.35所示。

图4.35

观察渲染效果，场景光线稍微有些暗，调整一下曝光参数，具体设置如图4.36所示。再次对摄像机视图进行渲染，效果如图4.37所示。

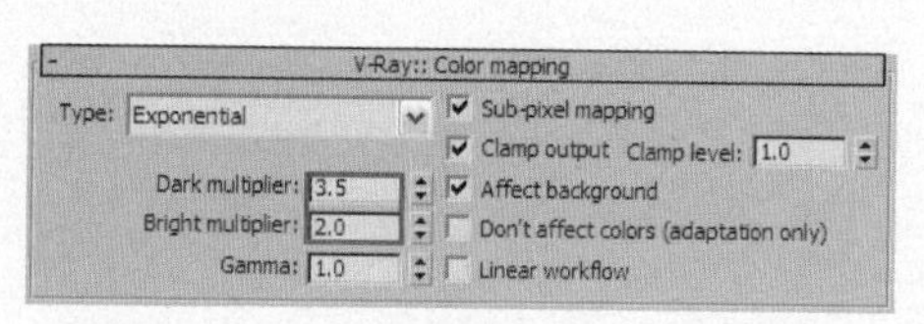

图4.36

图4.37

观察渲染效果，场景光线无须再调整，接下来设置最终渲染参数。

2. 灯光细分参数设置

提高灯光细分值可以有效地减少场景中的杂点，但渲染速度也会相对降低，所以只需要提高一些开启阴影设置的主要灯光的细分值，而且不能设置得过高。下面对场景中的主要灯光进行细分设置。

01 将窗口处模拟日光的目标平行光的阴影细分值设置为20，如图4.38所示。

02 将窗口处模拟天光的VRayLight的灯光细分值设置为24，如图4.39所示。

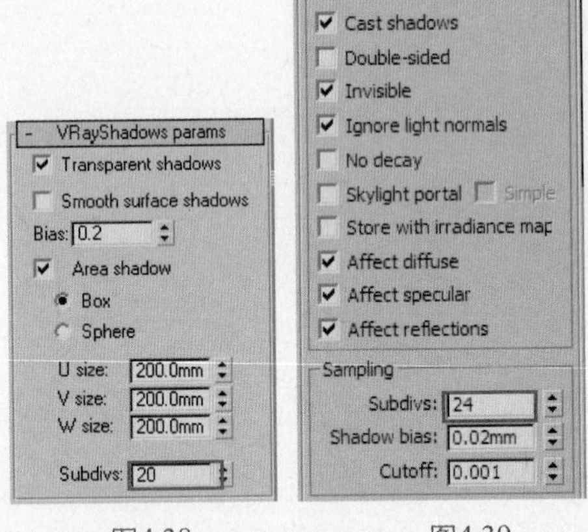

图4.38　　图4.39

3. 设置保存发光贴图和灯光贴图的渲染参数

为了更快地渲染出较大尺寸的最终图像，可以先使用小的图像尺寸渲染并保存发光贴图和灯光贴图，然后再渲染大尺寸的最终图像。保存发光贴图和灯光贴图的渲染设置如下。

01 打开“渲染设置”对话框，单击V-Ray选项卡，在V-Ray::Global switches（全局开关）卷展栏中勾选Don't render final image（不渲染最终图像）复选框，如图4.40所示。

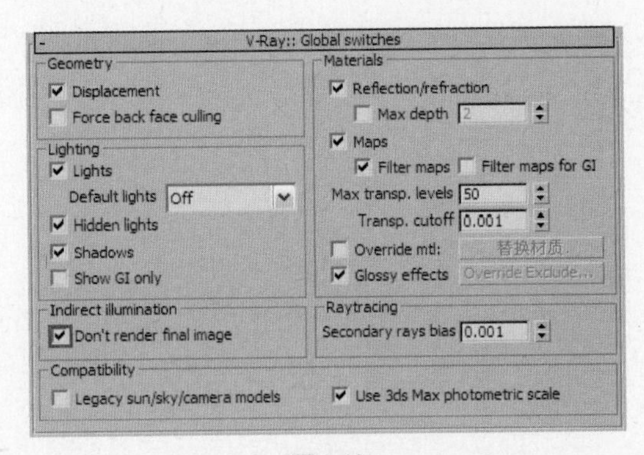

图4.40

> **Note 提示 4**
> 勾选Don't render final image复选框后，V-Ray将只计算相应的全局光子贴图，而不渲染最终图像，从而节省一定的渲染时间。

02 下面进行渲染级别设置。进入 V-Ray:: Irradiance map 卷展栏，设置参数如图4.41所示。

03 进入 V-Ray:: Light cache 卷展栏，设置参数如图 4.42 所示。

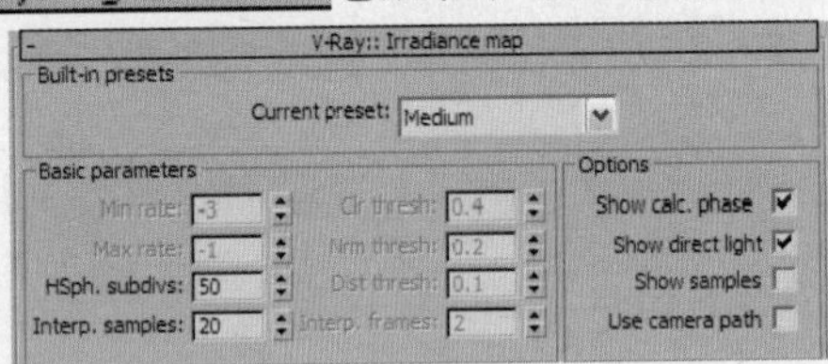

图4.41

V-Ray:: Light cache
Calculation parameters
Subdivs: 1000
Sample size: 0.02
Scale: Screen
Number of passes: 2
Store direct light
Show calc. phase
Use camera path
Adaptive tracing
Use directions only

图4.42

04 在 V-Ray:: DMC Sampler （准蒙特卡罗采样器）卷展栏中设置参数，如图4.43所示，这是模糊采样设置。

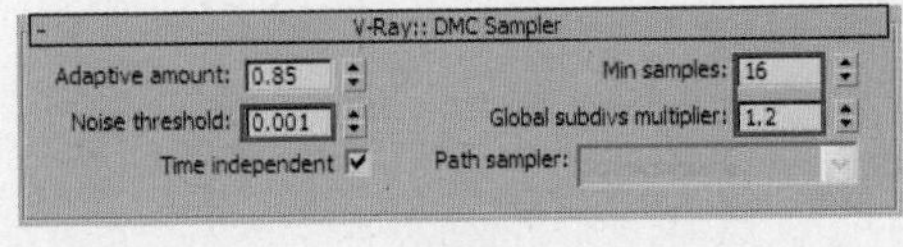

图4.43

05 渲染级别设置完毕，接下来设置保存发光贴图的参数。单击Indirect illumination（间接光照）选项卡，在V-Ray::Irradiance map（发光贴图）卷展栏中，勾选On render end（渲染后）选项区域中的Don't delete（不删除）和Auto save（自动保存）复选框，单击Auto save后面的 Browse （浏览）按钮，在弹出的Auto save Irradiance map（自动保存发光贴图）对话框中输入要保存的“发光贴图.vrmap”文件名及选择保存路径，如图4.44所示。

06 同样在V-Ray::Light cache（灯光缓存）卷展栏中，勾选On render end（渲染后）选项组中的Don't delete（不删除）和Auto save（自动保存）复选框，单击Auto save后面的 Browse （浏览）按钮，在弹出的自动保存发光贴图对话框中输入要保存的“灯光贴图.vrlmap”文件名及选择保存路径，如图4.45所示。

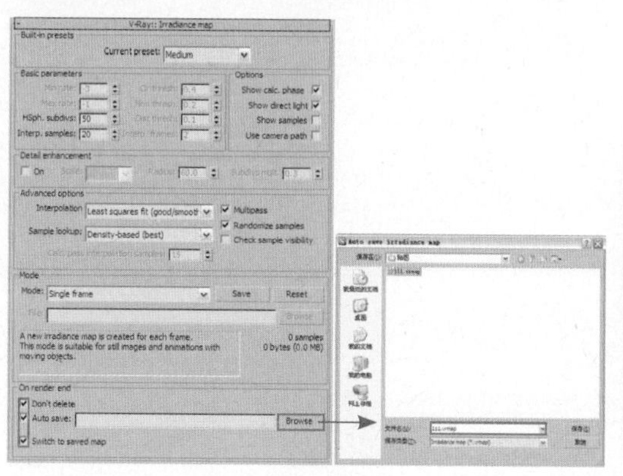

图4.44

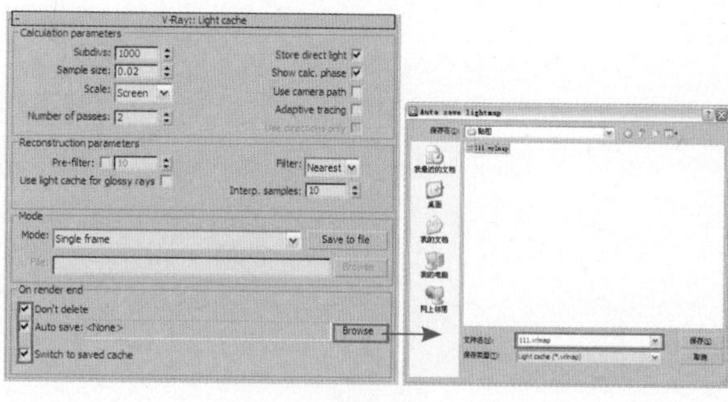

图4.45

Note 提示 4 ▸ 通过以上操作，激活Irradiance map（发光贴图）和Light cache（灯光缓存）的Switch to saved map（切换到已保存贴图）选项，当渲染结束后，当前的发光贴图模式将自动转换为From file（来自文件）类型，并直接调用之前保存的发光贴图文件。

07 保持“公用”选项卡中500×375的输出大小，对摄像机视图进行渲染，效果如图4.46所示。由于这次设置了较高的渲染采样参数，渲染时间也增加了。

图4.46

Note 提示 4 ▸ 由于在第1步中勾选了Don't render final image复选框，可以发现系统并没有渲染最终图像，渲染完毕发光贴图和灯光贴图将保存到指定的路径中，并在下一次渲染时自动调用。

渲染级别设置完毕，最后设置保存发光贴图和灯光贴图的参数并进行渲染即可。

4. 最终成品渲染

最终成品渲染的参数设置如下。

01 当发光贴图和灯光贴图计算完毕后，在“渲染设置”对话框的“公用”选项卡中设置最终渲染图像的输出尺寸，如图4.47所示。

02 进入V-Ray选项卡，在V-Ray::Globl switches（全局开关）卷展栏中取消对Don't render final image（不渲染最终图像）复选框的勾选，如图4.48 所示。

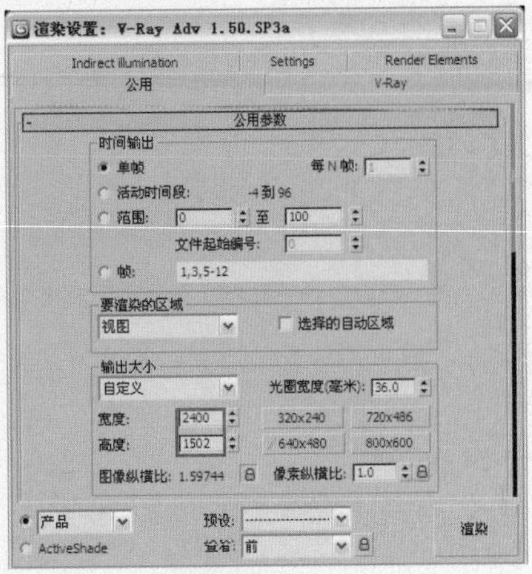

图4.47

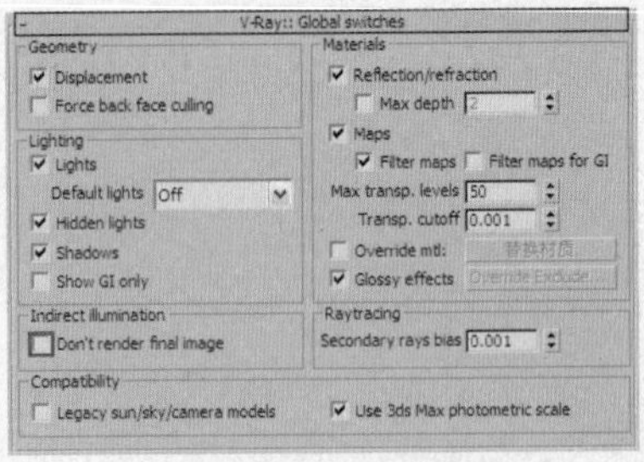

图4.48

03 在 V-Ray:: Image sampler (Antialiasing) 卷展栏中设置抗锯齿和过滤器，如图4.49所示。

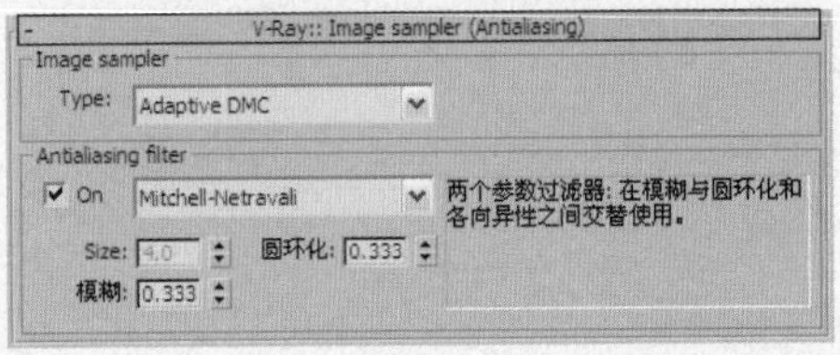

图4.49

04 为了方便后期处理，我们将渲染好的图像保存为TGA格式的文件。最终渲染完成的效果如图4.50所示。

最后使用Photoshop软件对图像的亮度、对比度及饱和度进行调整，以使效果更加生动、逼真。后期处理后的最终效果如图4.51所示。

图4.50

图4.51

Work 4.2 古朴客厅夜景表现

VRay ART 3ds Max 2010+VRay

GU PU KE TING YE JING BIAO XIAN

4.2.1 古朴客厅夜景表现简介

下面将对场景的夜景表现部分进行讲解，其中场景模型及大部分材质与上面日景中的完全相同。在本节中将主要为该场景设置夜景表现的灯光及渲染参数。案例夜景效果如图4.52所示。

图4.52

客厅的其他角度效果如图4.53所示。

图4.53

4.2.2 古朴客厅夜景测试渲染设置

打开配套光盘中的“第4章\古朴客厅\古朴客厅夜景效果\古朴客厅夜景源文件.max”场景文件，如图4.54所示。可以看到这是一个已经创建好的客厅场景模型，并且场景中的摄像机已经创建完成。

图4.54

下面首先进行测试渲染参数设置，然后进行灯光设置。灯光布置包括室外天光和室内光源的建立。

1. 设置测试渲染参数

测试渲染参数的设置步骤如下。

01 按F10键打开“渲染设置”对话框，渲染器已经设置为V-Ray Adv 1.50.SP3a渲染器，在 公用参数 卷展栏中设置较小的图像尺寸，如图4.55所示。

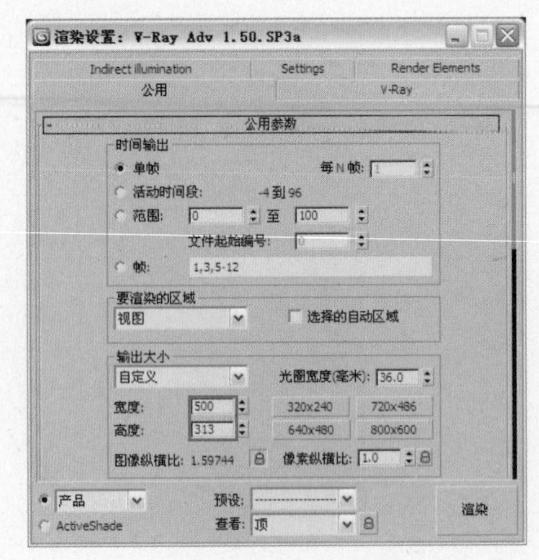

图4.55

02 进入V-Ray选项卡，在 V-Ray:: Global switches （全局开关）卷展栏中的参数设置如图4.56所示。

03 进入 V-Ray:: Image sampler (Antialiasing) （抗锯齿采样）卷展栏，参数设置如图4.57所示。

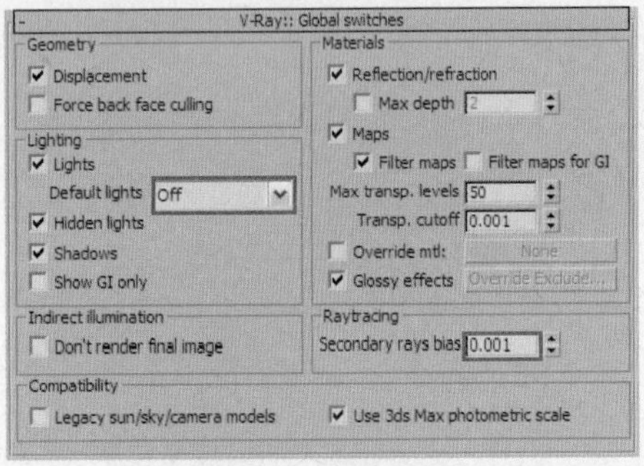

图4.56

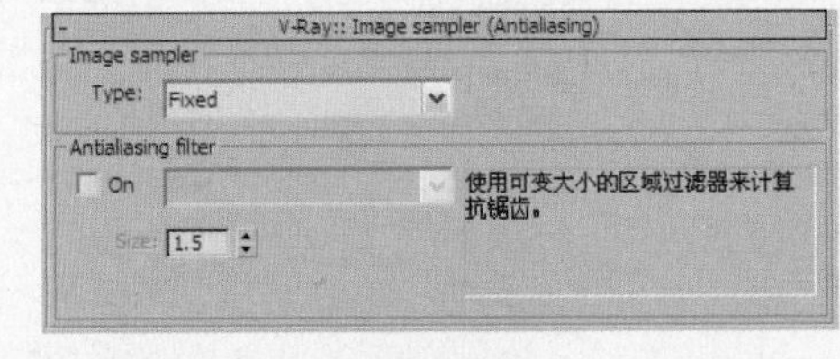

图4.57

04 打开 V-Ray:: Environment （环境）卷展栏，在GI Environment（skylight）override选项组、Reflection/refraction environment override选项组及Refraction environment override选项组中勾选On复选框，参数设置如图4.58所示。

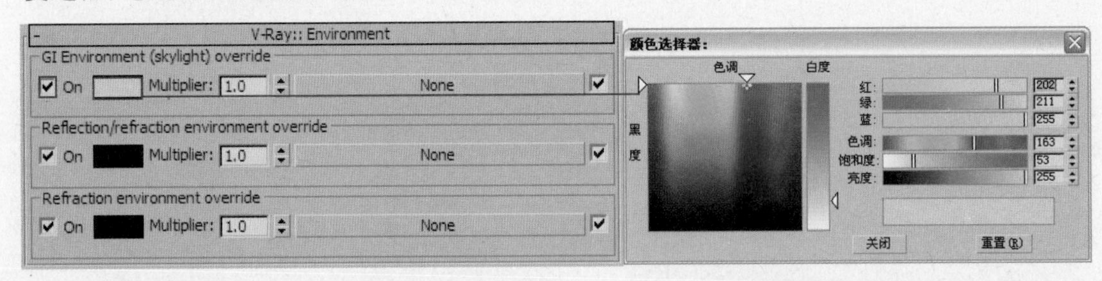

图4.58

05 进入Indirect illumination（间接照明）选项卡，在 V-Ray:: Indirect illumination (GI) （间接照明）卷展栏中设置参数，如图4.59所示。

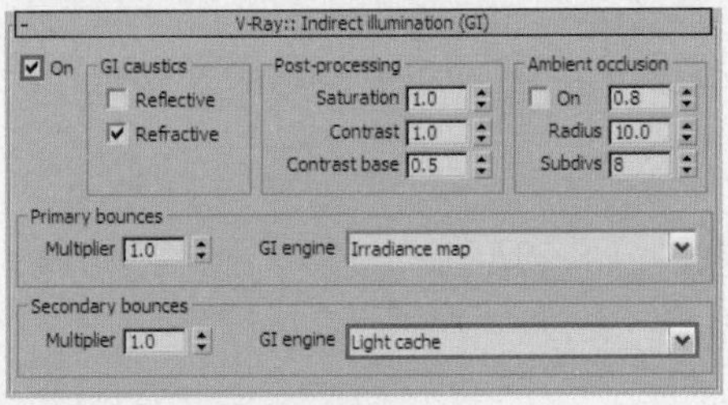

图4.59

06 在 V-Ray:: Irradiance map （发光贴图）卷展栏中设置参数，如图4.60所示。

07 在 V-Ray:: Light cache （灯光缓存）卷展栏中设置参数，如图4.61所示。

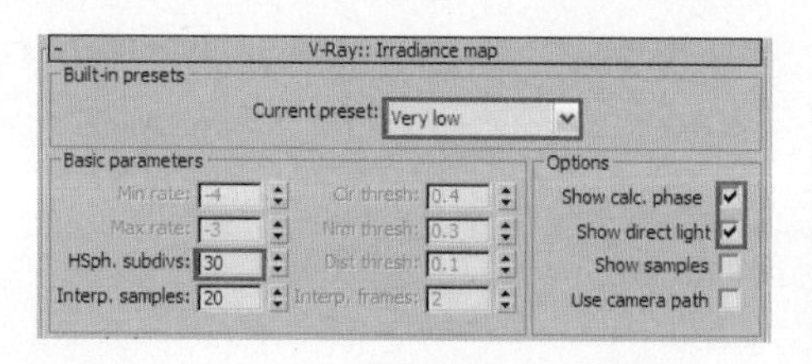
图4.60

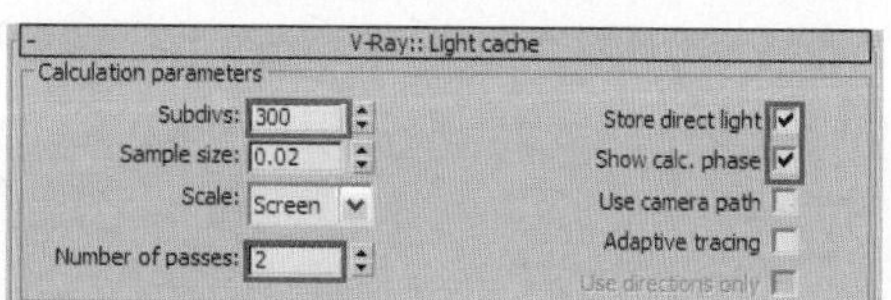
图4.61

Note 提示 4 预设测试渲染参数是根据自己的经验和计算机本身的硬件配制得到的一个相对低的渲染设置，读者在这里可以作为参考。当然，读者也可以自己尝试一些其他参数设置。

2. 布置场景灯光

本场景的光线来源主要为室外天光和室内灯光。在为场景创建灯光前，首先用一种白色材质覆盖场景中的所有物体，这样便于观察灯光对场景的影响。

01 按M键打开“材质编辑器”对话框，选择一个空白材质球，单击 Standard 按钮，在弹出的“材质/贴图浏览器”对话框中选择 VRayMtl 材质，将材质命名为“替换材质”，具体参数设置如图4.62所示。

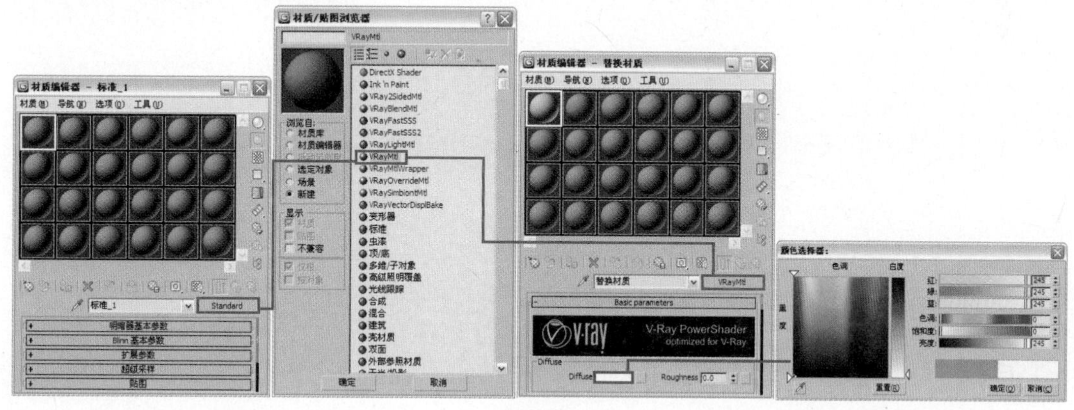
图4.62

02 按F10键打开“渲染设置”对话框，进入V-Ray选项卡，在 V-Ray:: Global switches （全局开关）卷展栏中，勾选Override mtl（覆盖材质）前的复选框，然后进入“材质编辑器”对话框，将“替换材质”材质的材质球拖放到Override mtl右侧的None贴图通道按钮上，并以“实例”方式进行关联复制，具体参数设置如图4.63所示。

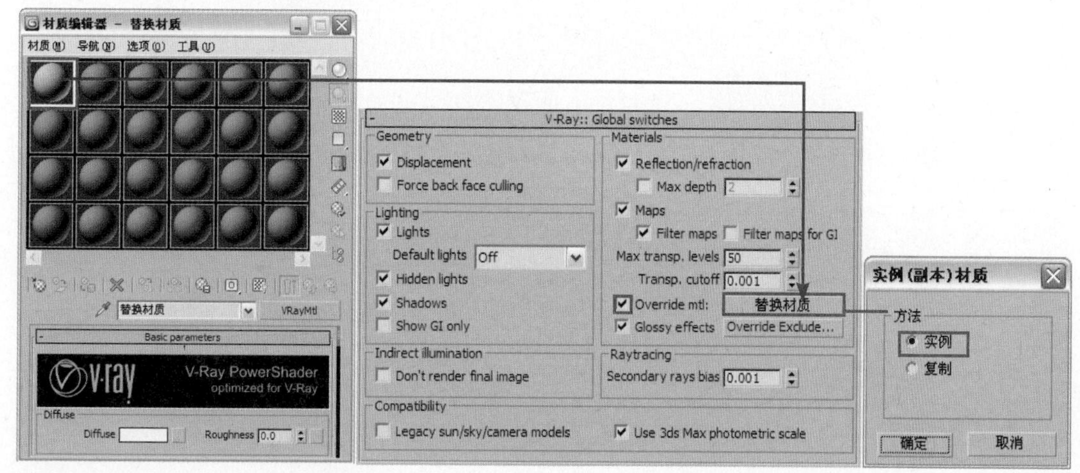
图4.63

03 首先创建室外部分的天光。单击（创建）按钮，进入创建命令面板，再单击（灯光）按钮，在下拉菜单中选择VRay选项，然后在“对象类型”卷展栏中单击 VRayLight 按钮，在场景的窗外部分创建一盏VRayLight灯光，如图4.64所示。灯光参数设置如图4.65所示。

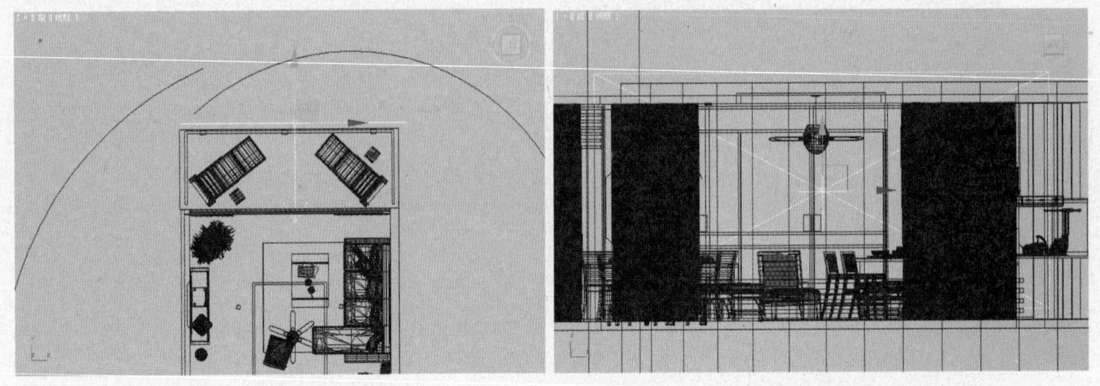

图4.64

图4.65

04 下面对摄像机视图进行渲染。在渲染前先将场景中的物体“窗玻璃”隐藏，因为场景中所有物体的材质都已经被替换为一种白色的材质，所以原本应该透明的玻璃材质也一样被替换为不透明的白色了。在灯光测试阶段先将其隐藏以观察正确的灯光效果，渲染效果如图4.66所示。

图4.66

05 继续创建室外的天光。在如图4.67所示的位置创建一盏VRayLight，具体参数设置如图4.68所示。

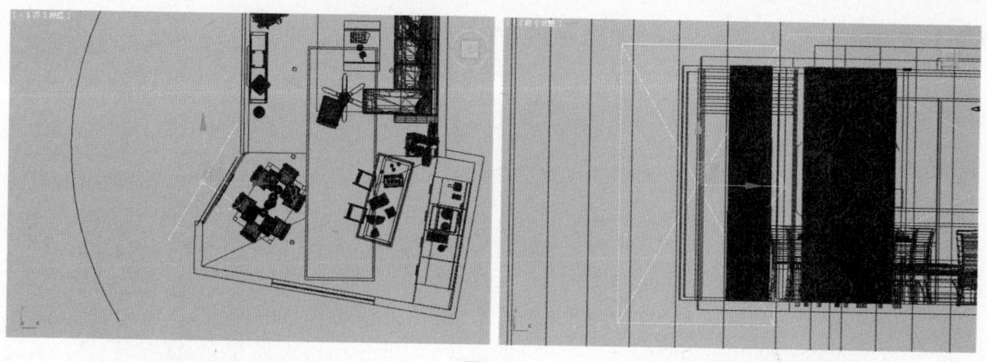

图4.67

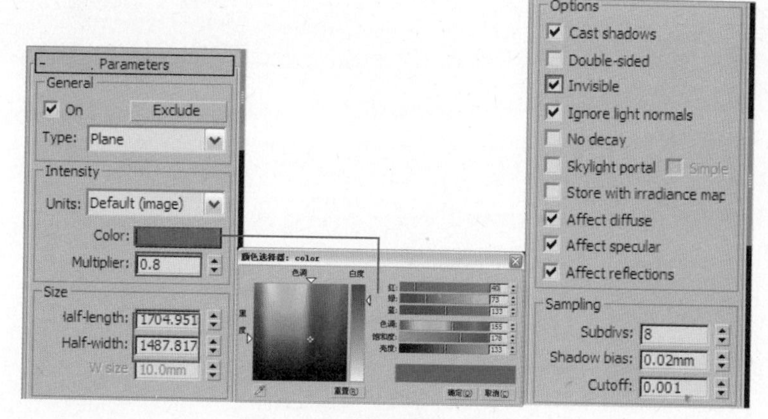

图4.68

06 在视图中选中刚刚创建的天光，将其关联复制出一盏灯光，灯光位置如图4.69所示。

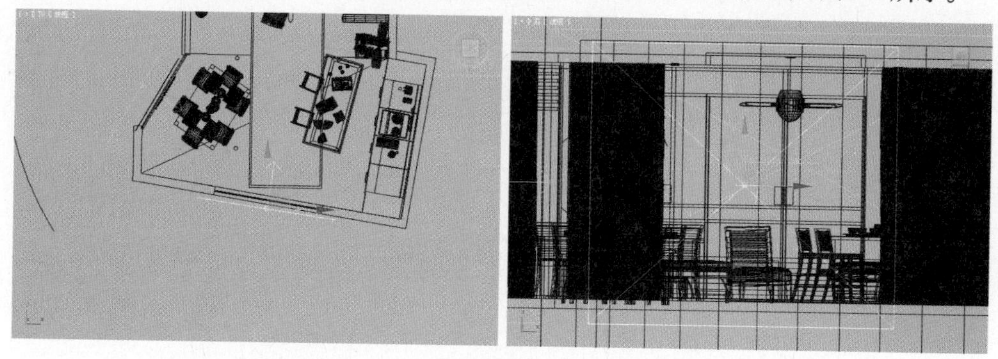

图4.69

07 对摄像机视图进行渲染，效果如图4.70所示。

图4.70

08 下面布置室内灯光。首先设置顶部的筒灯灯光。单击 （创建）按钮，进入创建命令面板，单击 （灯光）按钮，在下拉菜单中选择“光度学”选项，然后在“对象类型”卷展栏中单击 目标灯光 按钮，在如图4.71所示的位置创建一盏目标灯光来模拟筒灯灯光。

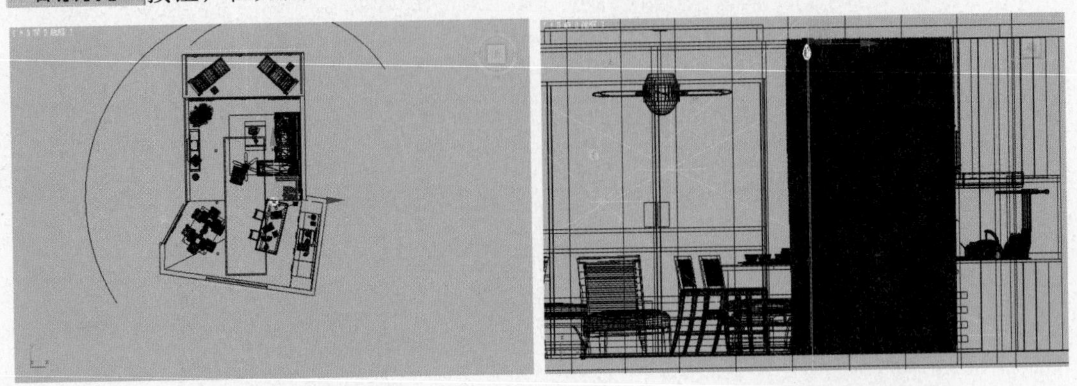

图4.71

09 进入修改命令面板，对创建的目标灯光参数进行设置，如图4.72所示。光域网文件为本书所附光盘提供的“第4章\古朴客厅\材质\SD-018.ies”文件。

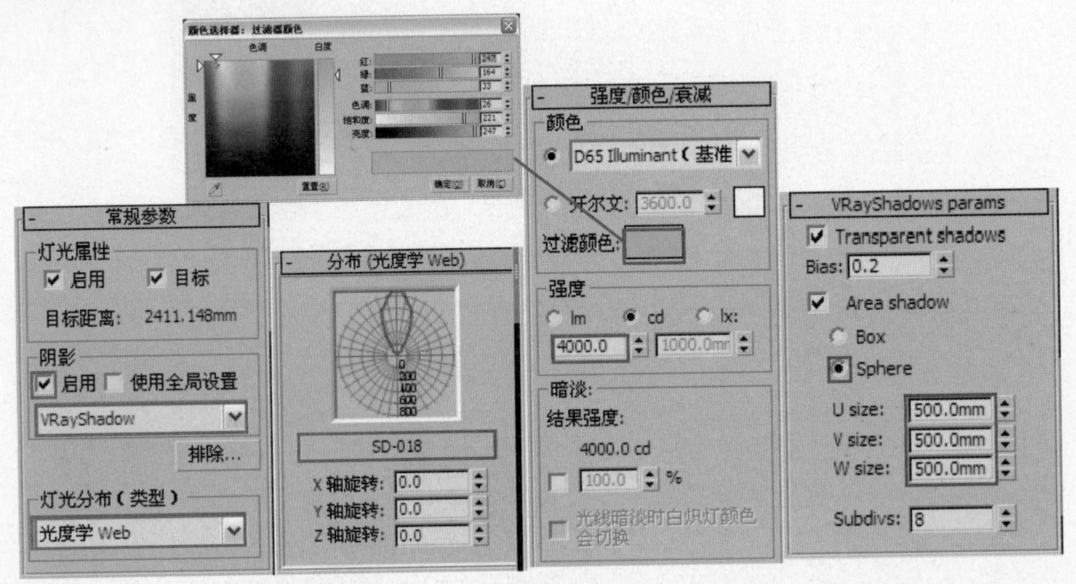

图4.72

10 在顶视图中，将刚刚创建的用来模拟筒灯灯光的目标灯光关联复制出7盏灯光，灯光位置如图4.73所示。对摄像机视图进行渲染，此时灯光效果如图4.74所示。

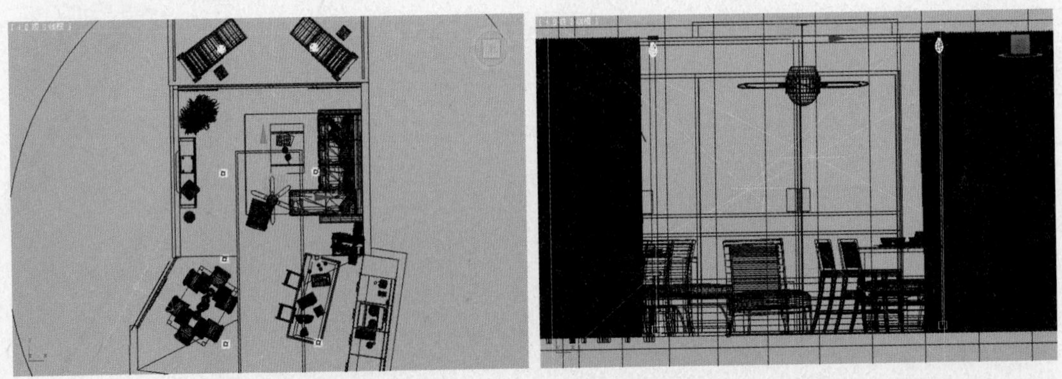

图4.73

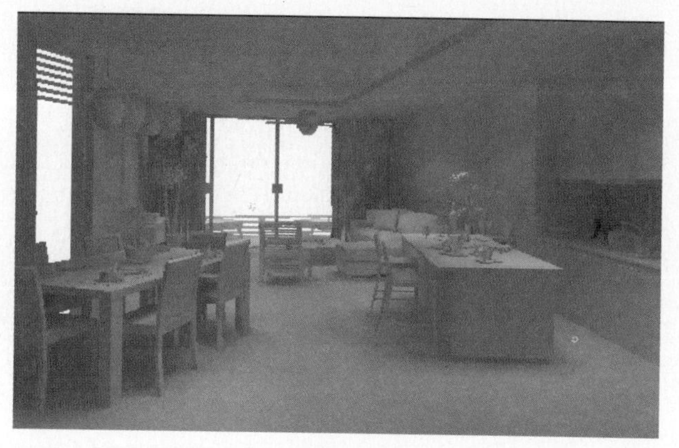

图4.74

11 下面来布置橱柜顶部的筒灯灯光。单击 （创建）按钮，进入创建命令面板，单击 （灯光）按钮，在下拉菜单中选择“光度学”选项，然后在“对象类型”卷展栏中单击 目标灯光 按钮，在如图4.75所示的位置创建一盏目标灯光来模拟筒灯灯光。

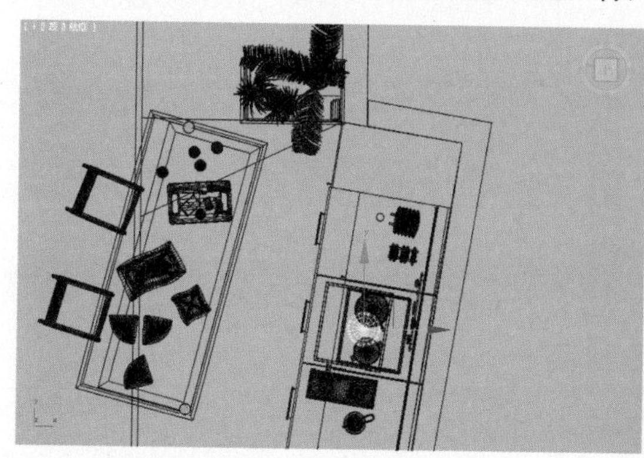

图4.75

12 进入修改命令面板，对创建的目标灯光参数进行设置，如图4.76所示。光域网文件为本书所附光盘提供的“第4章\古朴客厅\材质\9.ies”文件。

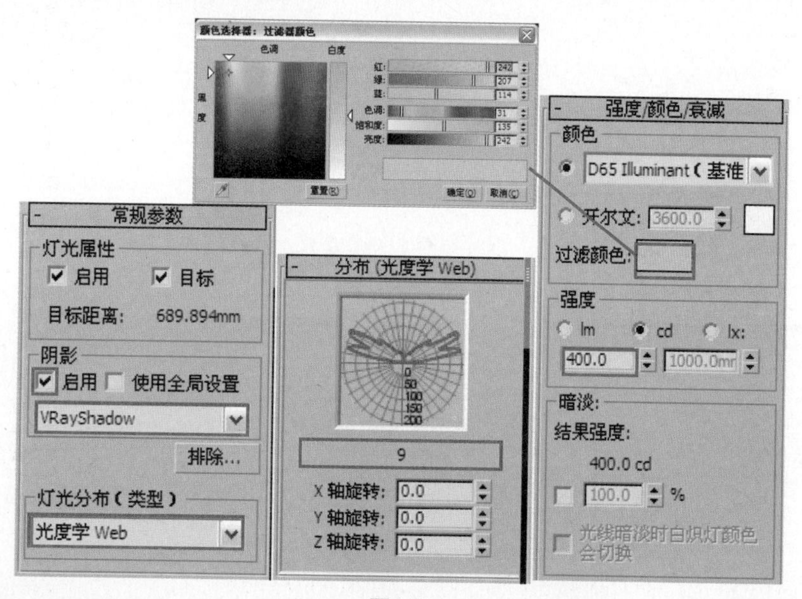

图4.76

13 在顶视图中，将刚刚创建的用来模拟筒灯灯光的目标灯光关联复制出一盏灯光，灯光位置如图4.77所示。对摄像机视图进行渲染，此时灯光效果如图4.78所示。

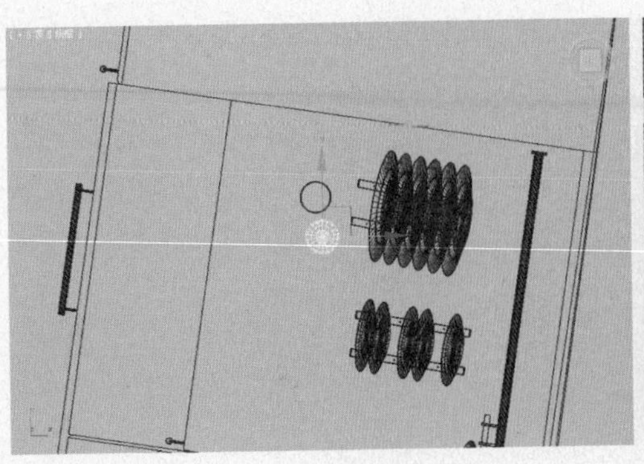

图4.77

14 从渲染效果中可以发现场景由于橱柜筒灯的照射而曝光严重。下面通过调整场景曝光参数来降低场景亮度。按F10键打开“渲染设置”对话框，进入V-Ray选项卡，在 V-Ray:: Color mapping （色彩映射）卷展栏中进行曝光控制，参数设置如图4.79所示。再次渲染，效果如图4.80所示。

图4.78

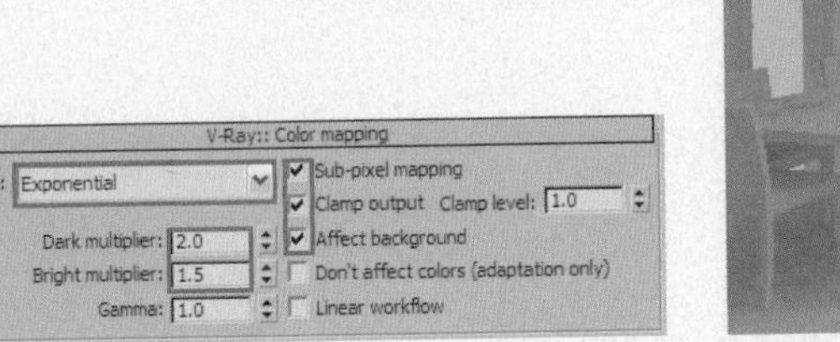

图4.79

图4.80

Note 提示 4 观察渲染结果，发现场景亮度问题已经解决。

15 下面为场景创建吊灯灯光。在如图4.81所示的位置创建一盏VRayLight球形光，具体参数设置如图4.82所示。

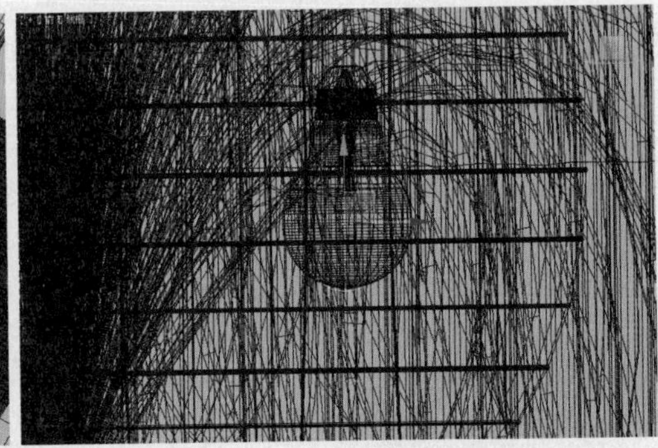

图4.81

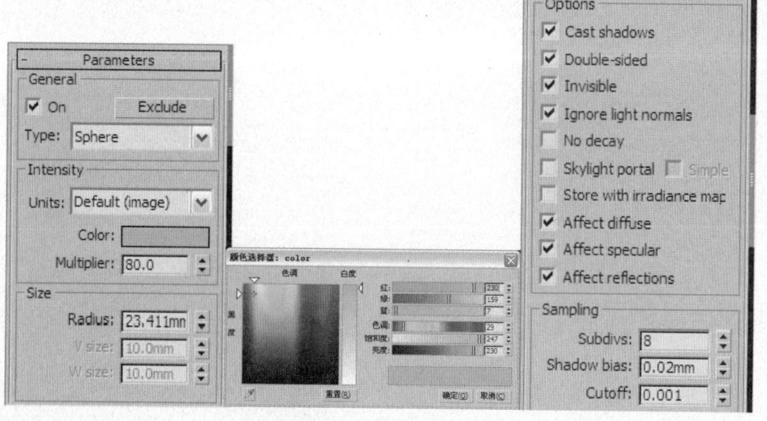

图4.82

16 在视图中选中刚刚创建的灯光，将其关联复制出3盏灯光，灯光位置如图4.83所示。

图4.83

17 对摄像机视图进行渲染，效果如图4.84所示。

上面已经对场景的灯光进行了布置，最终测试结果比较满意。测试完灯光效果后，下面进行材质设置。

图4.84

4.2.3 设置场景材质

由于本章中的重点在于如何布置场景中的灯光，所以场景中材质的制作在此不做具体讲解。为场景中的物体制作完材质后的场景效果如图4.85所示。

图4.85

至此，场景的灯光测试和材质设置都已经完成。下面将对场景进行最终渲染设置。最终渲染设置将决定图像的最终渲染品质。

4.2.4 最终渲染设置

1. 最终测试灯光效果

场景中的材质设置完毕后需要对场景进行渲染，观察此时场景整体的灯光效果。对摄像机视图进行渲染，效果如图4.86所示。

图4.86

观察渲染效果，场景光线稍微有些暗，调整一下曝光参数，设置如图4.87所示。再次对摄像机视图进行渲染，效果如图4.88所示。

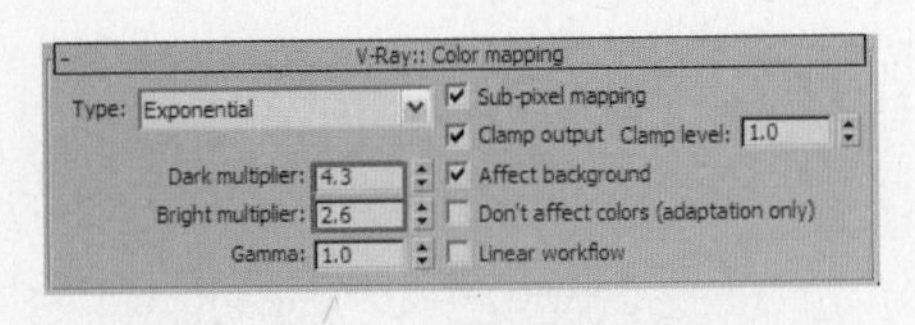

图4.87

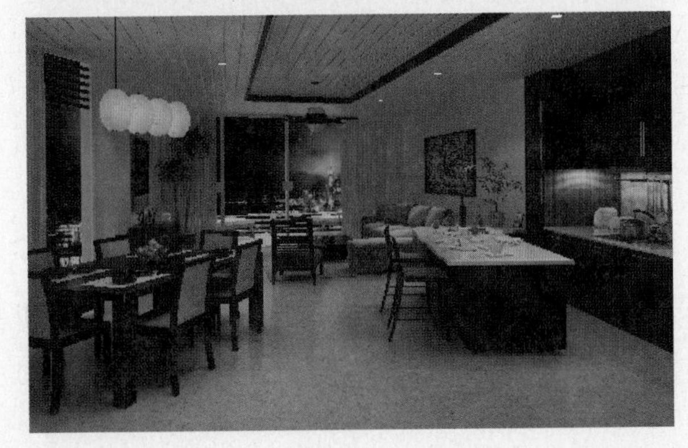

图4.88

观察渲染效果，发现场景光线无须再调整。接下来设置最终渲染参数。

2. 灯光细分参数设置

提高灯光细分值可以有效地减少场景中的杂点，但渲染速度也会相对降低，所以只需要提高一些开启阴影设置的主要灯光的细分值，而且不能设置得过高。下面对场景中的主要灯光进行细分设置。

01 将窗口处模拟天光的VRayLight的灯光细分值设置为20，如图4.89所示。

02 将模拟室内筒灯灯光的阴影细分值设置为24，如图4.90所示。

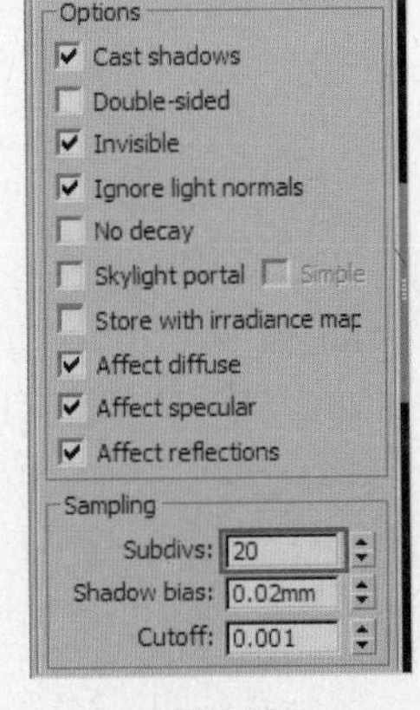

图4.89

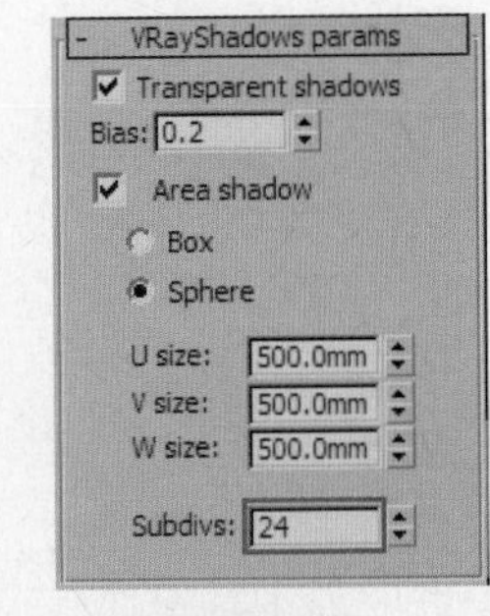

图4.90

3. 设置保存发光贴图和灯光贴图的渲染参数

在此不再讲解保存发光贴图和灯光贴图的方法（具体方法可参考4.1.4节），只对渲染级别设置进行讲解。

01 下面进行渲染级别设置。进入 V-Ray:: Irradiance map 卷展栏，设置参数如图4.91所示。

02 进入 V-Ray:: Light cache 卷展栏，设置参数如图4.92所示。

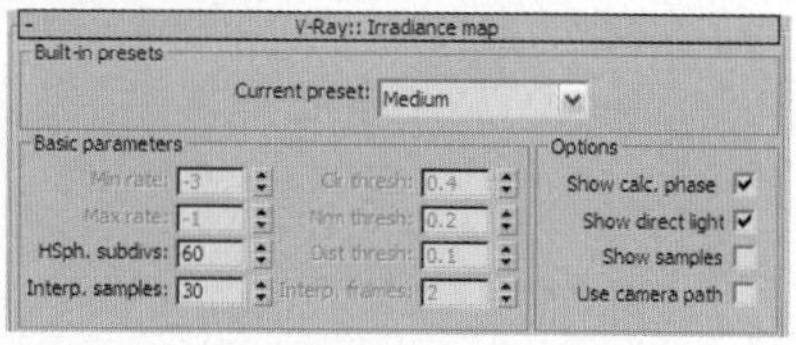

图4.91

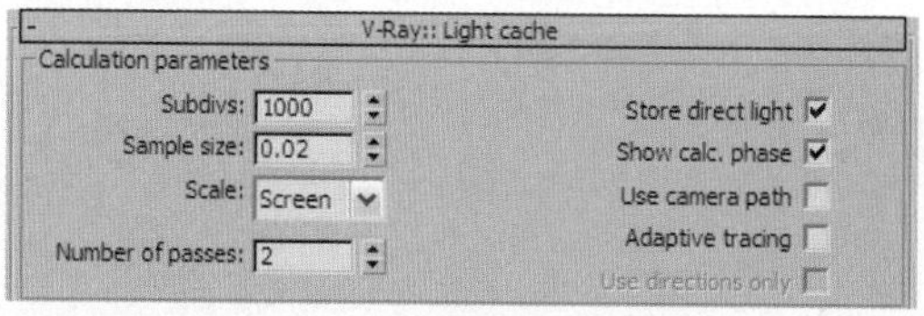

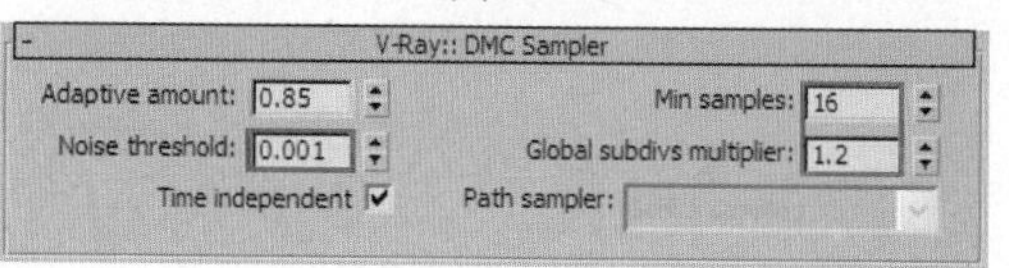

图4.92

03 在 V-Ray:: DMC Sampler （准蒙特卡罗采样器）卷展栏中设置参数，如图4.93所示，这是模糊采样设置。

图4.93

渲染级别设置完毕，最后设置保存发光贴图和灯光贴图的参数并进行渲染即可。

4. 最终成品渲染

最终成品渲染的参数设置如下。

01 当发光贴图和灯光贴图计算完毕后，在“渲染设置”对话框的“公用”选项卡中设置最终渲染图像的输出尺寸，如图4.94所示。

02 在 V-Ray:: Image sampler (Antialiasing) 卷展栏中设置抗锯齿和过滤器，如图4.95所示。

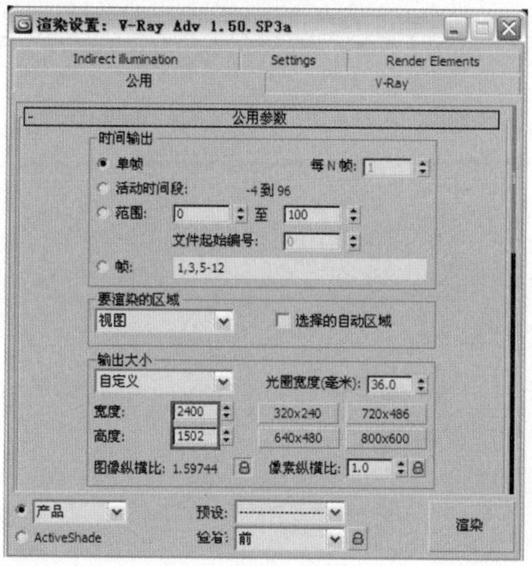

图4.94

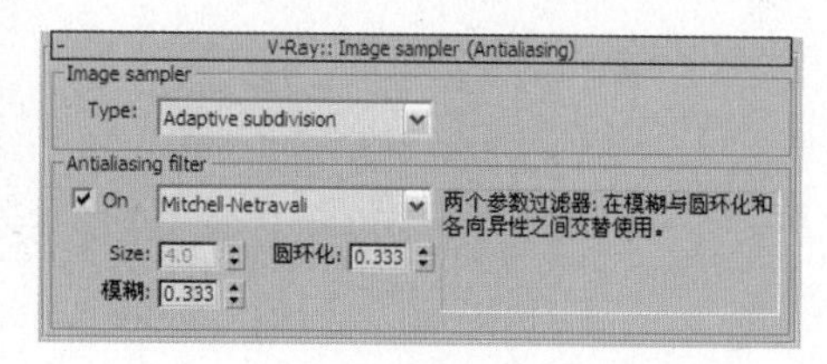

图4.95

03 最终渲染完成的效果如图4.96所示。

最后使用Photoshop软件对图像的亮度、对比度及饱和度进行调整，以使效果更加生动、逼真。后期处理后的最终效果如图4.97所示。

图4.96

图4.97

Work 4.3 东南亚客厅日景效果

3ds Max 2010+VRay

VRay ART DONG NAN YA KE TING RI JING BIAO XIAN

4.3.1 东南亚客厅日景效果简介

下面将对一个东南亚风格的场景表现进行讲解。经过最近几年的发展，现在的东南亚风格摒弃了浮华，把耐看的元素沉淀下来，使其成为经典，即形成了新东南亚风格，也就是经典东南亚风格。现在，新东南亚风格已经和简约、古典风格一样，成为了家庭装修的常备风格。总体来说，它是一种混搭风格，不仅和泰国、印度尼西亚等东南亚国家有关，而且还代表了一种氛围，简而言之就是在异国情调下享受极度舒适，它重细节和软装饰、喜欢通过对比达到强烈的效果。场景平面布局如图4.98所示。

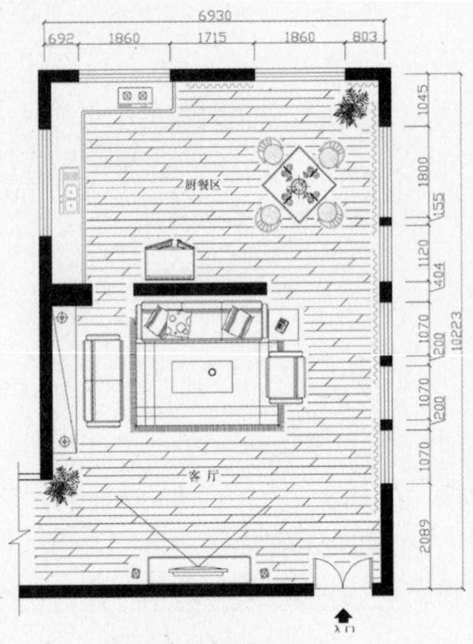

图4.98

新东南亚风格可以作为整体风格贯穿整个居室，也可以作为元素和各种风格搭配，它和中式、欧式、简约等风格搭配都游刃有余。本场景就是将其作为元素与现代简约风格相搭配的一个典型案例。案例效果如图4.99所示。

图4.99

本案例从整体风格看起来颇具东南亚韵味，但仔细推敲，家具很简约，也没有零七八碎的小东西，这个空间的东南亚风格完全是靠色彩和配饰营造的。如图4.100所示为模型的线框效果图。如图4.101所示为客厅的冷色调效果。

图4.100

图4.101

4.3.2 客厅日景效果测试渲染设置

打开配套光盘中的“第4章\东南亚客厅\东南亚客厅（日景）效果\东南亚客厅（日景）源文件.max”场景文件，如图4.102所示。可以看到这是一个已经创建好模型的室内场景，并且场景中的摄像机也已经创建完成。

图4.102

下面首先进行测试渲染参数设置，然后为场景布置灯光。

1. 设置测试渲染参数

测试渲染参数的设置步骤如下。

01 按F10键打开“渲染设置”对话框，渲染器已经设置为V-Ray Adv 1.50.SP3a渲染器，在 公用参数 卷展栏中设置较小的图像尺寸，如图4.103所示。

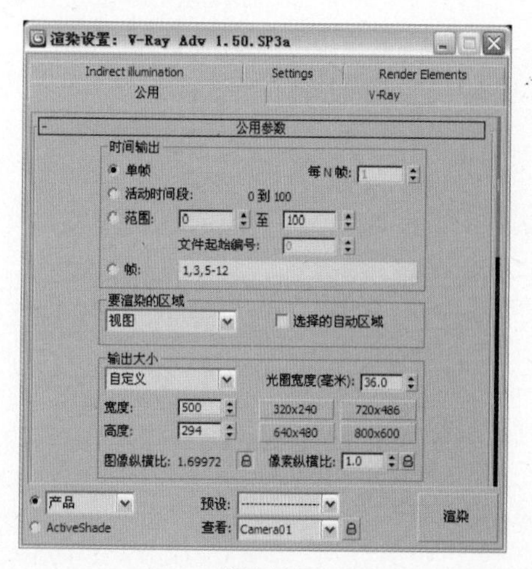

图4.103

02 进入V-Ray选项卡，在 V-Ray:: Global switches （全局开关）卷展栏中的参数设置如图4.104所示。

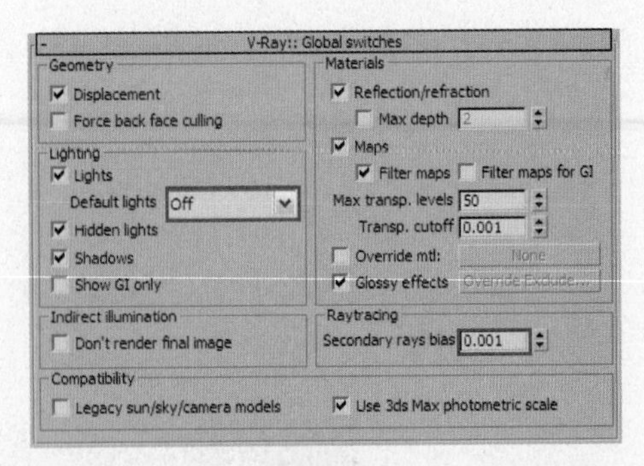

图4.104

03 进入 V-Ray:: Image sampler (Antialiasing) （抗锯齿采样）卷展栏，参数设置如图4.105所示。

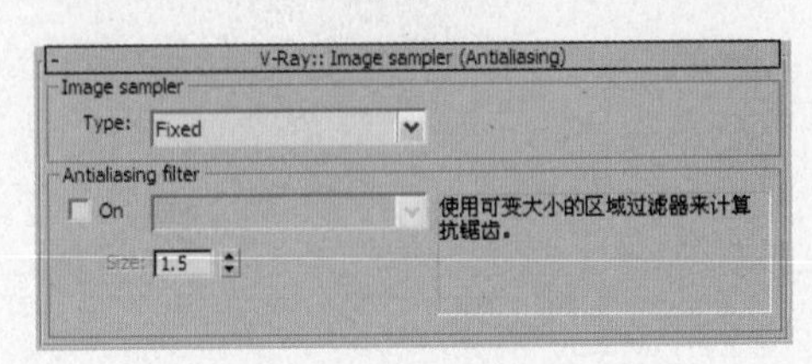

图4.105

04 下面对环境光进行设置。打开 V-Ray:: Environment （环境）卷展栏，在GI Environment (skylight) override选项组中勾选On复选框，如图4.106所示。

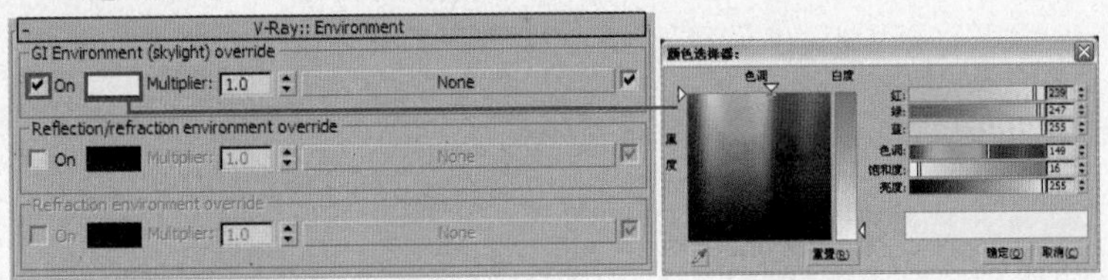

图4.106

05 进入Indirect illumination（间接照明）选项卡，在 V-Ray:: Indirect illumination (GI) （间接照明）卷展栏中设置参数，如图4.107所示。

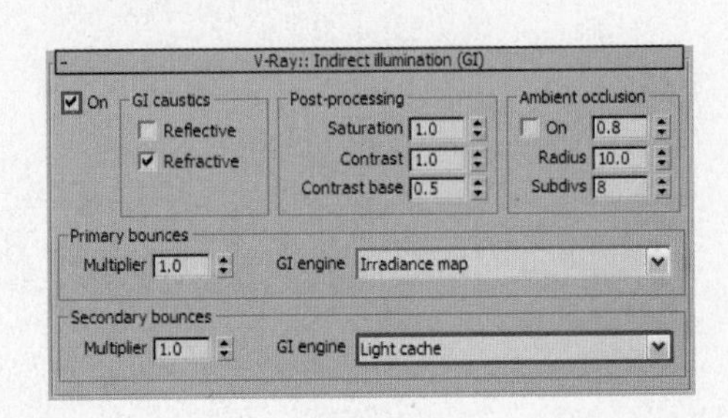

图4.107

06 在 V-Ray:: Irradiance map （发光贴图）卷展栏中设置参数，如图4.108所示。

07 在 V-Ray:: Light cache （灯光缓存）卷展栏中设置参数，如图4.109所示。

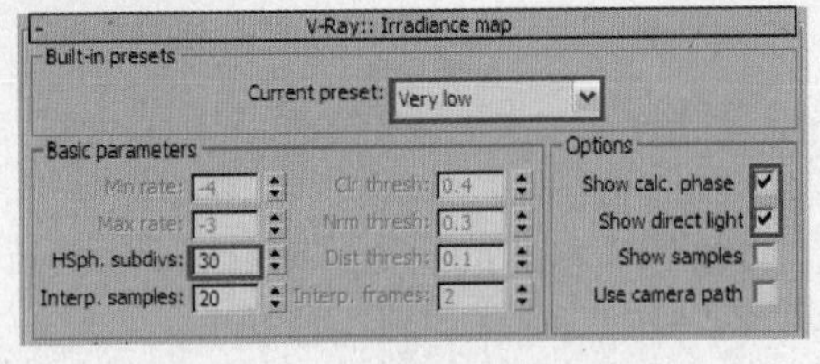

图4.108

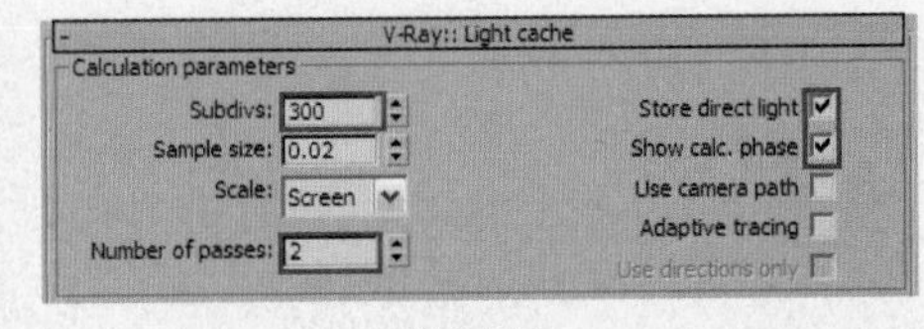

图4.109

> **Note 提示 4**
> 预设测试渲染参数是根据自己的经验和计算机本身的硬件配制得到的一个相对低的渲染设置，读者在这里可以作为参考。当然，读者也可以自己尝试一些其他参数设置。

2. 布置场景灯光

客厅的光线来源主要是自然光，但为了增加场景气氛，本案例中仍然在室内布置了一些人工光源。

01 在为场景创建灯光前，首先用一种白色材质替代场景中物体的材质，这样便于观察灯光对场景的影响。按M键打开“材质编辑器”对话框，选择一个空白材质球，单击其 Standard 按钮，在弹出的“材质/贴图浏览器”对话框中选择 VRayMtl 材质，将该材质命名为“替换材质”，具体参数设置如图4.110所示。

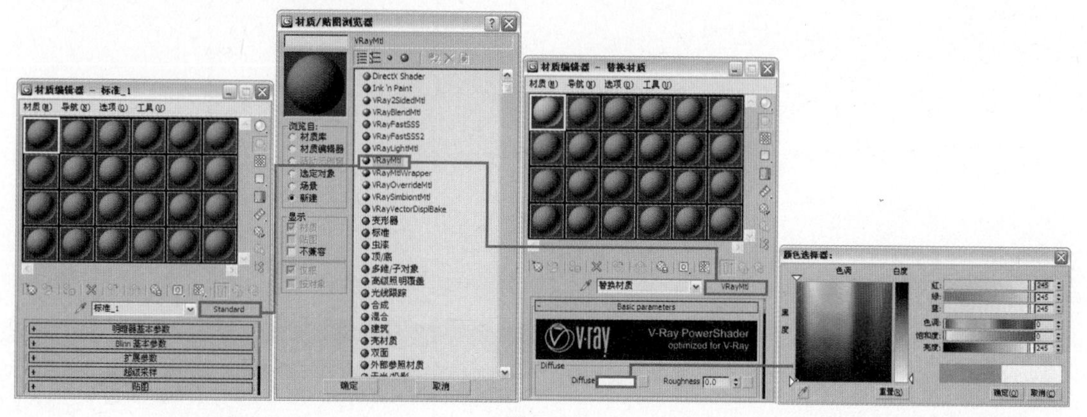

图4.110

02 按F10键打开“渲染设置”对话框，进入V-Ray选项卡，在 V-Ray:: Global switches （全局开关）卷展栏中，勾选Override mtl（覆盖材质）前的复选框，然后进入“材质编辑器”对话框，将“替换材质”材质的材质球拖放到Override mtl右侧的None贴图通道按钮上，并以“实例”方式进行关联复制，具体参数设置如图4.111所示。

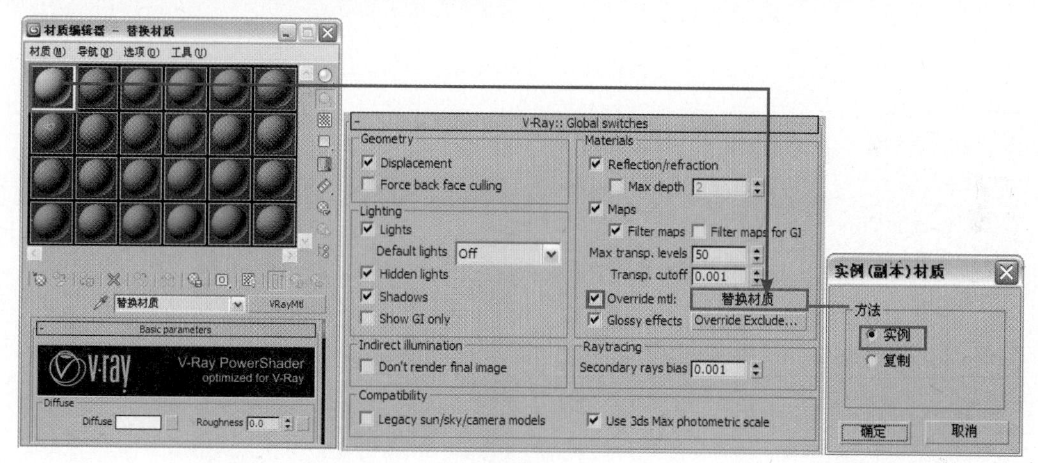

图4.111

03 室外环境天光的创建。单击（创建）按钮，进入创建命令面板，再单击（灯光）按钮，在下拉菜单中选择VRay选项，然后在“对象类型”卷展栏中单击 VRayLight 按钮，在场景的窗外部分创建一盏VRayLight灯光，如图4.112所示。灯光参数设置如图4.113所示。

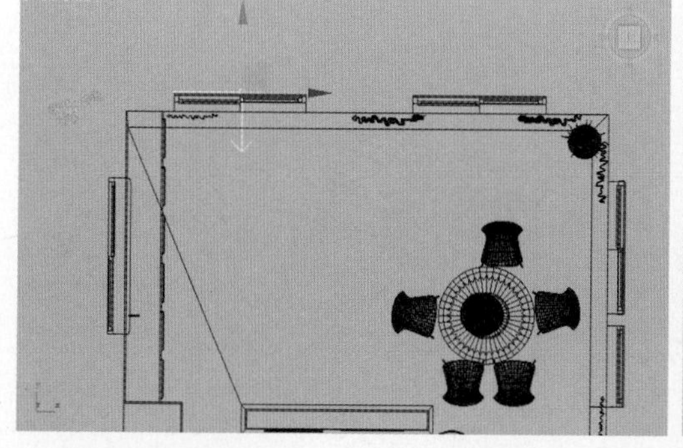
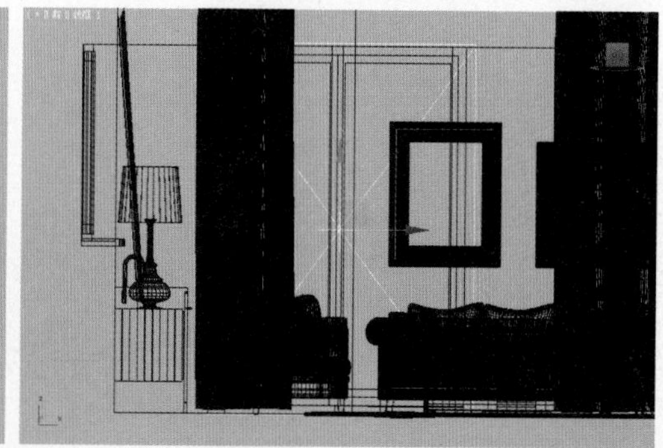

图4.112

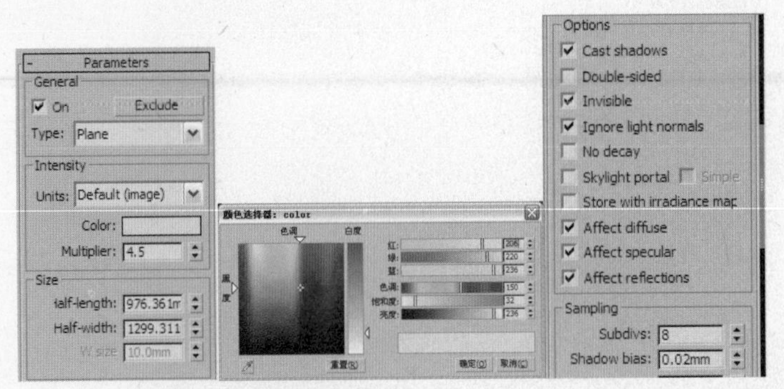

图4.113

04 在顶视图中选中刚刚创建的灯光VRayLight01，按住Shift键沿*X*轴方向将其关联复制到如图4.114所示的位置。将物体“窗玻璃”隐藏，然后对摄像机视图测试渲染，效果如图4.115所示。

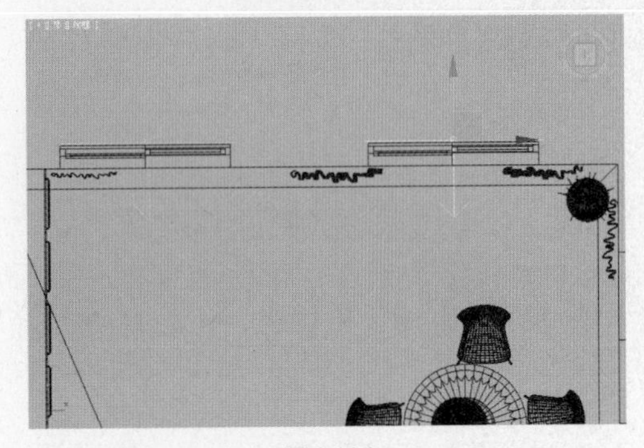

图4.114

图4.115

05 下面继续创建室外的环境光。在如图4.116所示的位置创建一盏VRayLight，参数设置如图4.117所示。对摄像机视图进行渲染，效果如图4.118所示。

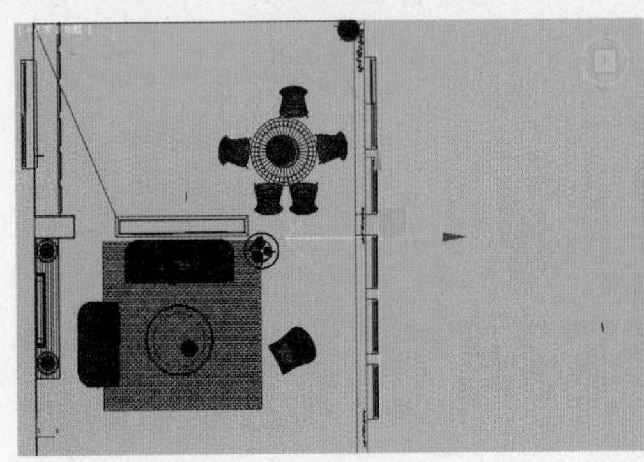

图4.116

图4.117

06 从渲染效果中可以发现场景已经形成了大致的阴影及明暗关系，但靠近窗户的地方曝光严重。下面在 V-Ray:: Color mapping 卷展栏中进行曝光控制，参数设置如图4.119所示。再次渲染，效果如图4.120所示。

图4.118

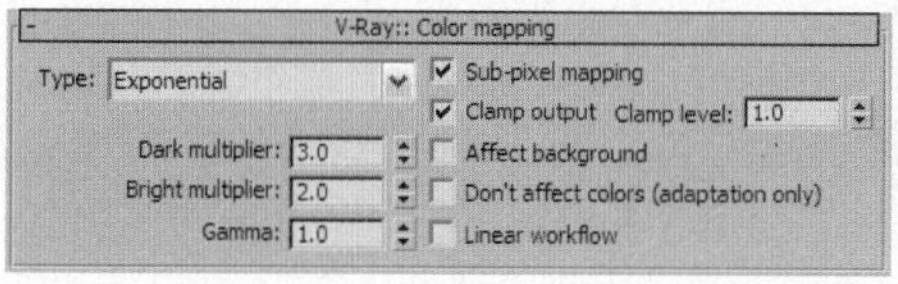

V-Ray:: Color mapping

Type: Exponential　☑ Sub-pixel mapping
☑ Clamp output　Clamp level: 1.0
Dark multiplier: 3.0　☐ Affect background
Bright multiplier: 2.0　☐ Don't affect colors (adaptation only)
Gamma: 1.0　☐ Linear workflow

图4.119

图4.120

07 继续创建室外的自然光。在如图4.121所示的位置创建一盏VRayLight，参数设置如图4.122所示。对摄像机视图进行渲染，效果如图4.123所示。

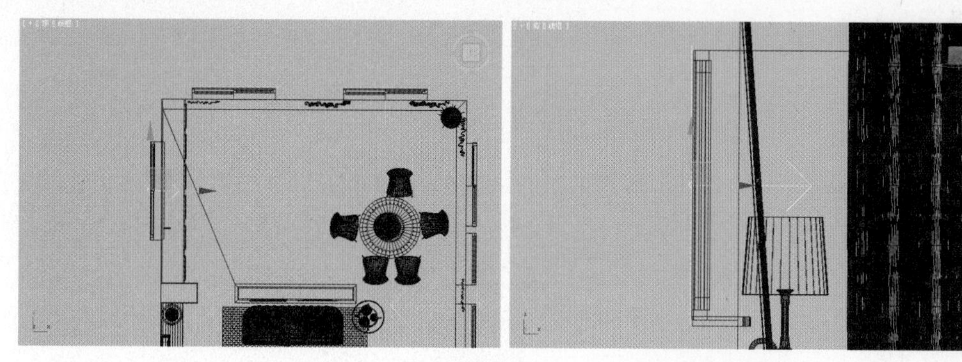

图4.121

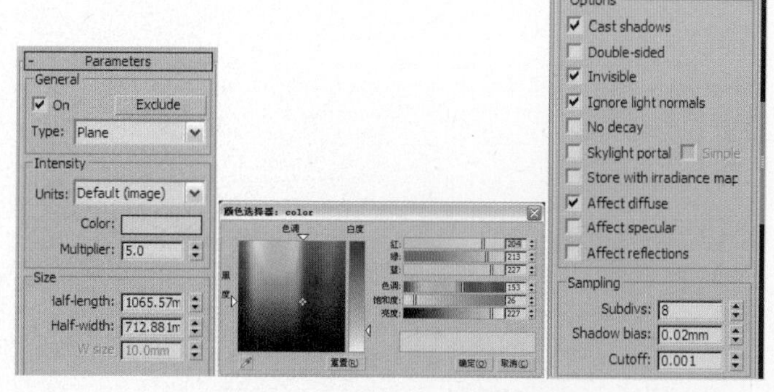

图4.122

图4.123

08 室外的天光创建完毕，下面开始创建室外的日光。单击 （创建）按钮，进入创建命令面板，再单击 （灯光）按钮，在下拉菜单中选择“标准”选项，然后在“对象类型”卷展栏中单击 目标平行光 按钮，在视图中创建一盏目标平行光，位置如图4.124所示。

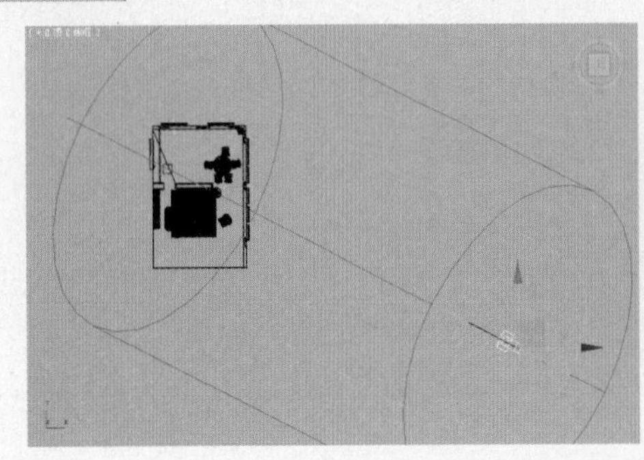
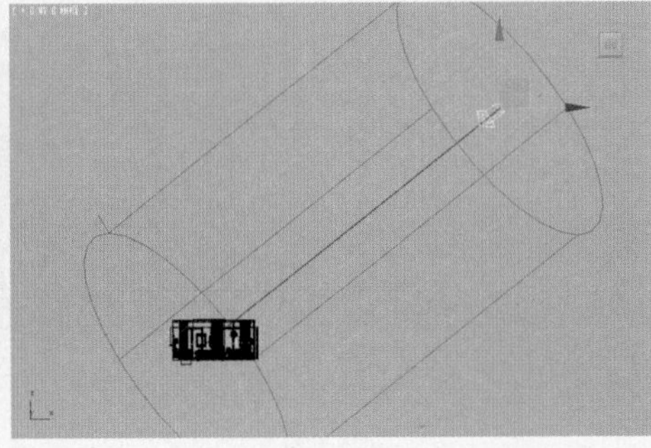

图4.124

09 单击 （修改）按钮，进入修改命令面板，对刚刚创建的目标平行光的参数进行设置，如图4.125所示。对摄像机视图进行渲染，效果如图4.126所示。

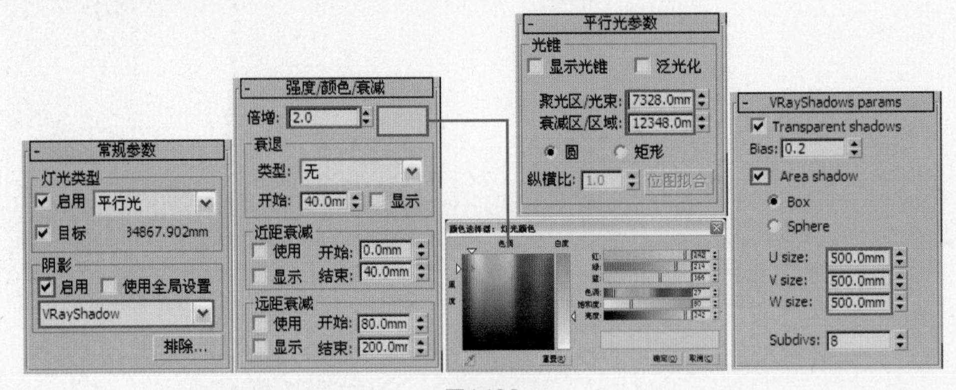

图4.125

图4.126

10 下面创建室内的人工光源。在如图4.127所示的位置创建一盏VRayLight，灯光参数设置如图4.128所示。对摄像机视图进行测试渲染，效果如图4.129所示。

图4.127

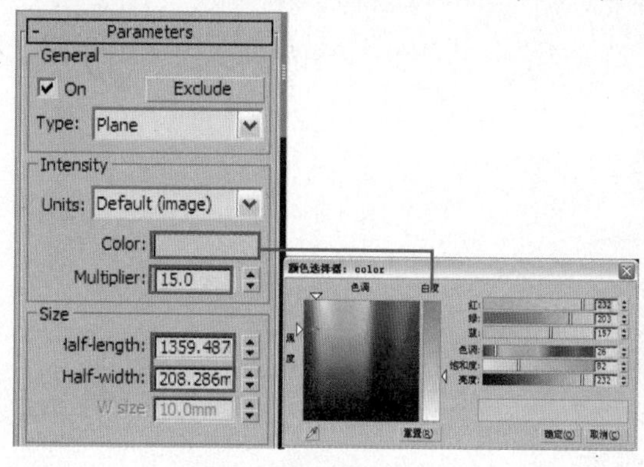

图4.128

图4.129

上面分别对室内和室外的灯光进行了测试，最终测试结果比较满意。测试完灯光效果后，下面进行材质设置。

4.3.3 设置场景材质

由于本章中的重点在于如何布置场景中的灯光，所以场景中材质的制作在此不做具体讲解。为场景中的物体制作完材质后的场景效果如图4.130所示。

图4.130

至此，场景的灯光测试和材质设置都已经完成。下面将对场景进行最终渲染设置。

4.3.4 最终渲染设置

1. 最终测试灯光效果

场景中的材质设置完毕后需要对场景进行渲染，观察此时场景整体的灯光效果。对摄像机视图进行渲染，效果如图4.131所示。

图4.131

观察渲染效果可以发现场景变暗了。下面将通过调整曝光参数来提高场景亮度，参数设置如图4.132所示。再次渲染，效果如图4.133所示。

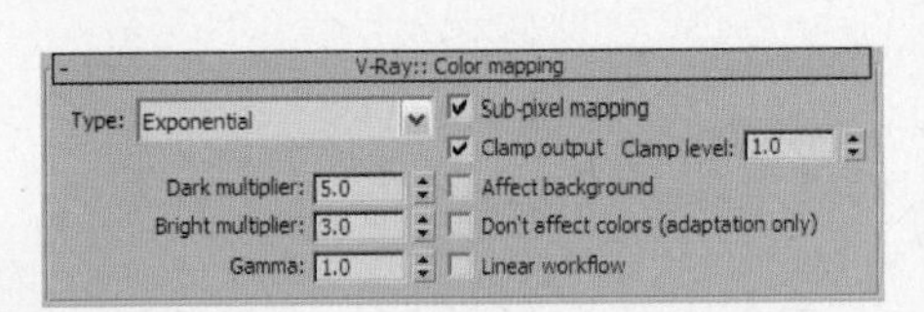

图4.132

图4.133

观察渲染效果，发现场景光线无须再调整。接下来设置最终渲染参数。

2. 灯光细分参数设置

01 首先将场景中所有VRayLight的灯光细分值设置为24，如图4.134所示。

02 然后将目标平行光的阴影细分值设置为24，如图4.135所示。

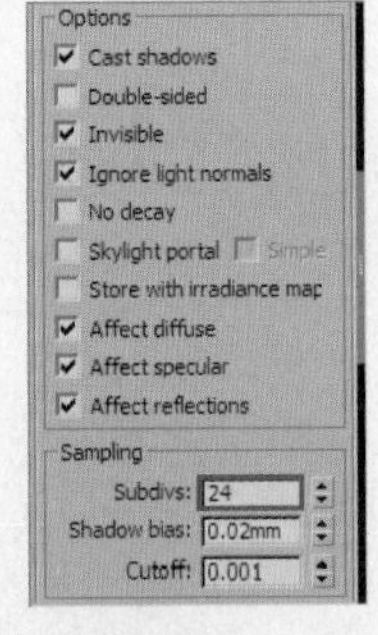

图4.134

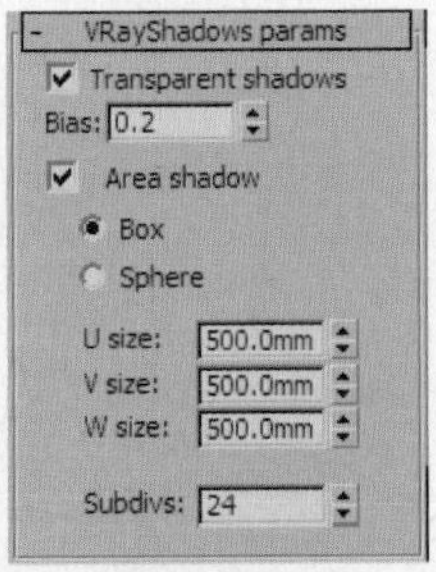

图4.135

3. 设置保存发光贴图和灯光贴图的渲染参数

在此不再讲解保存发光贴图和灯光贴图的方法，只对渲染级别设置进行讲解。

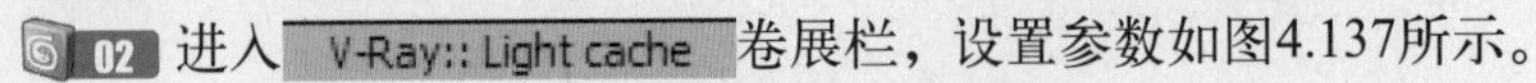

01 下面进行渲染级别设置。进入 V-Ray:: Irradiance map 卷展栏，设置参数如图4.136所示。

02 进入 V-Ray:: Light cache 卷展栏，设置参数如图4.137所示。

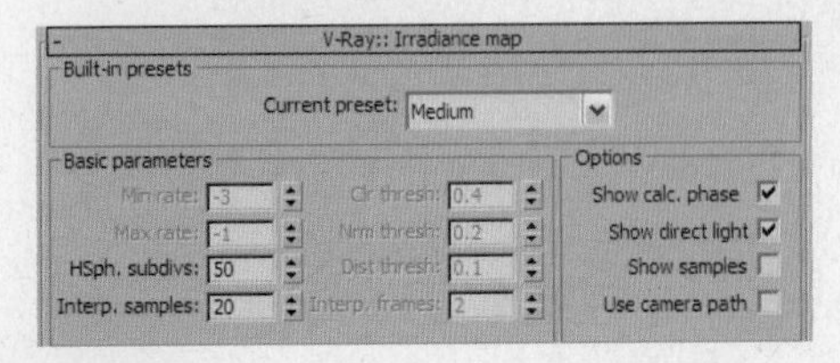

图4.136

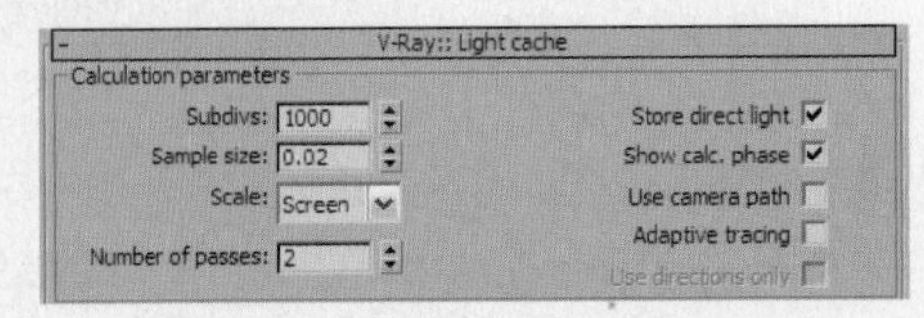

图4.137

03 在 V-Ray:: DMC Sampler （准蒙特卡罗采样器）卷展栏中设置参数，如图4.138所示，这是模糊采样设置。

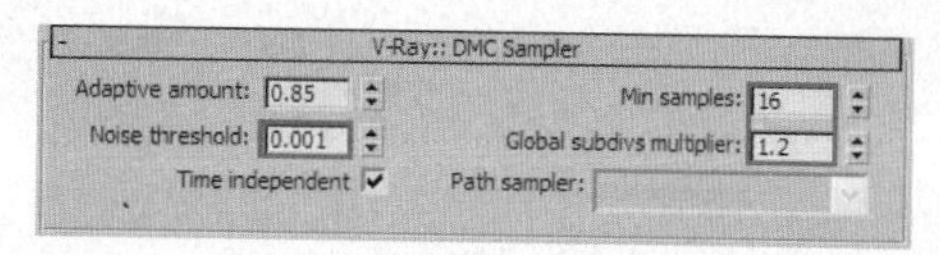

图4.138

渲染级别设置完毕，最后设置保存发光贴图和灯光贴图的参数并进行渲染即可。

4. 最终成品渲染

最终成品渲染的参数设置如下。

01 当发光贴图和灯光贴图计算完毕后，在“渲染设置”对话框的“公用”选项卡中设置最终渲染图像的输出尺寸，如图4.139所示。

02 在 V-Ray:: Image sampler (Antialiasing) 卷展栏中设置抗锯齿和过滤器，如图4.140所示。

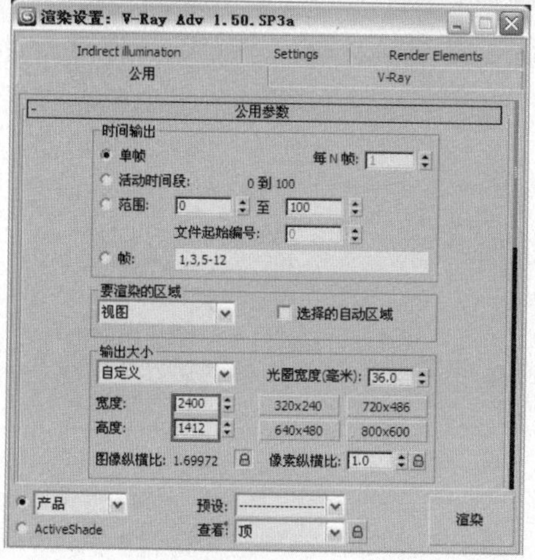

图4.139

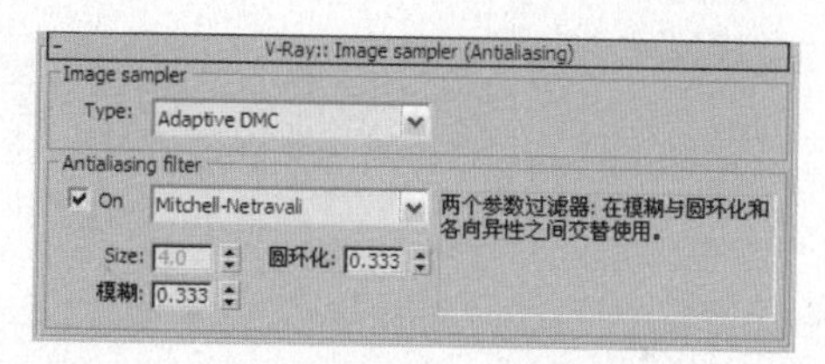

图4.140

03 为了方便后期处理，我们将渲染好的图像保存为TGA格式的文件。最终渲染完成的效果如图4.141所示。

图4.141

最后使用Photoshop软件对图像的亮度、对比度及饱和度进行调整，以使效果更加生动、逼真。后期处理后的最终效果如图4.142所示。

图4.142

东南亚客厅早晨效果 3ds Max 2010+VRay

Work 4.4 VRay ART DONG NA YA KE TING ZAO CHEN XIAO GUO

4.4.1 东南亚客厅早晨效果简介

本场景案例的效果如图4.143所示。

图4.143

如图4.144所示为模型的线框效果图。

图4.144

4.4.2 客厅早晨效果测试渲染设置

打开配套光盘中的“第4章\东南亚客厅\东南亚客厅（早晨）效果\东南亚客厅（早晨）源文件.max”场景文件，如图4.145所示。可以看到这是一个已经创建好模型的室内场景，并且场景中的摄像机也已经创建完成。

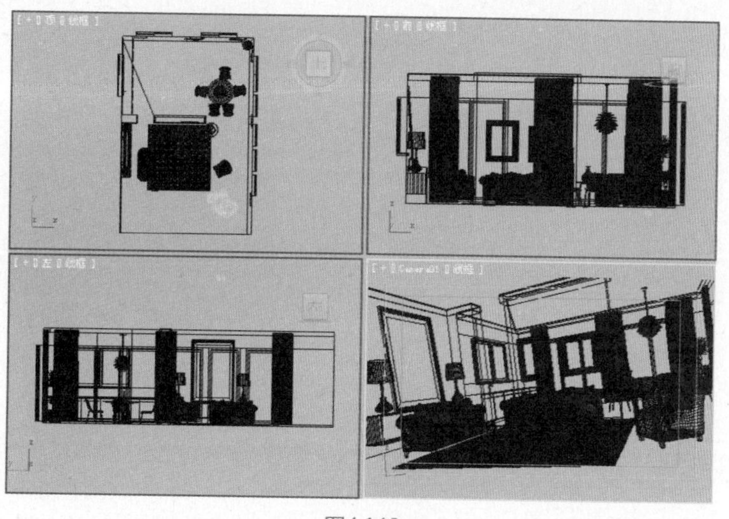

图4.145

下面首先进行测试渲染参数设置，然后为场景布置灯光。

1. 设置测试渲染参数

测试渲染参数的设置步骤如下。

01 按F10键打开“渲染设置”对话框，渲染器已经设置为V-Ray Adv 1.50.SP3a渲染器，在 公用参数 卷展栏中设置较小的图像尺寸，如图4.146所示。

02 进入V-Ray选项卡，在 V-Ray:: Global switches （全局开关）卷展栏中的参数设置如图4.147所示。

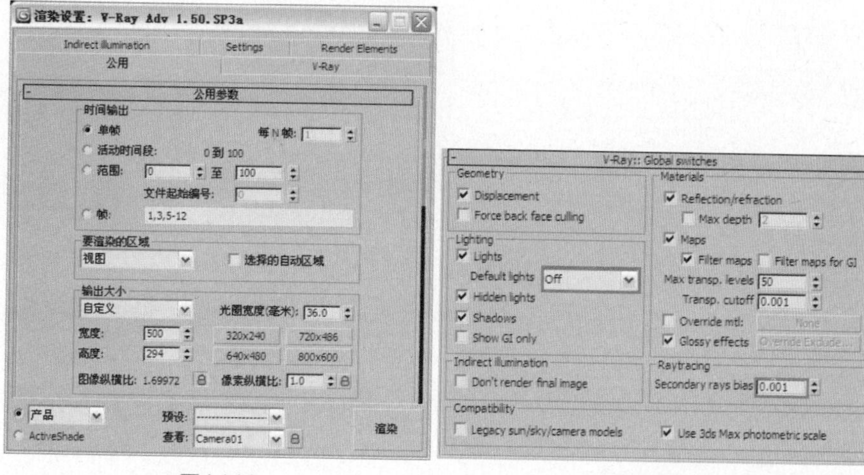

图4.146　　图4.147

03 进入 V-Ray:: Image sampler (Antialiasing) （抗锯齿采样）卷展栏，参数设置如图4.148所示。

04 进入Indirect illumination（间接照明）选项卡，在 V-Ray:: Indirect illumination (GI) （间接照明）卷展栏中设置参数，如图4.149所示。

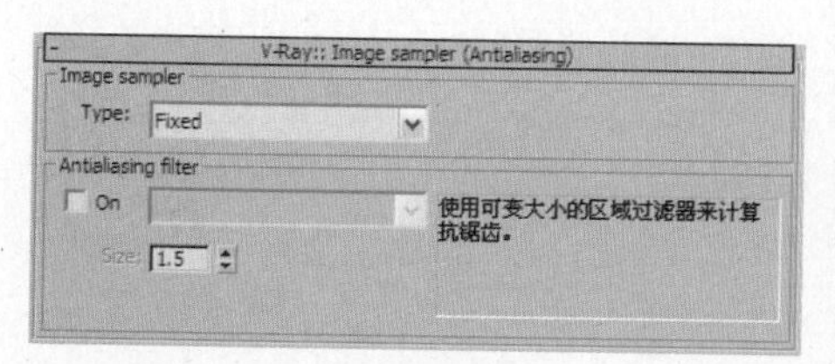

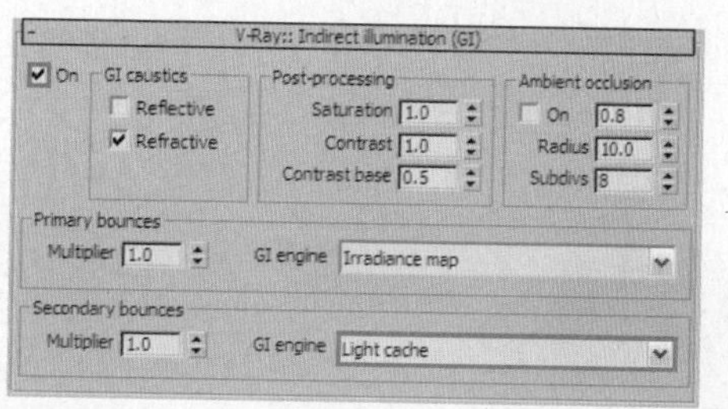

图4.148　　图4.149

05 在 V-Ray:: Irradiance map （发光贴图）卷展栏中设置参数，如图4.150所示。

06 在 V-Ray:: Light cache （灯光缓存）卷展栏中设置参数，如图4.151所示。

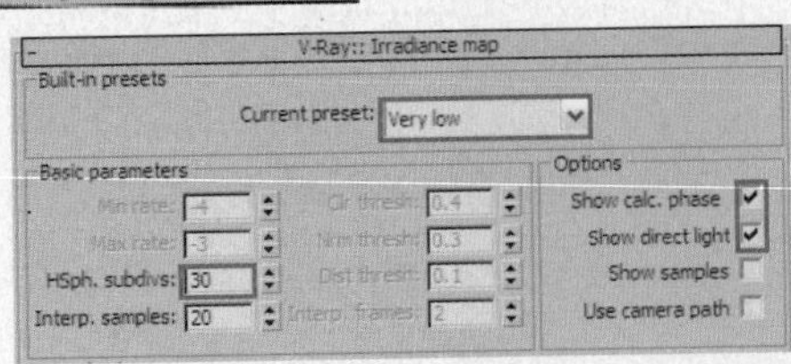

图4.150

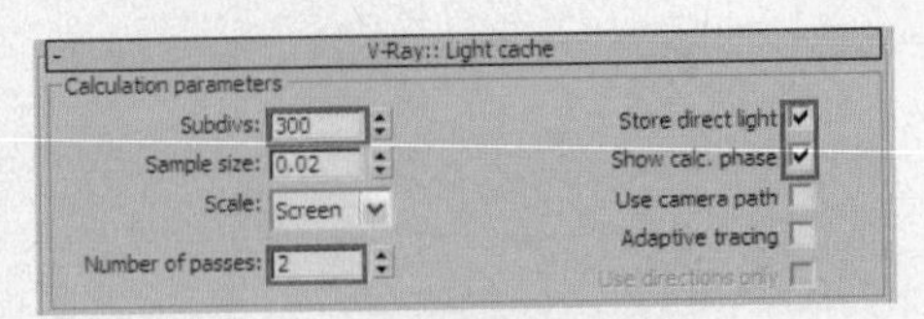

图4.151

Note 提示 4 预设测试渲染参数是根据自己的经验和计算机本身的硬件配制得到的一个相对低的渲染设置，读者在这里可以作为参考。当然，读者也可以自己尝试一些其他参数设置。

2. 布置场景灯光

客厅的光线来源主要是自然光，但为了增加场景气氛，本案例中仍然在室内布置了一些人工光源。

01 在为场景创建灯光前，首先用一种白色材质替代场景中物体的材质，这样便于观察灯光对场景的影响。按M键打开“材质编辑器”对话框，选择一个空白材质球，单击 Standard 按钮，在弹出的“材质/贴图浏览器”对话框中选择 VRayMtl 材质，将该材质命名为“替换材质”，具体参数设置如图4.152所示。

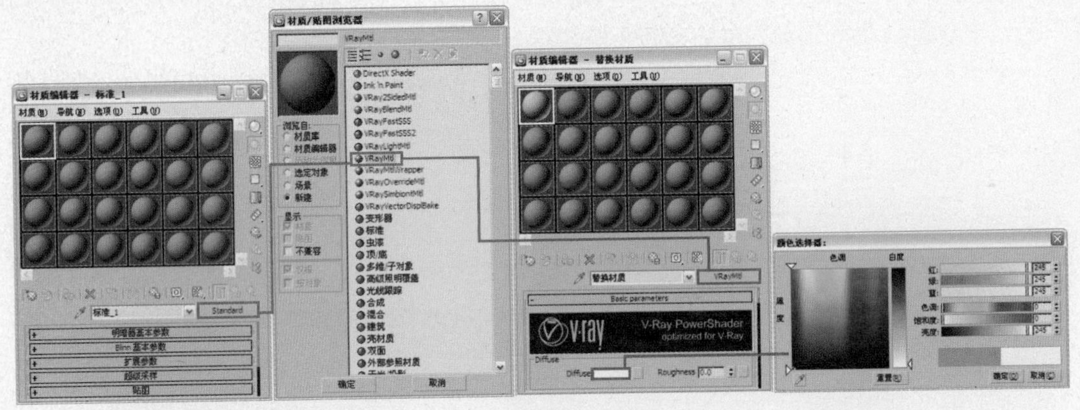

图4.152

02 按F10键打开“渲染设置”对话框，进入V-Ray选项卡，在 V-Ray:: Global switches （全局开关）卷展栏中，勾选Override mtl（覆盖材质）前的复选框，然后进入“材质编辑器”对话框，将“替换材质”材质的材质球拖放到Override mtl右侧的None贴图通道按钮上，并以“实例”方式进行关联复制，具体参数设置如图4.153所示。

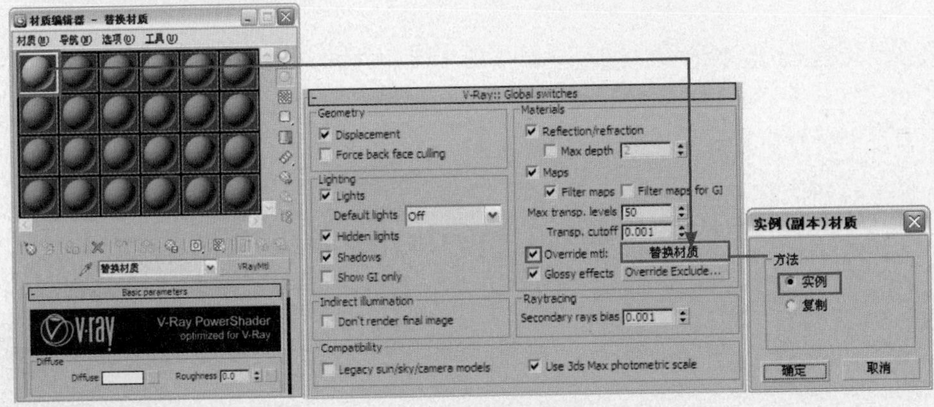

图4.153

03 室外环境天光的创建。单击（创建）按钮，进入创建命令面板，再单击（灯光）按钮，在下拉菜单中选择VRay选项，然后在“对象类型”卷展栏中单击 VRayLight 按钮，在场景的窗外部分创建一盏VRayLight灯光，如图4.154所示。灯光参数设置如图4.155所示。

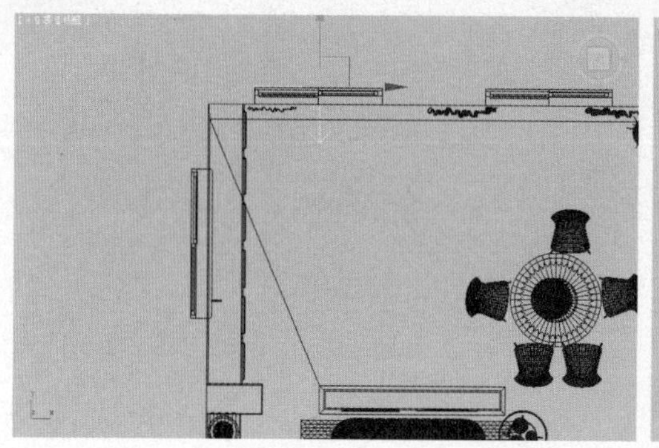

图4.154

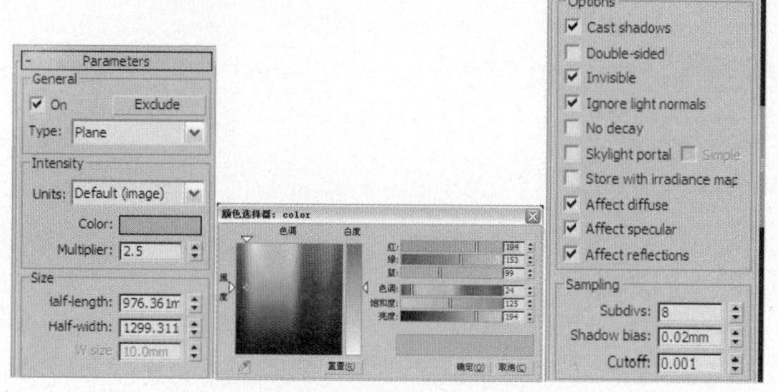

图4.155

04 在顶视图中选中刚刚创建的灯光VRayLight01，按住Shift键沿*X*轴方向将其关联复制到如图4.156所示的位置。将物体“窗玻璃”隐藏，然后对摄像机视图测试渲染，效果如图4.157所示。

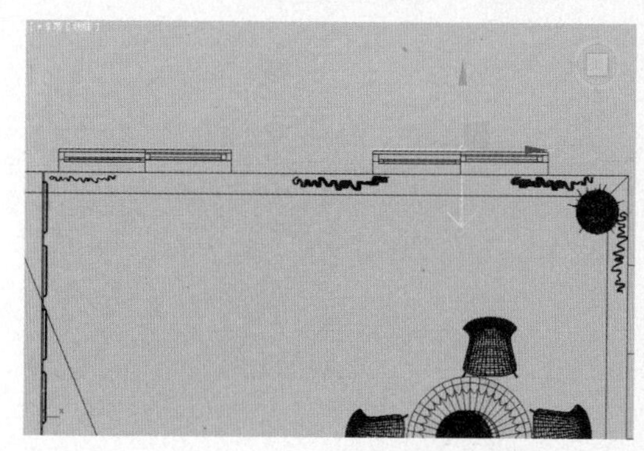

图4.156

图4.157

05 下面继续创建室外的环境光。在如图4.158所示的位置创建一盏VRayLight，参数设置如图4.159所示。对摄像机视图进行渲染，效果如图4.160所示。

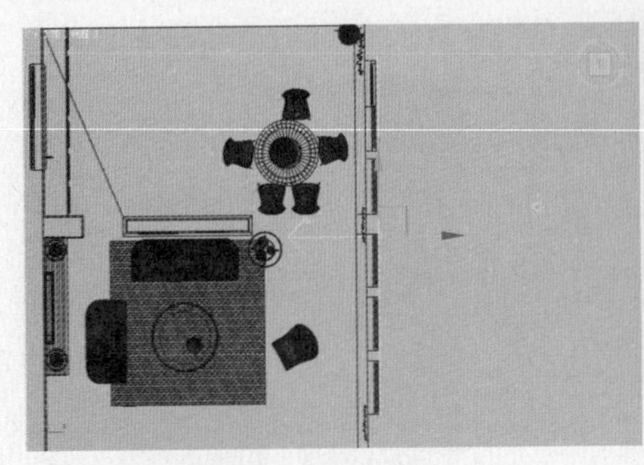

图4.158

图4.159

图4.160

06 继续创建室外的自然光。在如图4.161所示的位置创建一盏VRayLight，参数设置如图4.162所示。对摄像机视图进行渲染，效果如图4.163所示。

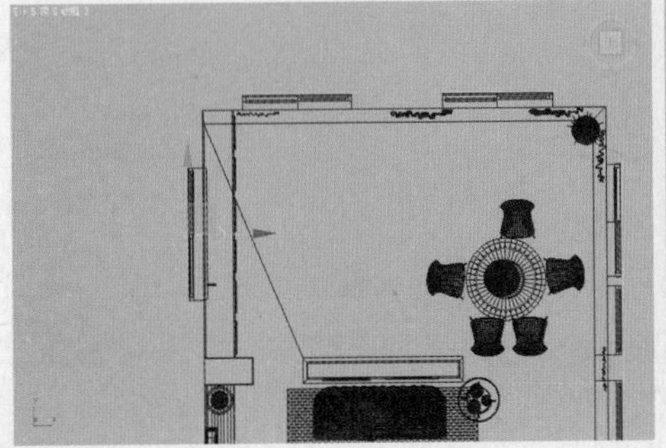
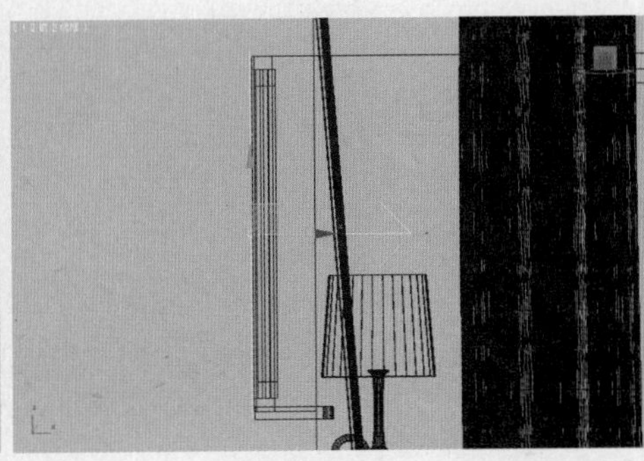

图4.161

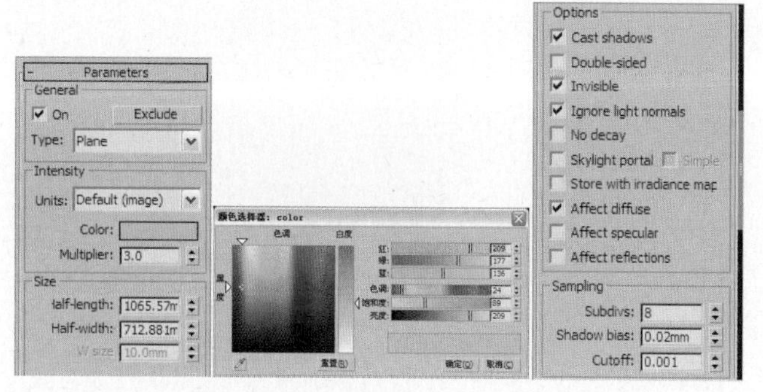

图4.162

图4.163

07 室外的天光创建完毕，下面开始创建室外的日光。单击（创建）按钮，进入创建命令面板，再单击（灯光）按钮，在下拉菜单中选择“标准”选项，然后在“对象类型”卷展栏中单击 目标平行光 按钮，在视图中创建一盏目标平行光，位置如图4.164 所示。

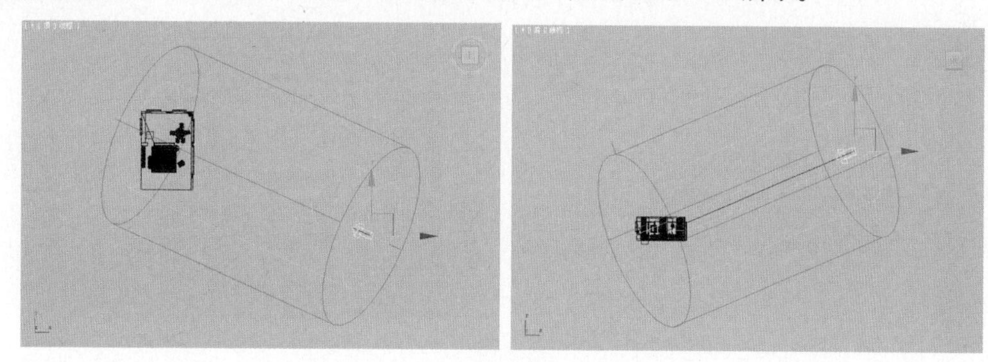

图4.164

08 单击（修改）按钮，进入修改命令面板，对刚刚创建的目标平行光的参数进行设置，如图4.165 所示。对摄像机视图进行渲染，效果如图4.166所示。

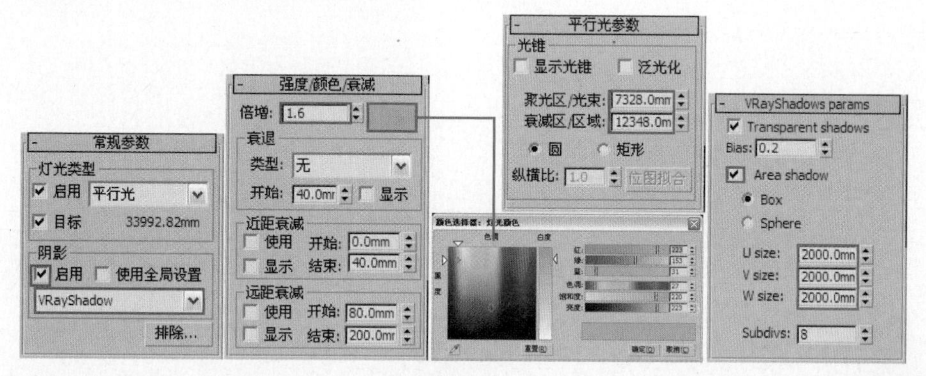

图4.165

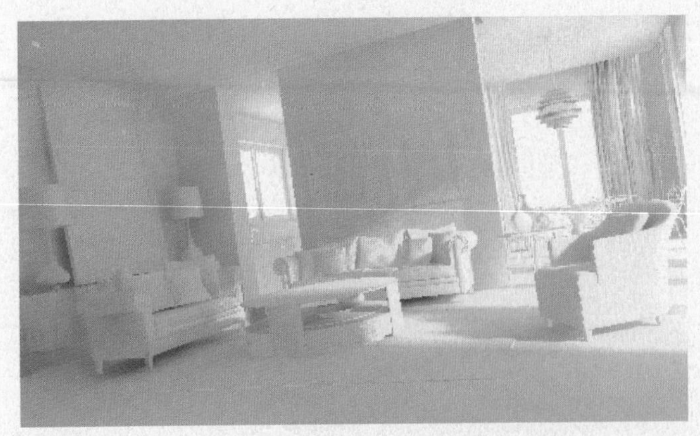

图4.166

09 从渲染效果中可以发现，场景已经形成了大致的阴影及明暗关系，但靠近窗户的地方曝光严重。下面在 V-Ray:: Color mapping 卷展栏中进行曝光控制，参数设置如图4.167所示。再次渲染，效果如图4.168所示。

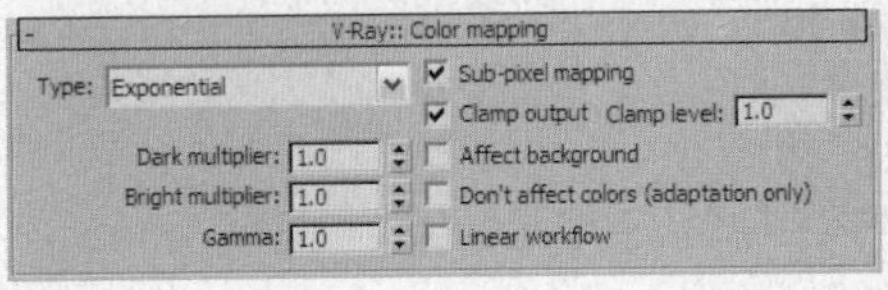

V-Ray:: Color mapping
Type: Exponential
Sub-pixel mapping
Clamp output Clamp level: 1.0
Dark multiplier: 1.0
Bright multiplier: 1.0
Gamma: 1.0
Affect background
Don't affect colors (adaptation only)
Linear workflow

图4.167

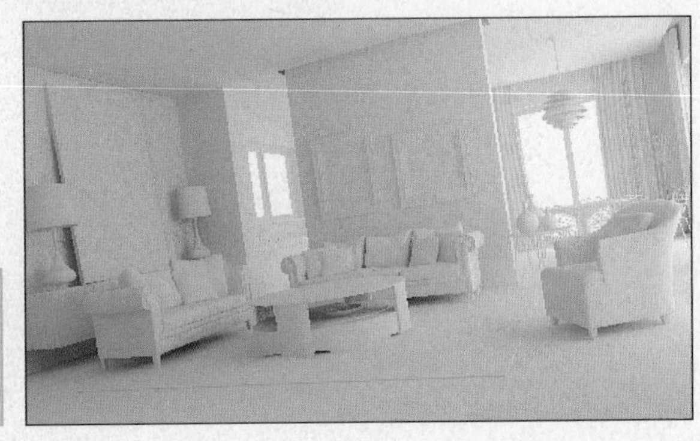

图4.168

10 下面创建室内的人工光源。在如图4.169所示的位置创建一盏VRayLight，灯光参数设置如图4.170所示。对摄像机视图进行测试渲染，效果如图4.171所示。

图4.169

Parameters
General
On
Exclude
Type: Plane
Intensity
Units: Default (image)
Color:
Multiplier: 6.0
Size
Half-length: 1359.487
Half-width: 208.286m
W size 10.0mm

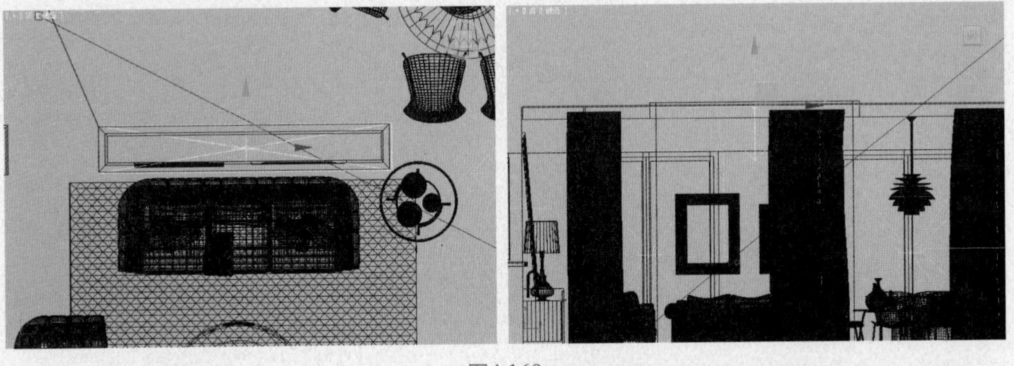

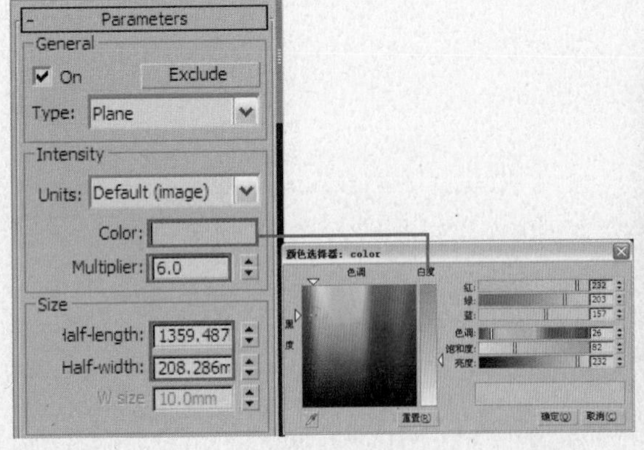

图4.170

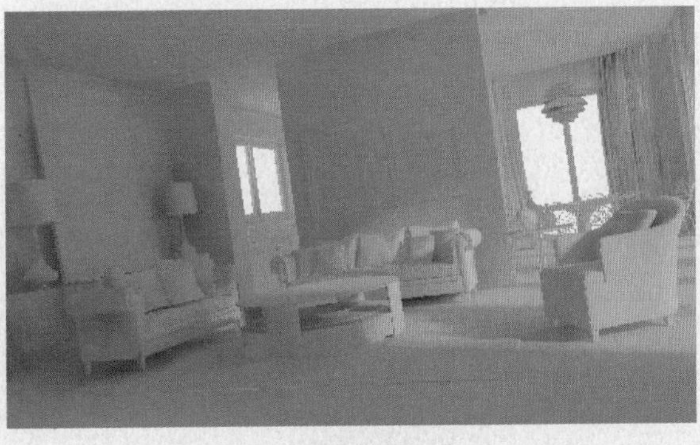

图4.171

11 下面创建室内的补光。在如图4.172所示的位置创建一盏VRayLight，灯光参数设置如图4.173所示。对摄像机视图进行测试渲染，效果如图4.174所示。

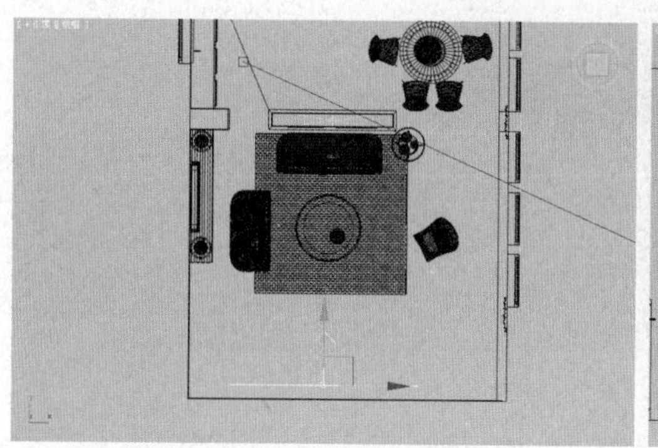

图4.172

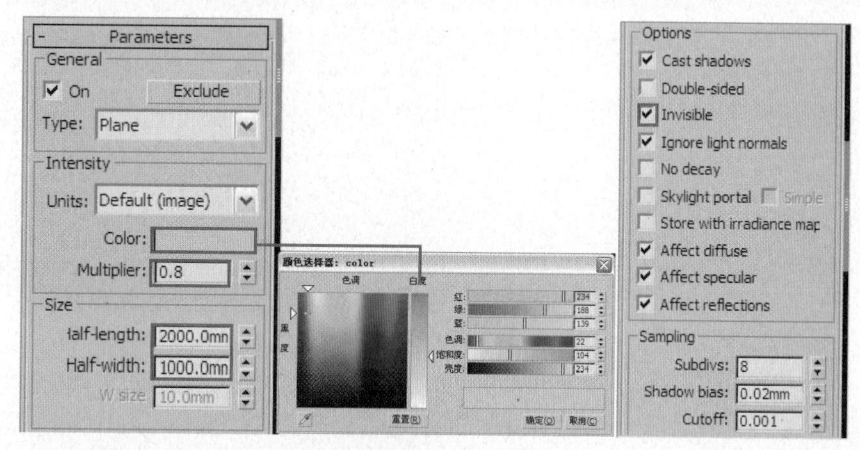

图4.173

图4.174

上面分别对室内和室外的灯光进行了测试，最终测试结果比较满意。测试完灯光效果后，下面进行材质设置。

4.4.3 设置场景材质

由于本章中的重点在于如何布置场景中的灯光，所以场景中材质的制作在此不做具体讲解。为场景中的物体制作完材质后的场景效果如图4.175所示。

至此，场景的灯光测试和材质设置都已经完成。下面将对场景进行最终渲染设置。

图4.175

4.4.4 最终渲染设置

1. 最终测试灯光效果

场景中的材质设置完毕后需要取消对发光贴图和灯光贴图的调用，再次对场景进行渲染，观察此时的场景效果。对摄像机视图进行渲染，效果如图4.176所示。

图4.176

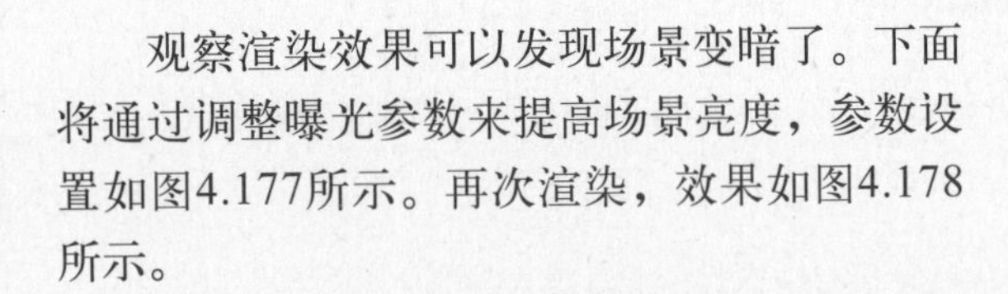

观察渲染效果可以发现场景变暗了。下面将通过调整曝光参数来提高场景亮度，参数设置如图4.177所示。再次渲染，效果如图4.178所示。

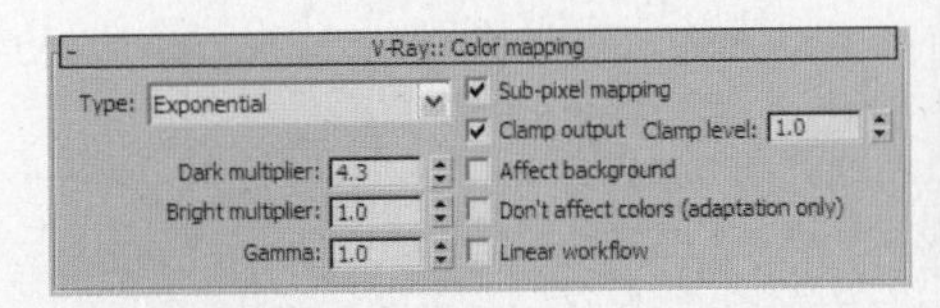

图4.177

图4.178

从渲染效果看，由于该场景是早晨效果，所以场景灯光有点偏亮。下面通过调整二次反弹的参数来降低场景的亮度，参数设置如图4.179所示。

对摄像机视图进行渲染，效果如图4.180所示。

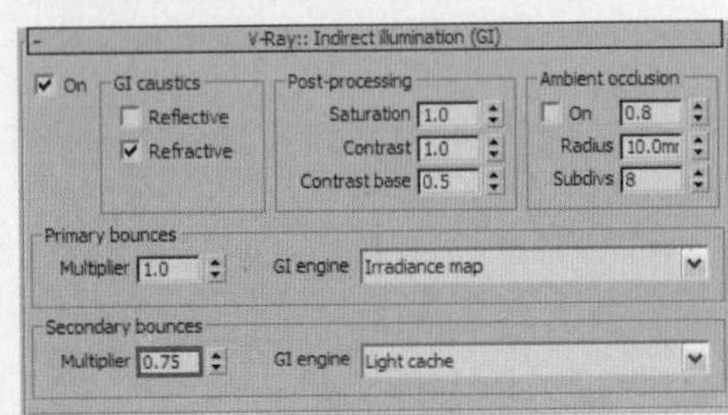

图4.179

图4.180

观察渲染效果，发现场景光线无须再调整。接下来设置最终渲染参数。

2. 灯光细分参数设置

01 首先将场景中所有VRayLight的灯光细分值设置为24，如图4.181所示。

02 然后将目标平行光的阴影细分值设置为24，如图4.182所示。

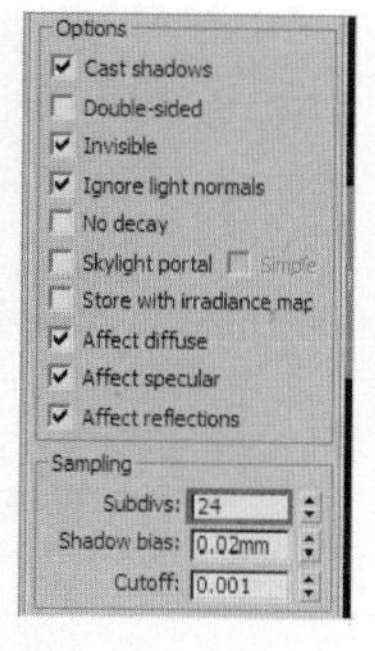

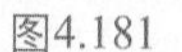
图4.181

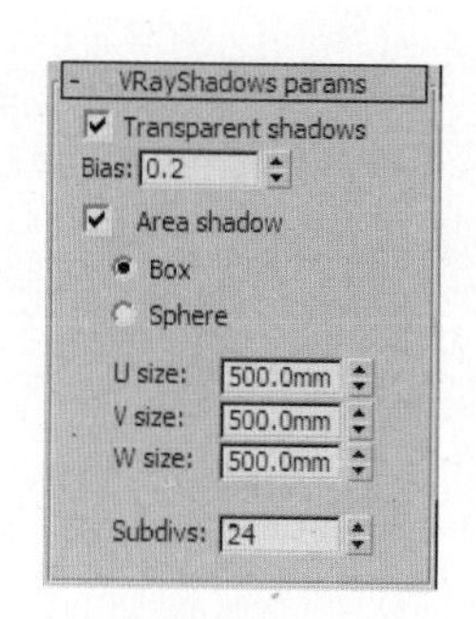

图4.182

3. 设置保存发光贴图和灯光贴图的渲染参数

在此不再讲解保存发光贴图和灯光贴图的方法，只对渲染级别设置进行讲解。

01 下面进行渲染级别设置。进入 V-Ray:: Irradiance map 卷展栏，设置参数如图4.183所示。

02 进入 V-Ray:: Light cache 卷展栏，设置参数如图4.184所示。

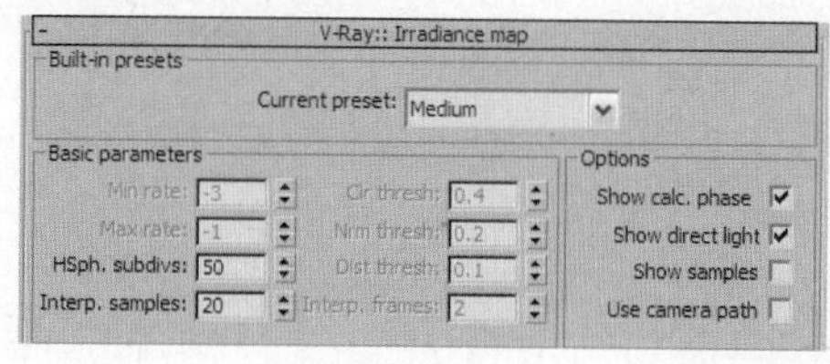

图4.183

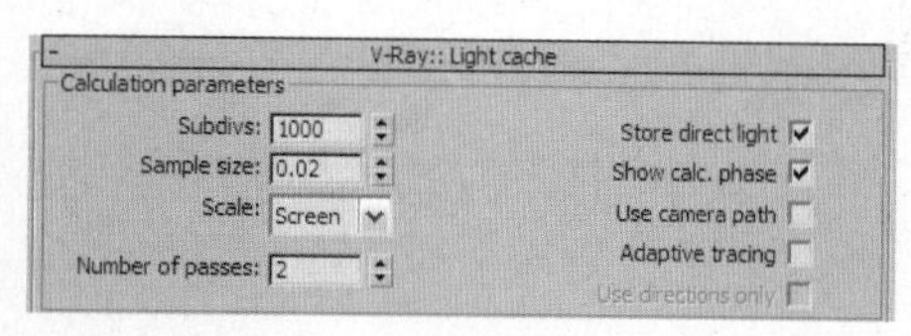

图4.184

03 在 V-Ray:: DMC Sampler （准蒙特卡罗采样器）卷展栏中设置参数，如图4.185所示，这是模糊采样设置。

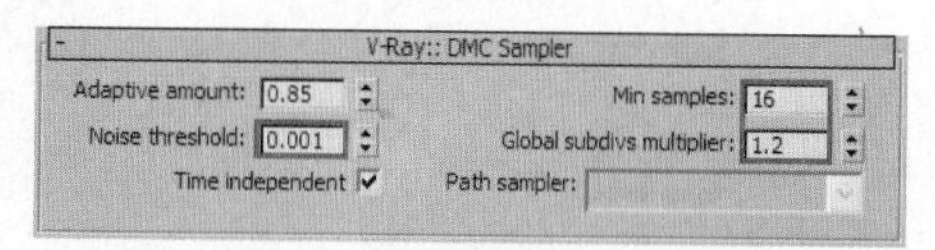

图4.185

渲染级别设置完毕，最后设置保存发光贴图和灯光贴图的参数并进行渲染即可。

4. 最终成品渲染

最终成品渲染的参数设置如下。

01 当发光贴图和灯光贴图计算完毕后，在“渲染设置”对话框的“公用”选项卡中设置最终渲染图像的输出尺寸，如图4.186所示。

02 在 V-Ray:: Image sampler (Antialiasing) 卷展栏中设置抗锯齿和过滤器，如图4.187所示。

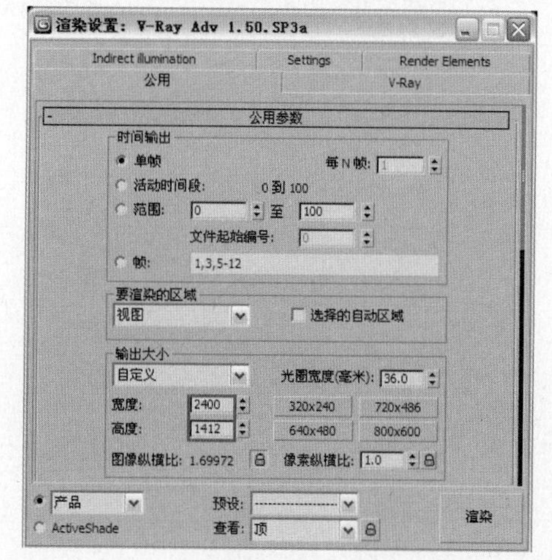

图4.186

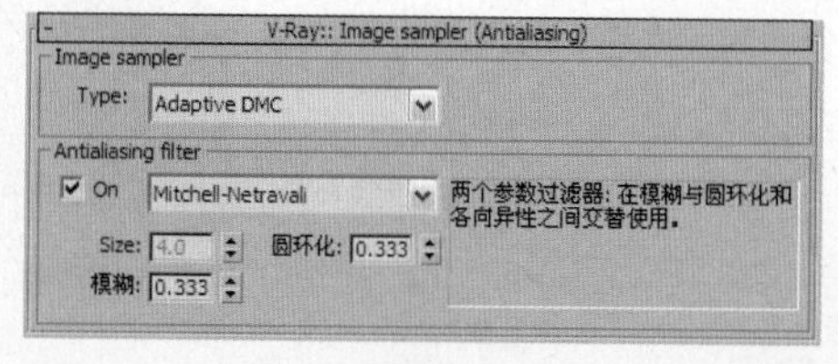

图4.187

03 最终渲染完成的效果如图4.188所示。

图4.188

最后使用Photoshop软件对图像的亮度、对比度及饱和度进行调整，以使效果更加生动、逼真。后期处理后的最终效果如图4.189所示。

图4.189

Work 4.5 东南亚客厅黄昏效果

3ds Max 2010+VRay VRay ART DONG NAN YA KE TING HUANG HUN XIAO GUO ZHI

4.5.1 东南亚客厅黄昏效果简介

本场景案例的效果如图4.190所示。

图4.190

如图4.191所示为模型的线框效果图。

图4.191

4.5.2 客厅黄昏效果测试渲染设置

打开配套光盘中的“第4章\东南亚客厅\东南亚客厅（黄昏）效果\东南亚客厅（黄昏）源文件.max”场景文件，如图4.192所示。可以看到这是一个已经创建好模型的室内场景，并且场景中的摄像机也已经创建完成。

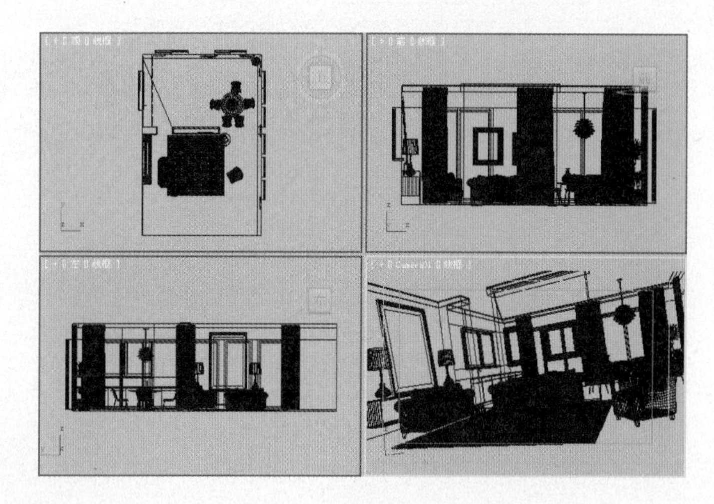
图4.192

下面首先进行测试渲染参数设置，然后为场景布置灯光。

1. 设置测试渲染参数

测试渲染参数的设置步骤如下。

01 在 公用参数 卷展栏中设置较小的图像尺寸，如图4.193所示。

02 进入V-Ray选项卡，在 V-Ray:: Global switches （全局开关）卷展栏的参数设置如图4.194所示。

图4.193

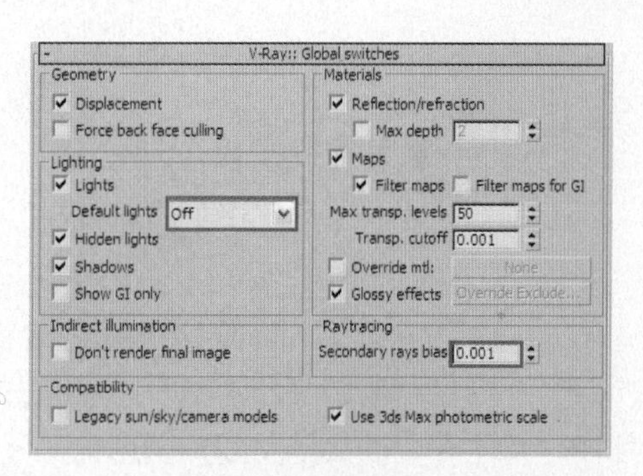

图4.194

03 进入 V-Ray:: Image sampler (Antialiasing) （抗锯齿采样）卷展栏，参数设置如图4.195所示。

04 进入Indirect illumination（间接照明）选项卡，在 V-Ray:: Indirect illumination (GI) （间接照明）卷展栏中设置参数，如图4.196所示。

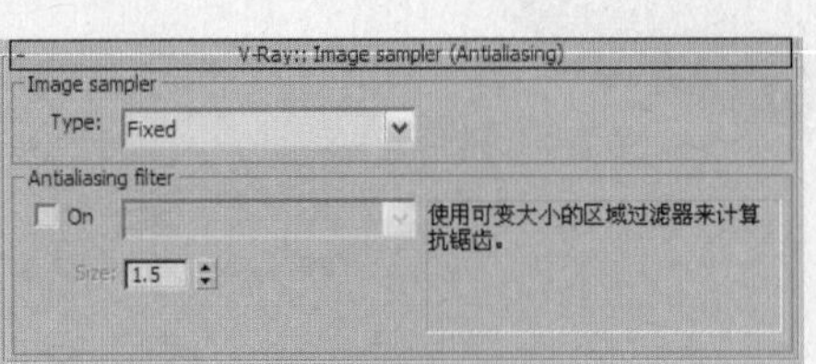

图4.195

图4.196

05 在 V-Ray:: Irradiance map （发光贴图）卷展栏中设置参数，如图4.197所示。

06 在 V-Ray:: Light cache （灯光缓存）卷展栏中设置参数，如图4.198所示。

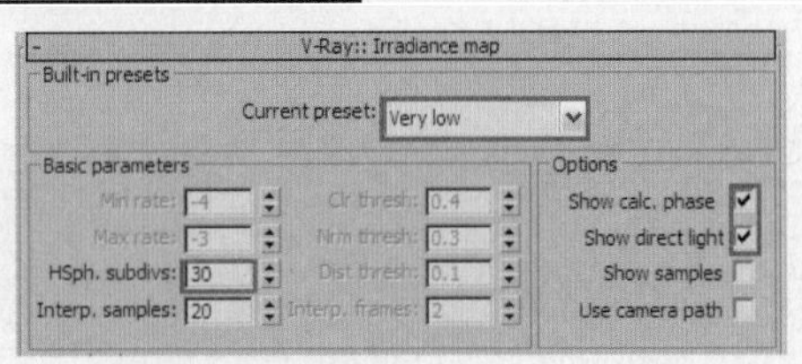

图4.197

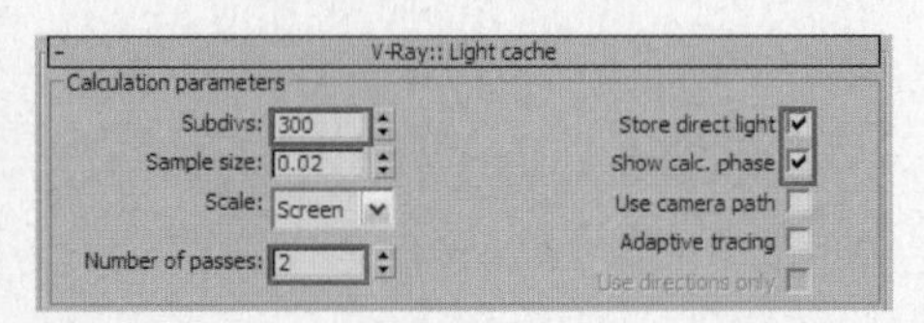

V-Ray:: Light cache

图4.198

Note 提示 4

预设测试渲染参数是根据自己的经验和计算机本身的硬件配制得到的一个相对低的渲染设置，读者在这里可以作为参考。当然，也可以自己尝试一些其他参数设置。

2. 布置场景灯光

客厅的光线来源主要是自然光，但为了增加场景气氛，本案例中仍然在室内布置了一些人工光源。

01 在为场景创建灯光前，首先用一种白色材质替代场景中物体的材质，这样便于观察灯光对场景的影响。按M键打开“材质编辑器”对话框，选择一个空白材质球，单击其 Standard 按钮，在弹出的“材质/贴图浏览器”对话框中选择 VRayMtl 材质，将该材质命名为“替换材质”，具体参数设置如图4.199所示。

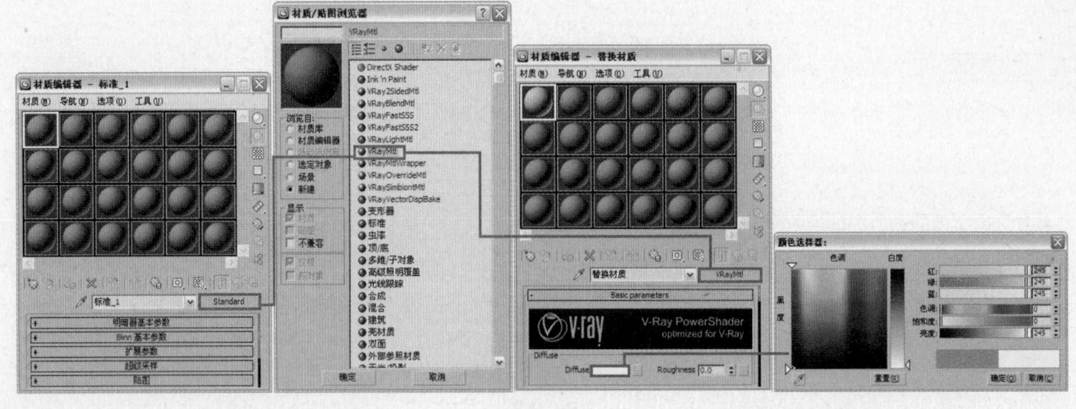

图4.199

02 按F10键打开“渲染设置”对话框，进入V-Ray选项卡，在 V-Ray:: Global switches （全局开关）卷展栏中，勾选Override mtl（覆盖材质）前的复选框，然后进入“材质编辑器”对话框，将“替换材质”材质的材质球拖放到Override mtl右侧的None贴图通道按钮上，并以“实例”方式进行关联复制，具体参数设置如图4.200所示。

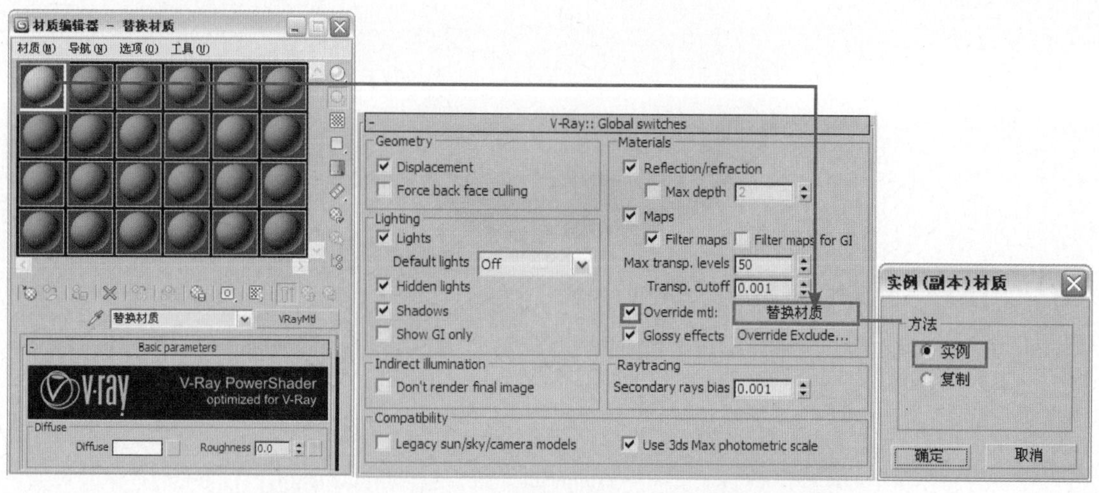

图4.200

03 室外环境天光的创建。单击（创建）按钮，进入创建命令面板，再单击（灯光）按钮，在下拉菜单中选择VRay选项，然后在“对象类型”卷展栏中单击 VRayLight 按钮，在场景的窗外部分创建一盏VRayLight灯光，如图4.201所示。灯光参数设置如图4.202所示。

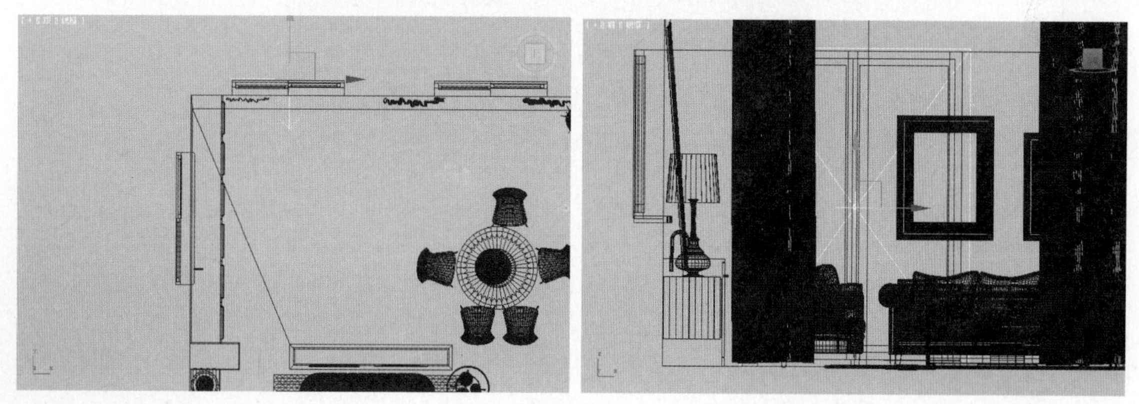

图4.201

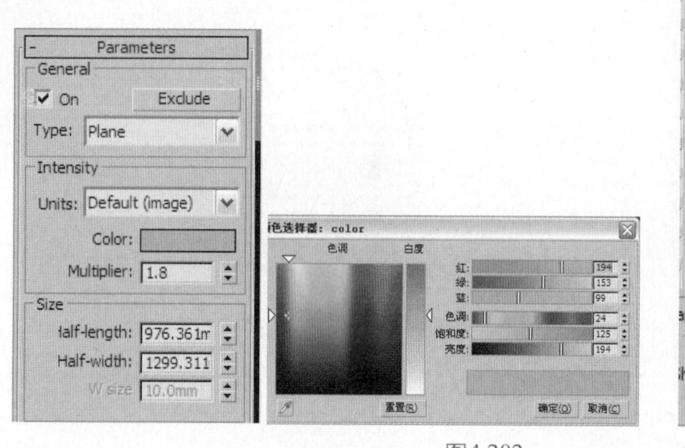

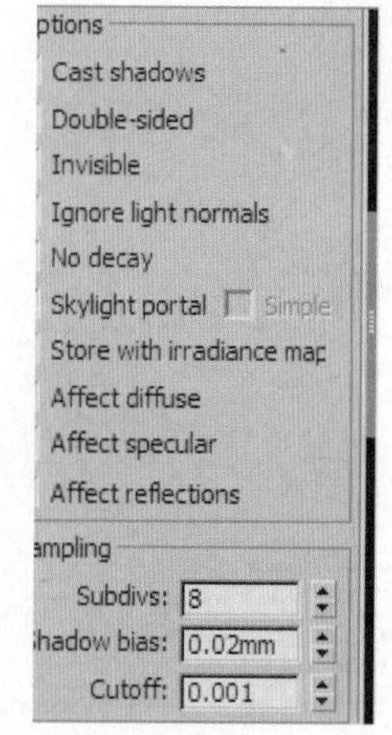

图4.202

04 在顶视图中选中刚刚创建的灯光VRayLight01，按住Shift键沿X轴方向将其关联复制到如图4.203所示的位置。将物体“窗玻璃”隐藏，然后对摄像机视图测试渲染，效果如图4.204所示。

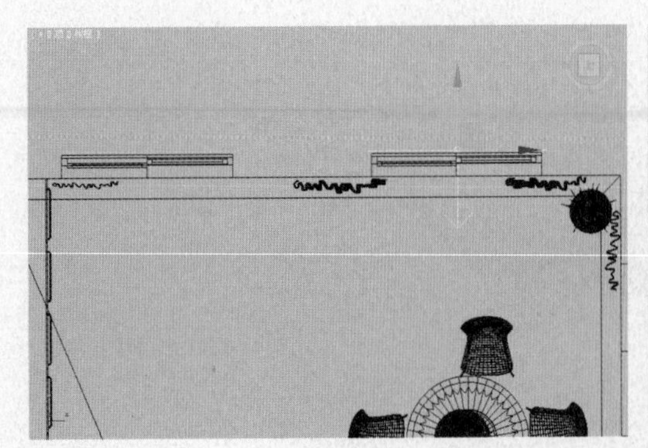

图4.203

图4.204

05 下面继续创建室外的环境光。在如图4.205所示的位置创建一盏VRayLight，参数设置如图4.206所示。对摄像机视图进行渲染，效果如图4.207所示。

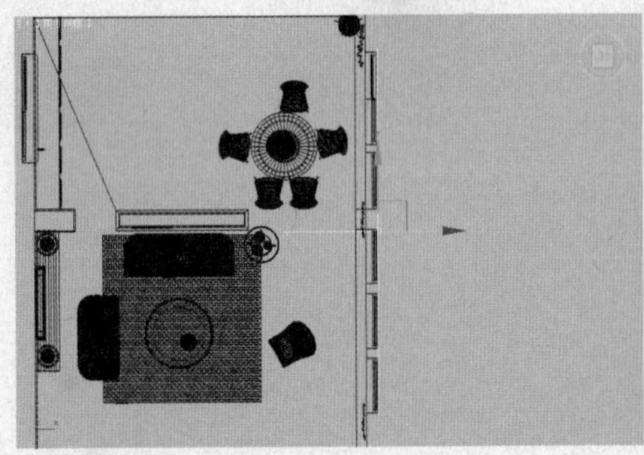

图4.205

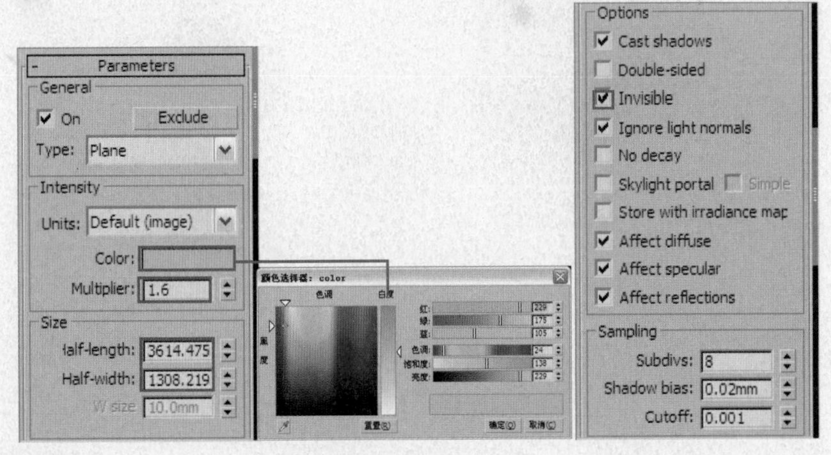

图4.206

图4.207

06 继续创建室外的自然光。在如图4.208所示的位置创建一盏VRayLight，参数设置如图4.209所示。对摄像机视图进行渲染，效果如图4.210所示。

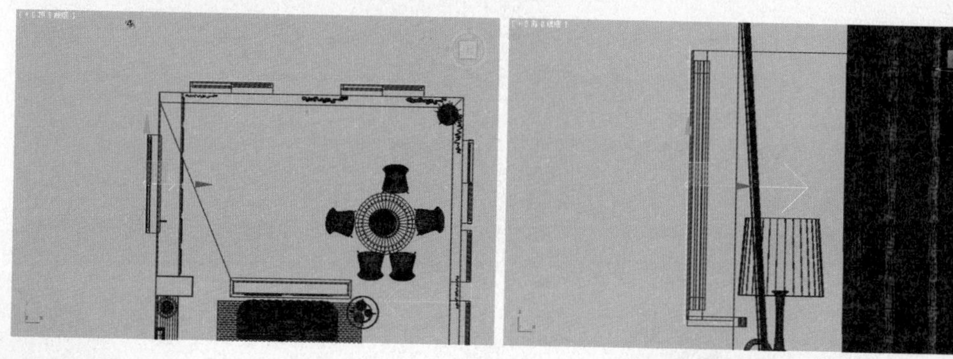

图4.208

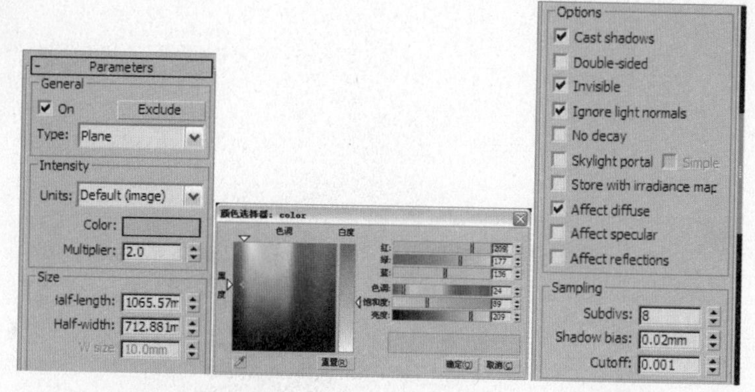

图4.209

图4.210

07 下面创建室内的人工光源。在如图4.211所示的位置创建一盏VRayLight，灯光参数设置如图4.212所示。对摄像机视图进行测试渲染，效果如图4.213所示。

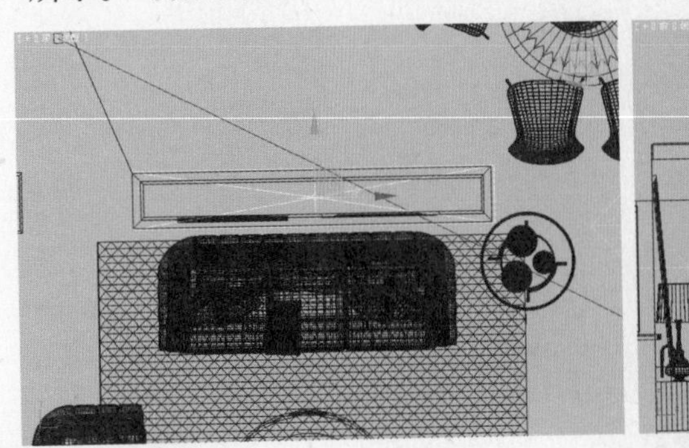

图4.211

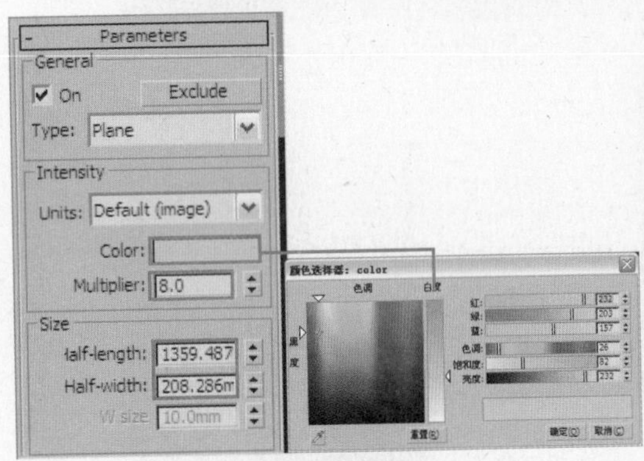

图4.212

图4.213

08 从渲染效果中可以发现，场景已经形成了大致的阴影及明暗关系，但由于灯光的照射，局部曝光严重。下面在 V-Ray:: Color mapping 卷展栏中进行曝光控制，参数设置如图4.214所示。再次渲染，效果如图4.215所示。

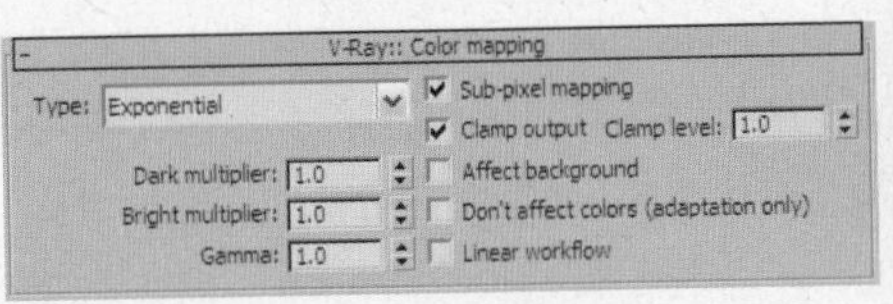

图4.214

图4.215

09 下面创建室内的台灯灯光。在如图4.216所示的位置创建一盏VRayLight球形光，灯光参数设置如图4.217所示。

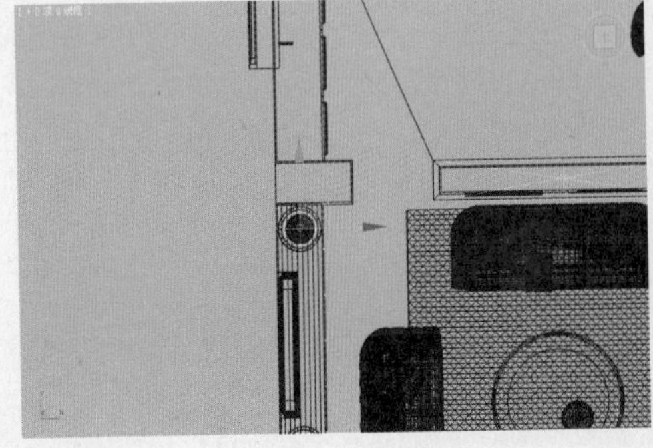
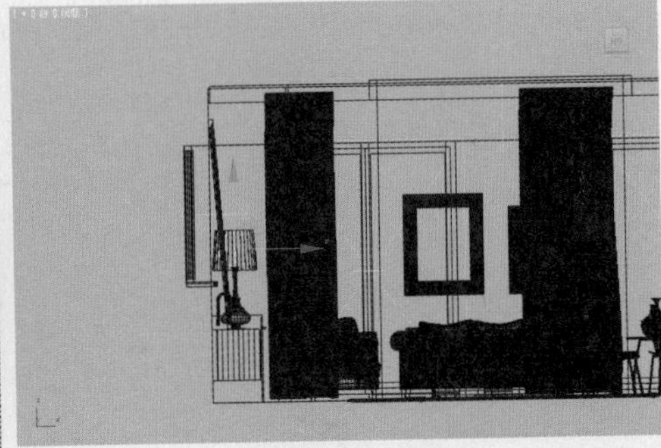

图4.216

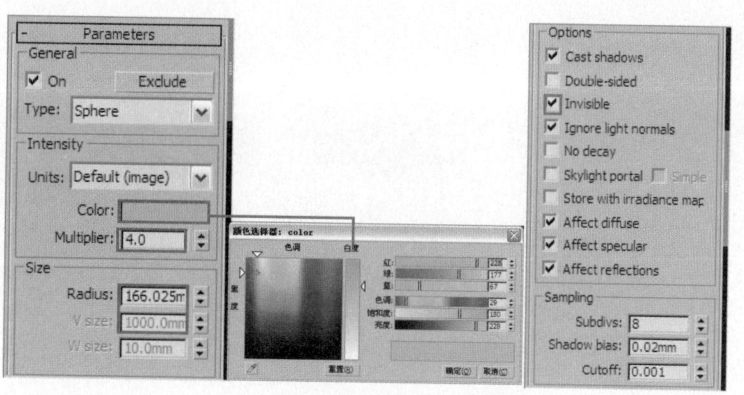

图4.217

10 在视图中选中刚刚创建的VRayLight球形光，将其关联复制出一盏灯光，灯光位置如图4.218所示。

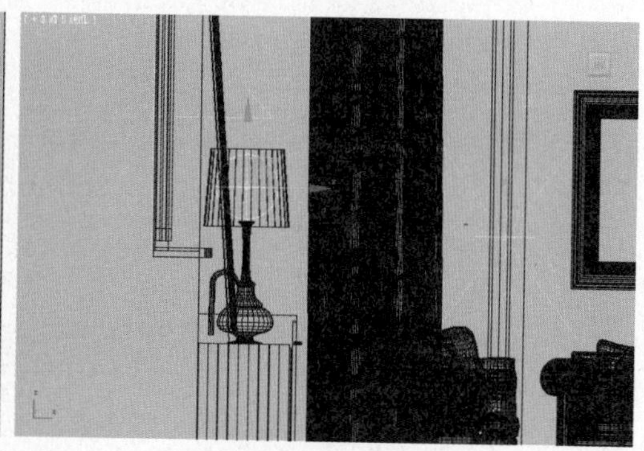

图4.218

11 对摄像机视图进行渲染，效果如图4.219所示。

图4.219

12 下面创建室内的补光。在如图4.220所示的位置创建一盏VRayLight，灯光参数设置如图4.221所示。对摄像机视图进行测试渲染，效果如图4.222所示。

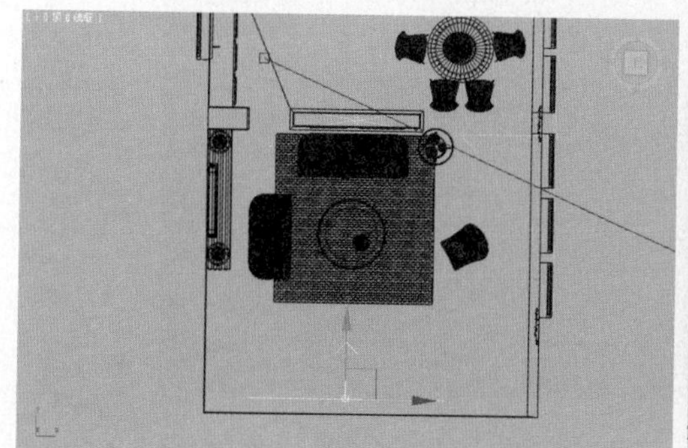

图 4.220

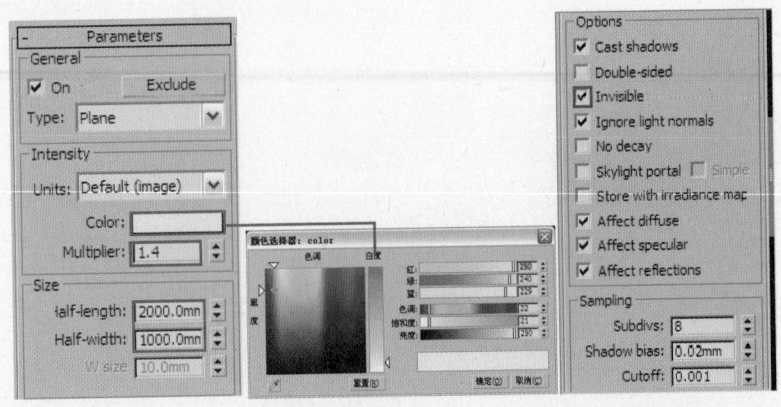

图4.221

图4.222

上面分别对室内和室外的灯光进行了测试，最终测试结果比较满意。测试完灯光效果后，下面进行材质设置。

4.5.3 设置场景材质

由于本章中的重点在于如何布置场景中的灯光，所以场景中材质的制作在此不做具体讲解。为场景中的物体制作完材质后的场景效果如图4.223所示。

图4.223

至此，场景的灯光测试和材质设置都已经完成。下面将对场景进行最终渲染设置。

4.5.4 最终渲染设置

1. 最终测试灯光效果

场景中的材质设置完毕后需要对场景进行渲染，观察此时场景整体的灯光效果。对摄像机视图进行渲染，效果如图4.224所示。

图4.224

观察渲染效果可以发现，场景变暗了。下面将通过调整曝光参数来提高场景亮度，参数设置如图4.225所示。再次渲染，效果如图4.226所示。

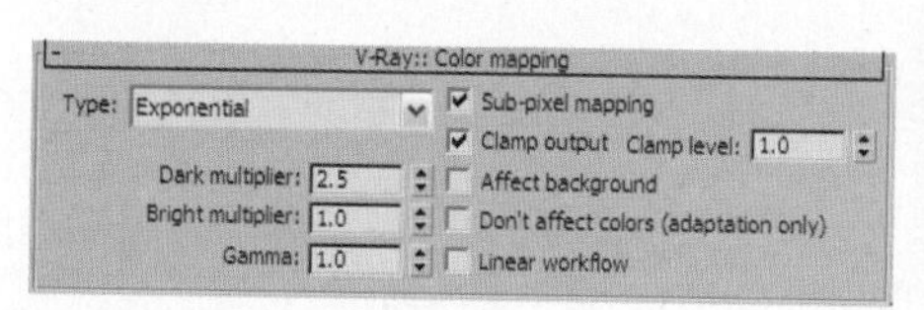

图4.225

图4.226

从渲染效果看，由于该场景是黄昏效果，所以场景灯光有点偏亮。下面通过调整二次反弹的参数来降低场景的亮度，参数设置如图4.227所示。

对摄像机视图进行渲染，效果如图4.228所示。

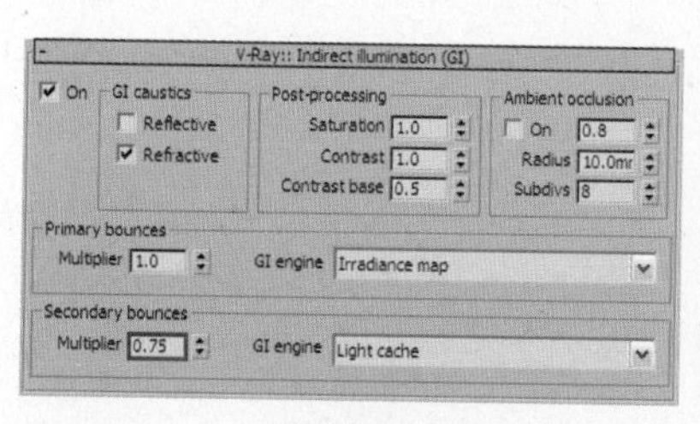

图4.227

图4.228

观察渲染效果，发现场景光线无须再调整。接下来设置最终渲染参数。

2. 灯光细分参数设置

01 首先将场景中所有VRayLight的灯光细分值设置为24，如图4.229所示。

02 然后将VRayLight球形光的细分值设置为16，如图4.230所示。

Options
Cast shadows
Double-sided
Invisible
Ignore light normals
No decay
Skylight portal Simple
Store with irradiance map
Affect diffuse
Affect specular
Affect reflections
Sampling
Subdivs: 24
Shadow bias: 0.02mm
Cutoff: 0.001

图4.229

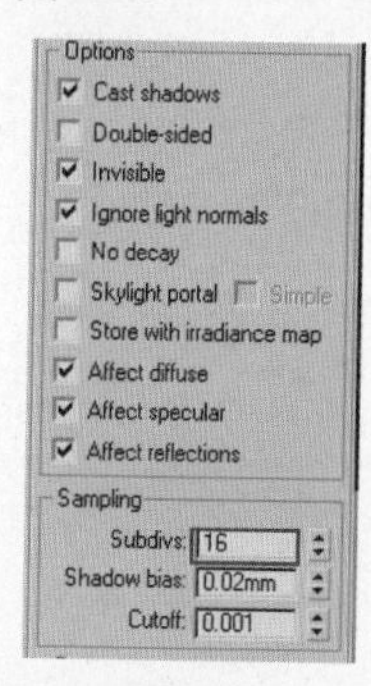

图4.230

3. 设置保存发光贴图和灯光贴图的渲染参数

在此不再讲解保存发光贴图和灯光贴图的方法，只对渲染级别设置进行讲解。

01 下面进行渲染级别设置。进入 V-Ray:: Irradiance map 卷展栏，设置参数如图4.231所示。

02 进入 V-Ray:: Light cache 卷展栏，设置参数如图4.232所示。

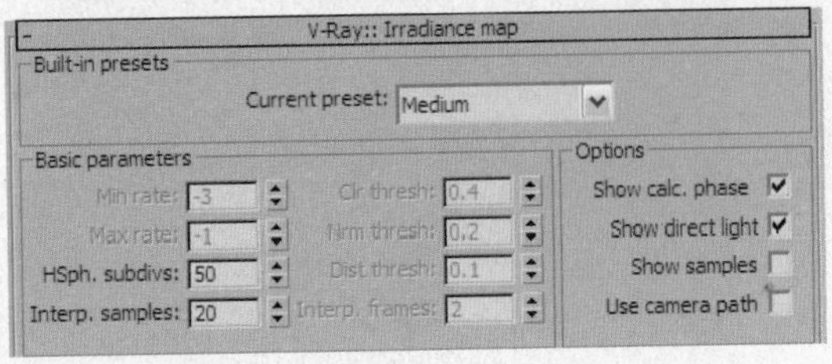

图4.231

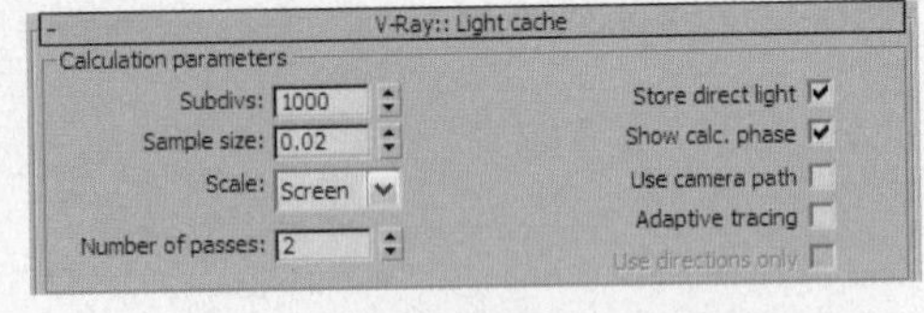

图 4.232

03 在 V-Ray:: DMC Sampler （准蒙特卡罗采样器）卷展栏中设置参数，如图4.233所示，这是模糊采样设置。

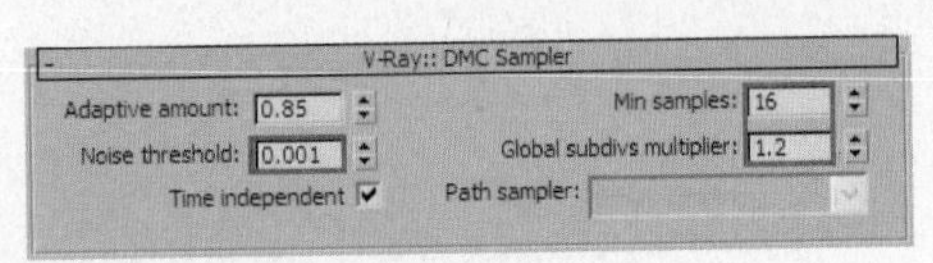

图4.233

渲染级别设置完毕，最后设置保存发光贴图和灯光贴图的参数并进行渲染即可。

4. 最终成品渲染

最终成品渲染的参数设置如下。

01 当发光贴图和灯光贴图计算完毕后，在“渲染设置”对话框的“公用”选项卡中设置最终渲染图像的输出尺寸，如图4.234所示。

02 在 V-Ray:: Image sampler (Antialiasing) 卷展栏中设置抗锯齿和过滤器，如图4.235所示。

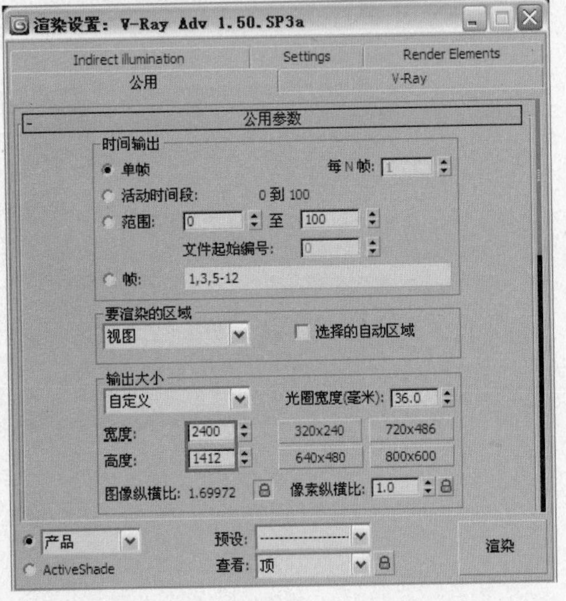

图4.234

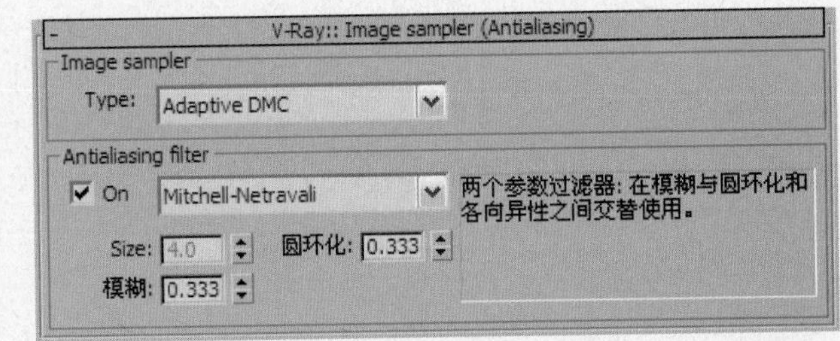

图4.235

03 最终渲染完成的效果如图4.236所示。

图4.236

最后使用Photoshop软件对图像的亮度、对比度及饱和度进行调整，以使效果更加生动、逼真。后期处理后的最终效果如图4.237所示。

图4.237

光盘\第5章\认识VRay材质\认识VRay材质.MAX

光盘\第5章\VRay替代材质\VRay替代材质.MAX

光盘\第5章\VRayFastSSS\VRayFastSSS.MAX

第5章 VRay材质

Work 5.1 初步认识VRay材质

3ds Max 2010+VRay

VRay ART CHU BU REN SHI VRay CAI ZHI

在VRay渲染器中使用VRay专用材质可以获得较好的物理上的正确照明、较快的渲染速度及更方便的反射/折射参数调节，具有质量上佳、上手容易的特点。在图5.1所示的效果图中，无论是洁白的碗碟，还是精致的布艺沙发，其质量的塑造都离不开VRay材质强大的功能。图5.2所示为上述两个对象的细节。

图5.1

图5.2

VRay专用材质还可以针对接收和传递光能的强度进行控制，防止色溢现象发生。在VRay材质中可以运用不同的纹理贴图，控制反射/折射，增加凹凸和置换贴图，强制直接GI计算，为材质选择不同的BRDF类型等。

下面将介绍10种常用的VRay材质，分别为VRayMtl（VRay专业材质）、VRayLightMtl（VRay灯光材质）、VRayMtlWrapper（VRay材质包裹器）、VRayFastSSS（VRay3S材质）、VRayFastSSS2（VRay3S2材质）、VRay2SidedMtl（VRay双面材质）、VRayBlendMtl（VRay混合材质）、VRayOverrideMtl（VRay替代材质）、VRaySimbiontMtl及VRayVectorDisplBake。

Work 5.2 掌握VRayMtl材质

3ds Max 2010+VRay

VRay ART ZHANG WO VRayMtl CAI ZHI

VRayMtl可以替代3ds Max的默认材质，它的突出之处是可以轻松控制物体的模糊反射和折射及类似蜡烛效果的半透明材质。下面认识VRayMtl材质的参数。

5.2.1 Basic parameters卷展栏

VRayMtl材质类型的Basic parameters（基本参数）卷展栏如图5.3所示。

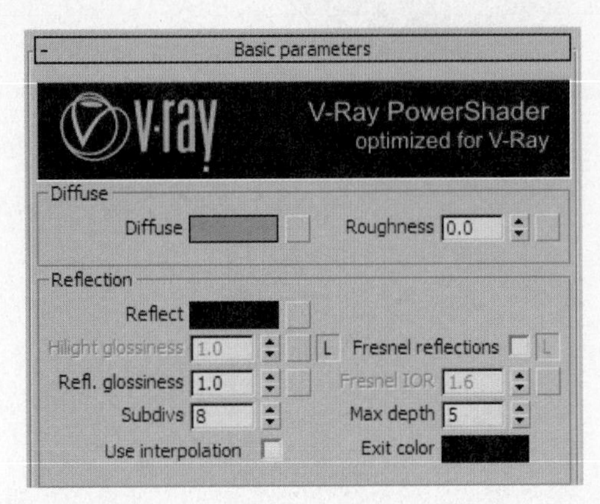

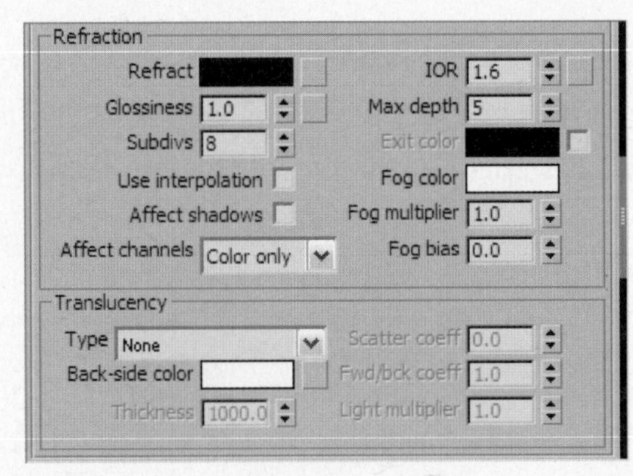

图5.3

其中主要参数的作用如下所述。场景文件为本书所附光盘提供的“第5章\认识VRay材质\认识VRay材质.max”文件。

1. Diffuse（漫反射）选项组

以下操作均为对金属物体的材质进行的调节。

◆ Diffuse：固有色，也是材质的漫反射，可以使用贴图覆盖。如图5.4所示为设置打火机金属部位材质的漫反射颜色后的渲染效果。

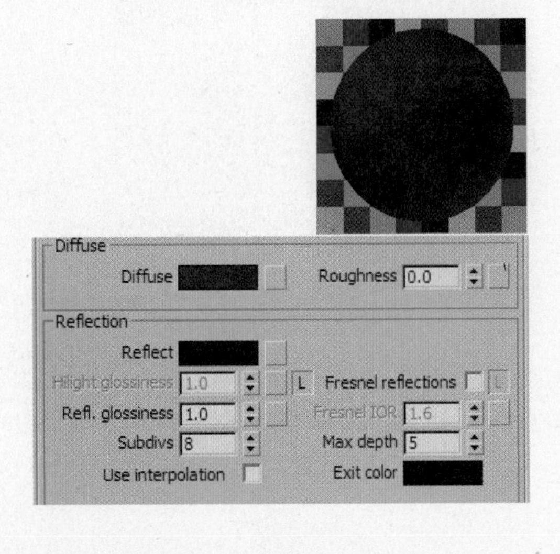

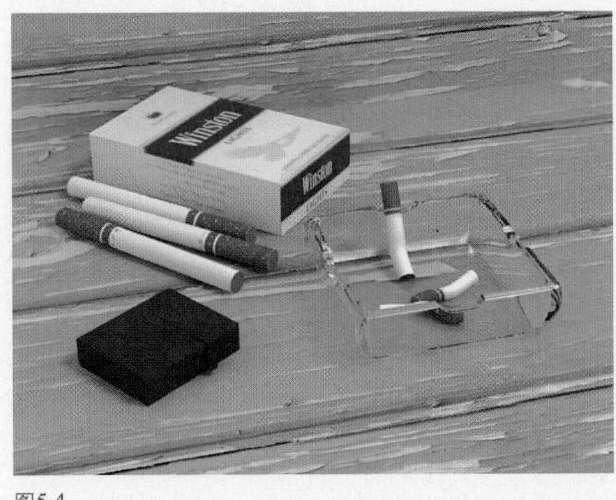

图5.4

◆ Roughness：粗糙度。

2. Reflection（反射）选项组

以下操作均为对金属物体的材质进行的调节。

◆ Reflect：VRay使用颜色来控制物体的反射强度。颜色越浅表现物体反射越强烈，黑色代表无反射效果，白色则代表全面反射。可以用贴图覆盖。如图5.5所示为通过调整反射颜色所产生的不同效果。

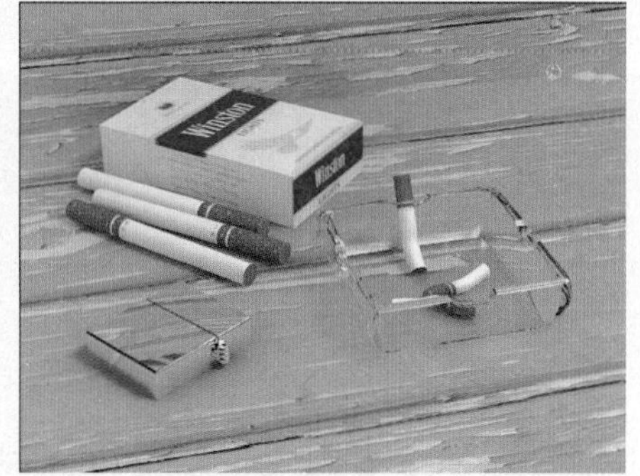

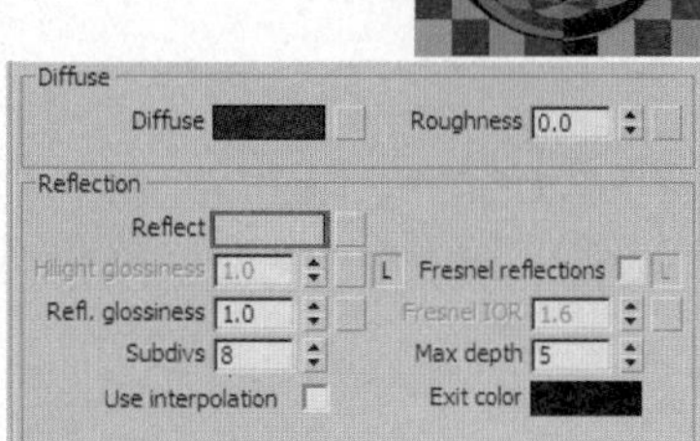

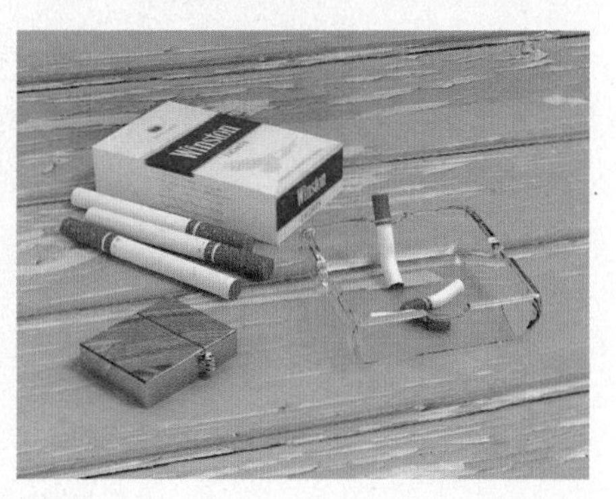

图5.5

Note 提示 5

▸ 将色块设置为白色时，可以看到金属部分的材质完全反射；将色块调整为黄色时，可以看到金属部分材质的反射效果带有一定的颜色趋向。

◆ Hilight glossiness：控制VRay材质的高光状态。默认情况下，L形按钮被按下，Hilight glossiness处于非激活状态。数值为1时没有高光，数值越小则高光面积越大。如图5.6所示分别为数值是0.2和1时的效果。

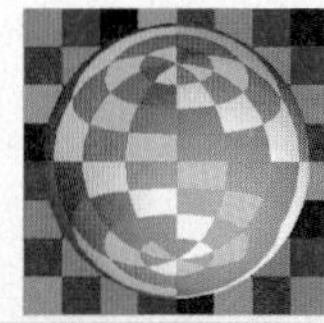

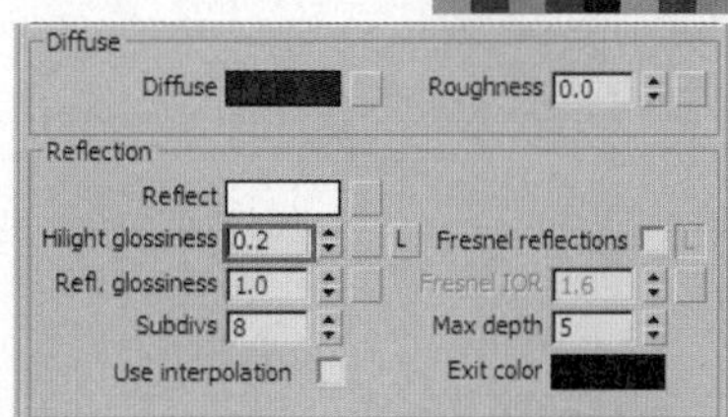

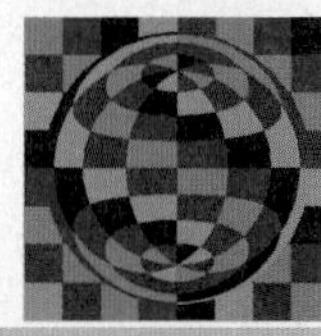

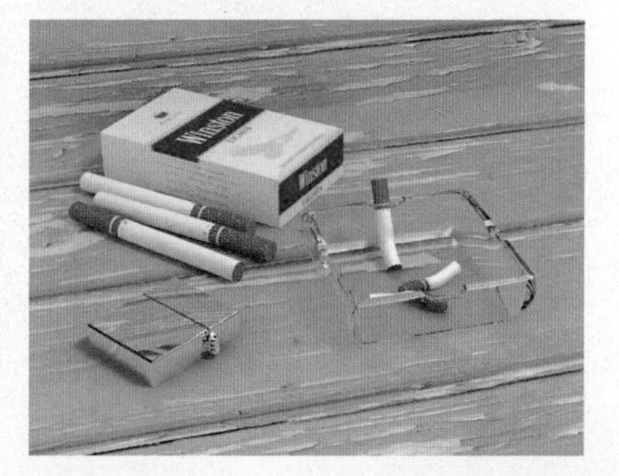

图5.6

Note 提示 5 ▸ 数值为0.2时，从图5.5中可以看到物体的金属部分产生了大面积的高光，从而使金属部分整体变亮；数值为1时，从图5.5中可以看到物体的金属部分的高光面积明显减小。

◆ Refl. glossiness（反射光泽度）：值为1表示是一种完美的镜面反射效果，随着取值的减小，反射效果会越来越模糊。平滑反射的质量由下面的细分参数来控制。如图5.7所示为设置数值是0.7时打火机金属部位的效果，可以发现金属的反射变模糊了。

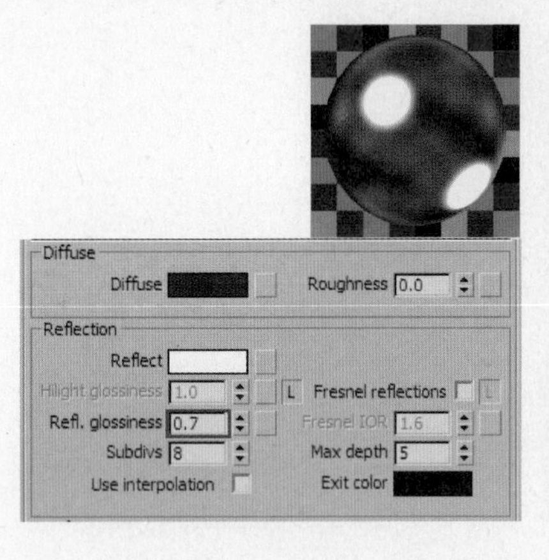

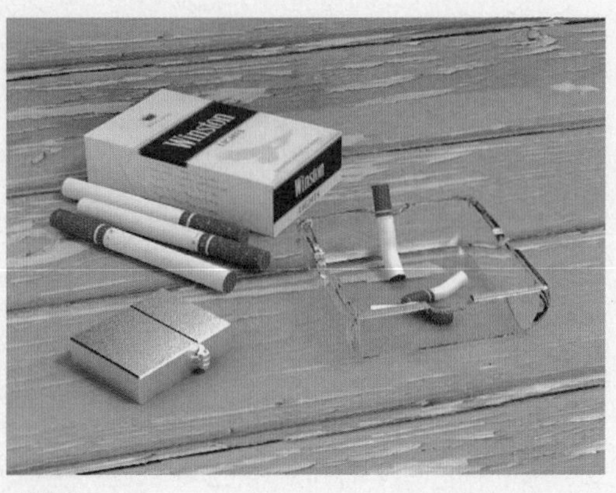

图5.7

◆ Subdivs：控制反射光泽度的品质。较小的取值将加快渲染速度，但会导致更多的噪波。当反射光泽度值为1.0时，此数值无意义。如图5.8所示，在反射光泽度值为0.7时，细分值分别设置为3和12时的效果。

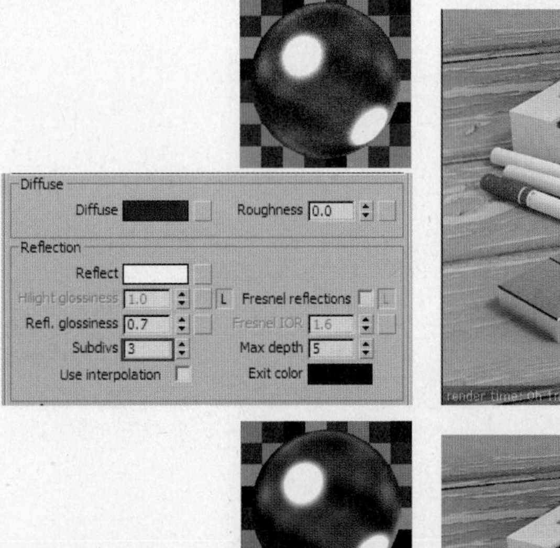

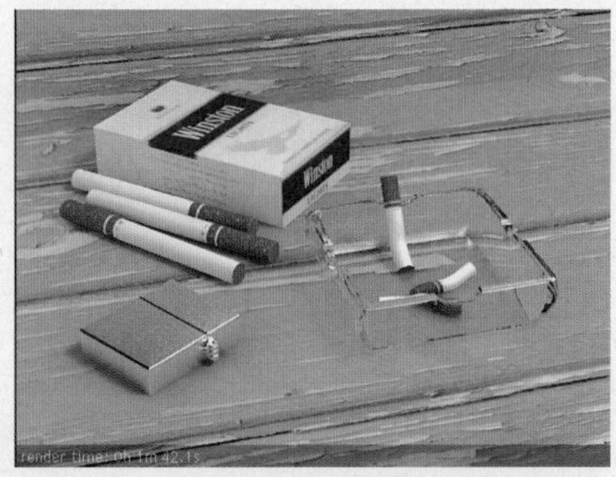

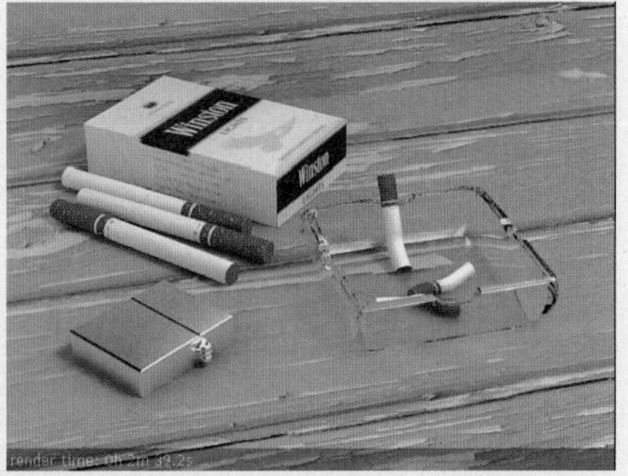

图5.8

Note 提示 5 ▸ 数值为3时，渲染速度很快，但模糊反射效果很粗糙；数值为12时，渲染速度明显减慢，但模糊反射效果变得精细了。

◆ Use interpolation：使用插补，VRay使用一种类似于发光贴图的缓存方案来加快模糊反射的计算速度。勾选此选项表示使用缓存方案。

◆ Fresnel reflections：菲涅耳反射是以法国著名的物理学家提出的理论命名的反射方式，以真实世界反射为基准，随着光线表面法线的夹角接近0°，反射光线也会递减至消失。如图5.9所示为勾选此选项后的效果。

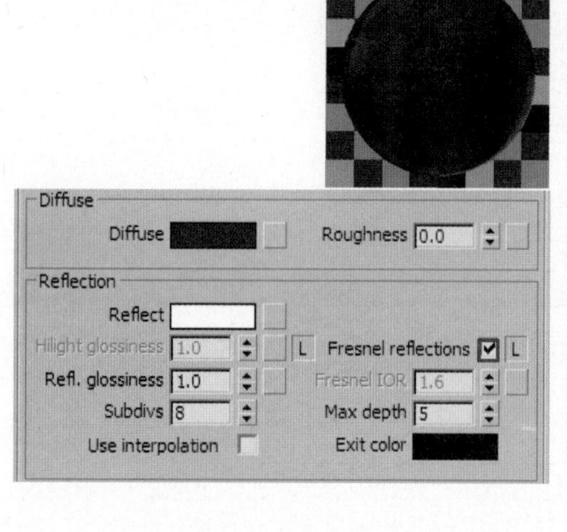

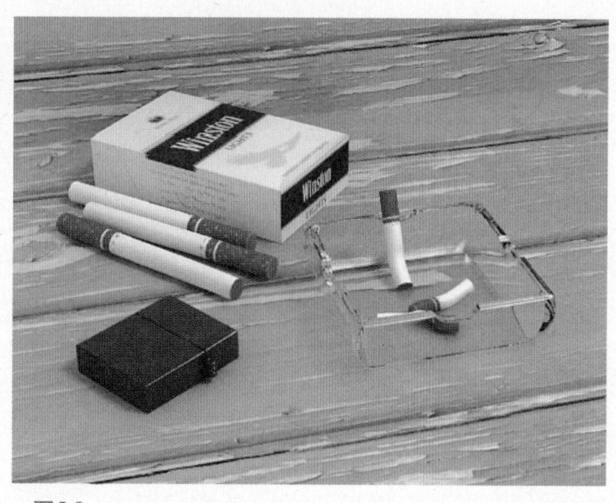

图5.9

◆ Fresnel IOR（菲涅耳反射率）：这个参数在Fresnel reflections复选框后面的L形（锁定）按钮弹起的时候被激活，可以单独设置菲涅耳反射的反射率。如图5.10所示为将菲涅耳反射率调整为3时的效果，可以发现金属物体的反射明显增强了。

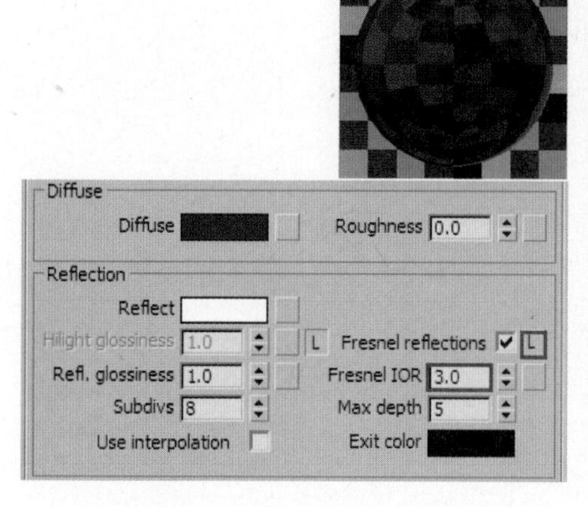

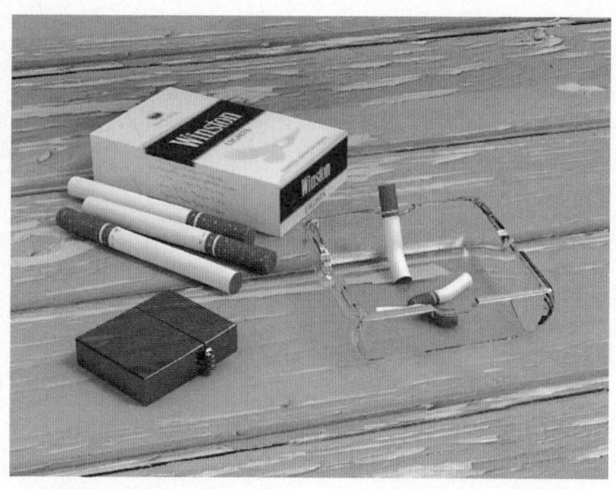

图5.10

◆ Max depth：定义反射能完成的最大次数。注意当场景中具有大量的反射/折射表面的时候，这个参数要设置得足够大才会产生真实的效果。

◆ Exit color（消退颜色）：反射强度大于反射贴图的最大深度值时，将反射此设定颜色。

3. Refraction（折射）选项组

以下操作均为对玻璃物体的材质进行的调节。

◆ Refract（折射）：VRay使用颜色来控制物体的折射强度，黑色代表无折射效果，白色代表垂直折射即完全透明，可以用贴图覆盖。如图5.11所示将色块调整为白色时，玻璃物体完全透明了。

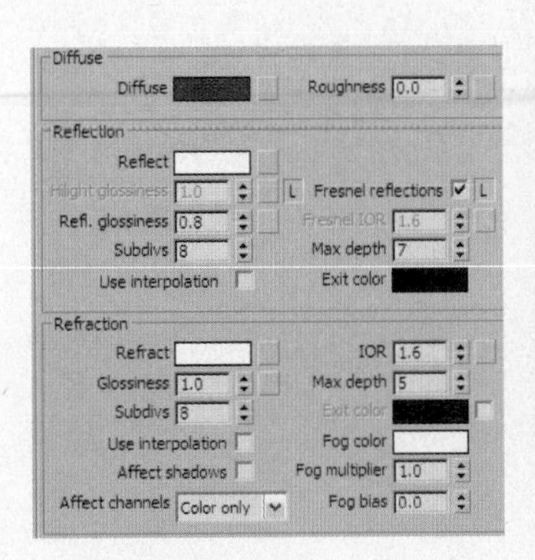

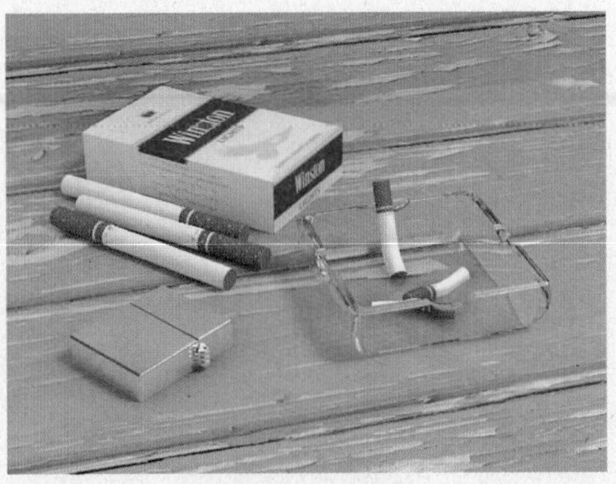

图5.11

Note 提示 5 ▸ 当折射颜色设置为纯白色时，材质完全透明，材质的漫反射颜色将不再产生作用。如果将折射色块设置为某种颜色，那么将产生带有一定颜色趋向的折射效果。

◆ Glossiness（折射光泽度）：数值越小折射的效果就越模糊，默认为1.0。如图5.12所示，将此参数设置为0.7时，玻璃物体的折射明显变模糊了。

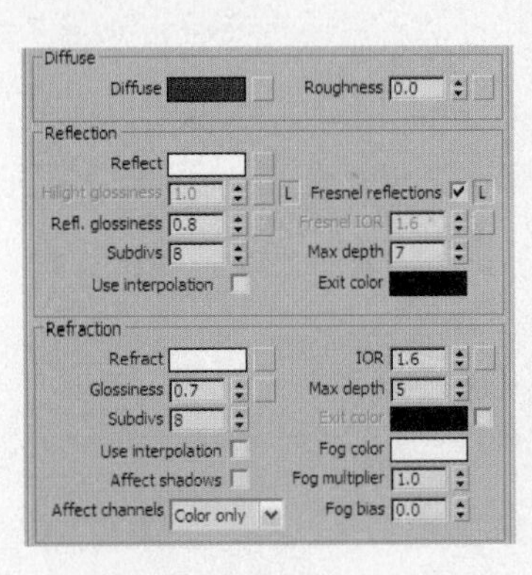

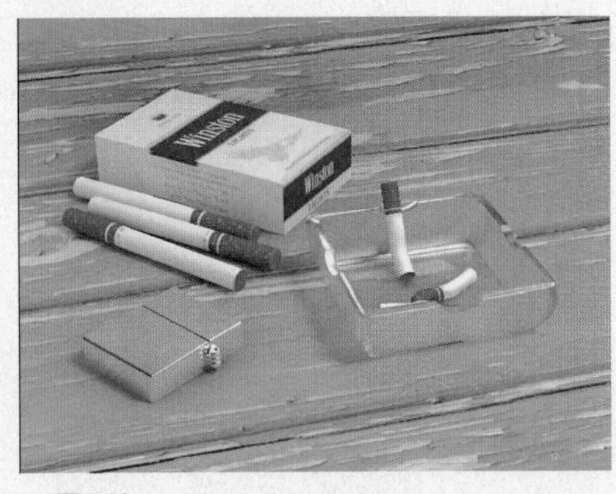

图5.12

◆ Subdivs：折射光泽采样值，定义折射光泽的采样数量。较小的取值将加快渲染速度，但会导致更多的噪波。值为1.0垂直折射时，此数值无意义。

◆ IOR（定义材质折射率）：将此参数设置为1.2时，玻璃的效果如图5.13所示。

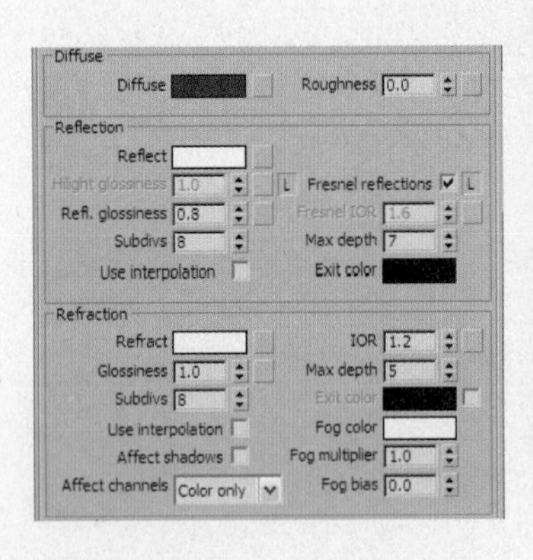

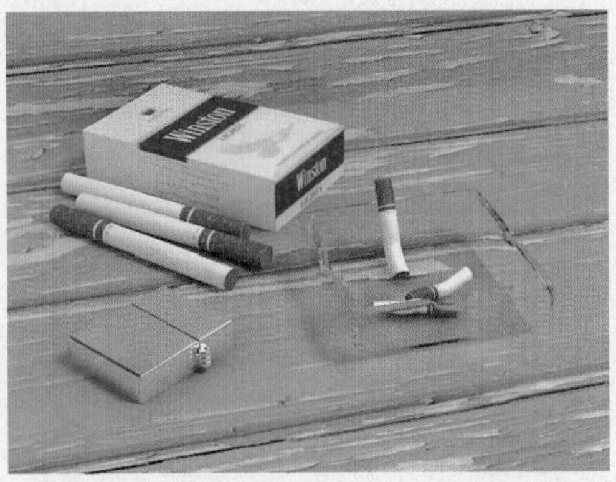

图5.13

下面列举一些常见材质的IOR（折射率）。

玻璃：1.517	钻石：2.417	绿宝石：1.57
蓝（红）宝石：1.77	翡翠：1.4	黄金：0.47
水：1.318	冰：1.309	甘油：1.473

Note 提示 5 虽然每个材质都有固定的折射率，但是最好在具体情况下进行适当的调整。数值为1时没有任何变化。

◆ Max depth（折射贴图最大深度）：将此参数设置为10时，玻璃物体的效果如图5.14所示。

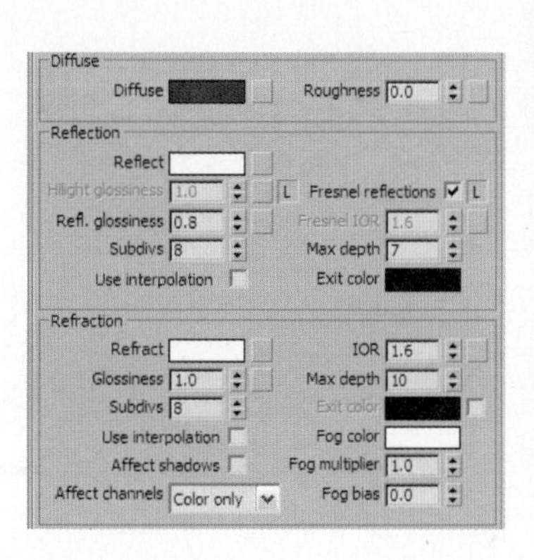

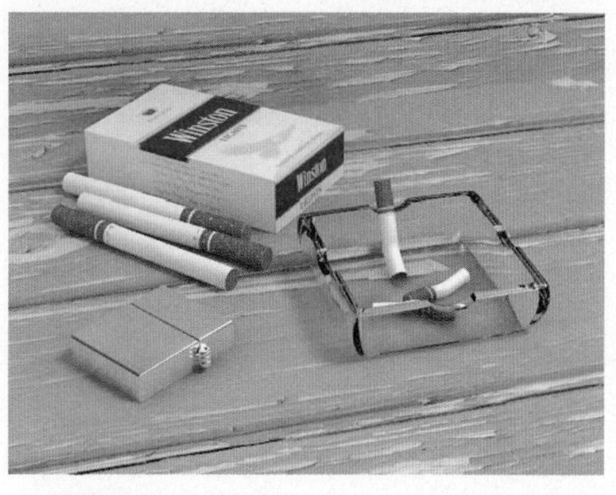

图5.14

◆ Exit color（消退颜色）：折射强度大于折射贴图的最大深度值时，将折射此设定颜色。

◆ Fog color（体积雾色）：定义体积雾填充折射时的颜色。将体积雾颜色设置为黄色，玻璃物体的效果如图5.15所示。

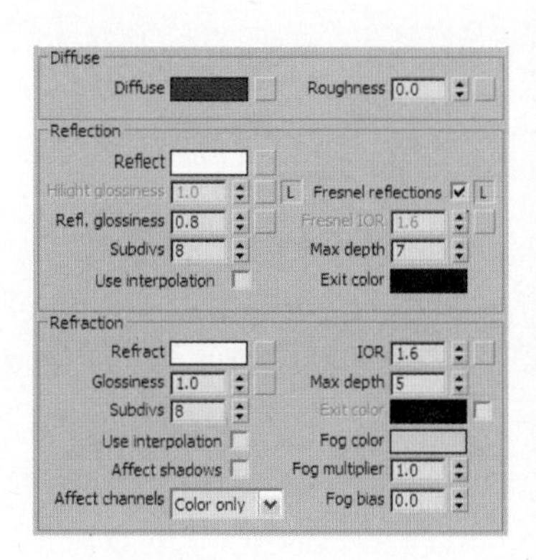

图5.15

◆ Fog multiplier（体积雾倍增器）：数值越大体积雾的浓度越大，当数值为0.0时体积雾为全透明。将倍增器的数值设置为0.01时，物体玻璃部位的效果如图5.16所示。

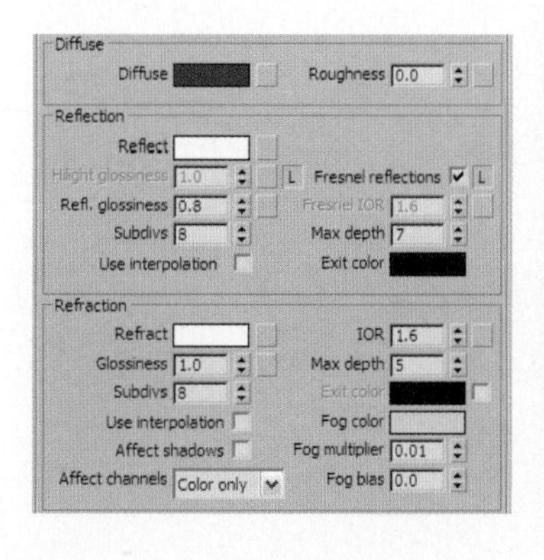

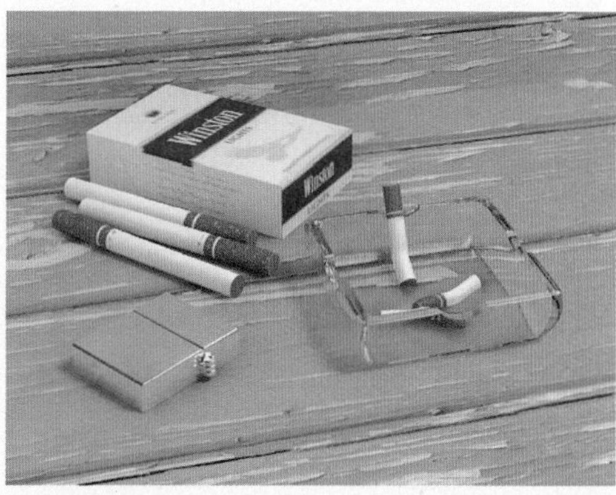

图5.16

◆ Use interpolation：使用插补。

◆ Affect shadows：勾选该选项将导致物体投射透明阴影，透明阴影的颜色取决于折射颜色和雾颜色。如图5.17所示为勾选该选项后物体玻璃部位的效果。可以看到，由于玻璃的阴影不再是黑色阴影，现在可以清楚地看到木板上的阴影变黄了。

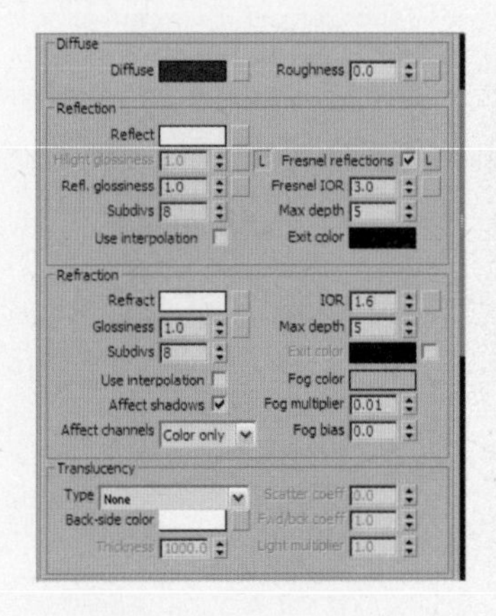
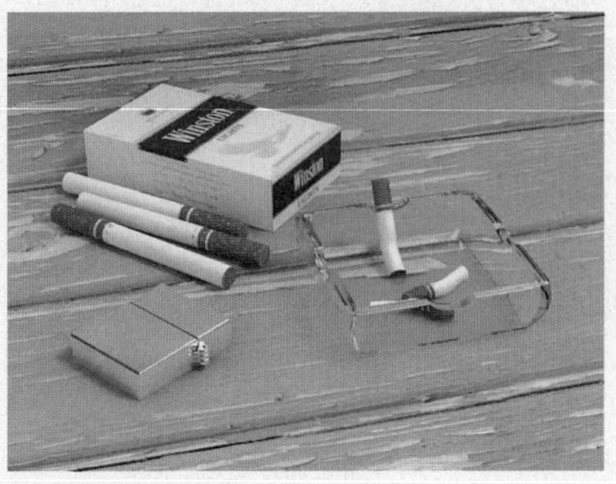

图5.17

- ◆ Affect channels（影响通道）：它包括颜色、alpha通道和所有通道三个方面。
- ◆ Thickness（半透明层浓度）：当光线进入半透明材质的强度超过此值后，VRay便不会计算材质更深处的光线，此选项只有开启了半透明性质后才可使用。
- ◆ Light multiplier（灯光倍增器）：定义材质内部的光线反射强弱。此选项只有开启了半透明性质后才可使用。
- ◆ Scatter coeff：定义半透明物体散射光线的方向。值为0表示光线会在任何方向上被散射，值为1.0则表示在次表面散射的过程中光线不能改变散射方向。
- ◆ Fwd/bck coeff：定义半透明物体内部向前/或向后的散射光线数量。

5.2.2 BRDF卷展栏

VRayMtl材质类型的BRDF卷展栏如图5.18所示。

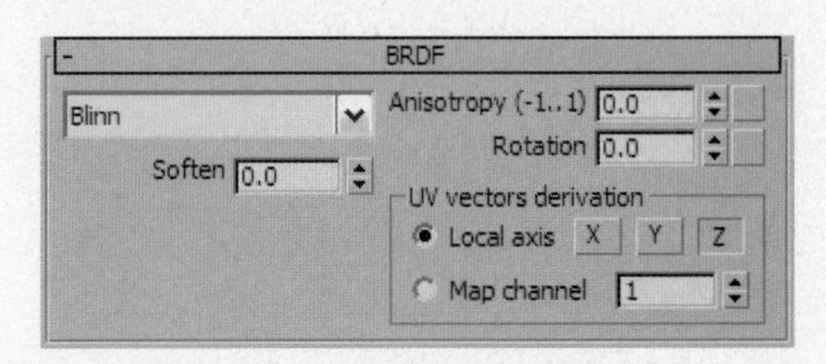

图5.18

BRDF卷展栏主要控制双向反射分布，定义物体表面的光能影响和空间反射性能。可以选择Phong（光滑塑料）、Blinn（木材面）和Ward（避光）三种物体特性。

其中主要参数的作用如下。

- ◆ Soften：软化。
- ◆ Anisotropy：各项异性，以各个点为中心，逐渐化成椭圆形。
- ◆ Rotation：旋转。
- ◆ Local axis：本地轴向锁定。
- ◆ Map channel：贴图通道。

5.2.3 Options卷展栏

VRayMtl材质类型的Options卷展栏如图5.19所示。

其中主要参数的作用如下。

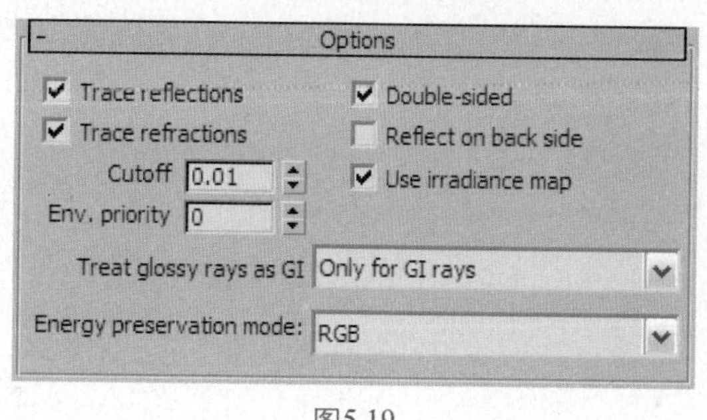

图5.19

- Trace reflections：开启或者关闭反射。
- Trace refractions：开启或者关闭折射。
- Cutoff：反射和折射之间的阈值，定义反射和折射在最后结束光追踪后的最小分布。
- Env. priority：环境优先。
- Double-sided：双面材质。
- Reflect on back side：计算光照面的背面。
- Use irradiance map：勾选此选项后材质物体使用光照贴图来进行照明。
- Energy preservation mode：光照存储模式，VRay支持RGB彩色存储和Monochrome（单色）存储。

5.2.4 Maps卷展栏

在Maps卷展栏中可以对VRay的材质贴图进行设置，如图5.20所示。由于其中的参数基本与3ds Max相同，故不再赘述。

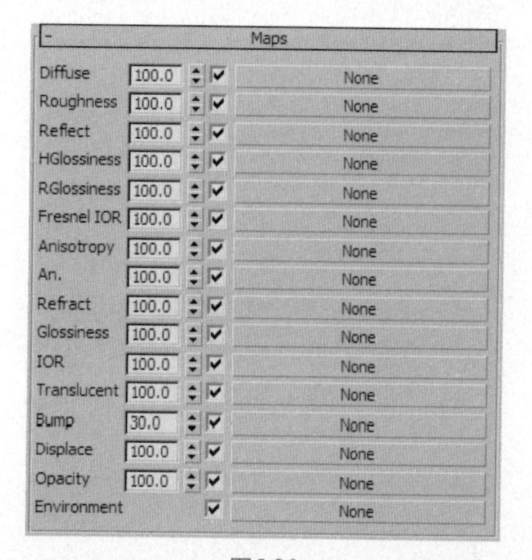

图5.20

5.2.5 Reflect interpolation卷展栏

Reflect interpolation（反射插值）卷展栏主要用于控制具有反射光泽度的材质样本。VRayMtl材质类型的卷展栏如图5.21所示。

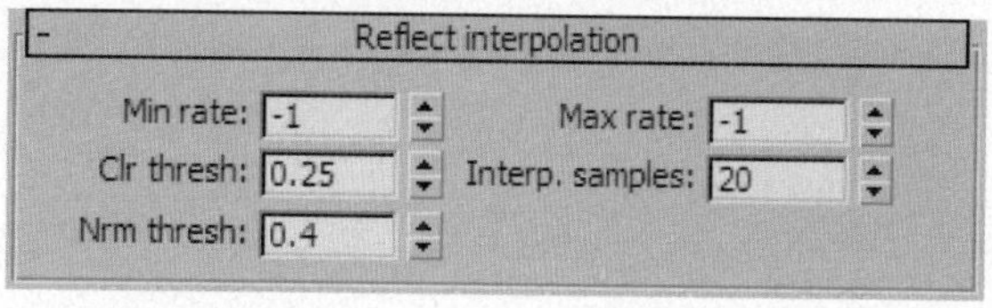

图5.21

其中主要参数的作用如下。

- Min rate（最小比率）：设置第一次模糊反射的采样分辨率。0表示和最终图像的渲染分辨率相同，-1表示分辨率为最终图像分辨率的一半。
- Max rate（最大比率）：设置最后一次模糊反射的采样分辨率。
- Clr thresh（颜色阈值）：设置模糊反射对颜色改变的敏感度。增加该数值会使敏感度降低，从而降低模糊反射的品质。
- Interp. samples（插补采样值）：用于设置两个采样点间的采样值。增大该参数可以使模糊反射效果更加平滑。
- Nrm thresh（法线阈值）：设置模糊反射对物体表面法线方向改变的敏感度。增加该数值会使敏感度降低，从而降低模糊反射的品质。

5.2.6 Refract interpolation卷展栏

Refract interpolation（折射插值）卷展栏主要用于控制具有折射光泽度的材质样本。VRayMtl材质类型的Refract interpolation卷展栏如图5.22所示。

其中主要参数的作用如下。

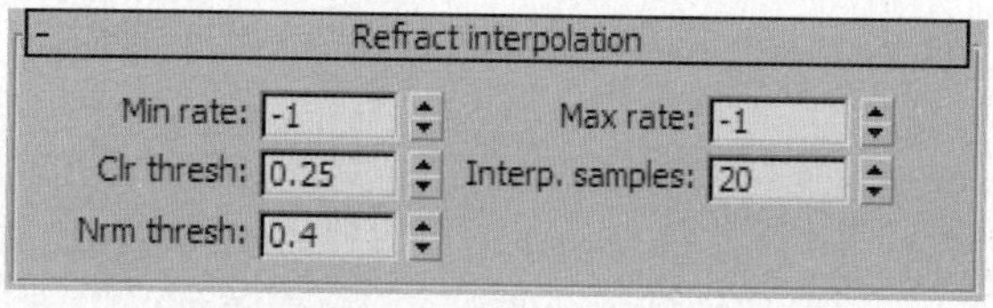

图5.22

◆ Min rate（最小比率）：这个参数确定全局光首次传递的分辨率。值越小，渲染速度越快，但具有反射光泽度的材质对象容易出现噪点。

◆ Max rate（最大比率）：这个参数确定全局光传递的最终分辨率。值越小，渲染速度越快，但局部的细节会出现色斑现象。

◆ Clr thresh（颜色阈值）：这个参数确定发光贴图算法对间接照明变化的敏感程度。较大的值意味着较小的敏感性，较小的值将使发光贴图对照明的变化更加敏感。

◆ Interp. samples（插补采样值）：定义被用于插值计算的全局光样本的数量。较大的值会趋向于模糊全局光的细节，虽然最终的效果很光滑：较小的取值会产生更精确的细节，但是也可能会产生黑斑。

◆ Nrm thresh（法线阈值）：这个参数会确定发光贴图算法对表面法线的敏感程度，较大的值意味着较小的敏感性。

可以简单地将VRayLightMtl材质当做VRay 的自发光材质，常用于制作类似自发光灯罩这样的效果。该材质类型的参数卷展栏如图5.23所示。

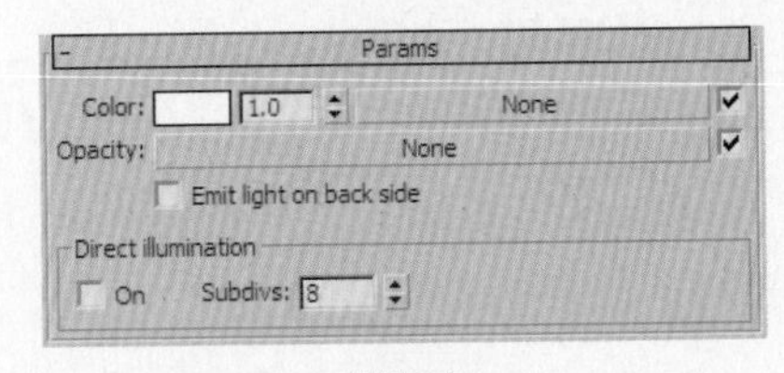

图5.23

Work 5.3 掌握VRayLightMtl材质

3ds Max 2010+VRay

VRay ART

ZHANG WO VRay LightMtl CAI ZHI

其中各个参数的作用如下所示。场景文件为本书所附光盘提供的“第5章\VRayLightMtl\灯光材质.max”文件。以下操作均为对灯箱片的材质进行的调节。

◆ Color（颜色）：控制物体的发光颜色。如图5.24所示为将球体的颜色设置为红色和黄色时的效果。

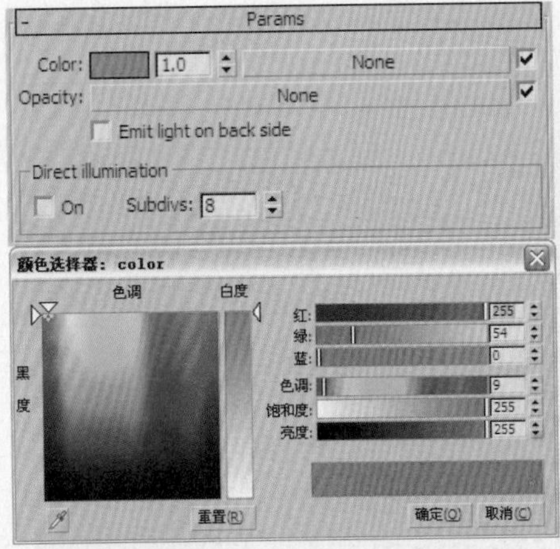

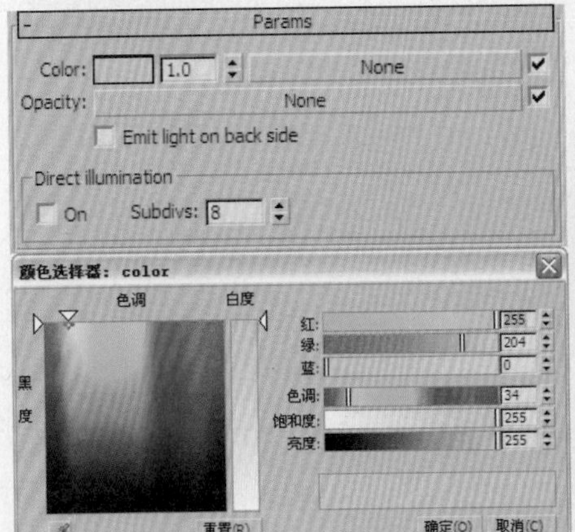

图5.24

◆ 颜色块后方的数值：倍增值，控制物体的发光强度。如图5.25所示，可以看到随着倍增值的增加，物体的发光强度也增强了。

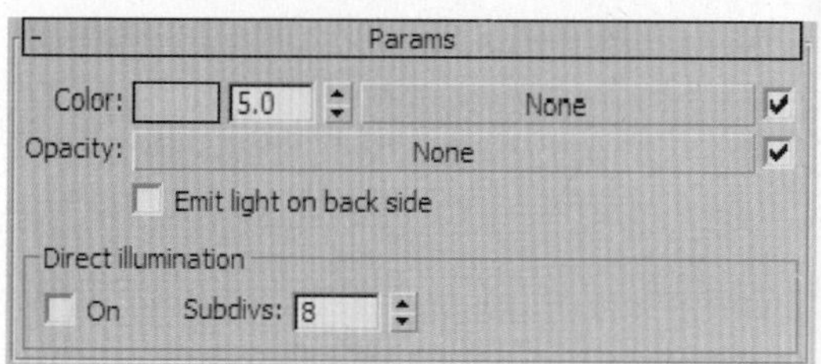

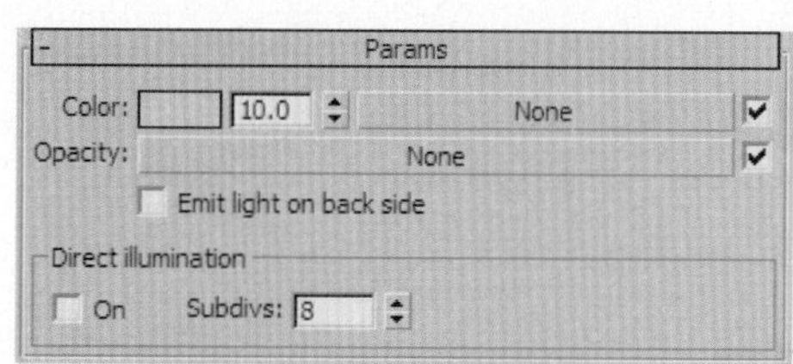

图5.25

◆ 数值后方的贴图按钮：指定一种材质或贴图来替代Color所定义的纯色产生发光。添加一张位图贴图后的效果如图5.26所示。

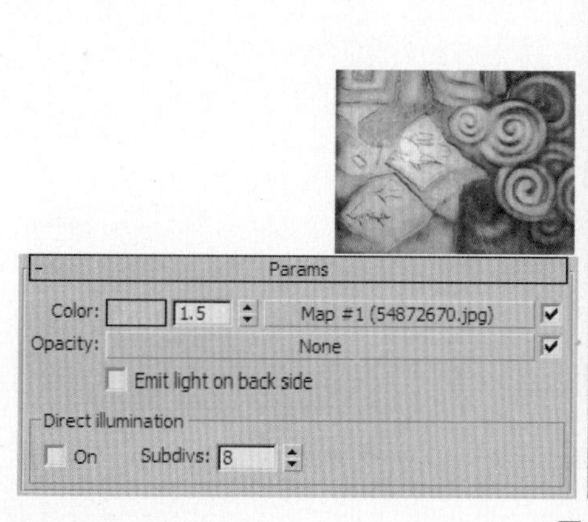

图5.26

◆ Opacity：透明贴图。
◆ Emit light on back side：双面发光，增加背光效果。
◆ Direct illumination：直接照明。该组中包括以下两个参数。
On——开关。如图5.27所示为勾选该选项和不勾选该选项时的效果。

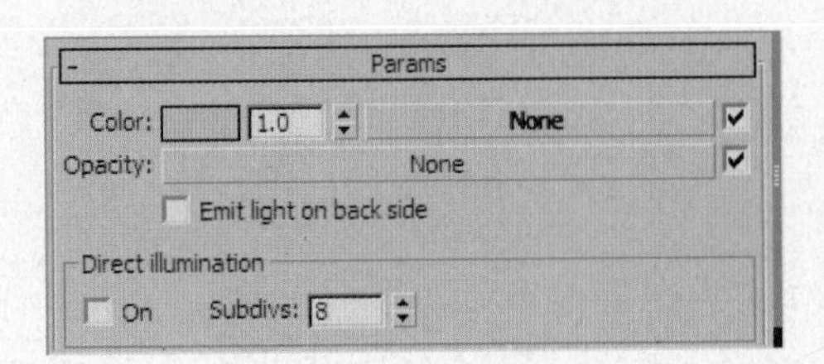

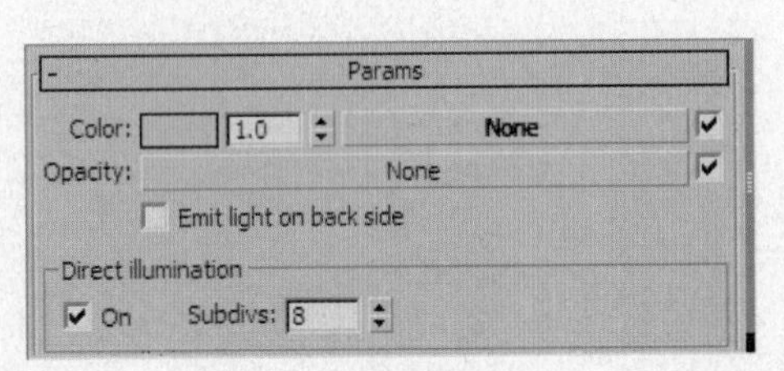

图5.27

Subdivs——细分。

Work 5.4 掌握VRayMtlWrapper材质

3ds Max 2010+VRay

VRay ART

ZHANG WO VRayMtlWrapper CAI ZHI

VRay渲染器提供的VRayMtlWrapper材质可以嵌套VRay支持的任何一种材质类型，并且可以有效地控制VRay的色溢。它类似于一个材质包裹，任何材质经过它的包裹后，可以控制接收和传递光子的强度。该材质类型的参数卷展栏如图5.28所示。

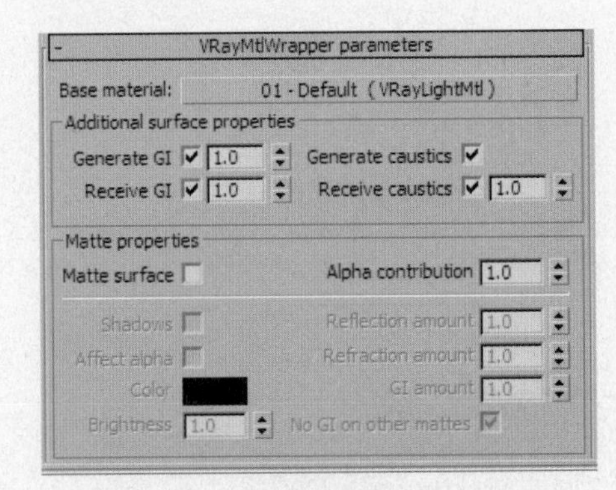

图5.28

其中各个参数的作用如下。

1. Base material（基本材质）

被嵌套的材质，定义包裹材质中使用的基本材质。

2. Additional surface properties组

- Generate GI（产生光能传递）：控制物体表面光能传递产生的强度，此数值小则传达到第二个物体的颜色会减少，色溢现象也会随之减弱。
- Receive GI（接收光能传递）：控制物体表面光能传递所接收的强度。数值越高，接收的光就越强烈，就会越亮；数值越低，吸收的光越少，就会越暗。
- Generate caustics（产生焦散）：控制物体表面焦散的产生和焦散的强度。
- Receive caustics（接收焦散）：控制物体表面焦散接收的强度。
- Caustics multiplier（焦散倍增）：控制焦散的强度。

在实际工作中经常使用VRayMtlWrapper材质来控制图像中的色溢现象。图5.29所示为按正常模式渲染后得到的效果，可以看出来地面和墙面形成了明显的色溢现象。

图5.29

图5.30所示为将“路牌”材质转换为VRayMtlWrapper材质，并将Generate GI的数值由1降低到0.5后的渲染效果，可以看出色溢现象得到了较好的控制。

图5.30

如果数值继续降至很低的程度，可能导致场景局部偏暗。如图5.31所示为将Generate GI的数值降低到0.1后的渲染效果。

图5.31

Note 提示 5

从渲染效果可以看出，物体“路标”的红色变暗。

3. Matte properties组

该部分是在场景中存在的物体和背景合成时，控制影子和物体的功能。

下面是将一个设置好的材质转换为VRayMtlWrapper材质的具体步骤：

单击材质类型按钮，在“材质/贴图浏览器”对话框中选择VRayMtlWrapper材质类型，在弹出的“替换材质”对话框中选择“将旧材质保存为子材质”，如图5.32所示。这样，原材质就转换成了VRayMtlWrapper材质。

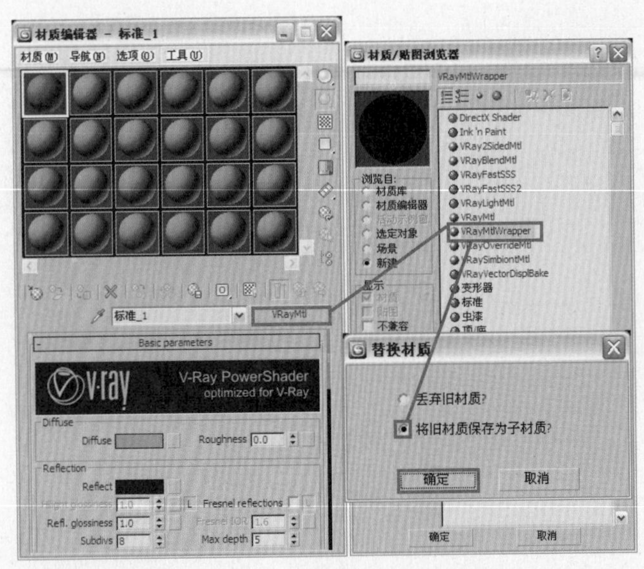

图5.32

Work 5.5 掌握VRayBlendMtl材质

3ds Max 2010+VRay

VRay ART

ZHANG WO VRayBlendMtl CAI ZHI

VRayBlendMtl的参数卷展栏如图5.33所示，其中各项参数的作用如下。

- Base material（基本材质）：指定被混合的第一种材质。
- Coat materials（镀膜材质）：指定混合在一起的其他材质。
- Blend amount（混合数量）：通过颜色框可以设置基本材质的漫反射颜色与镀膜材质的漫反射颜色的混合度。当颜色为黑色时会完全显示基本材质的漫反射颜色，当颜色为白色时会完全显示镀膜材质的漫反射颜色。None通道的贴图可以与镀膜材质的贴图进行混合，后面的数值用于确定贴图的混合强度。
- Additive（shellac）mode[递增法（虫漆）模式]：将镀膜颜色添加到基本材质上。如图5.34为用递增法模式制作的车漆效果。

Parameters

V-Ray PowerShader optimized for V-Ray

Base material: 08 - Default（Standard）

	Coat materials:	Blend amount:		
1:	None		None	100.0
2:	None		None	100.0
3:	None		None	100.0
4:	None		None	100.0
5:	None		None	100.0
6:	None		None	100.0
7:	None		None	100.0
8:	None		None	100.0
9:	None		None	100.0

Additive (shellac) mode

图5.33

图5.34

Work 5.6 掌握VRay2SidedMtl材质

3ds Max 2010+VRay

VRay ART ZHANG WO VRay2SidedMtl CAI ZHI

VRay2SidedMtl双面材质是可以将多种材质融合成一种材质的材质编辑器，常用来做一些材质之间的混合或搭配，从而达到特殊的效果。本节讲解VRay双面材质的设置方法。其Parameters（参数）卷展栏如图5.35所示。其中各项参数的作用如下所示。

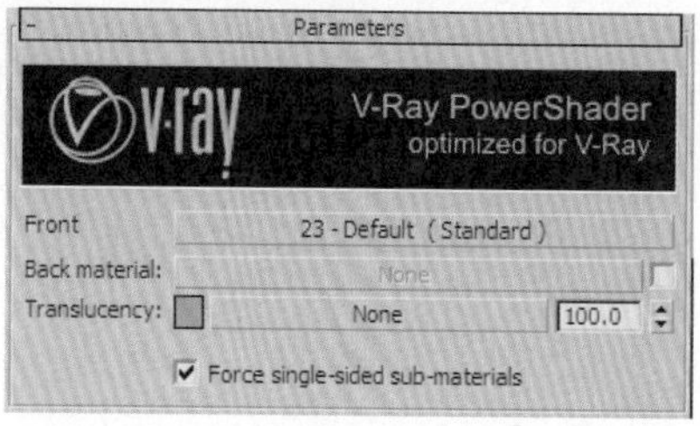

图5.35

- Front（正面材质）：设置物体外表面的材质。
- Back material（背面材质）：设置物体内表面的材质。
- Translucency（半透明）：设置以上两种材质的混合度。当颜色为黑色时会完全显示正面材质的漫反射颜色；当颜色为白色时会完全显示背面材质的漫反射颜色。也可以利用None通道贴图的灰度值进行控制。
- Force single-sided sub-materials：强制单面子材质。

下面通过案例对卷展栏中的参数进行讲解，场景文件为本书所附光盘提供的“第5章\VRay2SidedMtl\VRay2SidedMtl.max”文件。我们已经对卡通人物的身体设置了VRay双面材质。

01 当Translucency（半透明）右侧的颜色块为黑色时，此时只显示正面颜色，效果如图5.36所示。

图5.36

02 当Translucency（半透明）右侧的颜色块为白色时，此时只显示背面颜色，效果如图5.37所示。

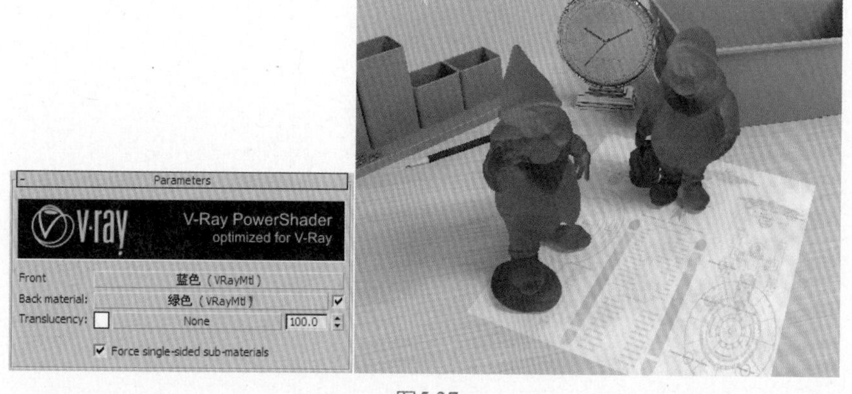

图5.37

03 当Translucency（半透明）右侧的颜色块为灰色时，此时显示正面颜色和背面颜色的混合色，效果如图5.38所示。

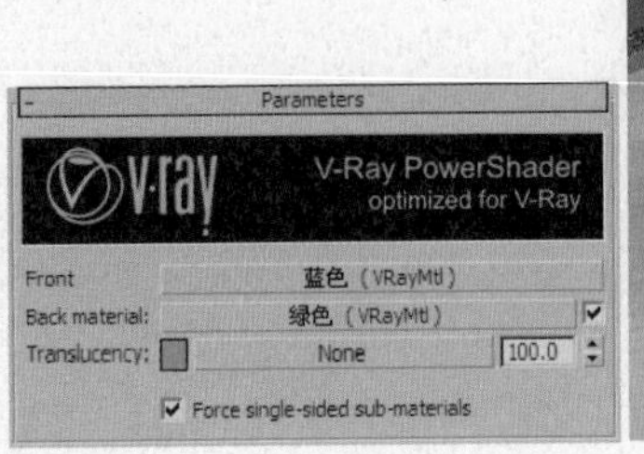

图5.38

04 下面为Translucency（半透明）右侧的贴图通道按钮添加一张“位图”贴图，并且把右侧的混合量调整为40%，效果如图5.39所示。

图5.39

Work 5.7 掌握VRayFastSSS材质

VRay ART　ZHANG WO VRayFastSSS CAI ZHI　3ds Max 2010+VRay

“SSS”就是细分表面散射的简称。在通常情况下光线到达物体表面后被反射、折射或者吸收，但细分表面散射不仅使光线在介质中被吸收，而且还有一部分被散射。3S材质不是标准的3S材质，所以被称为VRayFastSSS材质。真实世界中的3S材质效果如点燃的蜡烛头、受光线直射的人的耳朵等，是那种类似半透明的效果。VRayFastSSS材质的参数卷展栏如图5.40所示。其中各项参数的作用如下所示。

VRayFastSSS Parameters

prepass rate	-1
interpolation samples	128
diffuse roughness	0.25
shallow radius	5.0mm
shallow color	
deep radius	10.0mm
deep color	
backscatter depth	0.0mm
back radius	10.0mm
back color	
shallow texmap	100.0 None
deep texmap	100.0 None

图5.40

- shallow radius（浅层半径）：设置3S材质不透明区域的范围。
- shallow color（浅层颜色）：设置3S材质不透明区域的颜色。
- deep radius（深层半径）：设置3S材质半透明区域的范围。
- deep color（深层颜色）：设置3S材质半透明区域的颜色。
- shadow texmap（浅层纹理贴图）：为材质的浅部制定纹理贴图。
- deep texmap（深层纹理贴图）：为材质的深部制定纹理贴图。

如图5.41所示为VRayFastSSS材质的渲染效果，其材质参数设置如图5.42所示。

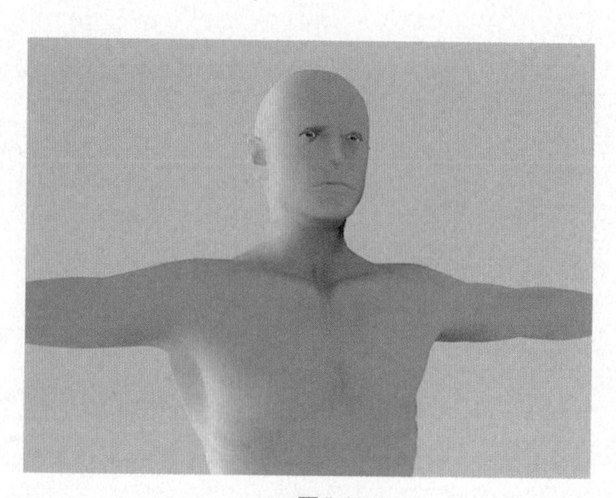

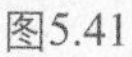

图5.41

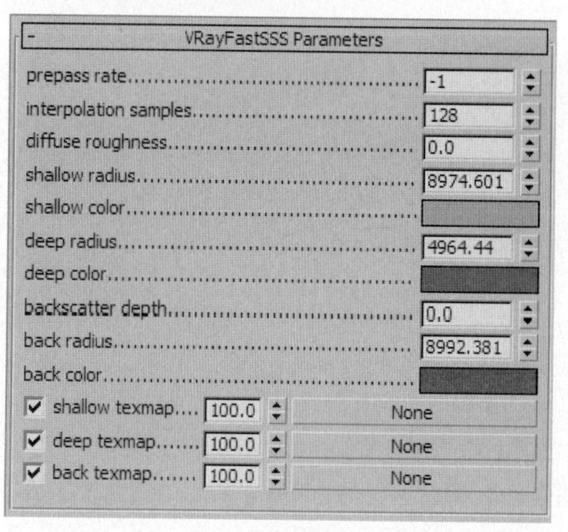

图5.42

Work 5.8 掌握VRayOverrideMtl材质

VRay ART 3ds Max 2010+VRay

ZHANG WO VRayOverrideMtl CAI ZHI

通过VRayOverrideMtl材质可以让用户更广泛地控制场景的色彩融合、反射、折射等，它主要包括5个材质，即基本材质（Base material）、全局光材质（GI）、反射材质（Reflect mtl）、折射材质（Refract mtl）和阴影材质（Shadow mtl），其“参数”卷展栏如图5.43所示。

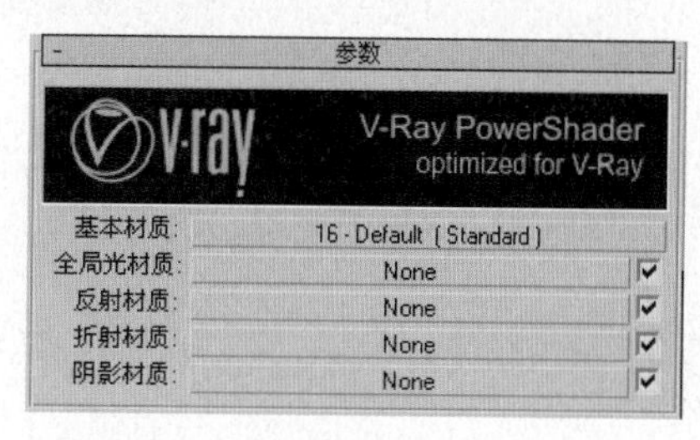

图5.43

- 基本材质（Base material）：指定被替代的基本材质。
- 全局光材质（GI）：通过None按钮指定一个材质，被指定的材质将替代基本材质参与到全局照明中。
- 反射材质（Reflect mtl）：指定一个材质，被指定的材质将替代基本材质被场景中的其他对象反射。
- 折射材质（Refract mtl）：指定一个材质，被指定的材质将替代基本材质被场景中的其他对象折射。

如图5.44所示为VRayOverrideMtl的渲染效果，可以看到镜框物体辐射红色，是因为用了全局光材质；白色物体在镜子里面的反射变成了红色，是因为用了反射材质；白色物体在玻璃中的折射为绿色，是因为用了折射材质。

图5.44

如图5.45所示为白色物体的材质参数面板，如图5.46所示为镜框的材质参数面板。

图5.45

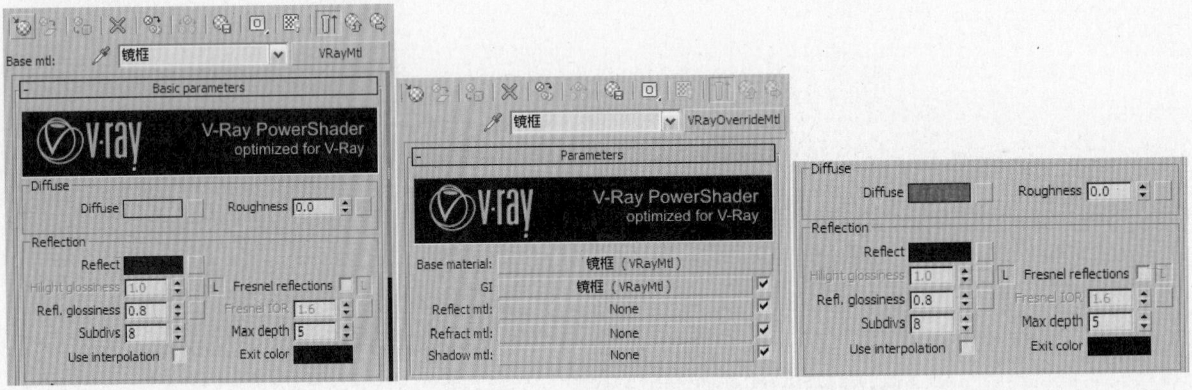

图5.46

光盘\视频\第6章视频

光盘\第6章\红酒\红酒.MAX

光盘\第6章\黑色皮革\黑色皮革.MAX

第6章

VRay材质应用实例

VRay材质实例操作

VRay CAI ZHI SHI LI CAO ZUO

本章将使用VRay渲染器中自带的材质来制作一些常用的材质类型，如金属材质、玻璃材质、布料及皮革效果等。

6.1.1 VRayMtl材质应用实例1——制作黄金材质

01 打开配套光盘中的“第6章\黄金材质\黄金.max”文件，如图6.1所示。

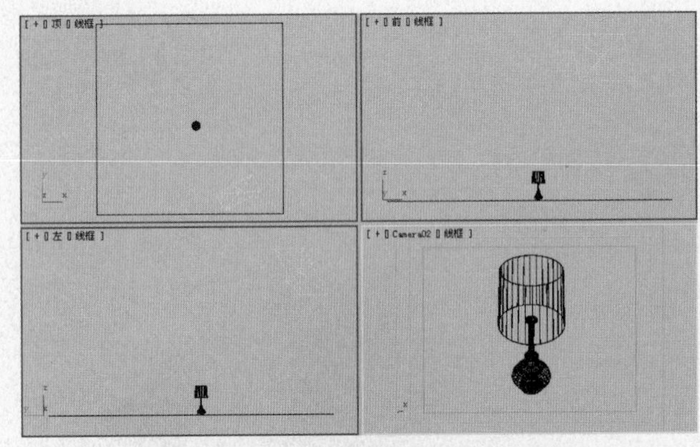

图6.1

02 设置黄金材质。在“材质编辑器”对话框中选择一个空白材质球，将其设置为VRayMtl材质，并将该材质命名为“黄金”，具体参数设置如图6.2所示。

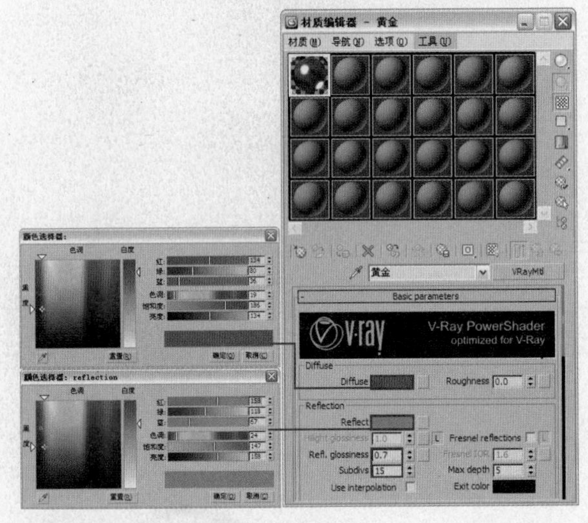

图6.2

03 将该材质指定给物体“台灯底座”。对摄像机视图进行渲染，效果如图6.3所示。

04 应用到场景中的效果如图6.4所示。

图6.3

图6.4

Note 提示 6 场景中的部分物体材质已经事先设置好，这里仅对场景中的主要材质进行讲解。

6.1.2 VRayMtl材质应用实例2——制作白银材质

01 打开配套光盘中的“第6章\白银材质白银.max”文件，如图6.5所示。

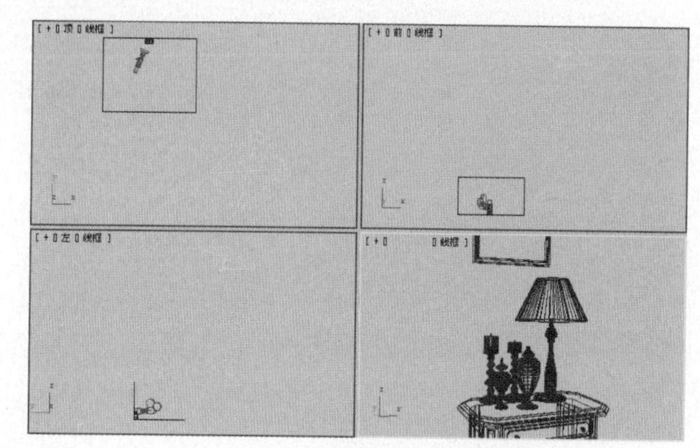

图6.5

02 设置白银材质。在“材质编辑器”对话框中选择一个空白材质球，将其设置为VRayMtl材质，并将该材质命名为“银色金属”，具体参数设置如图6.6所示。

03 将该材质指定给物体“银色金属”。对摄像机视图进行渲染，效果如图6.7所示。

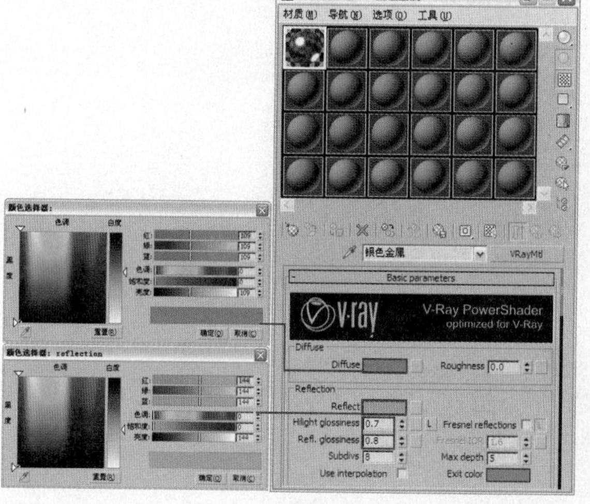

图6.6

图6.7

04 应用到场景中的效果如图6.8所示。

图6.8

6.1.3 VRayMtl材质应用实例3——制作磨砂金属材质

01 打开配套光盘中的“第6章\磨砂金属\磨砂金属.max”文件，如图6.9所示。

02 设置磨砂金属材质。在“材质编辑器”对话框中选择一个空白材质球，将其设置为VRayMtl材质，并将该材质命名为“磨砂金属”，具体参数设置如图6.10所示。

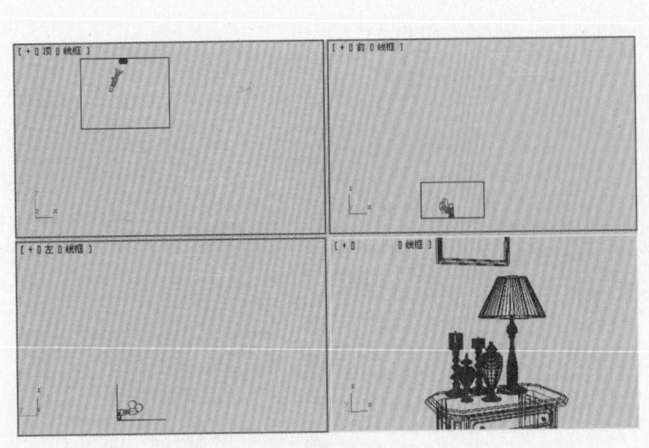
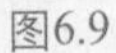

图6.9

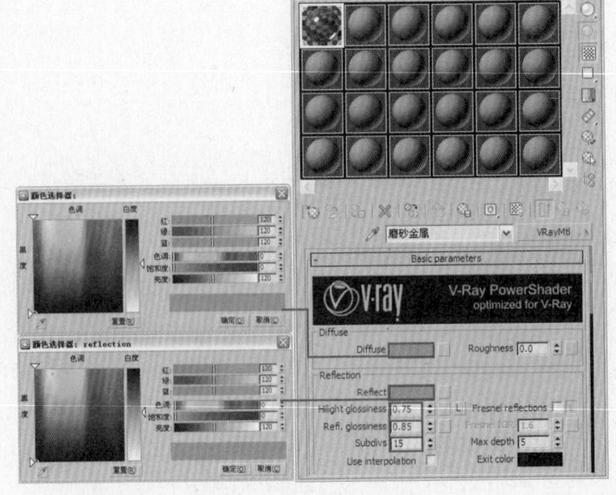

图6.10

03 将该材质指定给物体“磨砂金属”。对摄像机视图进行渲染，效果如图6.11所示。

04 应用到场景中的效果如图6.12所示。

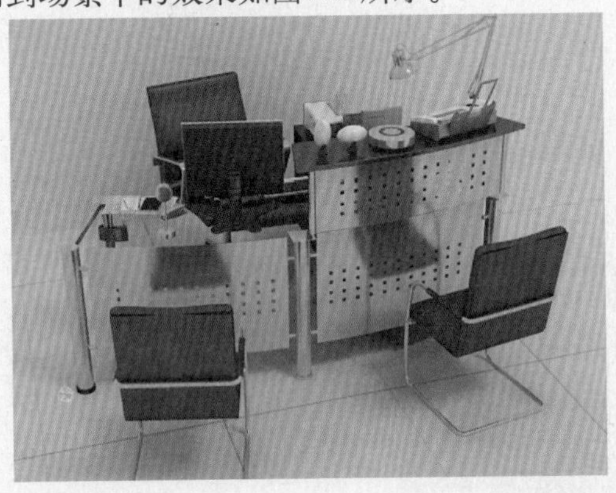

图6.11

图6.12

6.1.4 VRayMtl材质应用实例4——制作拉丝不锈钢材质

01 打开配套光盘中的“第6章\拉丝不锈钢材质\拉丝不锈钢.max”文件，如图6.13所示。

02 设置拉丝不锈钢金属材质。在“材质编辑器”对话框中选择一个空白材质球，将其设置为VRayMtl材质，并将该材质命名为“拉丝不锈钢”，单击Diffuse右侧的贴图通道按钮，为其添加一个“位图”贴图。具体参数设置如图6.14所示。贴图文件为本书所附光盘提供的“第6章\拉丝不锈钢材质\贴图\line_01.jpg”。

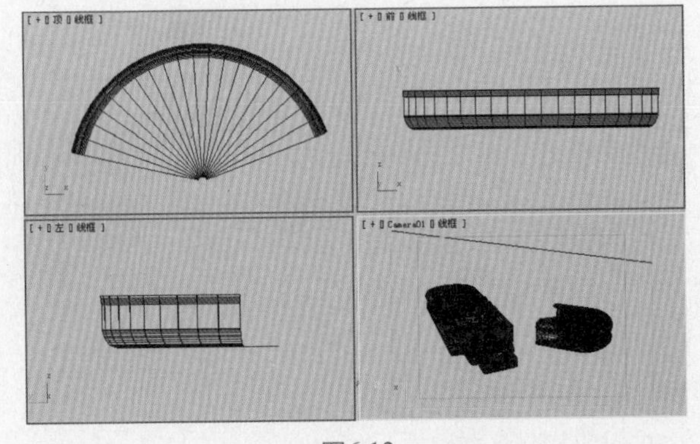

图6.13

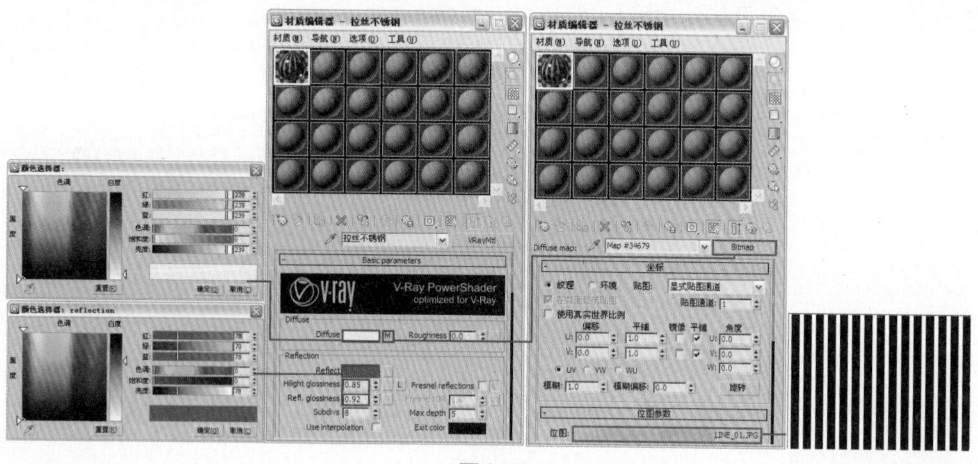

图6.14

03 返回VRayMtl材质层级，设置Diffuse右侧的混合参数，如图6.15所示。

04 将该材质指定给物体“拉丝不锈钢”。对摄像机视图进行渲染，效果如图6.16所示。

05 应用到场景中的效果如图6.17所示。

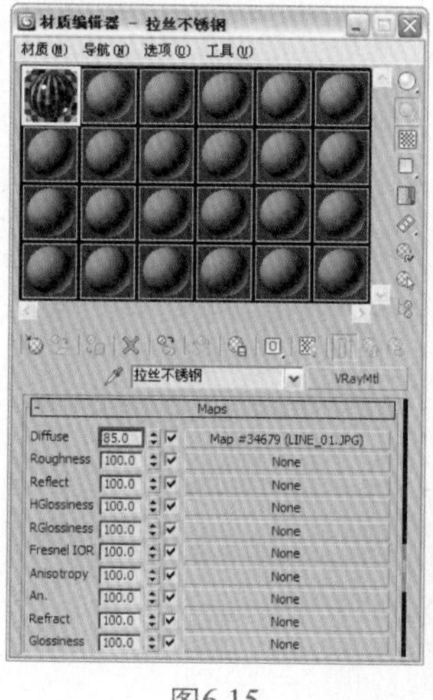

图6.15

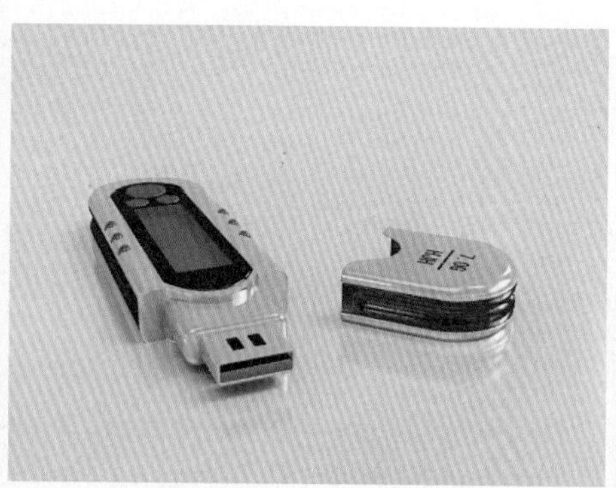

图6.16

图6.17

6.1.5 VRayMtl材质应用实例5——制作冰裂纹玻璃材质

01 打开配套光盘中的“第6章\冰裂玻璃\冰裂玻璃.max”文件，如图6.18所示。

02 设置裂纹玻璃材质。在“材质编辑器”对话框中选择一个空白材质球，将其设置为VRayMtl材质，并将该材质命名为“冰裂玻璃”，具体参数设置如图6.19所示。

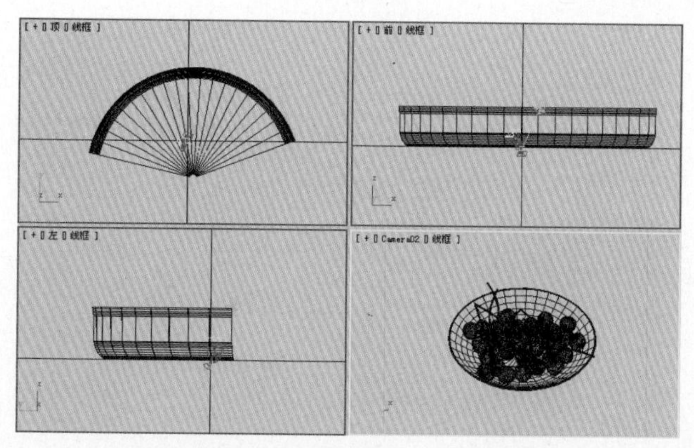

图6.18

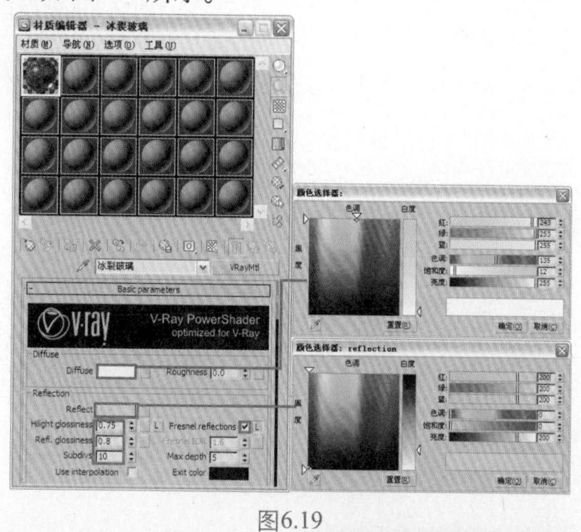

图6.19

03 在VRayMtl材质层级，单击Refract右侧的贴图按钮，为其添加一个“细胞”程序贴图，具体参数设置如图6.20所示。

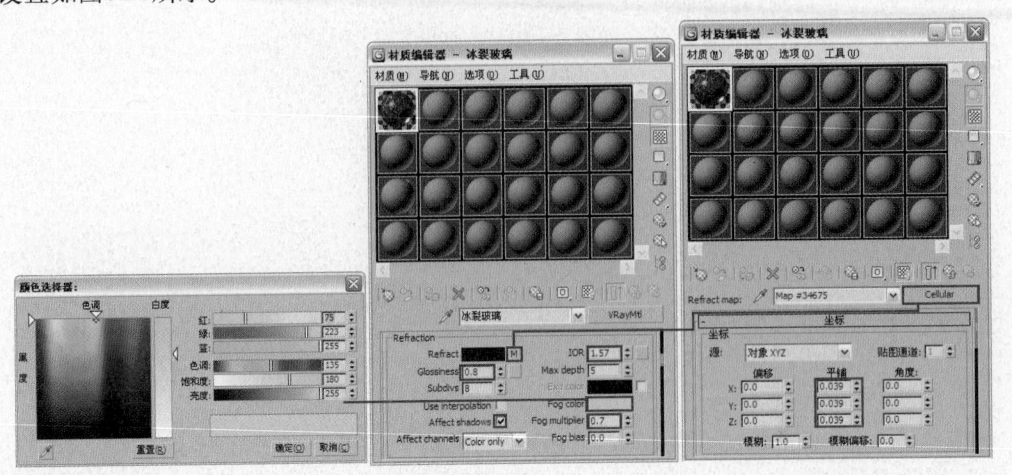

图6.20

04 在“细胞”贴图层级，继续进行参数设置，如图6.21所示。

05 将该材质指定给物体“果盘”。对摄像机视图进行渲染，效果如图6.22所示。

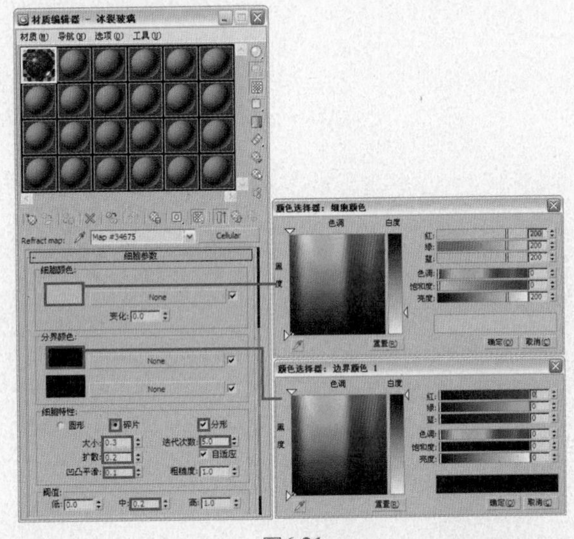

图6.21

图6.22

06 应用到场景中的效果如图6.23所示。

图6.23

6.1.6 VRayMtl材质应用实例6——制作磨砂玻璃材质

01 打开配套光盘中的“第6章\磨砂玻璃\磨砂玻璃.max”文件，如图6.24所示。

02 下面制作磨砂玻璃材质。选择一个空白材质球，将其设置为VRayMtl材质，并将该材质命名为“磨砂玻璃”，单击Diffuse右侧的颜色按钮，具体参数设置如图6.25所示。

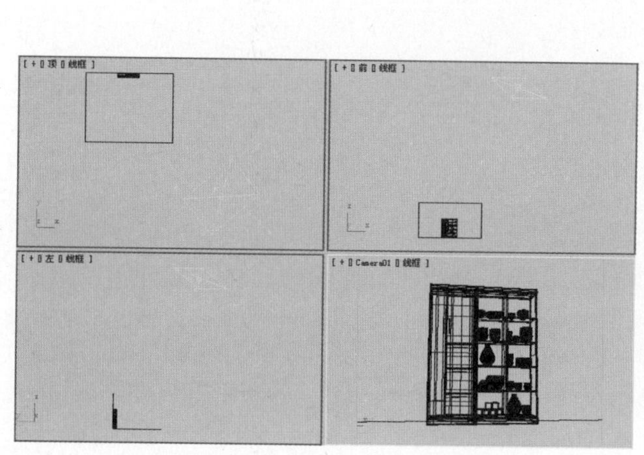

图6.24

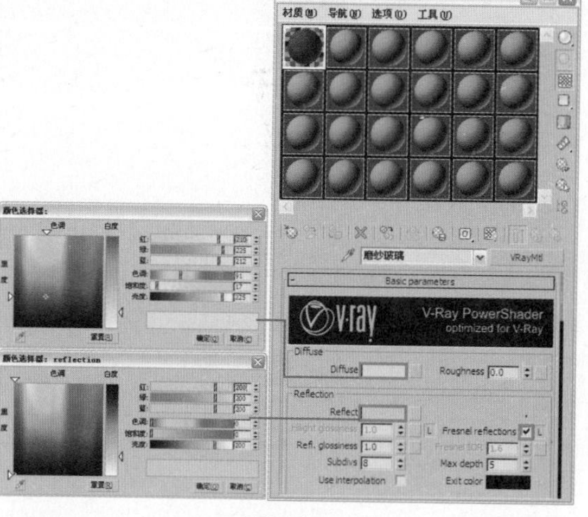

图6.25

03 返回VRayMtl材质层级，单击Refract右侧的贴图通道按钮，为其添加一个“噪波”程序贴图。具体参数设置如图6.26所示。

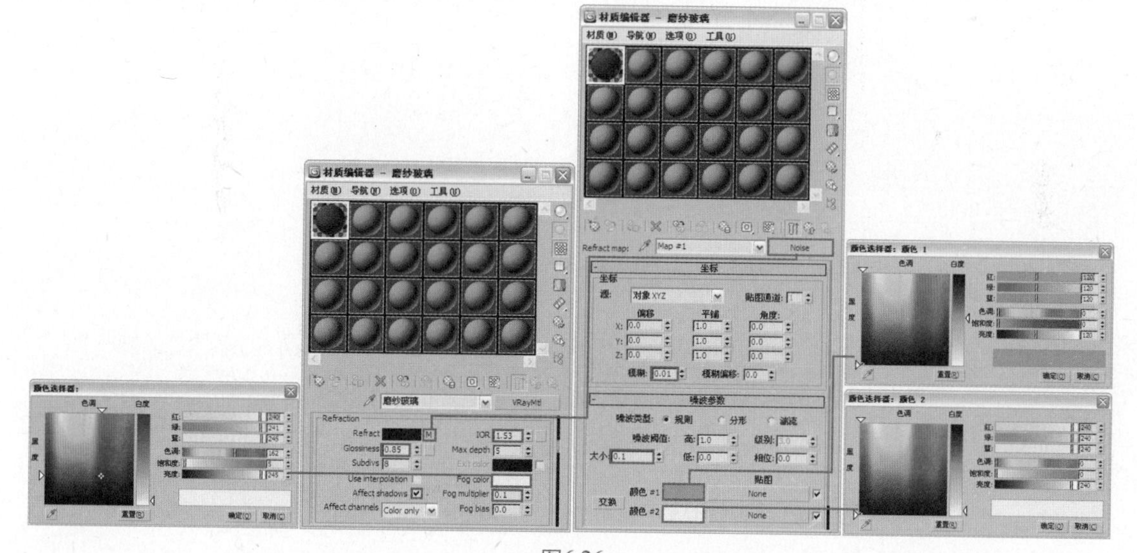

图6.26

04 将该材质指定给物体“玻璃门”。对摄像机视图进行渲染，效果如图6.27所示。

05 应用到场景中，效果如图6.28所示。

图6.27

图6.28

6.1.7 VRayMtl材质应用实例7——制作清玻璃材质

01 打开配套光盘中的“第6章\清玻璃\清玻璃.max”文件，如图6.29所示。

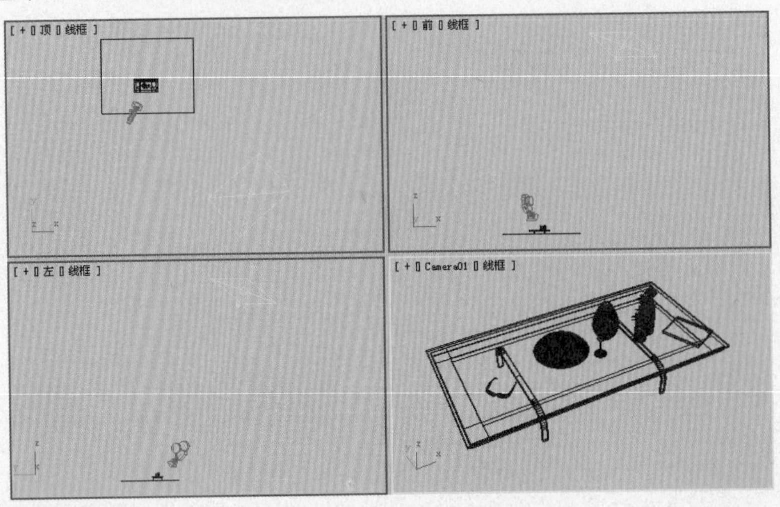

图6.29

02 下面制作清玻璃材质。选择一个空白材质球，将其设置为VRayMtl材质，并将该材质命名为“清玻璃”。具体参数设置如图6.30所示。

03 将该材质指定给物体“茶几玻璃”。对摄像机视图进行渲染，效果如图6.31所示。

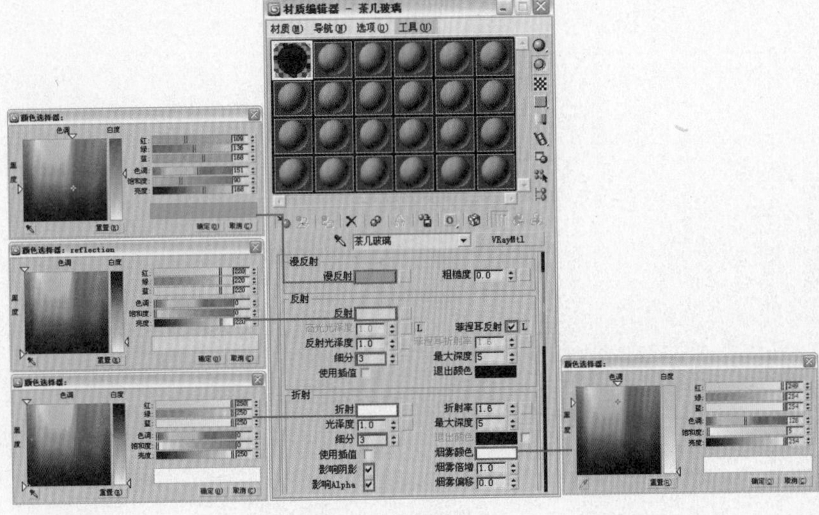

图6.30

图6.31

04 应用到场景中，效果如图6.32所示。

图6.32

6.1.8 VRayMtl材质应用实例8——制作毛巾材质

01 打开配套光盘中的“第6章\毛巾\毛巾.max”文件，如图6.33所示。

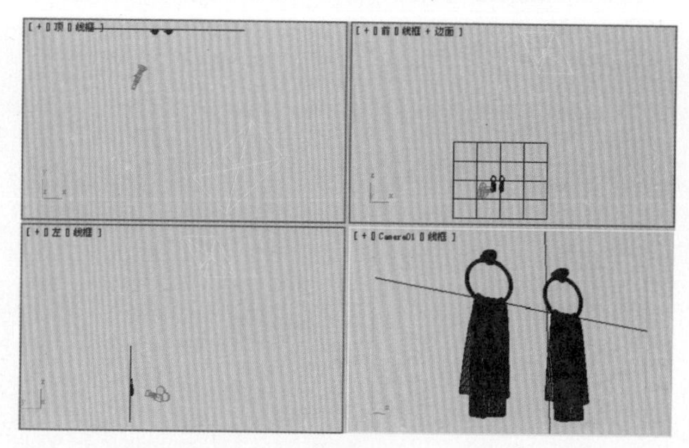

图6.33

02 下面制作毛巾材质。选择一个空白材质球，将其设置为VRayMtl材质，并将该材质命名为“毛巾”。单击Diffuse右侧的贴图通道按钮，为其添加一个“位图”贴图，具体参数设置如图6.34所示。贴图文件为本书所附光盘提供的“第6章\毛巾\贴图\Arch46_towel02_diff.jpg”。

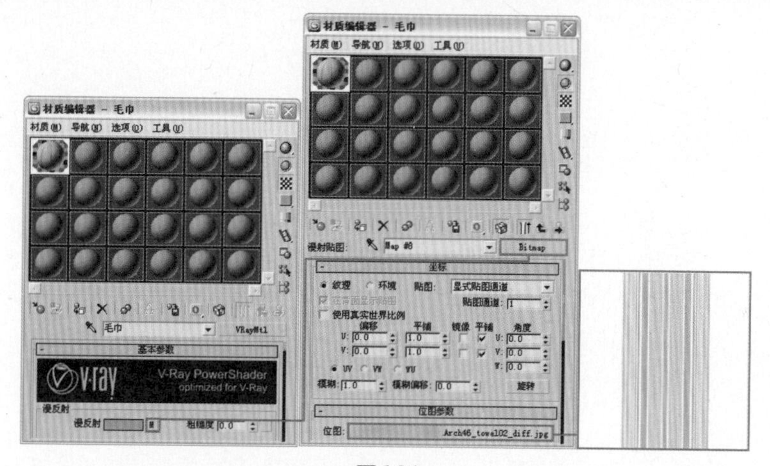

图6.34

03 返回VRayMtl材质，进入Maps卷展栏，单击Displace右侧的贴图通道按钮，为其添加一个“位图”贴图，具体参数设置如图6.35所示。贴图文件为本书所附光盘提供的“第6章\毛巾\贴图\Arch46_towel03_disp.jpg”。

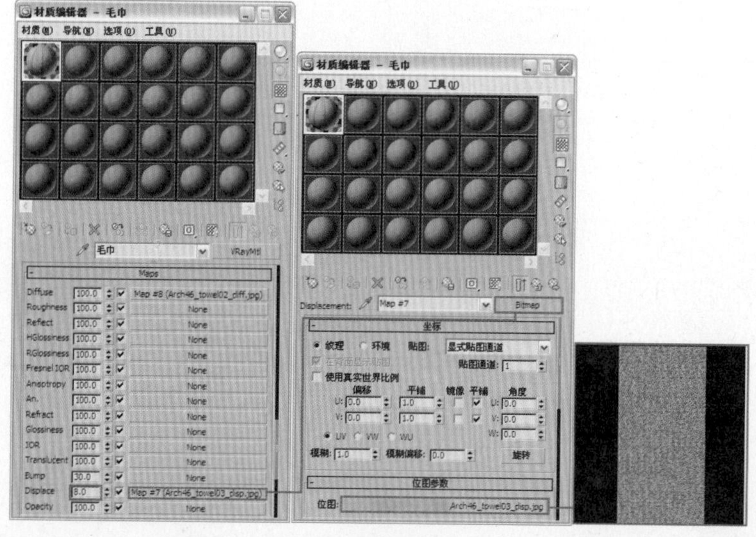

图6.35

04 将该材质指定给物体“毛巾”。对摄像机视图进行渲染，效果如图6.36所示。

05 应用到场景中，效果如图6.37所示。

图6.36

图6.37

6.1.9 VRayMtl材质应用实例9——制作光滑布匹材质

01 打开配套光盘中的“第6章\布匹\布匹.max”文件，如图6.38所示。

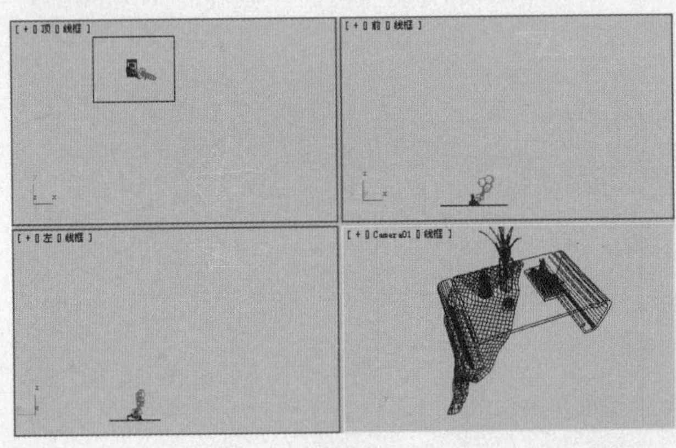
图6.38

02 下面制作光滑布匹材质。选择一个空白材质球，将其设置为 VRayMtl 材质，并将该材质命名为“布匹”，单击Diffuse右侧的贴图通道按钮，为其添加一个“位图”贴图，具体参数设置如图6.39所示。贴图文件为本书所附光盘提供的“第6章\布匹\贴图\BW-126.jpg”。

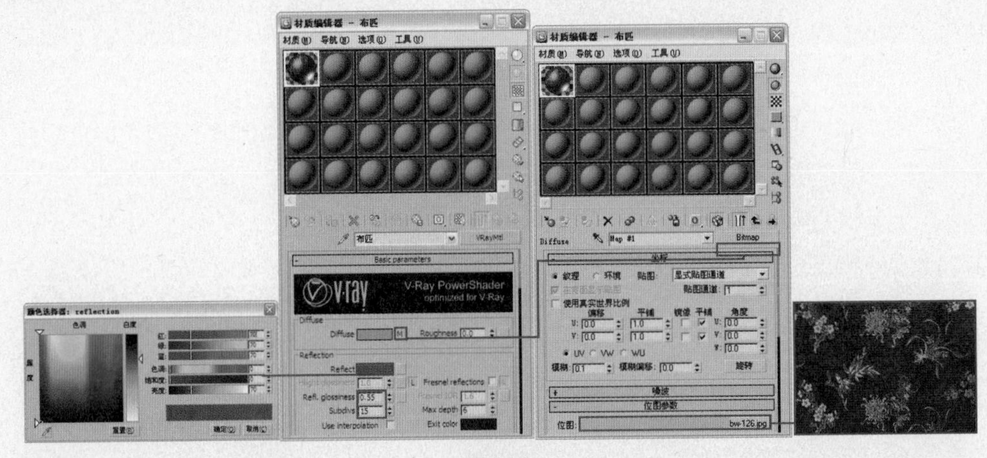
图6.39

03 返回VRayMtl材质，进入Maps卷展栏，单击Bump右侧的贴图通道按钮，为其添加一个“位图”贴图，具体参数设置如图6.40所示。贴图文件为本书所附光盘提供的“第6章\布匹\贴图\cloth_45.jpg”。

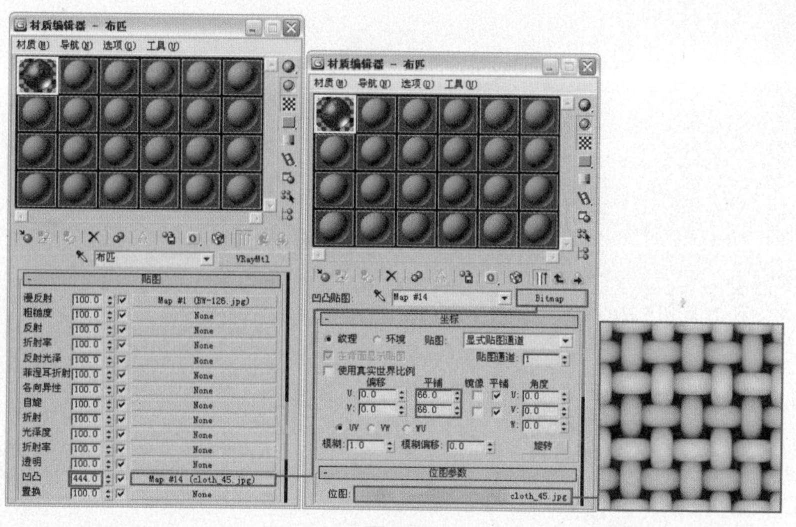

图6.40

04 将该材质指定给物体“丝绸”。对摄像机视图进行渲染，效果如图6.41所示。

05 应用到场景中，效果如图6.42所示。

图6.41

图6.42

6.1.10 VRayMtl材质应用实例10——制作窗帘材质

01 打开配套光盘中的“第6章\窗帘\窗帘.max”文件，如图6.43所示。

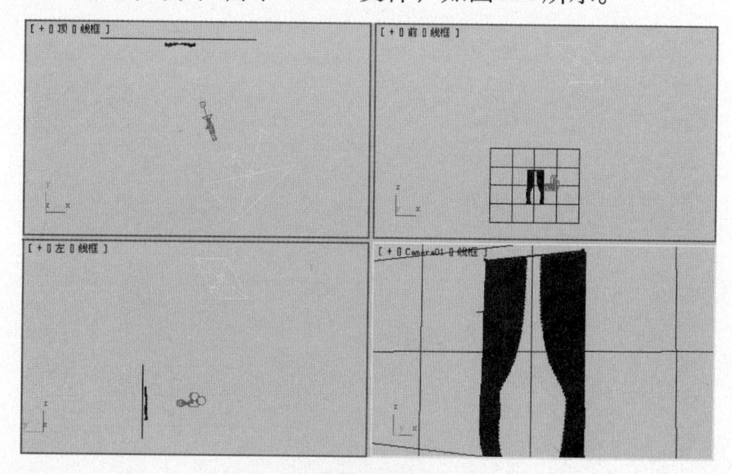

图6.43

02 下面设置窗帘材质。选择一个空白材质球，将其设置为VRayMtl材质，并将该材质球命名为“窗帘”，单击Diffuse右侧的贴图通道按钮，为其添加一个“位图”贴图，参数设置如图6.44所示。贴图文件为本书所附光盘提供的“第6章\窗帘\贴图\wp_damask_107.jpg”。

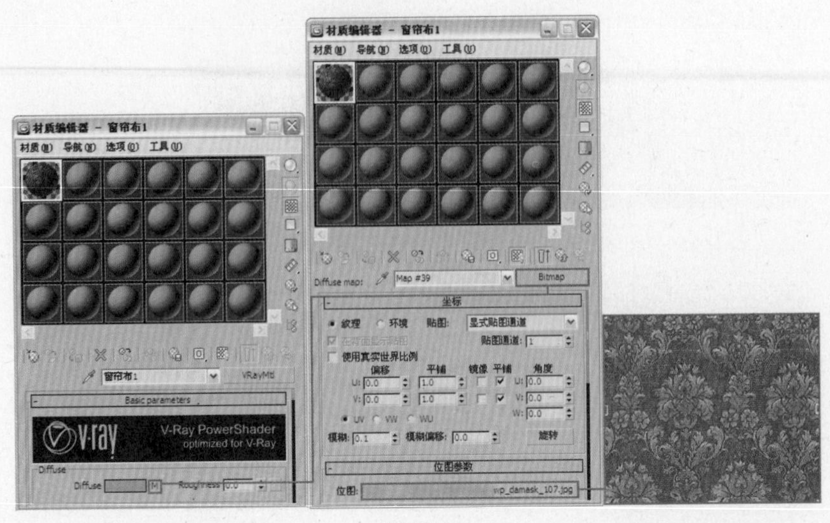

图6.44

03 将该材质指定给物体“窗帘”。对摄像机视图进行渲染，效果图6.45所示。

04 应用到场景中，效果如图6.46所示。

图6.45

图6.46

6.1.11 VRayMtl材质应用实例11——制作窗纱材质

01 打开配套光盘中的“第6章\窗纱\窗纱.max”文件，如图6.47所示。

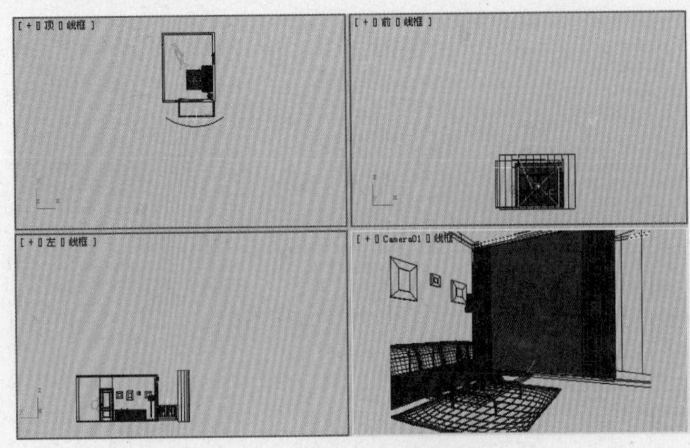

图6.47

02 下面设置窗纱材质。选择一个空白材质球，将其设置为VRayMtl材质，并将该材质球命名为“窗纱”，单击Diffuse右侧的贴图通道按钮，为其添加一个“衰减”程序贴图，具体参数设置如图6.48所示。

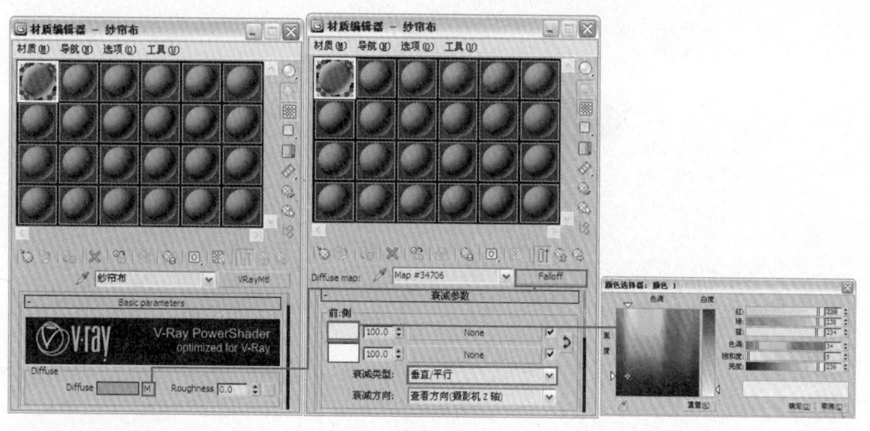

图6.48

03 接着设置折射参数。单击Refract右侧的贴图通道按钮，为其添加一个“衰减”程序贴图，具体参数设置如图6.49所示。

04 将材质指定给物体“窗纱”。对摄像机视图进行渲染，效果如图6.50所示。

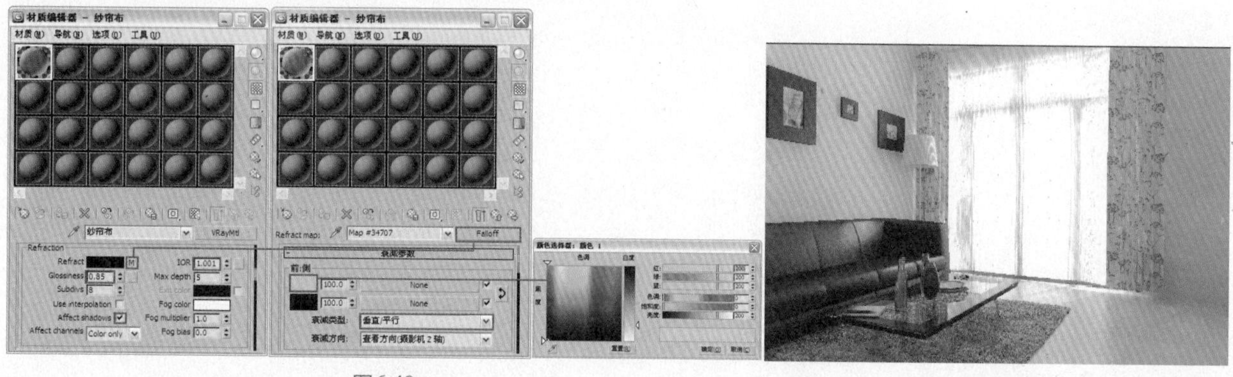

图6.49

图6.50

6.1.12 VRayMtl材质应用实例12——制作绒布材质

01 打开配套光盘中的“第6章\绒布\绒布.max”文件，如图6.51所示。

02 下面设置绒布材质。选择一个空白材质球，将其设置为VRayMtl材质，并将该材质球命名为“沙发绒布”，单击Diffuse右侧的贴图通道按钮，为其添加一个“衰减”程序贴图，参数设置如图6.52所示。

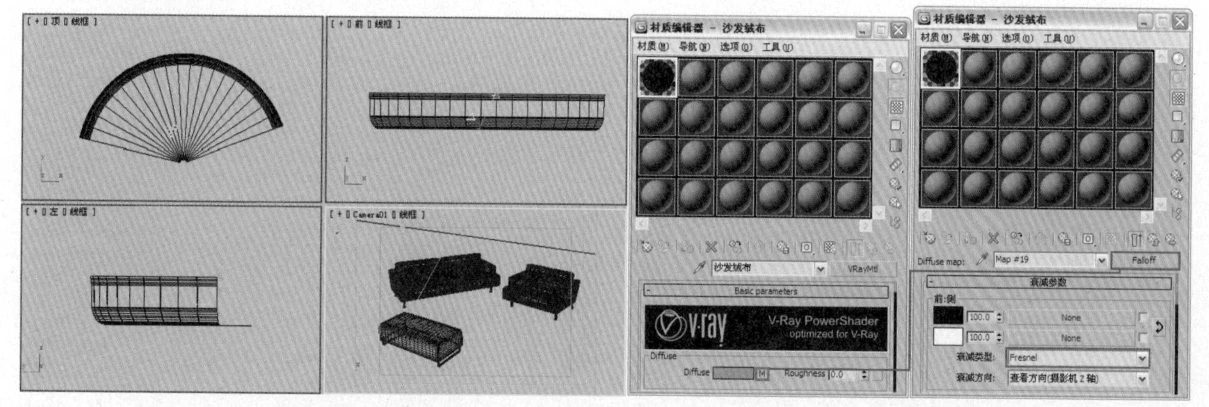

图6.51

图6.52

03 在“衰减”贴图层级，单击第一个颜色通道按钮，为其添加一个“位图”贴图，具体参数设置如图6.53所示。贴图文件为本书所附光盘提供的“第6章\绒布\贴图\cloth 002.jpg”。

04 返回"衰减"贴图层级，将第一个颜色通道上的贴图关联复制到第二个颜色贴图通道上，具体参数设置如图6.54所示。

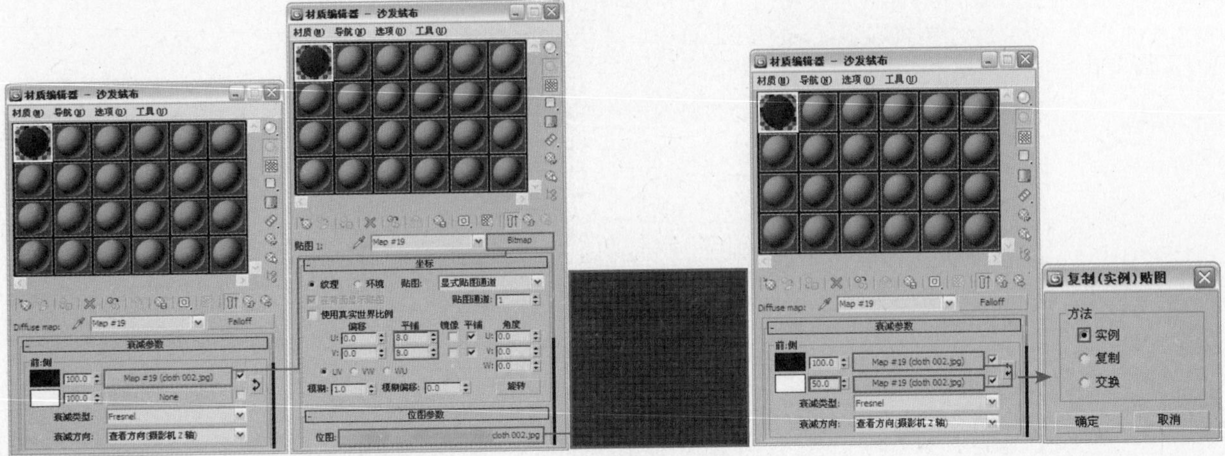

图6.53　　图6.54

05 进入"混合曲线"卷展栏，设置混合曲线，如图6.55所示。

06 返回VRayMtl材质层级，进入Maps卷展栏，单击Bump右侧的贴图通道按钮，为其添加一个"位图"贴图，具体参数设置如图6.56所示。贴图文件为本书所附光盘提供的"第6章\绒布\贴图\cloth002 bump.jpg"。

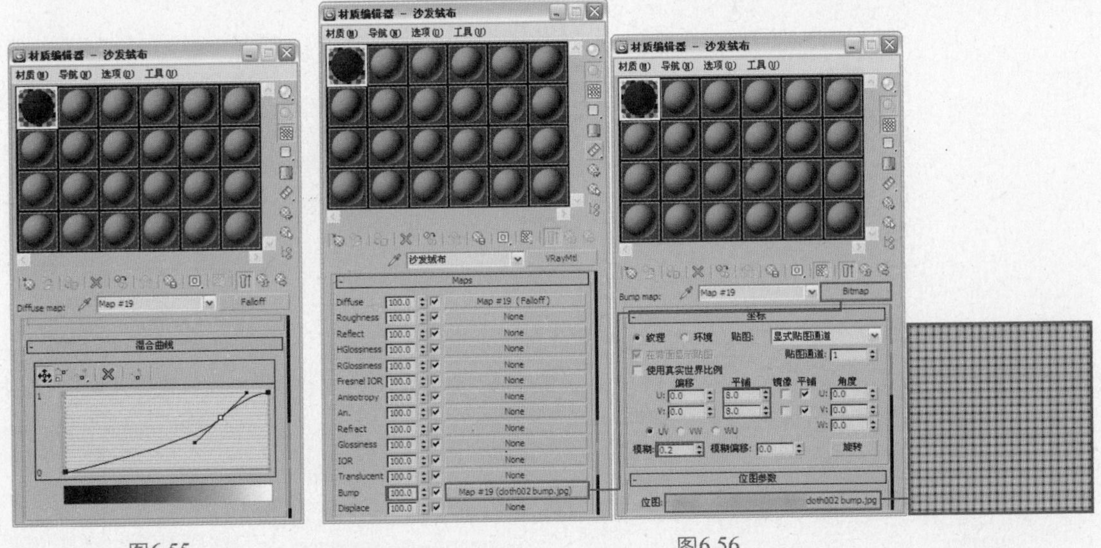

图6.55　　图6.56

07 将该材质指定给物体"沙发"。对摄像机视图进行渲染，效果如图6.57所示。

08 应用到场景中的效果如图6.58所示。

图6.57

图6.58

6.1.13 VRayMtl材质应用实例13——制作欧式沙发布材质

01 打开配套光盘中的“第6章\欧式沙发布\欧式沙发布.max”文件，如图6.59所示。

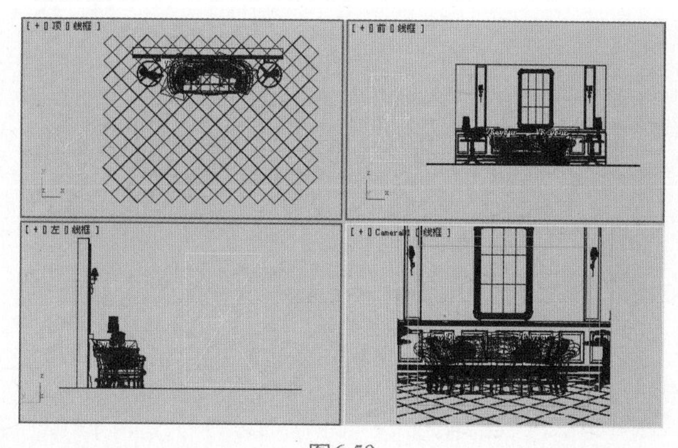

图6.59

02 下面设置沙发布材质。选择一个空白材质球，将其设置为VRayMtl材质，并将该材质球命名为“沙发布”，单击Diffuse右侧的贴图按钮，为其添加一个“位图”贴图，参数设置如图6.60所示。贴图文件为本书所附光盘提供的“第6章\欧式沙发布\贴图\wp_damask_084.jpg”。

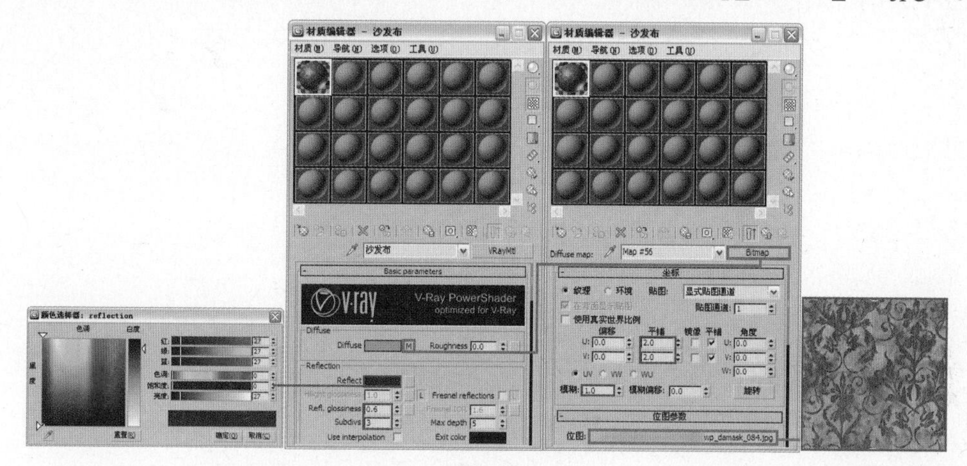

图6.60

03 返回VRayMtl材质层级，进入Maps卷展栏，将Diffuse右侧的贴图关联复制到Reflect和RGlossiness右侧的贴图通道上，并调整其混合参数。具体参数设置如图6.61所示。

04 将该材质指定给物体“沙发”。对摄像机视图进行渲染，效果如图6.62所示。

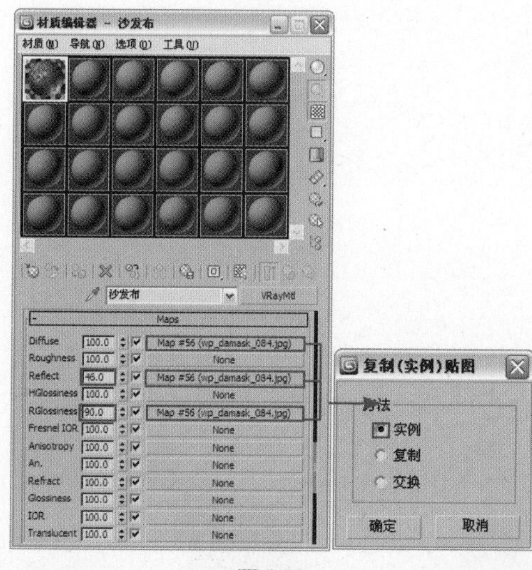

图6.61

图6.62

6.1.14 VRayMtl材质应用实例14——制作皮革材质

01 打开配套光盘中的“第6章\黑色皮革\黑色皮革.max”文件，如图6.63所示。

02 下面设置沙发皮革材质。选择一个空白材质球，将其设置为VRayMtl材质，并将该材质命名为“黑色皮革”，具体参数设置如图6.64所示。

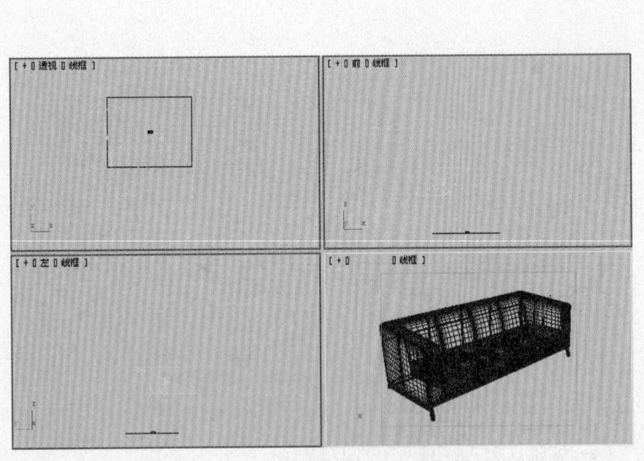

图6.63

图6.64

03 返回到VRayMtl材质层级，进入Maps卷展栏，单击Bump右侧的贴图通道，为其添加一个“位图”贴图，具体参数设置如图6.65所示。贴图文件为本书所附光盘提供的“第6章\黑色皮革\贴图\皮革凹凸.jpg”。

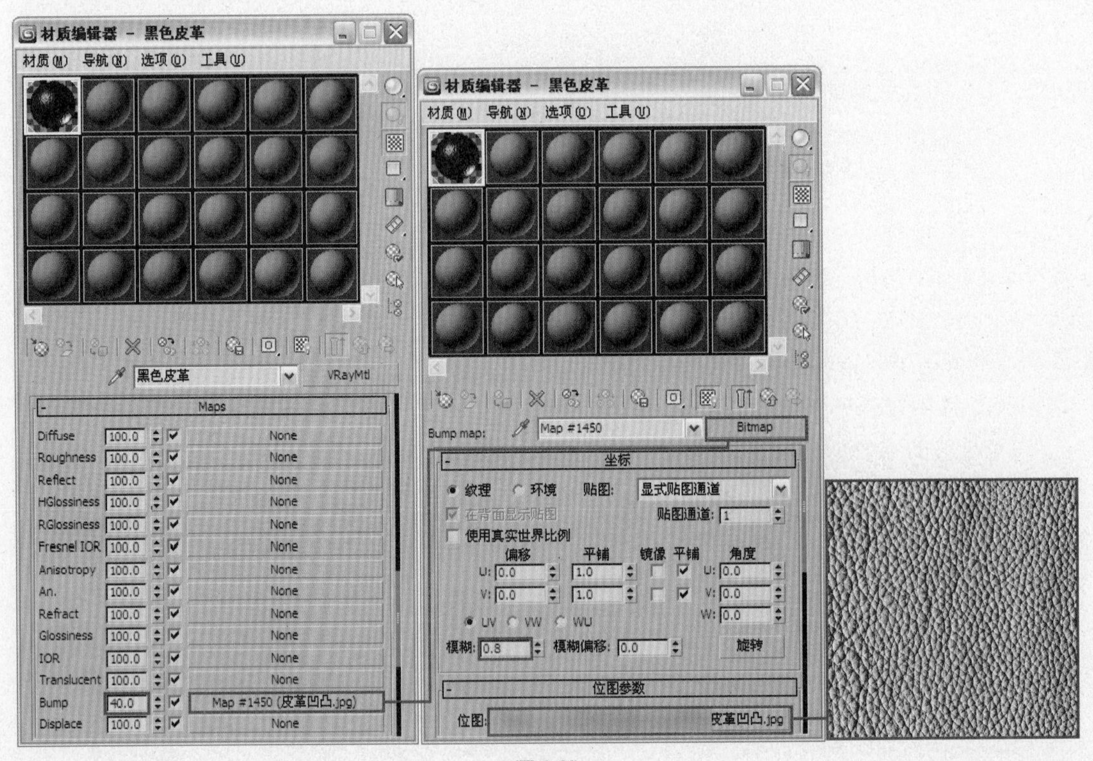

图6.65

04 将该材质指定给物体“黑色皮革”，沙发效果如图6.66所示。

05 应用到场景中的效果如图6.67所示。

图6.66

图6.67

Work 6.2 VRay其他材质设置

3ds Max 2010+VRay

VRay ART VRay QI TA CAI ZHI SHE ZHI

6.2.1 VRayMtl材质应用实例1——制作藤椅材质

01 打开配套光盘中的“第6章\藤椅\藤椅.max”文件，如图6.68所示。

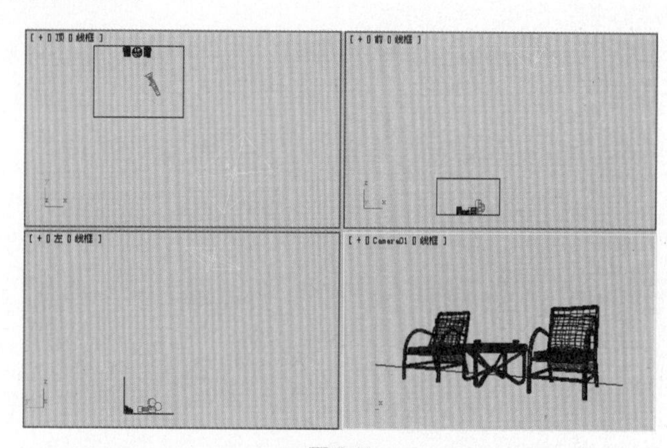

图6.68

02 下面制作藤条材质。选择一个空白材质球，将其设置为VRayMtl材质，并将该材质命名为“藤条”，单击Diffuse右侧的贴图通道按钮，为其添加一个“位图”贴图，具体参数设置如图6.69所示。贴图文件为本书所附光盘提供的“第6章\藤椅\贴图\藤条.jpg”。

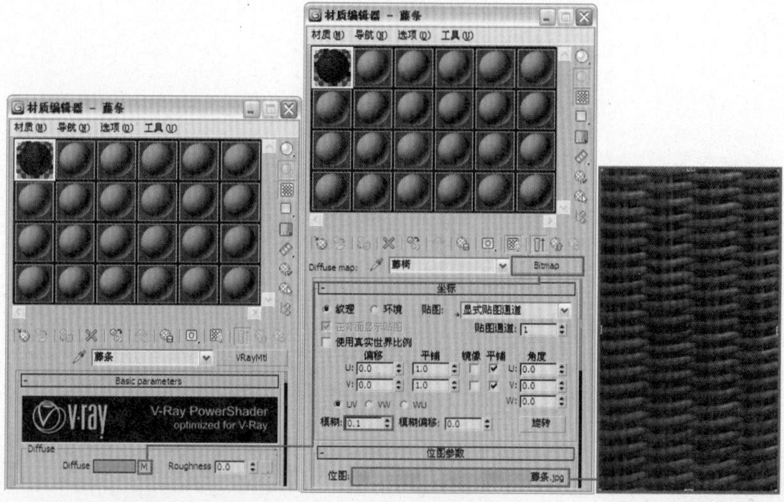

图6.69

03 返回VRayMtl材质层级，单击Reflect右侧的贴图通道按钮，为其添加一个“衰减”程序贴图，具体参数设置如图6.70所示。

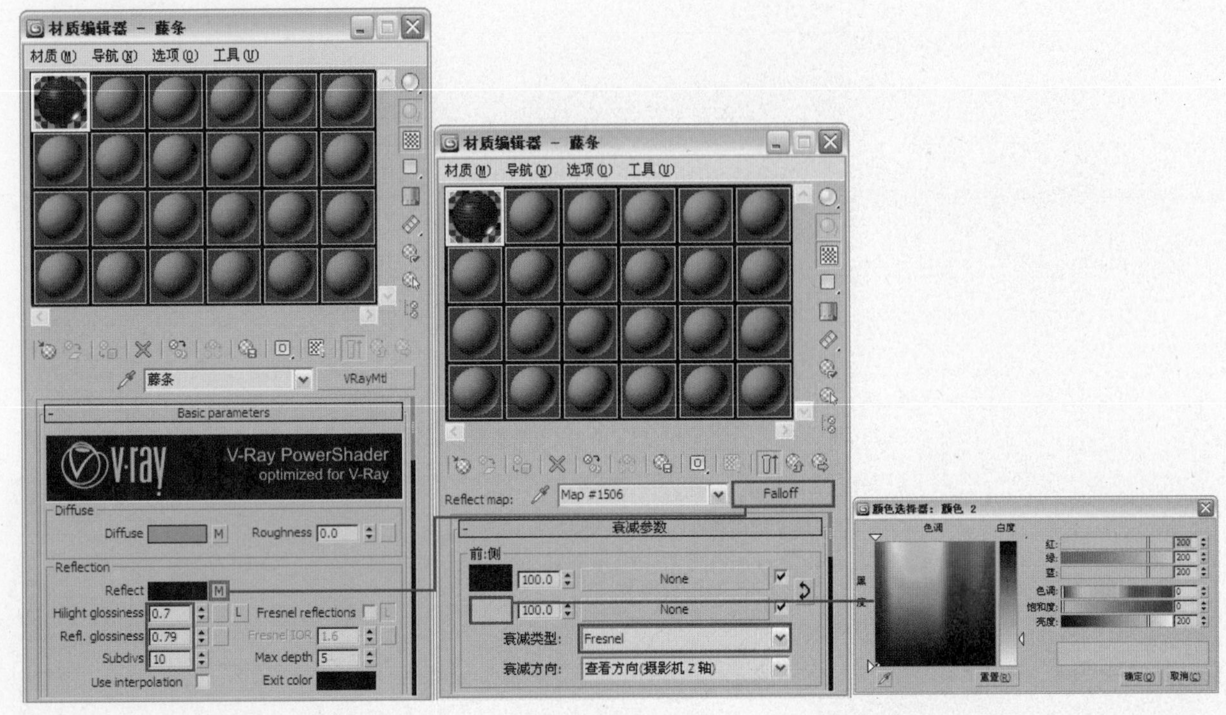

图6.70

04 返回VRayMtl材质层级，单击Hilight glossiness右侧的贴图通道按钮，为其添加一个“位图”贴图，具体参数设置如图6.71所示。贴图文件为本书所附光盘提供的“第6章\藤椅\贴图\藤条01-o.jpg”。

05 返回VRayMtl材质层级，进入Maps卷展栏，将HGlossiness右侧的贴图关联复制到Opacity右侧的贴图通道上。具体参数设置如图6.72所示。

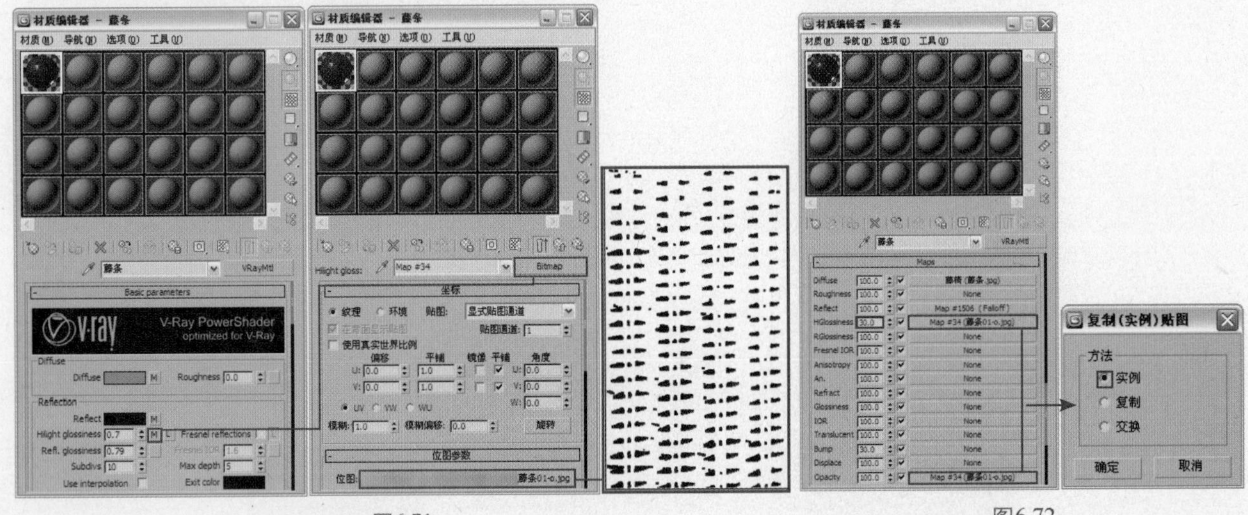

图6.71

图6.72

06 将该材质指定给物体“藤椅”。对摄像机视图进行渲染，效果如图6.73所示。

07 应用到场景中的效果如图6.74所示。

图6.73

图6.74

6.2.2 VRayMtl材质应用实例2——制作陶瓷材质

01 打开配套光盘中的“第6章\陶瓷\茶杯.max”文件，如图6.75所示。

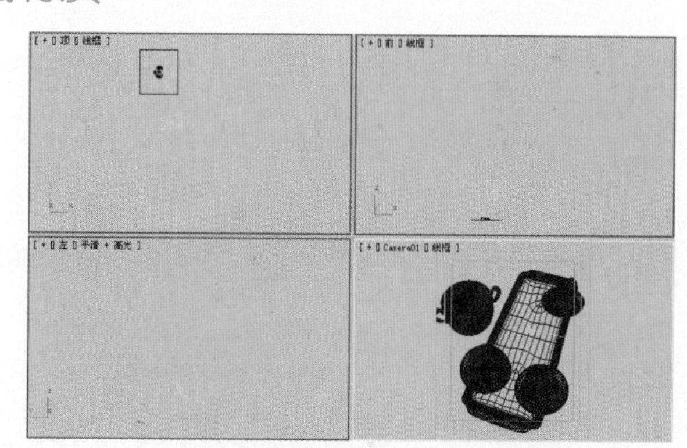

图6.75

02 下面制作茶杯材质。选择一个空白材质球，将其设置为 Multi/Sub-Object （多维/子对象）材质，将材质数量设置为“2”，并将材质命名为“茶杯”，具体参数设置如图6.76所示。

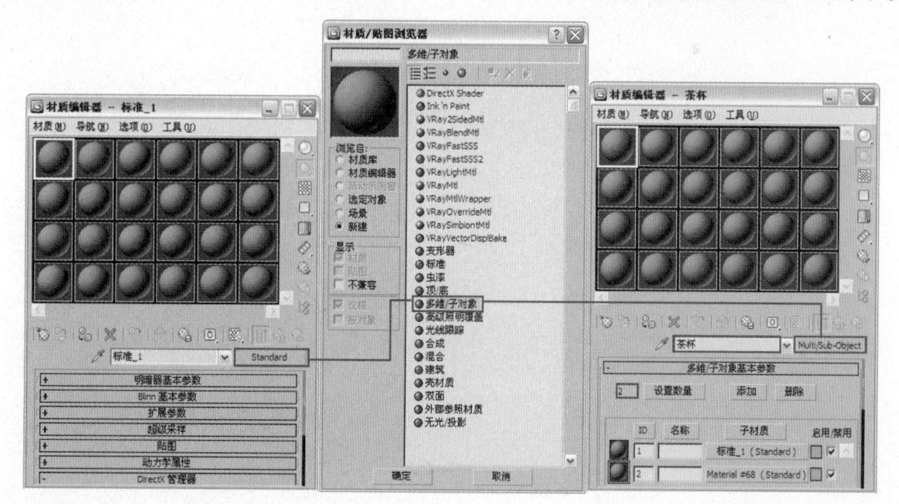

图6.76

03 单击ID1子材质球，将其设置为VRayMtl材质，并将其命名为“杯子花纹”。单击Diffuse右侧的贴图通道按钮，为其添加一个“位图”贴图，具体参数设置如图6.77所示。贴图文件为本书所附光盘提供的“第6章\陶瓷\贴图\杯.jpg”。

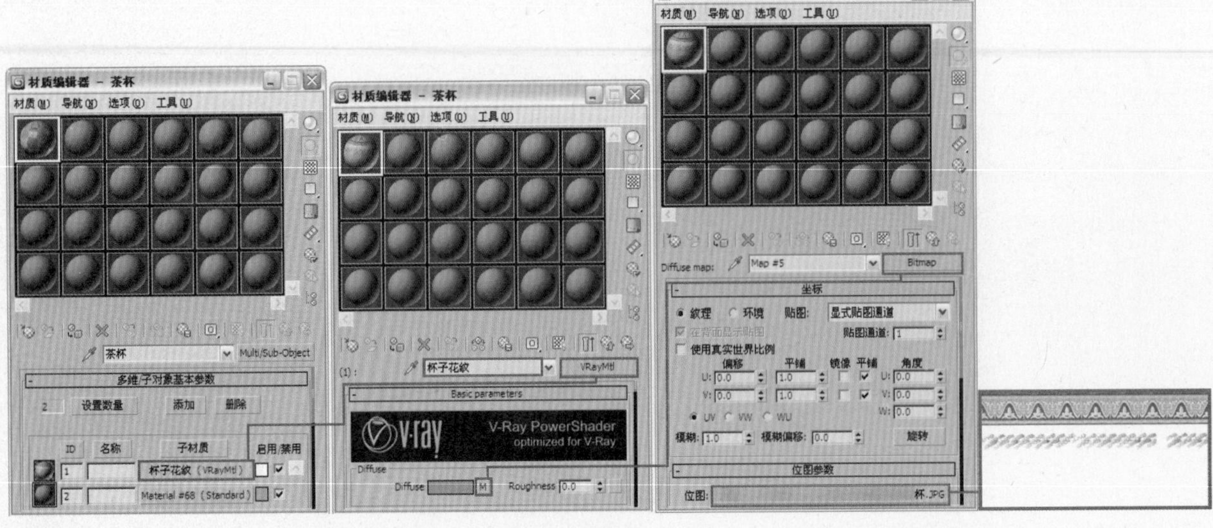

图6.77

04 返回VRayMtl材质层级，设置其反射参数，如图6.78所示。

05 接着设置茶杯材质。返回“多维/子对象”材质层级，单击ID2子材质球，将其设置为VRayMtl材质，并将其命名为“杯子白”，具体参数设置如图6.79所示。

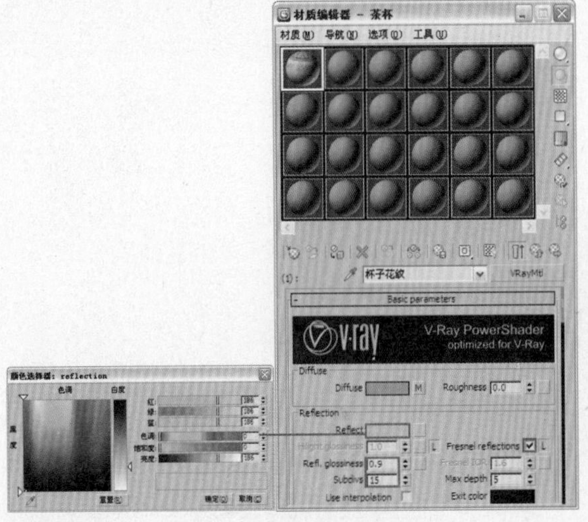

图6.78

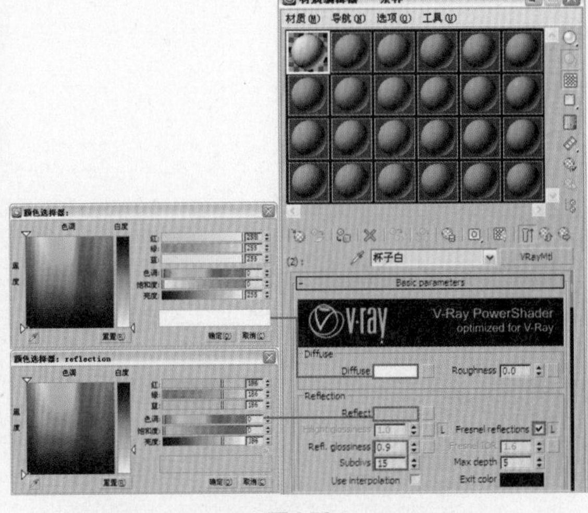

图6.79

06 将制作好的材质指定给物体“杯子”。利用同样的方法制作出其他物体材质。最后对摄像机视图进行渲染，效果如图6.80所示。

图6.80

6.2.3 VRayMtl材质应用实例3——制作红酒及酒杯材质

01 打开配套光盘中的“第6章\红酒\红酒.max”文件，如图6.81所示。

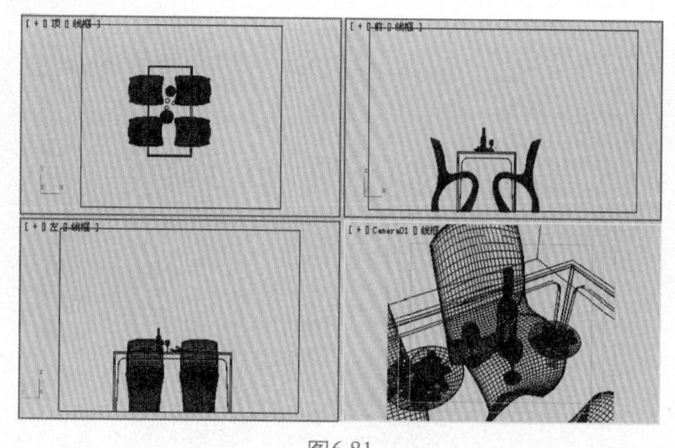

图6.81

02 首先设置酒杯玻璃材质。选择一个空白材质球，将其设置为VRayMtl材质，并将该材质命名为“酒杯玻璃”。单击Reflect右侧的贴图通道按钮，为其添加一个“衰减”程序贴图，具体参数设置如图6.82所示。

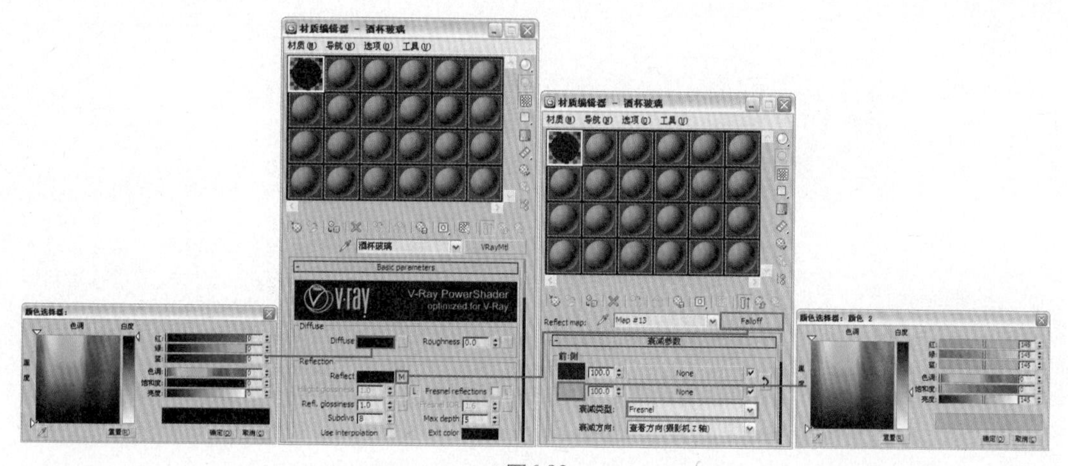

图6.82

03 设置酒杯玻璃折射参数，如图6.83所示。将制作好的材质指定给物体“酒杯玻璃”。

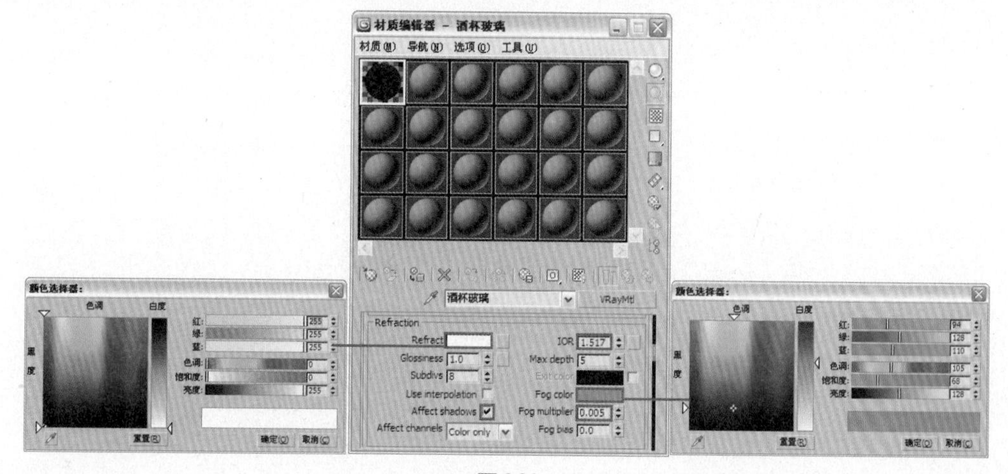

图6.83

04 接下来设置红酒材质。选择一个空白材质球，将其设置为VRayMtl材质，并将该材质命名为“红酒”。单击Reflect右侧的贴图通道按钮，为其添加一个“衰减”程序贴图，具体参数设置如图6.84所示。

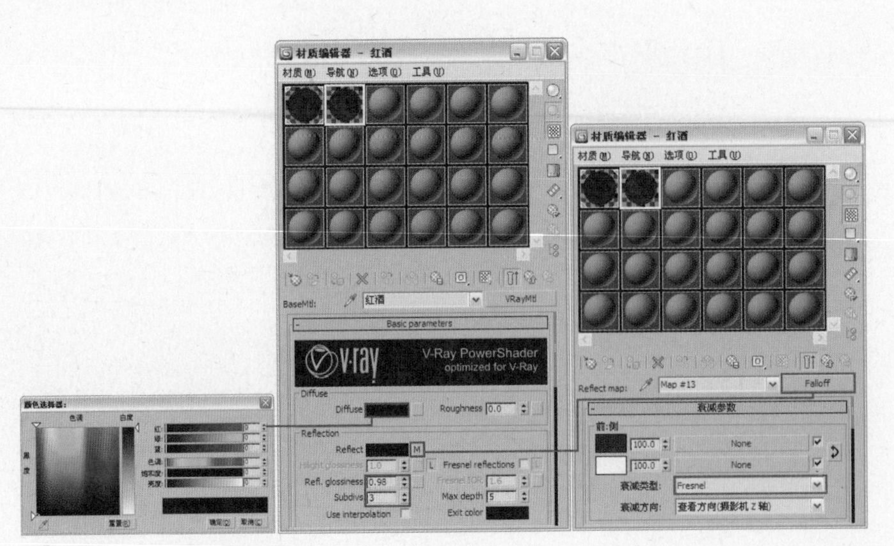

图6.84

05 设置红酒的折射参数，如图6.85所示。

06 将该材质指定给物体“红酒”。对摄像机视图进行渲染，效果如图6.86所示。

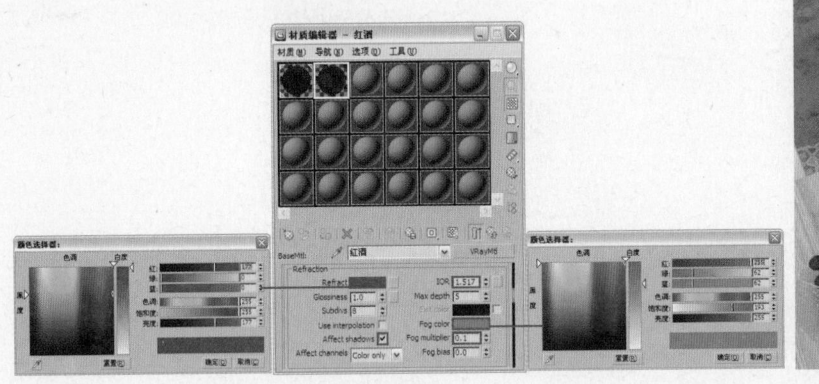

图6.85

图6.86

6.2.4 VRayMtl材质应用实例4——制作烤漆材质

01 打开配套光盘中的“第6章\蓝色烤漆\蓝色烤漆.max”文件，如图6.87所示。

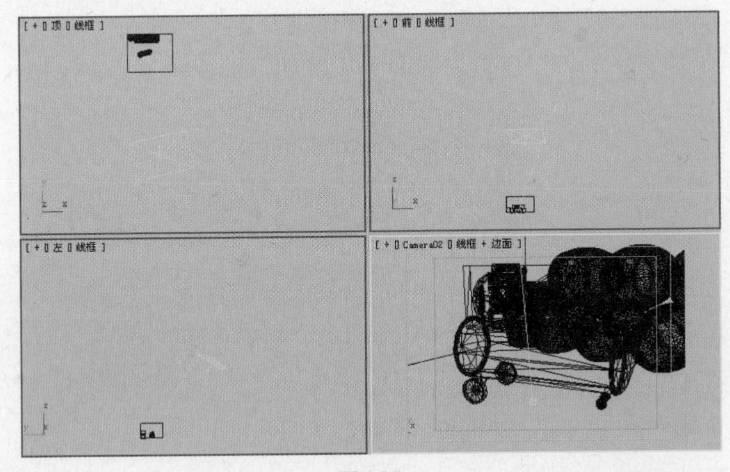

图6.87

02 设置蓝色烤漆材质。选择一个空白材质球，将其设置为VRayMtl材质，并将该材质命名为“蓝色烤漆”，单击Diffuse右侧的颜色按钮，具体参数设置如图6.88所示。

03 在VRayMtl材质层级，进入Maps卷展栏，单击Bump右侧的贴图通道按钮，为其添加一个“噪波”程序贴图，具体参数设置如图6.89所示。

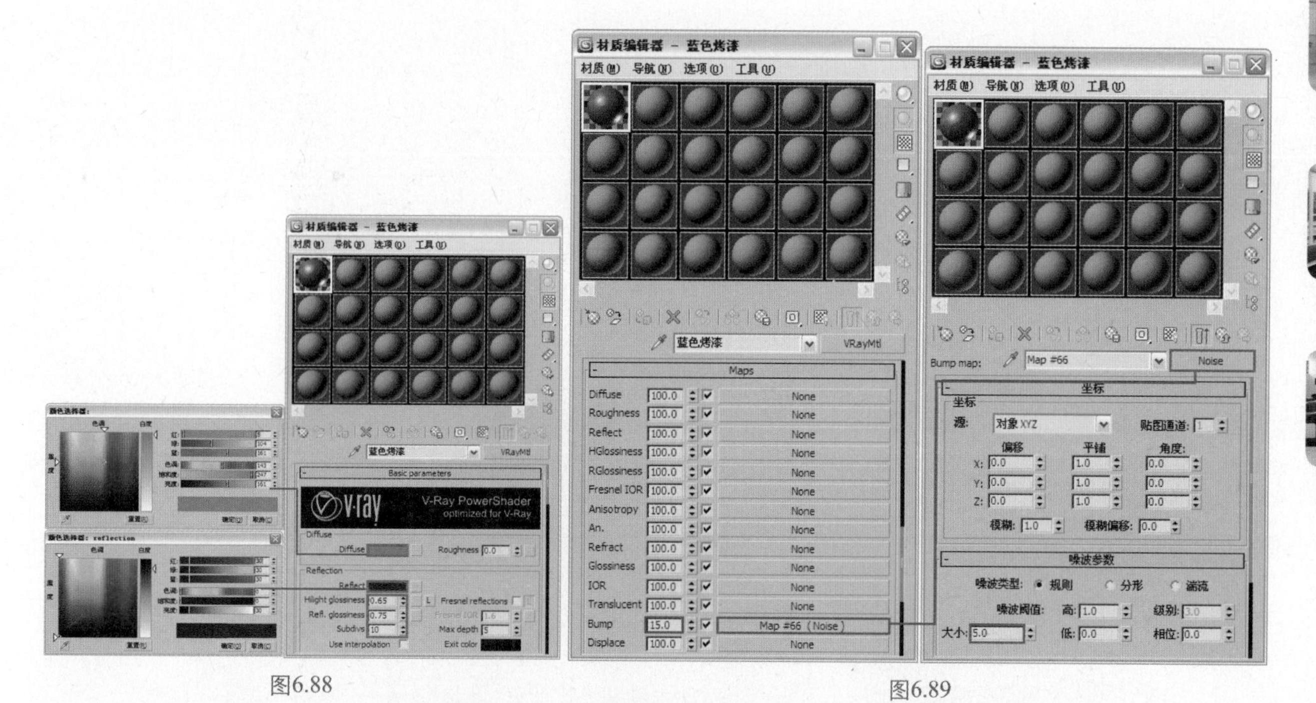

图6.88　　　　图6.89

04 将该材质指定给物体“蓝色烤漆”。对摄像机视图进行渲染，效果如图6.90所示。

图6.90

通过本章的学习，读者可以了解到常用材质的制作方法，在后面章节的综合实例中将会再次对类似的材质进行讲解，以强化读者对材质的理解，这样读者对材质的理解会更深入一些。

光盘\第7章\VRay毛发\VRay毛发.MAX

光盘\第7章\置换\置换效果文件.MAX

光盘\第7章\动态模糊\电风扇效果文件.MAX

Work 7.1 绚丽的焦散效果

3ds Max 2010+VRay

VRay ART XUAN LI DE JIAO SAN XIAO GUO

在现实世界里，当光线通过曲面进行反射或在透明表面进行折射时，会产生小面积光线聚焦，这就是焦散（caustic）效果。焦散效果是三维软件近几年才有的一种计算真实光线追踪的高级特效。在VRay渲染器中，焦散功能可以说是VRay引以为傲的功能。下面我们就通过VRay渲染器内置的焦散发生器来制作精美的焦散效果。

7.1.1 场景前期设置

01 打开配套光盘中的“第7章\焦散\焦散源文件.max”场景文件，该场景中的灯光、材质和摄像机已经设置好，如图7.1所示。

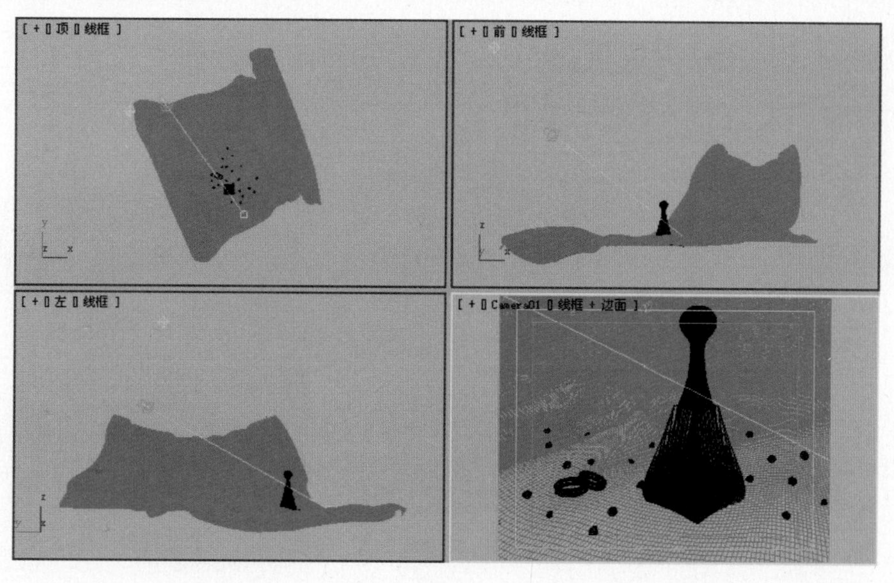

图7.1

02 按F10键打开“渲染设置”对话框，进入Indirect illumination选项卡。为了提高渲染速度，在 V-Ray:: Irradiance map （发光贴图）卷展栏的Mode选项组中调用已经事先保存好的发光贴图，如图7.2所示。发光贴图文件为本书所附光盘提供的“第7章\焦散\焦散发光贴图.vrmap”。

03 此时没有设置焦散的效果如图7.3所示。

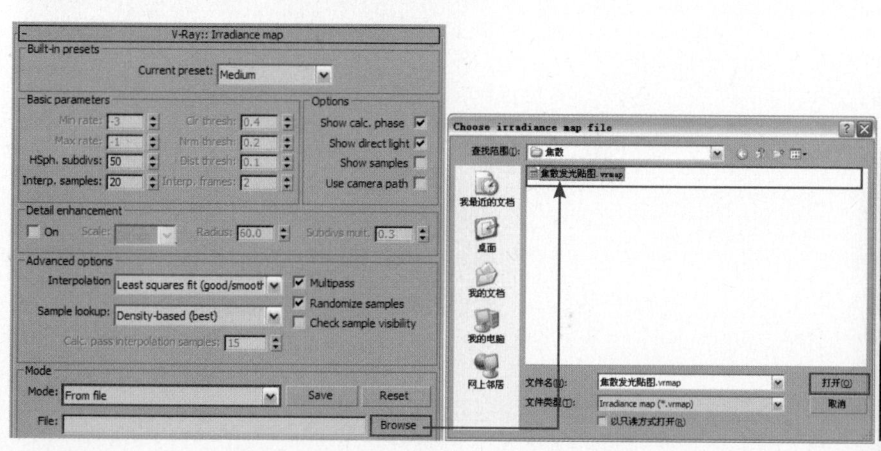

图7.2

图7.3

7.1.2 开启焦散设置

01 打开“渲染设置”对话框，进入Settings选项卡，在 V-Ray:: System 卷展栏中单击 Lights settings... 按钮，在弹出的对话框中选中场景中的灯光“Direct01”，参数设置如图7.4所示。

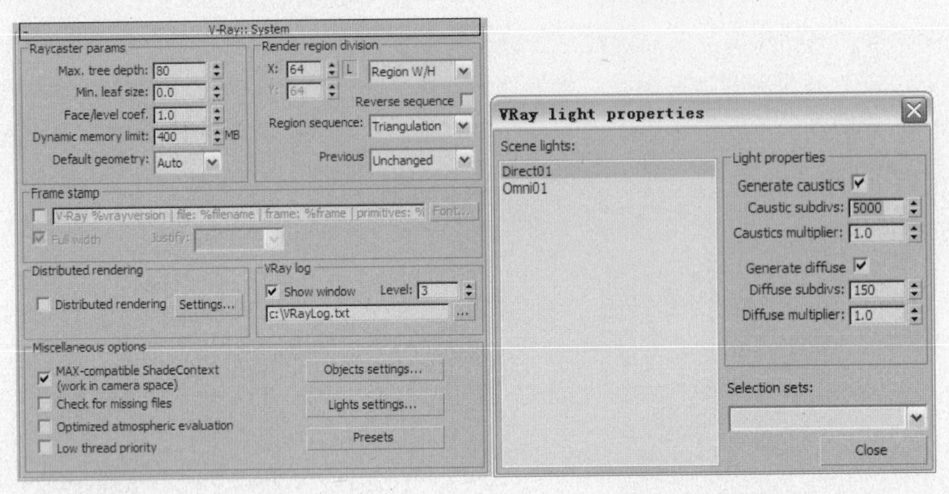

图7.4

02 进入Indirect illumination选项卡，打开 V-Ray:: Caustics （焦散）卷展栏，勾选On复选框，其他参数保持默认，如图7.5所示。渲染效果如图7.6所示。

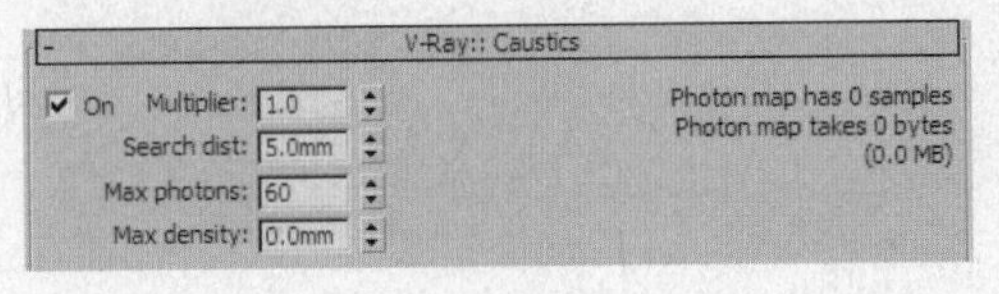

图7.5

图7.6

03 增大“Direct01”灯光的焦散细分值，设置如图7.7所示。再次渲染，效果如图7.8所示。仔细观察可以发现，焦散变得更加细腻了。

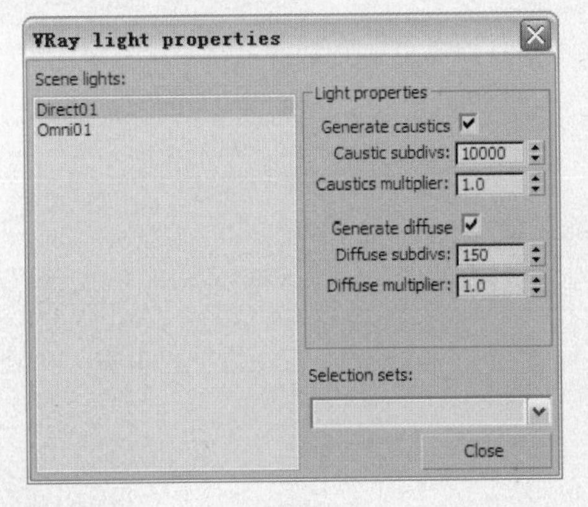

图7.7

图7.8

Note 提示 7 灯光的焦散细分值越高焦散细节越多，但渲染时间越长。

04 从渲染图中可以看到，焦散强度很弱。下面增加Multiplier值，从而提高焦散强度，如图7.9所示。渲染效果如图7.10所示。

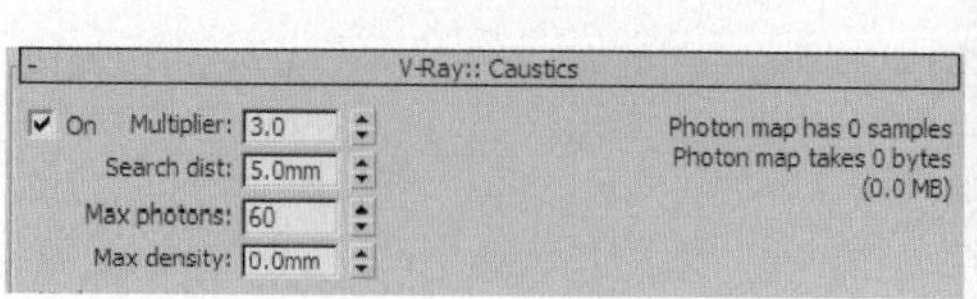

图7.9

图7.10

05 观察渲染效果可以看到，焦散效果已经很明显，但有一些光斑。下面通过设置Max photons的数值来弱化光斑效果，如图7.11所示。渲染效果如图7.12所示。

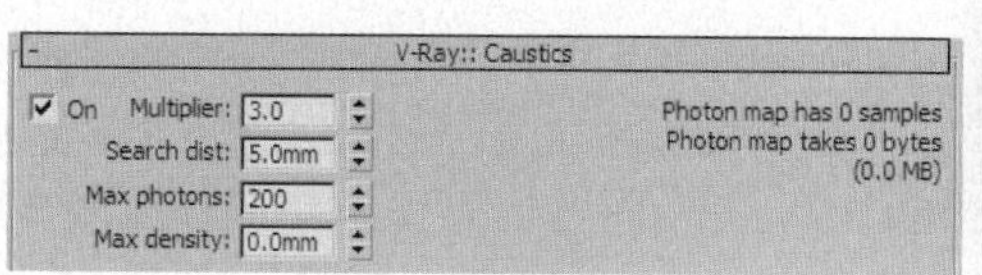

图7.11

图7.12

06 观察渲染效果可以看到焦散效果已经很精美，下面来存储焦散效果的光子贴图。在 V-Ray:: Caustics （焦散）卷展栏中勾选Auto save和Switch to saved map两个选项，然后单击Auto save右侧的“Browse”按钮，设置光子贴图的保存路径和保存名称，如图7.13所示。

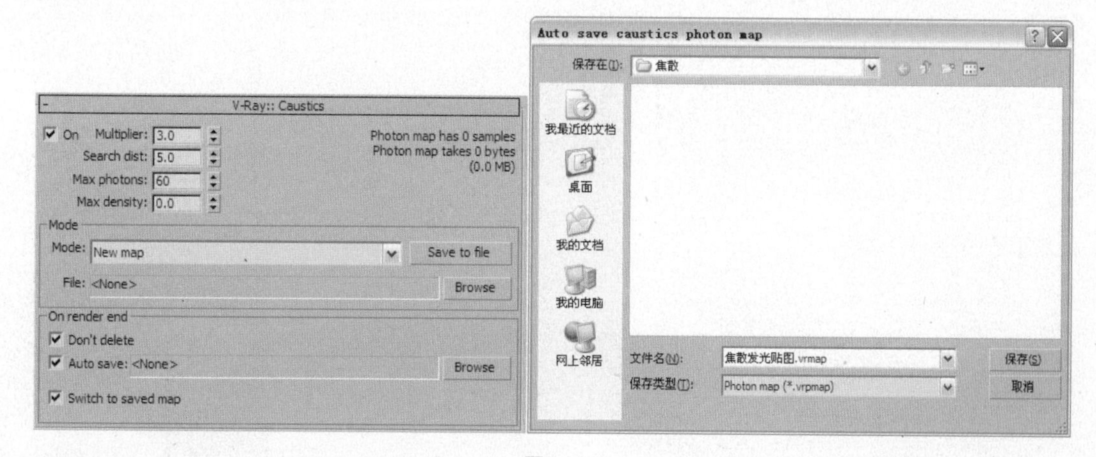

图7.13

07 渲染完毕，焦散效果的光子贴图被保存到了指定的位置。最后再设置等比例的大尺寸进行最终渲染出图，渲染时就会自动加载已经保存好的光子贴图，无须再重新计算焦散光子。

Note 提示 7

对于不同的场景，相同的焦散参数会产生不同的效果，这就需要我们在实际应用过程中根据场景来调整焦散参数，从而得到完美的焦散效果。

Work 7.2 梦境般的景深效果

3ds Max 2010+VRay

VRay ART MENG JING BAN DE JING SHEN XIAO GUO

在2.2.13小节中，我们已经对景深参数做了具体讲解。虽然在一般的商业效果图中是用不到此效果的，但是如果在某些配图里使用景深效果，那么会给人一种意想不到的静谧感。下面我们就为一个茶杯的场景添加景深效果。

7.2.1 场景前期设置

01 打开配套光盘中的“第7章\景深\茶杯景深源文件.max”场景文件，如图7.14所示。场景中的灯光、材质和摄像机已经设置好。

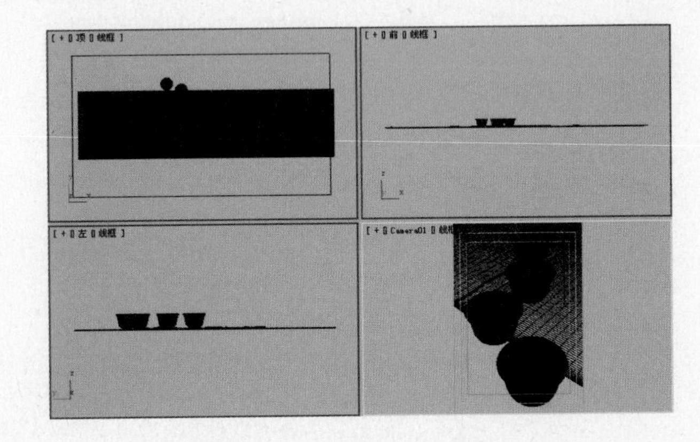

图7.14

02 按F10键打开“渲染设置”对话框，进入Indirect illumination选项卡。为了提高渲染速度，在 V-Ray:: Irradiance map （发光贴图）卷展栏的Mode选项组中调用已经事先保存好的发光贴图，如图7.15所示。发光贴图文件为本书所附光盘提供的“第7章\景深\茶杯景深发光贴图.vrmap”。

03 此时没有设置景深，对摄像机视图进行渲染，效果如图7.16所示。

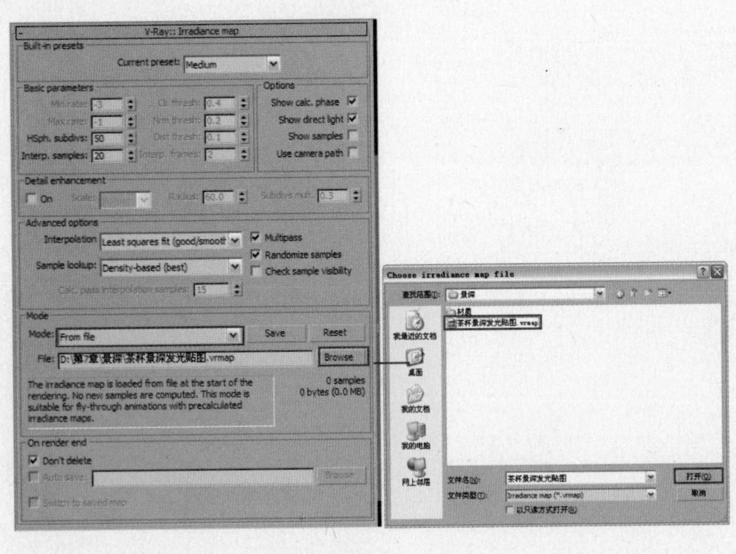

图7.15

图7.16

Note 提示 7

渲染面板中除“景深”以外的参数已经设置好。

7.2.2 开启景深设置

下面进行景深设置。

◆ 打开“渲染设置”对话框，进入V-Ray选项卡，在 V-Ray:: Camera （摄像机）卷展栏中，勾选Depth of field选项组中的On复选框，激活景深设置，如图7.17所示。在保持摄像机角度不变、景深默认设置的情况下，渲染效果如图7.18所示。

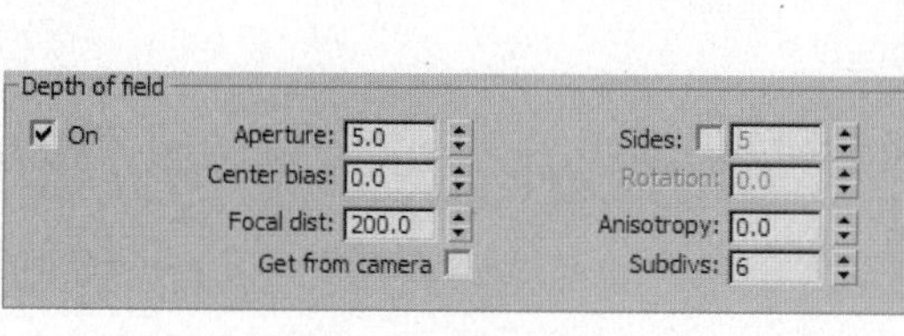

图7.17

图7.18

Note 提示 7 此时由于焦距较短，整个场景都在焦距之外，所以渲染图是全部模糊的。

◆ Focal dist为焦距，这个值决定摄像机与清晰物体之间的距离，当物体靠近或远离这个位置时将变模糊。如图7.19所示，设置一个合适的Aperture（光圈）值，通过改变焦距大小，调整不同的景深效果。

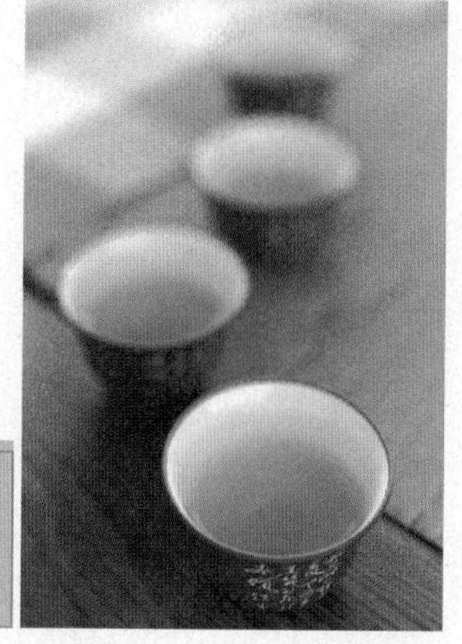

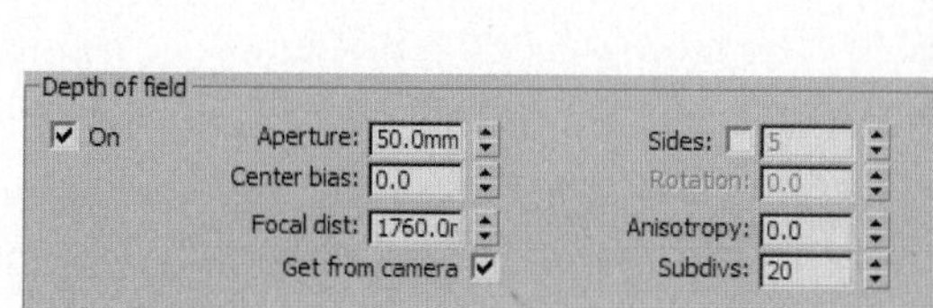

Depth of field
On
Aperture: 50.0
Center bias: 0.0
Focal dist: 3050.0
Get from camera
Sides: 5
Rotation: 0.0
Anisotropy: 0.0
Subdivs: 6

图7.19

◆ 在焦距确定的情况下，通过调整Aperture（光圈）设置值，可以控制景深的模糊程度。如图7.20所示分别为将光圈值设置为10和100时的效果。

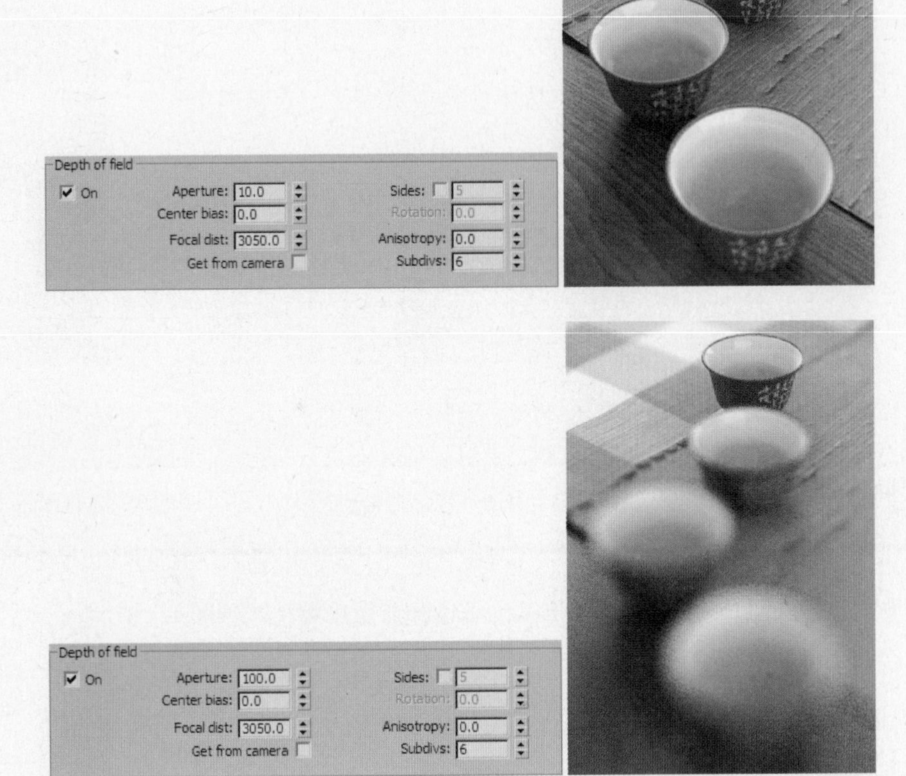

图7.20

◆ 增大Center bias（中央偏移）值可以使模糊部分产生多重影子的效果，将Center bias值设置为50，效果如图7.21所示。

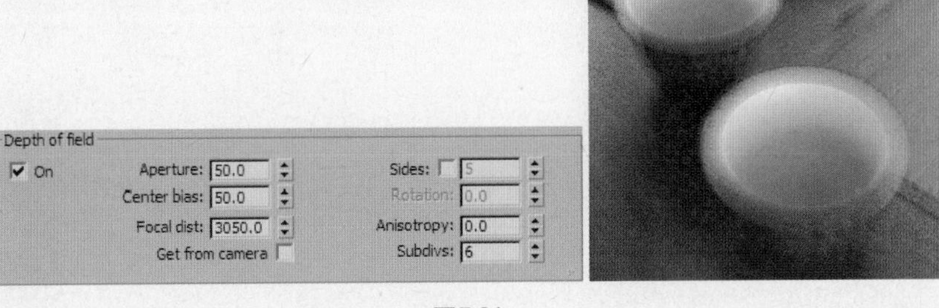

图7.21

◆ 勾选Get from camera复选框，焦距将由摄像机到目标点的距离来决定，Focal dist值将不起作用。观察摄像机目标点在近处的第二个杯子上，设置如图7.22所示，此时渲染效果如图7.23所示。

Depth of field
On Aperture: 50.0 Sides: 5
Center bias: 0.0 Rotation: 0.0
Focal dist: 3050.0 Anisotropy: 0.0
Get from camera Subdivs: 6

图7.22

图7.23

◆ Anisotropy为各向异性，当设置值为正数时在水平方向延伸景深效果，如图7.24所示是将Anisotropy设置为0.5时的效果。当设置值为负数时在垂直方向延伸景深效果，如图7.25所示是Anisotropy设置为－0.5时的效果。

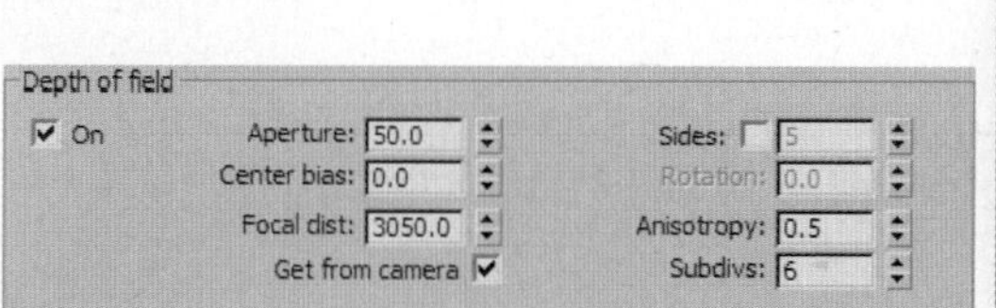

图7.24

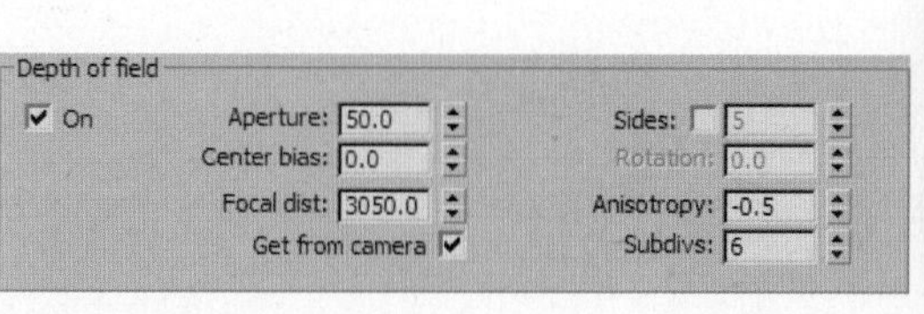

图7.25

◆ Subdivs为细分，这个选项控制着景深的品质。Subdivs值越小，渲染速度越快，同时产生的噪点越多；相反，Subdivs值越大，模糊效果就越均匀，没有噪点，同时就会花费更多的渲染时间。如图7.26所示，分别是细分值为2和20时的景深效果。

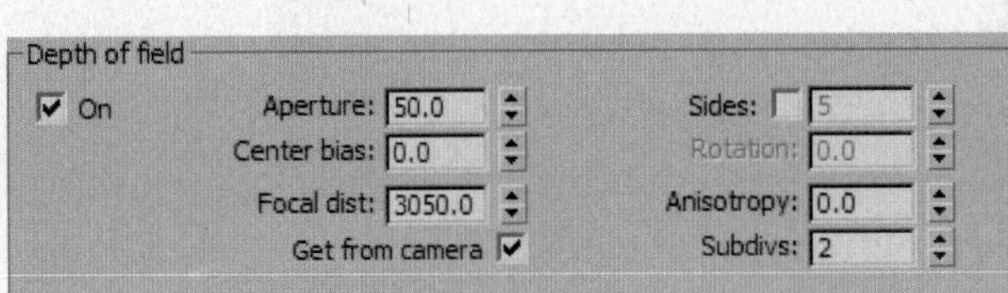

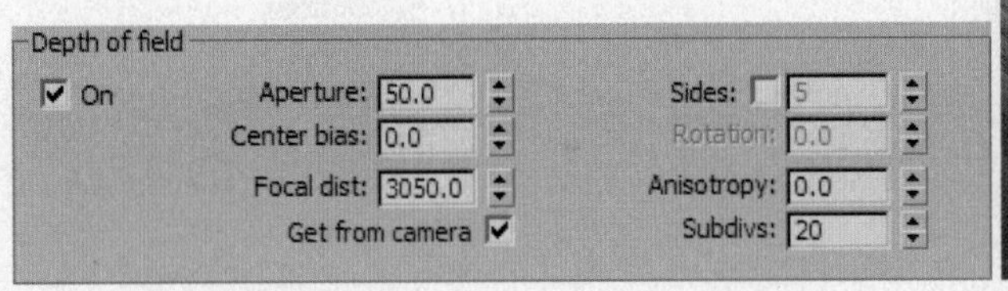

图7.26

Work 7.3 VRay置换贴图

3ds Max 2010+VRay

VRay ART VRay ZHI HUAN TIE TU

在VRay渲染器中，贴图并不仅仅局限于纹理，通过VRay置换贴图也可以用于表现更为复杂的材质，甚至可以用来建立模型。

置换贴图是一种为场景中几何体增加细节的技术，这个概念非常类似于凹凸贴图，但是凹凸贴图只是改变了物体表面的外观，属于一种肌理效果；而置换贴图确实真正改变了表面的几何结构，可以真正生成模型。

7.3.1 认识VRay的置换贴图

不同于其他贴图，VRay置换贴图需要借助VRayDisplacementMod（VRay置换修改器）来实现。该修改器的参数面板如图7.27所示。

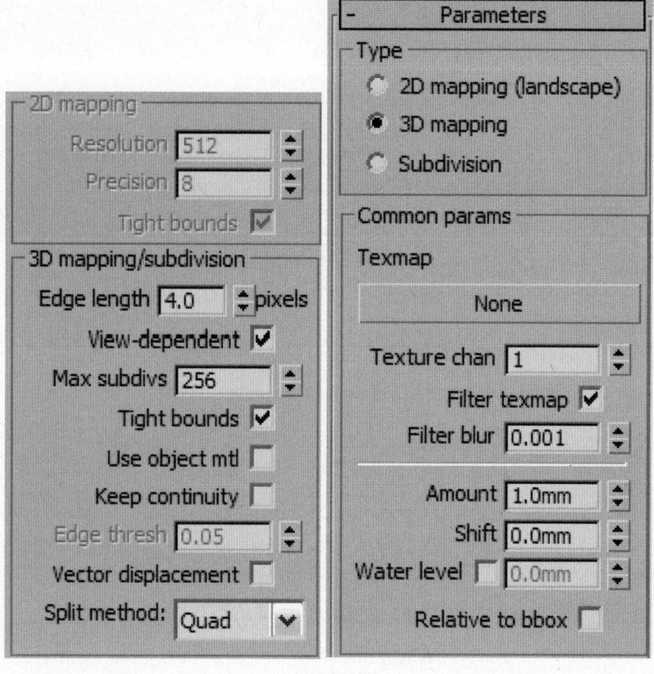

图7.27

其中主要参数的作用如下所述。

1. Type选项组

其中的选项主要用来设定贴图置换的方法。

◆ 2D mapping（landscape）：二维贴图方式。这种方法是基于预先获得的纹理贴图来进行置换的，置换表面渲染的时候是根据纹理贴图的高度区域来实现的，置换表面的光影追踪实际上是在纹理空间进行的，然后再返回3D 空间。这种方法的优点就是可以保护置换贴图中的所有细节。但是它需要物体具有正确的贴图坐标，所以选用这种方法的时候，不能将3D 程序贴图或者其他使用物体或世界坐标的纹理贴图作为置换贴图使用。置换贴图可以使用任何值（与3D 贴图方式正好相反，它会忽略0～1 以外的任何值）。

◆ 3D mapping（3D 贴图方式）：这是一种常规的方法，将物体原始表面的三角面进行细分，按照用户定义的参数把它划分成更细小的三角面，然后对这些细小的三角面进行置换。它可以使用各种贴图坐标类型进行任意的置换。这种方法还可以使用在物体材质中指定的置换贴图。值得注意的是3D 置换贴图的范围在0～1 之间，在这个范围之外的都会被忽略。

Note 提示 7 3D 置换贴图是通过物体几何学属性来控制的，与置换贴图关系不大。所以几何体细分程度不够的时候，置换贴图的某些细节可能会被丢失。

2. Common params选项组

◆ Texmap（纹理贴图）：选择置换贴图，可以是任何类型的贴图——位图、程序贴图、二维或三维贴图等等。

◆ Texture chan（贴图通道）：贴图置换将使用UVW 通道。如果使用外部UVW 贴图，这将与纹理贴图内建的贴图通道相匹配。但是在勾选Use object mtl（使用物体材质）选项的时候，其将会被忽略。

◆ Filter texmap（纹理贴图过滤）：勾选该选项将使用纹理贴图过滤。但是在Use object mtl（使用物体材质）选项勾选的时候，其将会被忽略。

◆ Amount（数量）：定义置换的数量。如果为0，则表示物体没有变化。较大的值将产生较强烈的置换效果。这个值可以取负值，在这种情况下，物体会被凹陷下去。

◆ Shift（变换）：这个参数指定一个常数，它将被添加到置换贴图评估中，有效地沿着法线方向上下移动置换表面。它可以是任何一个正数或负数。

◆ water level：这个选项可以在使用置换贴图的物体中，切断指定值以下受置换贴图影响的物体部分。后面的数值用来指定要切断部分的值。

3. 2D mapping选项组

◆ Resolution：确定在VRay中使用的置换贴图的分辨率。如果纹理贴图是位图，将会很好地按照位图的尺寸匹配。对于二维程序贴图来说，分辨率要根据在置换中希望得到的品质和细节来确定。注意VRay也会自动基于置换贴图产生一个法向贴图，来补偿无法通过真实的表面获得的细节。

◆ Precision（精度）：这个参数与置换表面的曲率相关，平坦的表面精度相对较低（对于一个极平坦的表面你甚至可以使用1），崎岖的表面则需要较高的取值。在置换过程中如果精度取值不够，可能会在物体表面产生黑斑，不过此时计算速度很快。

◆ Tight bounds：这个选项可以表现精确的立体感，渲染时间会延长。

4. 3D mapping/subdivision选项组

◆ Edge length（边长度）：确定置换的品质。原始网格物体的每一个三角形被细分成大量的更细小的三角形，越多的细小三角形就意味着在置换中会产生更多的细节，占用更多的内存以及更慢的渲染速度，反之亦然。它的含义取决于View-dependent参数的设置。

◆ View-dependent（根据视图确定）：勾选的时候，边长度以像素为单位确定细小三角形边的最大长度，值为1，意味着每一个细小三角形投射到屏幕上的最长边的长度是1 像素；当不勾选的时候，则是以世界单位来确定细小三角形的最长边的长度。

◆ Max subdivs（最大细分值）：确定从原始网格的每一个三角面细分得到的细小三角形的最大数量，实际上产生的三角形的数量是以这个参数的平方值来计算的。例如，256 意味着在任何原始的三角面中最多产生256×256＝65536 个细小三角形。把这个参数值设置得太高是不可取的。如果确实需要得到较多的细小三角形，最好用进一步细分原始网格的三角面的方法来代替。

◆ Tight bounds：勾选的时候，VRay将试图计算来自原始网格的被置换三角形的精确跳跃量。这需要对置换贴图进行预采样。如果纹理具有大量黑或者白的区域的话，渲染速度将很快；如果在纯黑和纯白之间变化很大的话，置换评估会变慢。在某些情况下，关闭它也许可能很快速，因为此时VRay将假设最差的跳跃量，并不对纹理进行预采样。

◆ Use object mtl（使用物体材质）：勾选的时候，VRay会从物体材质内部获取置换贴图，而不理会这个修改器中关于获取置换贴图的设置。注意，此时应该取消3ds Max 自身的置换贴图功能（位于渲染设置对话框的Settings选项卡中）。

◆ Keep continuity（保持连续性）：使用置换贴图会导致边角部分的分裂，这个选项可以避免这种现象的发生。

◆ Edge thresh：当勾选Keep continuity的时候，它控制在不同材质ID号之间进行混合的面贴图的范围。数值越低，边角部分分裂的现象会越少。

Note 提示 7 ▸ VRay只能保证边连续，不能保证顶点连续（换句话说，沿着边的表面之间将不会有缺口，但是沿着顶点的表面则可能有裂口），因此必须将这个参数设置得小一点。

7.3.2 利用置换贴图制作雕花戒指效果

01 打开配套光盘中的“第7章\置换\置换源文件.max”文件，如图7.28所示。该文件中的灯光、摄像机、渲染参数以及物体的材质及UVW贴图坐标都已经设置完毕。对摄像机视图进行渲染，效果如图7.29所示。

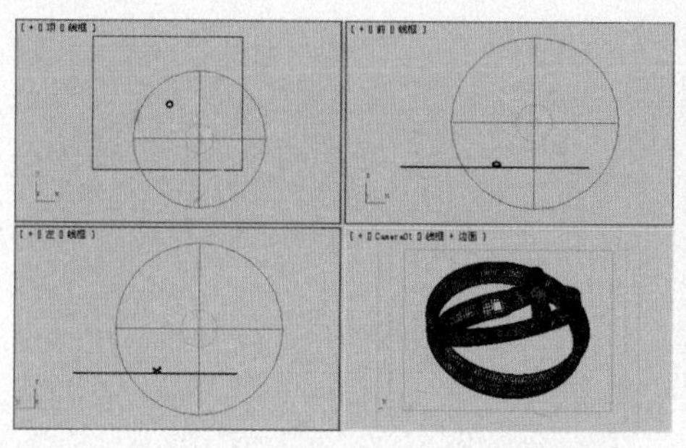

图7.28

图7.29

02 从图7.28中可以看到戒指的整体效果已经很好，只是文字雕花部分没有凹凸。下面为戒指制作更真实的雕花效果。首先为了更清楚地观察物体的置换效果，我们使用一种灰色材质对场景中的物体材质进行替代。按M键打开“材质编辑器”对话框，选择一个空白材质球，单击 Standard 按钮，在弹出的“材质/贴图浏览器”对话框中选择VRayMtl材质，将该材质命名为“替换材质”，参数设置如图7.30所示。

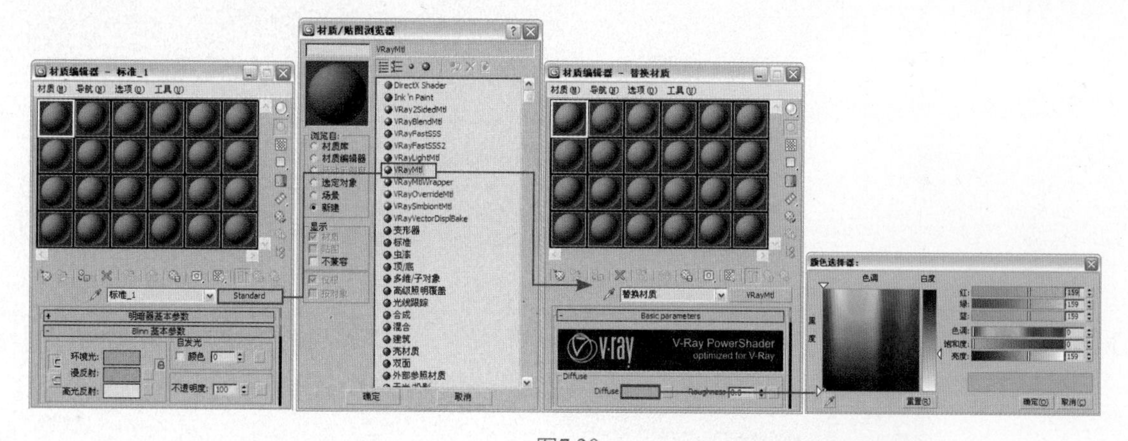

图7.30

03 然后按F10键打开“渲染设置”对话框，进入 V-Ray:: Global switches （全局参数）卷展栏，勾选Override mtl，然后将刚制作好的材质球拖到它右侧的 None 贴图按钮上，在弹出的“实例（副本）材质”对话框中选择“实例”选项，进行关联复制，如图7.31所示。

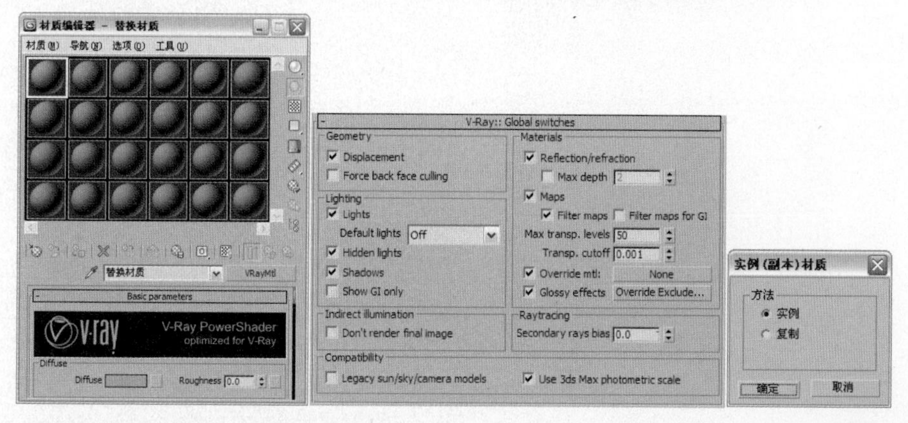

图7.31

04 下面为男士戒指边缘制作雕花效果。选择物体“男士戒指雕花部分”，进入修改面板，在“修改器列表”中选择VRayDisplacementMod修改器，如图7.32所示。

05 在置换贴图的Parameters（参数）卷展栏中单击Texmap贴图按钮，为其添加一张“位图”贴图，贴图素材为本书所附光盘提供的“第7章\置换\maps\戒指贴图.jpg”，如图7.33所示。

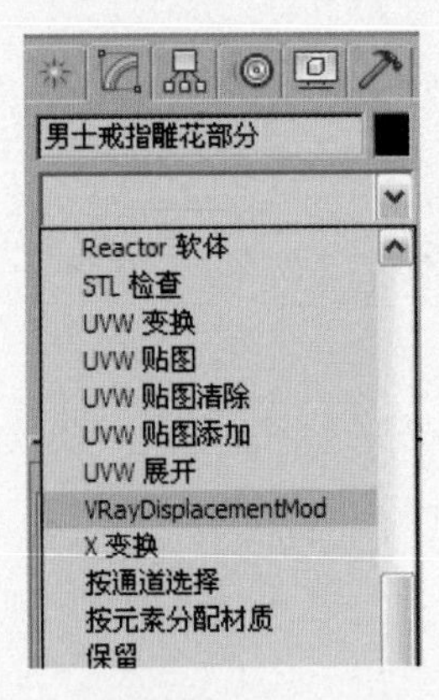

图7.32

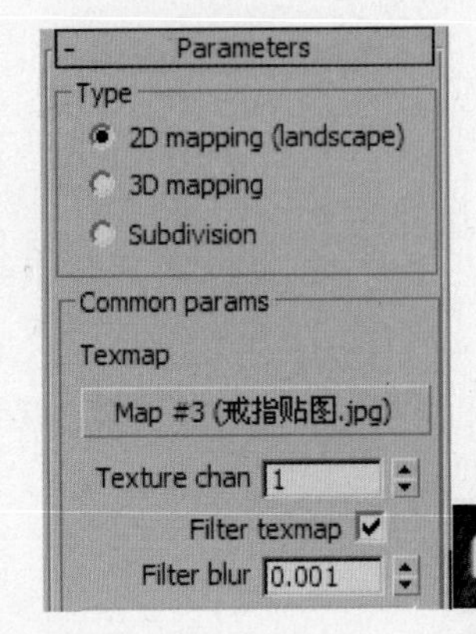

图7.33

06 按M键打开“材质编辑器”对话框，将置换修改器中的贴图拖动到一个空白材质球上，以实例方式进行关联复制，如图7.34所示。

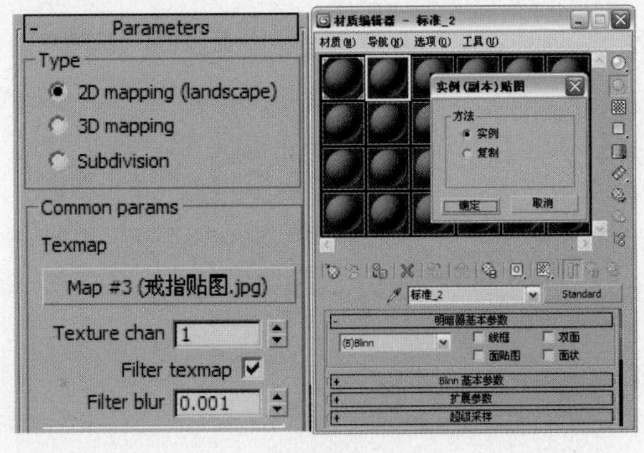

图7.34

07 对置换贴图进行编辑，如图7.35所示。对戒指的局部进行放大渲染，效果如图7.36所示。

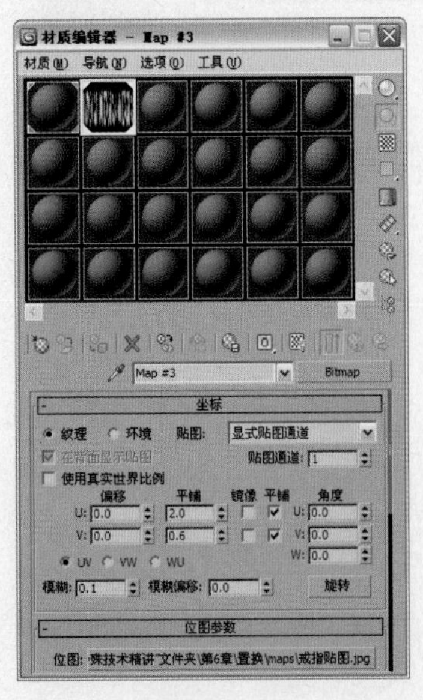

图7.35

图7.36

08 从图7.36中可以看到比较明显的置换效果。下面对置换修改器中的部分参数进行设置，如图7.37所示。局部渲染效果如图7.38所示。

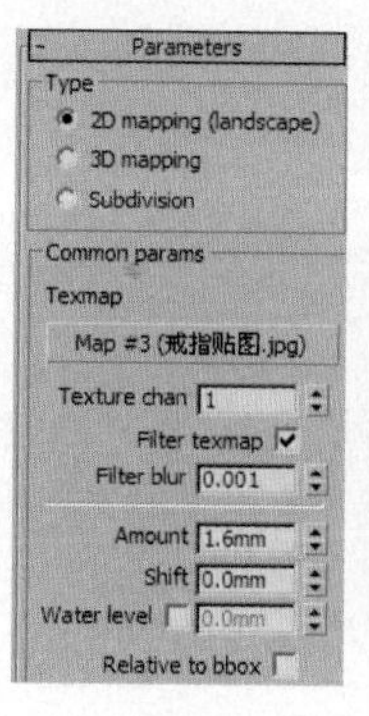

图7.37

图7.38

09 从图7.38中可以看到置换效果变得更加明显了。下面为物体“女士戒指边缘雕花部分”添加置换修改器。然后将“材质编辑器”对话框中的置换贴图拖动到置换修改器Parameters（参数）卷展栏中的Texmap贴图按钮上，进行关联复制，如图7.39所示。

10 观察置换修改器Parameters（参数）卷展栏中的参数可以发现，系统保留了上一次对置换参数的设置。对“女士戒指边缘雕花部分”进行局部放大渲染，效果如图7.40所示。

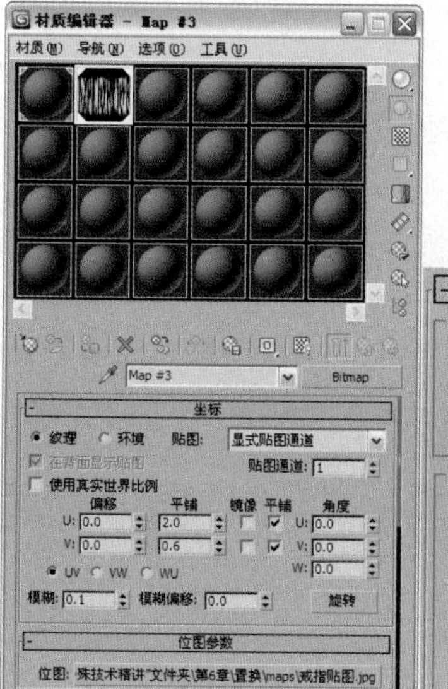

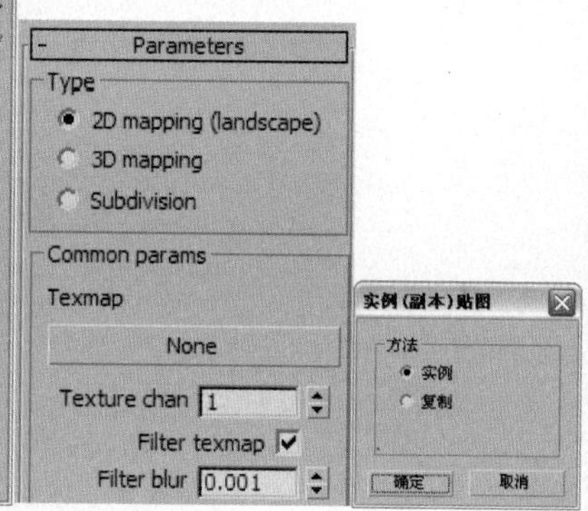

图7.39

图7.40

11 下面制作女式戒指中部的雕花效果。首先选择物体“中部雕花1”，进入修改面板，为其添加一个置换修改器，在其Parameters（参数）卷展栏中单击Texmap贴图按钮，为其添加一张位图贴图，贴图素材为本书所附光盘提供的“第7章\置换\maps\戒指贴图2.jpg”，如图7.41所示。对其置换参数进行修改，如图7.42所示。

图7.41

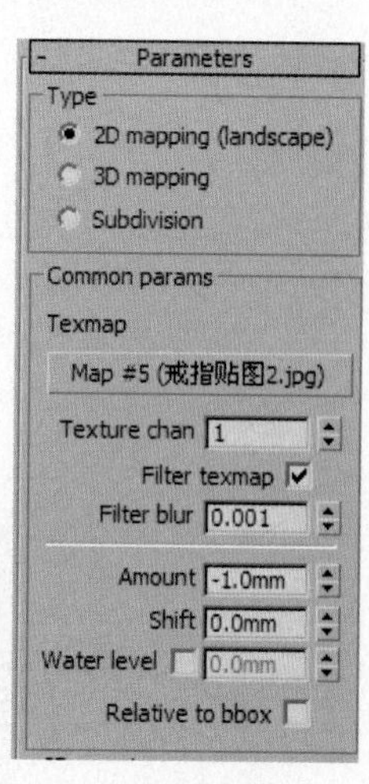

图7.42

12 按M键打开“材质编辑器”对话框，将置换修改器中的贴图拖动到一个空白材质球上，以实例方式进行关联复制，如图7.43所示。

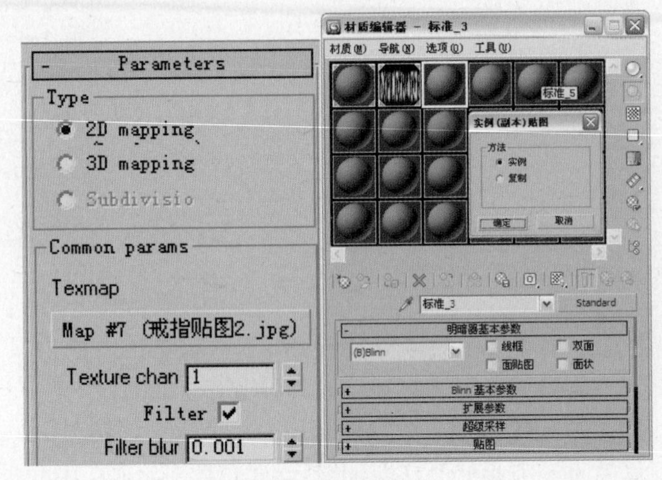

图7.43

13 对中部雕花的置换贴图进行修改，如图7.44所示。对“中部雕花1”进行局部放大，渲染效果如图7.45所示。

14 参照第11步的方法为物体“中部雕花2”、“中部雕花3”和“中部雕花4”添加置换修改器。整体渲染效果如图7.46所示。

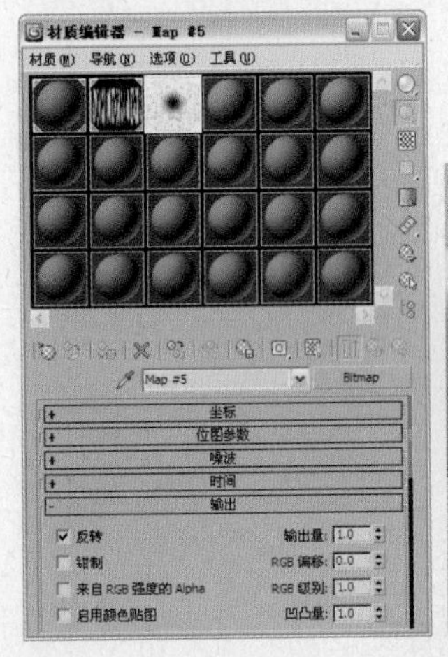

图7.44

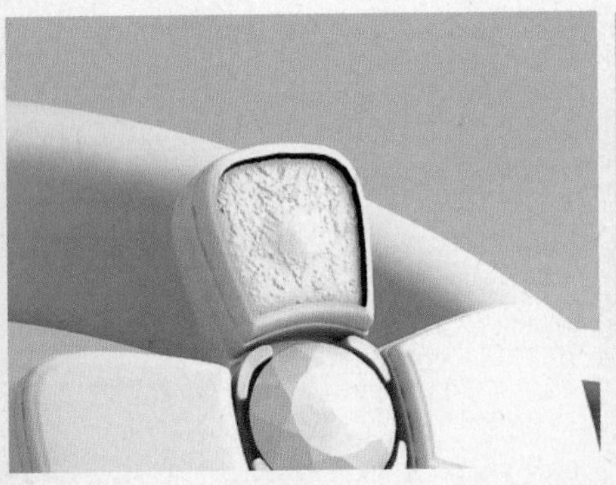

图7.45

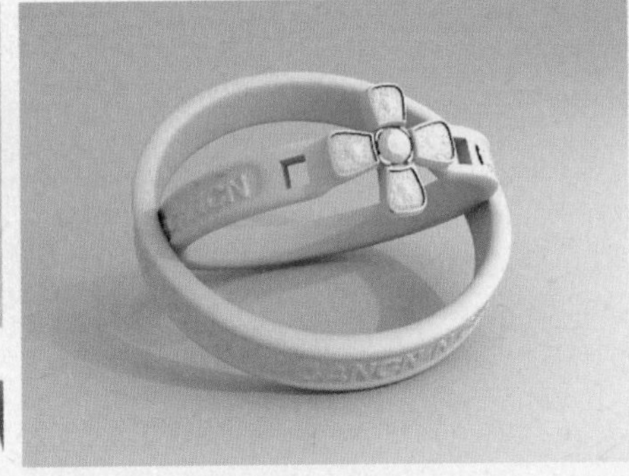

图7.46

15 按F10键打开“渲染设置”对话框，进入 V-Ray:: Global switches （全局参数）卷展栏，取消对Override mtl选项的勾选。最终渲染效果如图7.47所示。

图7.47

Work 7.4 动态模糊效果的制作

3ds Max 2010+VRay

VRay ART DONG TAI MO HU XIAO GUO DE ZHI ZUO

动态模糊与景深类似，在一般的商业效果图中很少用到此类效果；但是如果在某些效果图中使用动态模糊效果，会使图像看起来更加生动。本节选用了一个简单客厅的场景，以一个台扇场景作为动态模糊效果的主要对象。通过这个练习，读者可以更加深入地了解VRay渲染器的动态模糊。

7.4.1 场景前期设置

01 打开配套光盘中的"第7章\动态模糊\电风扇源文件.max"场景文件，如图7.48所示。场景中的灯光、材质和摄像机已经设置好。

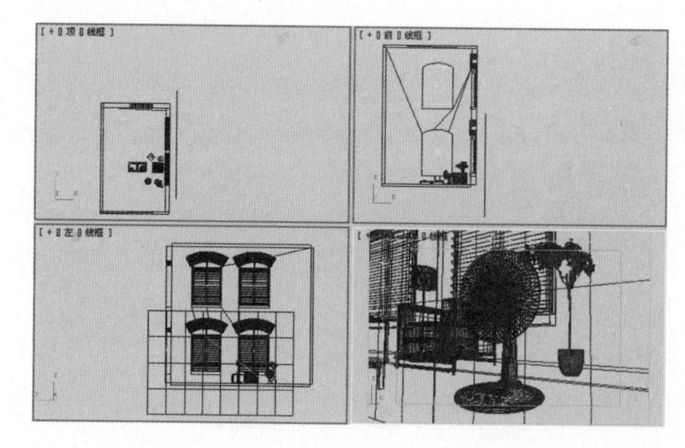

图7.48

02 按F10键打开"渲染设置"对话框，进入Indirect illumination选项卡，为了提高渲染速度，在 V-Ray:: Irradiance map （发光贴图）卷展栏的Mode选项组中调用已经事先保存好的发光贴图，如图7.49所示。发光贴图文件为本书所附光盘提供的"第7章\动态模糊\贴图\动态模糊发光贴图.vrmap"文件。对摄像机视图进行渲染，此时没有设置动态模糊的效果如图7.50所示。

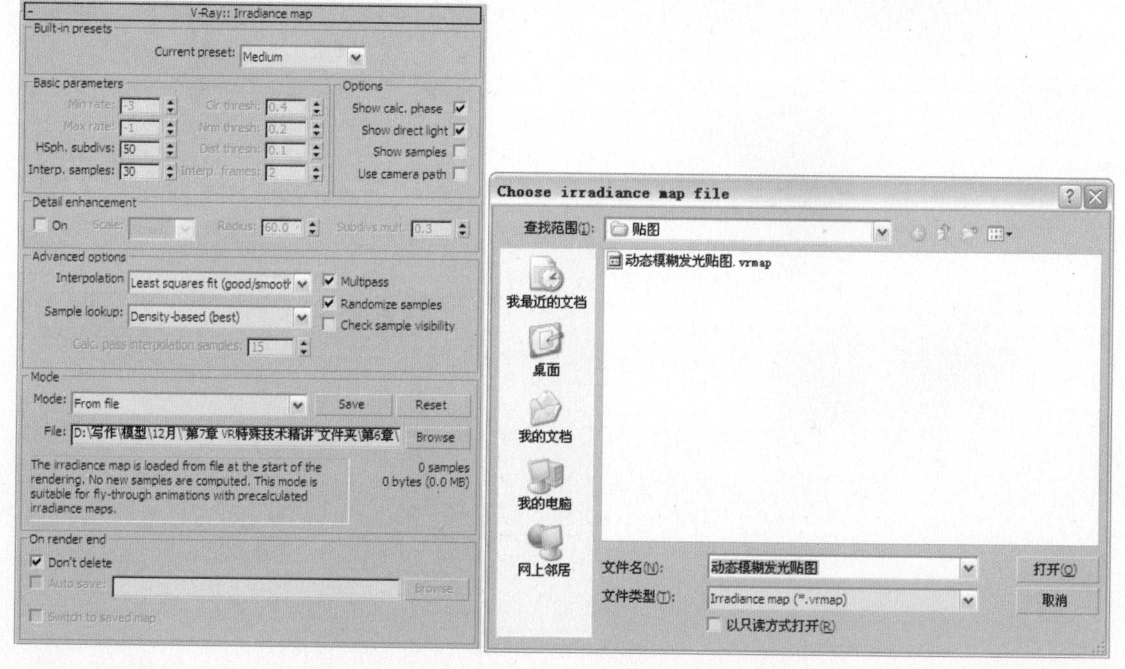

图7.49

图7.50

Note 提 示 7 渲染面板中除“动态模糊”以外的参数已经设置好。

7.4.2 开启动态模糊设置

下面进行动态模糊设置。

◆ 打开“渲染设置”对话框，进入V-Ray选项卡，在 V-Ray:: Camera 卷展栏中，勾选Motion blur选项组中的On复选框，激活动态模糊设置，如图7.51所示。在保持摄像机角度不变、动态模糊默认设置的情况下，渲染效果如图7.52所示。

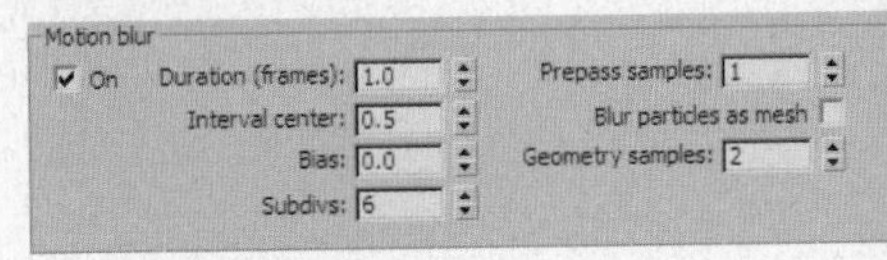

图7.51

图7.52

Note 提 示 7 此时由于持续时间仅为1帧，所以动态模糊效果并不是很明显。

◆ Duration（持续时间）可以设置快门打开的时间，数值越高模糊效果越强烈。下面通过调整Duration的数值来加强动态模糊的效果。将Duration的数值设置为20，如图7.53所示，此时渲染效果如图7.54所示。

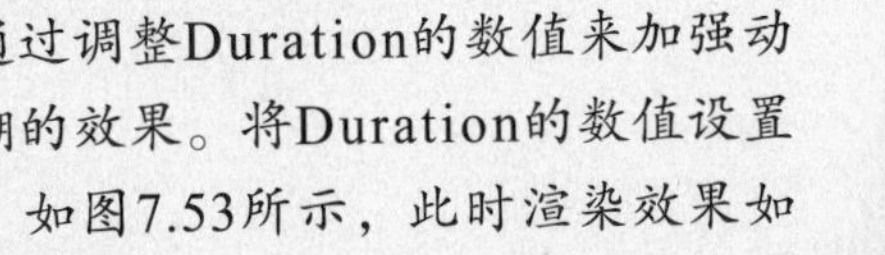

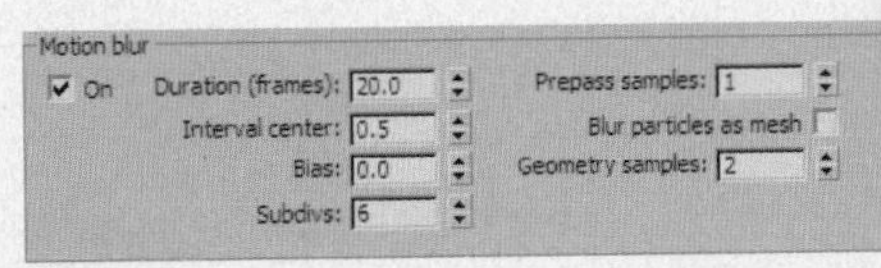

图7.53

图7.54

Note 提示 7

从图7.54中可以观察到，增大“持续时间”的数值可以使动态模糊的效果更明显。

◆ Subdivs（细分）选项控制着动态模糊的品质。Subdivs值越小，渲染速度越快，同时产生的噪点越多；相反，Subdivs值越大，模糊效果就越均匀，没有噪点，同时就会花费更多的渲染时间。图7.55是Subdivs值为15时的动态模糊效果。

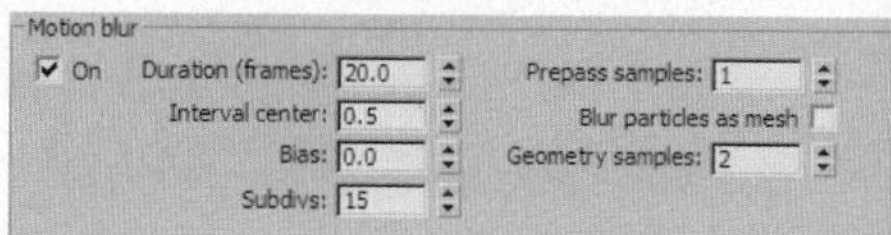

图7.55

Work 7.5 VRay毛发效果的制作

VRay ART 3ds Max 2010+VRay

VRay MAO FA XIAO GUO DE ZHI ZUO

VRay渲染器中自带了4种几何体的创建，它们分别是 VRayProxy （VRay替代物体）、 VRaySphere （VRay球体）、 VRayPlane （VRay平面）和 VRayFur （VRay毛发）。下面我们将对其中最常用的 VRayFur （VRay毛发）进行详细讲解。

VRay毛发是一种能模拟真实物理世界中最简单的毛发效果的功能。虽然其效果简单，但是用途广泛，对制作效果图来说绰绰有余，常用来表现毛巾、衣服、地毯及草地等效果。

下面我们通过一个场景来介绍VRay毛发的使用方法及其参数。打开配套光盘中的的“第7章\VRay毛发\VRay毛发.max”场景文件，如图7.56所示。

此时渲染效果如图7.57所示。

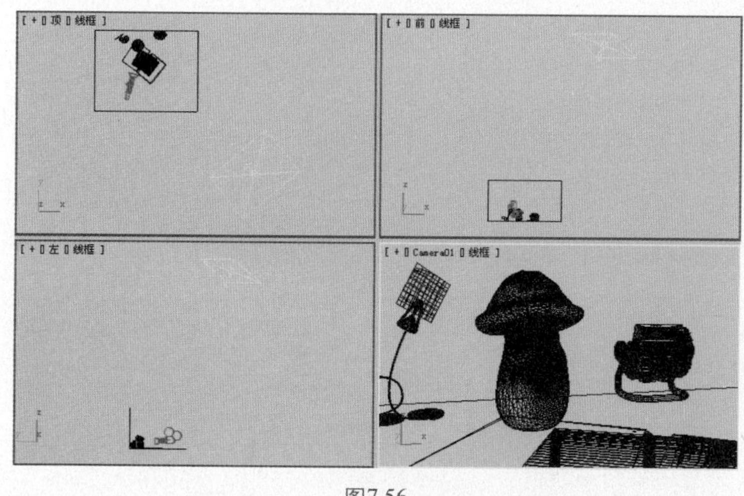

图7.56

图7.57

下面选择场景中的物体“小人”，单击 （创建）按钮，进入创建命令面板，然后单击 （几何体）按钮，之后单击VRay类型中的 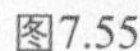 VRayFur （VRay毛发）按钮，为物体添加毛发效果，如图7.58所示。

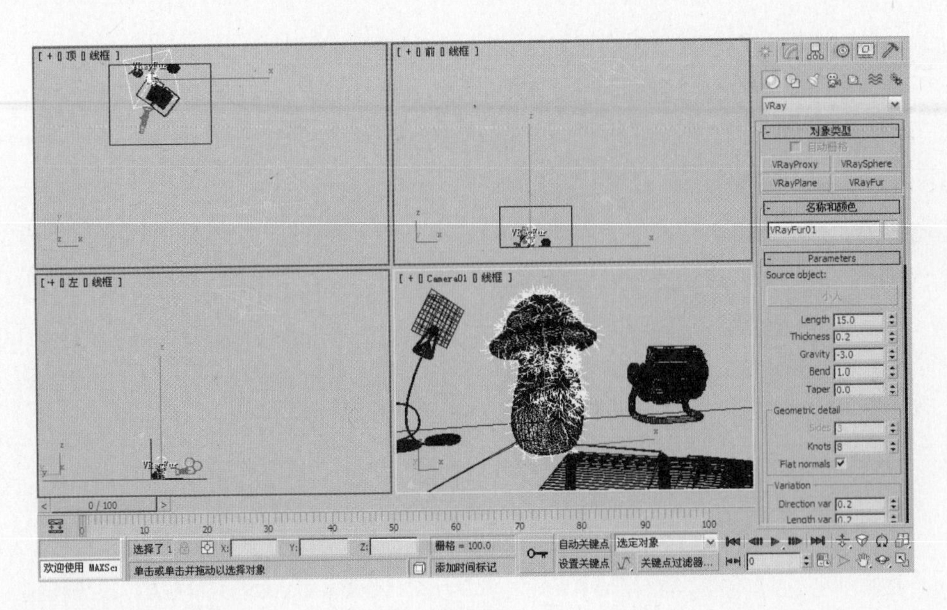

图7.58

下面介绍 VRayFur 的参数面板，如图7.59所示。

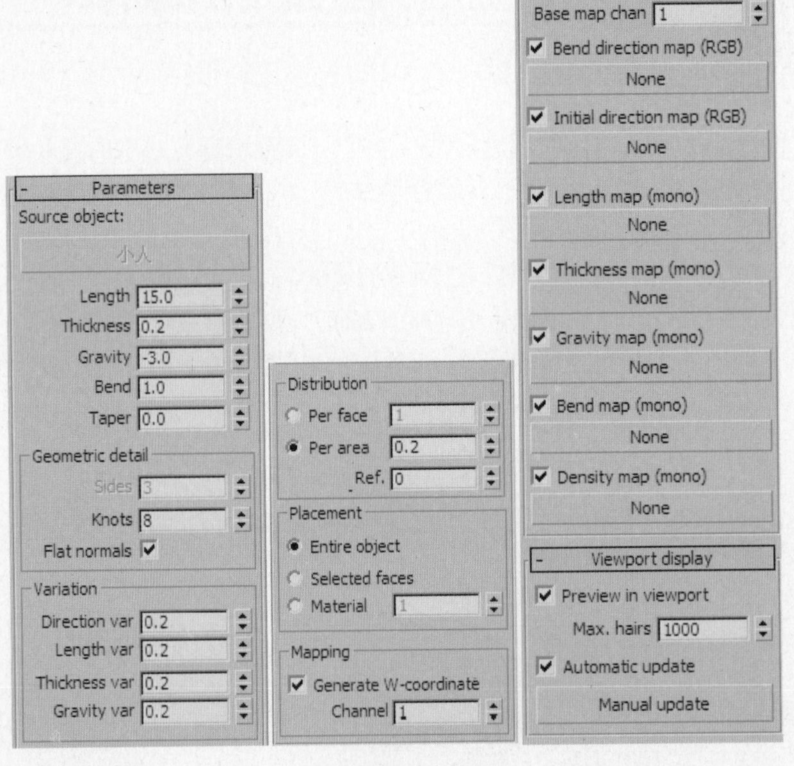

图7.59

1. Parameters（参数）卷展栏

(1) Source object（源对象）选项组

用来选择一个物体以产生毛发，单击其下的按钮就可以在场景中选择想要产生毛发的物体。

◆ Length（长度）：用来控制毛发的长度，值越大产生的毛越长。如图7.60所示分别是将长度设置为15和40时的渲染效果。

图7.60

Note 提示 7 ▸ 这里为了加快渲染速度，先将Per area（每区域）数值设置为0.005。Per area（每区域）数值越小产生的毛发数量越少。

◆ Thickness（厚度）：用来控制毛发的粗细，值越大产生的毛就越粗。如图7.61所示是将此值分别设置为0.01和0.5时的渲染效果。

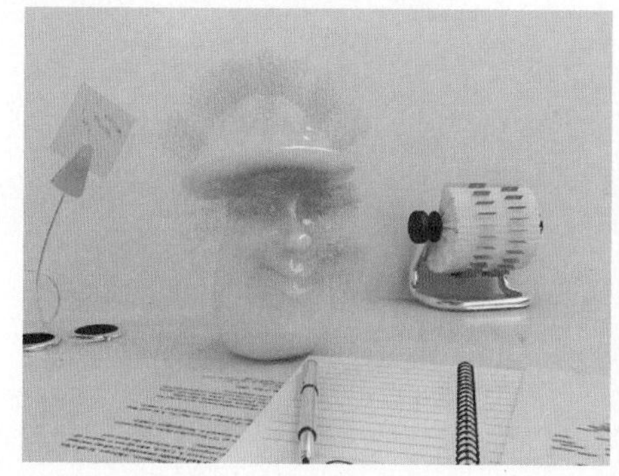

图7.61

◆ Gravity（重力）：用来模拟毛发受重力影响的状况。正值表示重力方向向上，数字越大，重力效果越强；负值表示重力方向向下，数字越小，重力效果越强；当值为0时，表示不受重力的影响。如图7.62所示是Gravity（重力）分别设置为 6、0和－6时的效果。

图7.62

Note 提示 7 ▸ 当Gravity（重力）为正数时，毛发的方向向上；当Gravity（重力）为0时，毛发的方向为任意方向；当Gravity（重力）为负数时，毛发的方向向下。

◆ Bend（弯曲）：表示毛发的弯曲程度，值越大越弯曲。如图7.63所示是分别将此值设置为0.1和1.5时的渲染效果。

图7.63

Note 提示 7 ▸ 这里为了更好地表现出毛发的弯曲效果，将毛发的Length（长度）设置为60。毛发的弯曲效果还与Knots（结数）有关，要有足够的结数，毛发才能发生弯曲。

◆ Taper（锥体）：用来控制毛发末端的锥化程度。值越高，表示锥化程度越强。如图7.64所示是分别将此值设置为1和0.1时的渲染效果。

图7.64

(2) Geometric detail（毛发细节）选项组

◆ Sides（边数）：目前这个参数还不可用，在以后的版本中将会得以实现。
◆ Knots（结数）：用来控制毛发弯曲时的光滑程度。值越高，表示段数越多，弯曲的毛发越光滑。如图7.65所示是分别将此值设置为2和12时的渲染效果。

图7.65

◆ Flat normals（平面法线）：这个选项控制毛发的呈现方式。当勾选它时，毛发将以平面方式呈现；而不勾选它时，毛发将以圆柱体方式呈现。

(3) Variation（变量）选项组

◆ Direction var（方向参数）：控制毛发在方向上的随机变化。值越大，表示变化越强烈；0表示不变化。

◆ Length var（长度参数）：控制毛发长度的随机变化。值为1时变化最强烈，0表示不变化。

◆ Thickness var（厚度参数）：控制毛发粗细的随机变化。值为1时变化最强烈，0表示不变化。

◆ Gravity var（重力参数）：控制毛发受重力影响的随机变化。值为1时变化最强烈，0表示不变化。

（4）Distribution（分配）选项组

◆ Per face（每个面）：用来控制每个面产生的毛发数量。因为物体的每个面不都是均匀的，所以渲染出来的毛发也不均匀。如图7.66所示是分别将此值设置为1和5时的渲染效果。

图7.66

◆ Per area（每区域）：用来控制每单位面积中的毛发数量，这种方式下渲染出来的毛发比较均匀。如图7.67所示是分别将此值设置为0.001和0.1时的渲染效果。

图7.67

◆ Ref（折射帧）：表示源物体获取到计算面大小的帧。获取的数据将贯穿于整个动画过程，确保毛发数量在动画中保持不变。

（5）Placement（布局）选项组

◆ Entire object（全部对象）：这个选项让整个物体产生毛发。

◆ Selected faces（被选中的面）：这个选项让选择的面产生毛发，效果如图7.68所示。

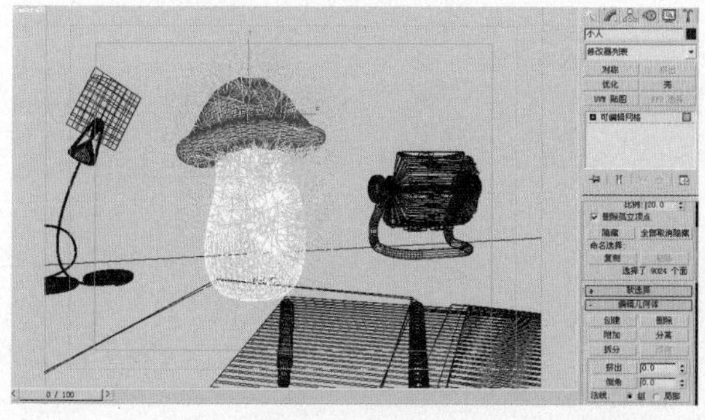

图7.68

◆ Material（材质ID）：用材质的ID来控制毛发的产生。

(6) Mapping（映射）选项组

◆ Generate W-coordinate（产生世界坐标）：这个参数可以使用贴图通道来控制毛发。

2. Maps（贴图）卷展栏

◆ Base map chan（基本贴图通道）：选择贴图的通道。

◆ Bend direction map（RGB）（弯曲方向贴图）：用彩色贴图来控制毛发的弯曲方向。

◆ Initial direction map（RGB）（初始方向贴图）：用彩色贴图来控制毛发的根部生长方向。

◆ Length map（mono）（长度贴图）：用灰度贴图来控制毛发的长度。

◆ Thickness map（mono）（厚度贴图）：用灰度贴图来控制毛发的粗细。

◆ Gravity map（mono）（重力贴图）：用灰度贴图来控制毛发受重力的影响。

◆ Bend map（mono）（弯曲贴图）：用灰度贴图来控制毛发的弯曲程度。

◆ Density map（mono）（密度贴图）：用灰度贴图来控制毛发的生长密度。

3. Viewport display（视口显示）卷展栏

◆ Preview in viewport（视口预览）：毛发物体在视窗中的预览开关。如图7.69所示分别为此选项被勾选和取消勾选时的视窗效果。

图7.69

◆ Max. hairs（最大毛发）：此参数控制着视窗中显示的毛发的数量。如图7.70所示是将此值设置为100和1000时的视窗效果。

图7.70

◆ Automatic update（自动更新）：勾选该选项后，对毛发参数的修改变化将自动更新到视窗的显示效果中。

◆ Manual update（手动更新）：当取消 Automatic update 选项的勾选状态时，视窗中的毛发将不会自动更新，此时单击该选项，可以手动进行更新。

光盘\第8章\简欧客厅.MAX

第8章 VRay物理相机详解

Work 8.1 VRay物理相机简介

3ds Max 2010+VRay

VRay ART　VRay WU LI XIANG JI JIANG JIE

VRayPhysicalCamera（VRay物理相机）的功能和现实生活中的相机功能相似，都有光圈、快门、曝光、ISO等调节功能，用户通过VRay的物理相机就能做出更真实的效果图。其参数面板如图8.1所示。

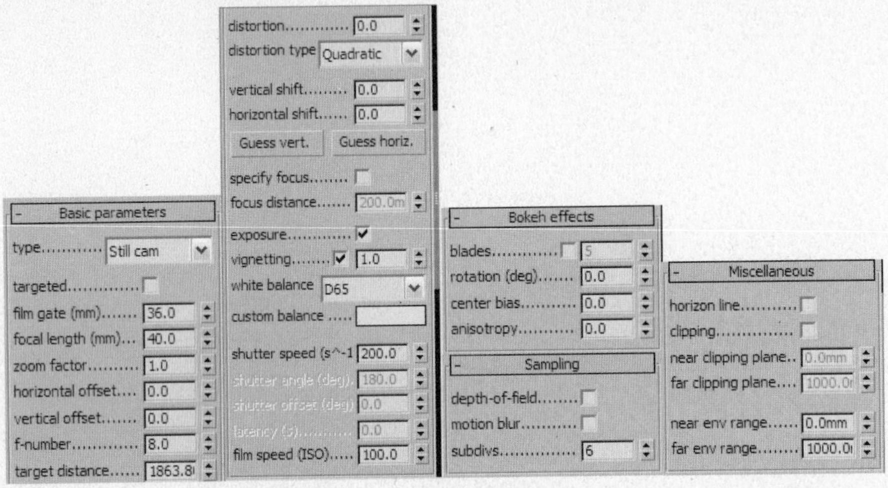

图8.1

8.1.1 Basic parameters卷展栏

- type（相机类型）：VRay的物理相机内置了3个类型的相机，通过这个选项，用户可以选择需要的相机类型，如下所示。

  Still cam（静态相机）——用来模拟一台常规快门的静态画面照相机。

  Cinematic cam（电影相机）——用来模拟一台圆形快门的电影摄像机。

  Video cam（视频相机）——用来模拟带CCD矩阵的快门摄像机。
- targeted（目标）：勾选此选项，相机的目标点将放在焦平面上；不勾选的时候，可以通过后面的target distance来控制相机到目标点的位置。
- film gate（mm）[薄膜口（单位：mm）]：控制相机所看到的景色范围，值越大，看到的景色越多。
- focal length（mm）[焦长（单位：mm）]：控制相机的焦长。
- zoom factor（视图缩放）：控制相机视图的缩放。值越大，相机视图拉得越近。
- distortion（扭曲）：控制相机的扭曲系数。

如图8.2、图8.3和图8.4所示的测试效果，这是不同扭曲系数的对比渲染效果。

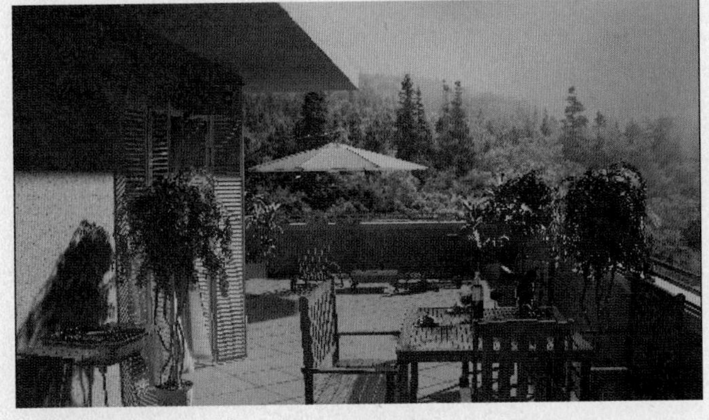

图8.2

图8.3

图8.4

- f-number（光圈大小）：相机的光圈大小。控制渲染图的最终亮度，值越小图越亮，值越大图越暗。同时和景深也有关系，大光圈景深小，小光圈景深大。如图8.5、图8.6和图8.7所示，这是不同f-number值的对比渲染效果。

图8.5

图8.6

图8.7

- target distance（目标点距离）：相机到目标点的距离。该选项默认情况下是关闭的。当不勾选相机的targeted选项时，就可以用target distance来控制相机的目标点的距离。
- vertical shift（垂直方向上的变形）：控制相机在垂直方向上的变形。其效果和3ds Max中的Camera correction修改器功能类似。如图8.8和图8.9所示，这是不同vertical shift值的对比渲染效果。
- specify focus（指定焦点）：打开这个选项，就可以手动控制焦点。
- focus distance（焦距）：控制焦距的大小。
- exposure（曝光）：当勾选这个选项以后，物理相机里的f-number、shutter speed（s^-1）和film speed（ISO）设置才起作用。
- vignetting（虚光）：模拟真实相机里的虚光效果。如图8.10和图8.11所示，这是勾选vignetting和不勾选vignetting时的对比渲染效果。

◆ white balance（白平衡）：和真实相机的功能一样，控制图的色偏。如在白天的效果中，指定一个桃色的白平衡颜色，可以纠正阳光的颜色，从而得到正确的渲染颜色。

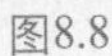
图8.8

图8.9

图8.10

图8.11

◆ shutter speed（快门速度）：控制光的进光时间。值越小进光时间越长，图就越亮。反之，值越大，进光时间就越小，图就越暗。如图8.12、图8.13和图8.14所示，这是不同shutter speed值的对比渲染效果。

图8.12

图8.13

图8.14

- shutter angle（快门角度）：当相机选择Cinematic camera（电影相机）类型的时候，此选项被激活。作用和上面的shutter speed的作用一样，控制图的亮暗。角度值越大，图越亮。
- shutter offset（快门偏移）：当相机选择Cinematic camera（电影相机）类型的时候，此选项被激活。主要控制快门角度的偏移。
- latency（反应时间周期）：当相机选择Video camera（视频相机）类型的时候，此选项被激活。其作用和上面的shutter speed的作用一样，控制图的亮暗。值越大，表示光越充足，图越亮。
- film speed（ISO）（胶片感光系数）：控制图的亮暗。值越大，表示ISO的感光系数越强，图越亮。一般白天效果比较适合用较小的ISO，而晚上效果比较适合用较大的ISO。如图8.15、图8.16和图8.17所示，这是不同ISO值的对比渲染效果。

图8.15

图8.16

图8.17

8.1.2 Bokeh effects卷展栏

这个卷展栏的参数用于控制散景效果。当渲染景深的时候，或多或少会产生散景效果，这主要和散景到相机的距离有关。如图8.18所示，这是真实相机拍摄的散景效果。

图8.18

- blades（边数）：控制散景产生的小圆圈的边。默认值为5，这时散景的小圆圈就是正五边形。如果不勾选它，散景就是个圆形。
- rotation（旋转）：散景小圆圈的旋转角度。
- center bias（中心偏移）：散景偏移原物体的距离。
- anisotropy（各项异性）：控制散景的各项异性。值越大，散景的小圆圈拉得越长。

8.1.3 Sampling卷展栏

- depth-of-field（景深）：控制是否产生景深。如果想要得到景深，就需要勾选该选项。
- motion blur（动态模糊）：控制是否产生动态模糊效果。
- subdivs（细分）：控制景深和动态模糊的采样细分。值越高，杂点越大，图的品质越高，渲染时间也就越慢。

Note 提示 8 当使用了物理相机里的景深和动态模糊时，渲染面板里的景深和动态模糊将失去作用。

8.1.4 Miscellaneous卷展栏

- horizon line（水平显示控制）：勾选该选项后将在操作窗口出现摄像机视角水平线，可辅助构图。

此卷展栏主要用于可视范围的剪切和设定摄像机可视范围的距离远近。

Work 8.2 物理相机和VRaySun的使用

VRay ART 3ds Max 2010+VRay

WU LI XIANG JI HE VRaySun DE SHI YONG

8.2.1 创建灯光

打开配套光盘中的“第8章\简欧客厅.max”场景文件，场景中的物体和物体的材质都已设置好。下面为场景创建灯光。

01 单击（创建）按钮，进入创建命令面板，再单击（灯光）按钮，在下拉菜单中选择VRay选项，然后在“对象类型”卷展栏中单击 VRaySun 按钮，在场景的窗外部分创建一盏VRaySun灯光，如图8.19所示。灯光参数设置如图8.20所示。

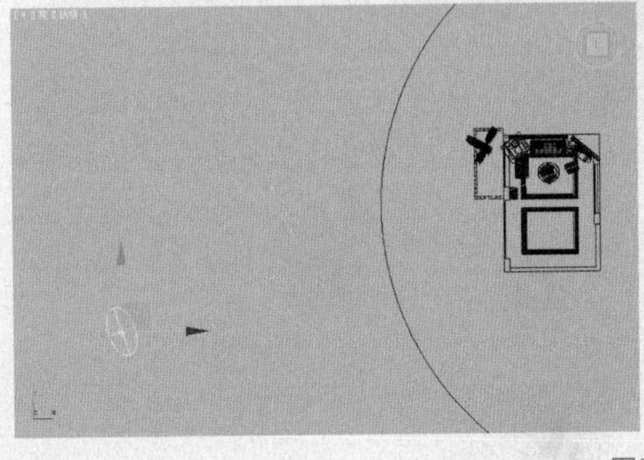

图8.19

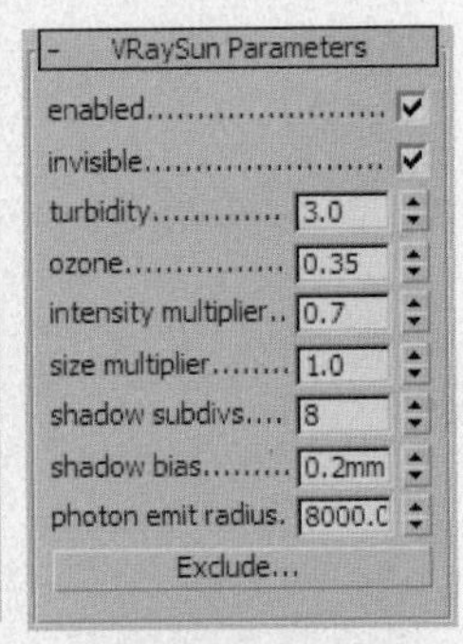

图8.20

02 打开“渲染设置”对话框，进入VRay选项卡，对环境光进行设置。打开 V-Ray:: Environment （环境）卷展栏，在GI Environment (skylight) override选项组右侧的贴图通道按钮上添加一个“VRaySky”程序贴图，如图8.21所示。

图8.21

03 进入材质编辑器对话框，将GI Environment （skylight） override选项组中的贴图通道按钮拖放到材质编辑器中的空白材质球上，并以“实例”方式进行复制操作，具体参数设置如图8.22所示。

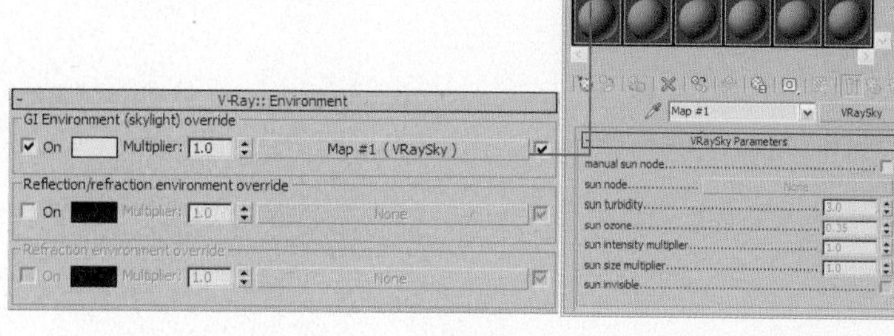

图8.22

04 在 VRaySky Parameters 卷展栏中，激活manual sun node选项，在sun node后面的贴图通道按钮被激活的状态下，单击场景中的VRaySun，具体参数设置如图8.23所示。

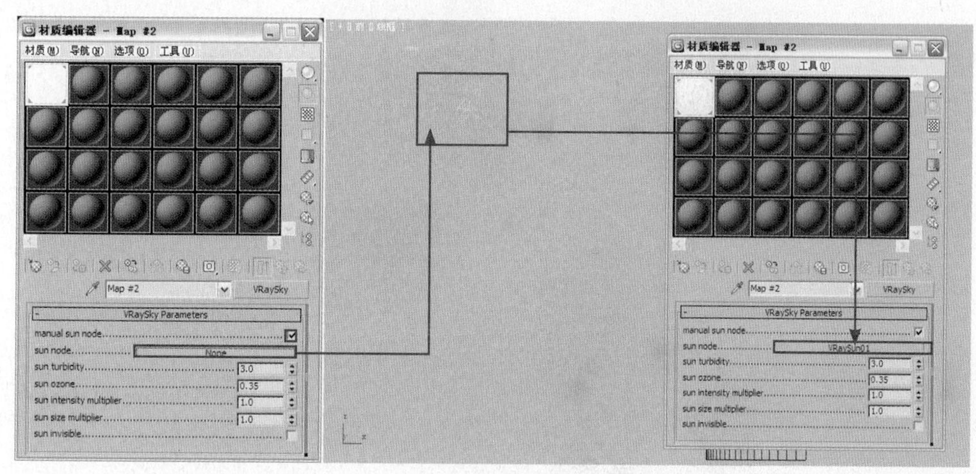

图8.23

灯光创建完毕，下面为场景创建VRay物理相机。

8.2.2 创建物理相机

01 下面为场景创建VRay物理相机，相机位置如图8.24所示。

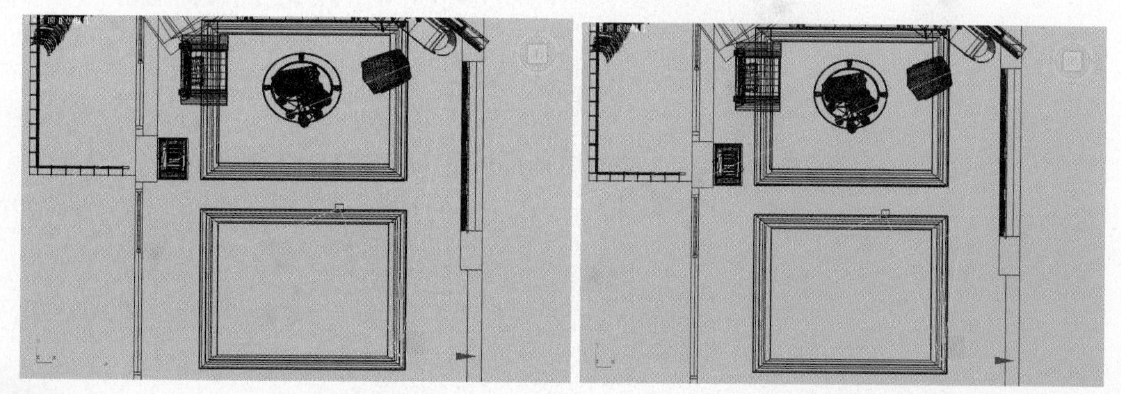

图8.24

02 VRay物理相机的参数设置如图8.25所示。

03 摄像机创建完毕，对摄像机视图进行渲染，效果如图8.26所示。

Basic parameters			
type	Still cam	specify focus	
targeted	✓	focus distance	200.0m
film gate (mm)	35.0	exposure	✓
focal length (mm)	28.0	vignetting	1.0
zoom factor	1.0	white balance	Custom
horizontal offset	0.0	custom balance	
vertical offset	0.0	shutter speed (s^-1	120.0
f-number	5.6	shutter angle (deg)	180.0
target distance	2234.5	shutter offset (deg)	0.0
distortion	0.0	latency (s)	0.0
distortion type	Quadratic	film speed (ISO)	100.0
vertical shift	0.0		
horizontal shift	0.0		
Guess vert.	Guess horiz.		

图8.25

图8.26

最后使用Photoshop软件对图像的亮度、对比度及饱和度进行调整，以使效果更加生动、逼真。后期处理后的最终效果如图8.27所示。

图8.27

VRay内部VRaySun和VRaySky工具的参数设定是配合物理摄像机使用的，在依靠3ds Max默认摄像机使用的时候，注意数值要相应调小，以免曝光不准确。

光盘\视频\第9章视频

光盘\第9章\工业渲染-车\汽车效果文件.MAX

光盘\第9章\工业渲染-手机\手机效果文件.MAX

第9章 工业渲染实战

Work 9.1 汽车渲染

3ds Max 2010+VRay

VRay ART QI CHE XUAN RAN

众所周知，工业设计在新产品设计开发及整个企业经营战略中发挥着重要的作用。工业设计是美化、优化工业产品的重要步骤，无论是生活消费品、汽车还是电子产品，工业设计正起着越来越重要的作用。下面通过汽车渲染实例具体讲解。本实例是一个工业产品的渲染表现，有非常强的针对性和实用性，强调设计理念和制作技术的完美结合。

本场景采用了天光的表现手法，案例效果如图9.1所示。

图9.1

9.1.1 汽车测试渲染设置

打开配套光盘中的“第9章\工业渲染-车\汽车源文件.max”场景文件，如图9.2所示，可以看到这是一个已经创建好的汽车展厅模型。

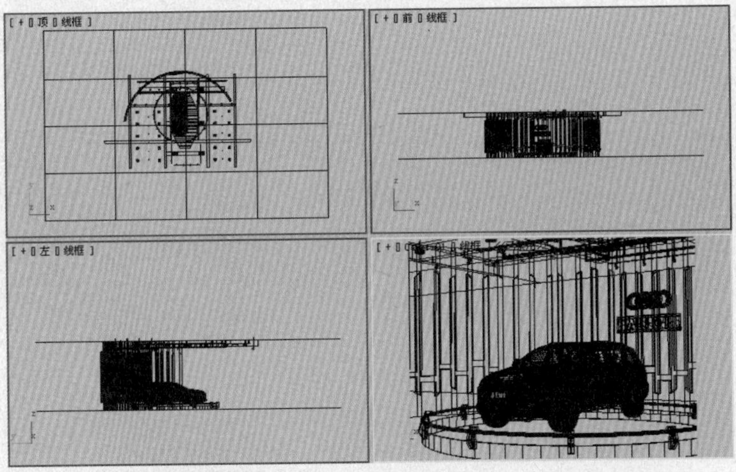

下面首先进行测试渲染参数设置，然后进行灯光设置。灯光布置主要包括室外天光和室内光源的建立。

图9.2

1. 设置测试渲染参数

测试渲染参数的设置步骤如下。

01 按F10键打开“渲染设置”对话框，在“公用”选项卡的“指定渲染器”卷展栏中单击“产品级”右侧的 ... （选择渲染器）按钮，然后在弹出的“选择渲染器”对话框中选择安装好的V-Ray Adv 1.50.SP3a渲染器，如图 9.3 所示。

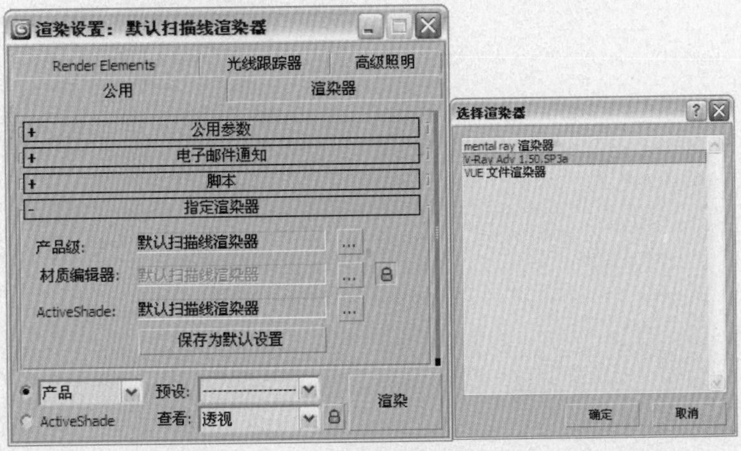

图9.3

02 按F10键打开“渲染设置”窗口，在“公用”选项卡的“公用参数”卷展栏中设置较小的图像尺寸，如图9.4所示。

03 进入V-Ray选项卡，在 V-Ray:: Global switches （全局开关）卷展栏中的参数设置如图9.5所示。

图9.4

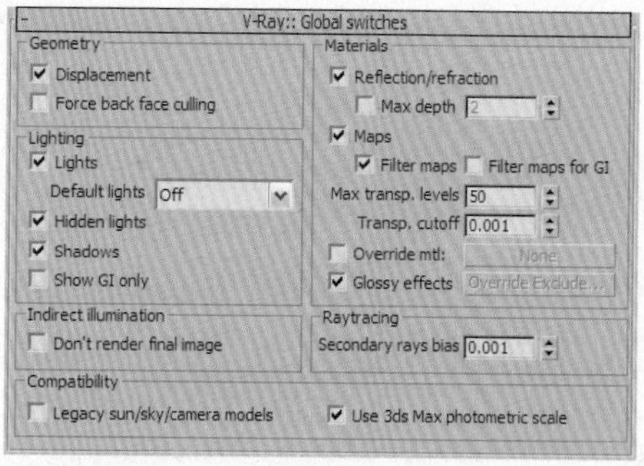

图9.5

04 进入 V-Ray:: Image sampler (Antialiasing) （抗锯齿采样）卷展栏，参数设置如图9.6所示。

05 进入Indirect illumination（间接照明）选项卡，在 V-Ray:: Indirect illumination (GI) （间接照明）卷展栏中设置参数，如图9.7所示。

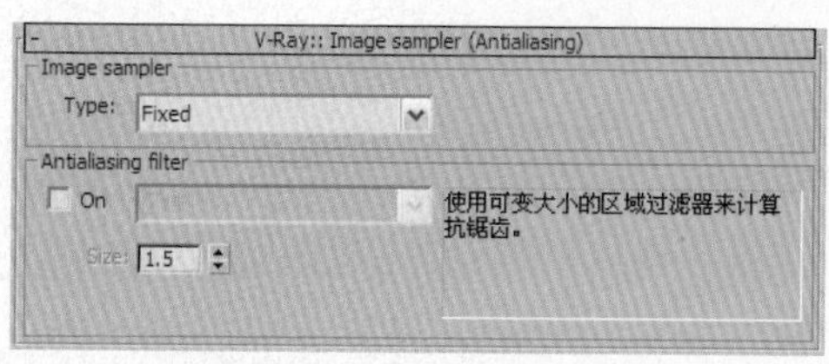

图9.6

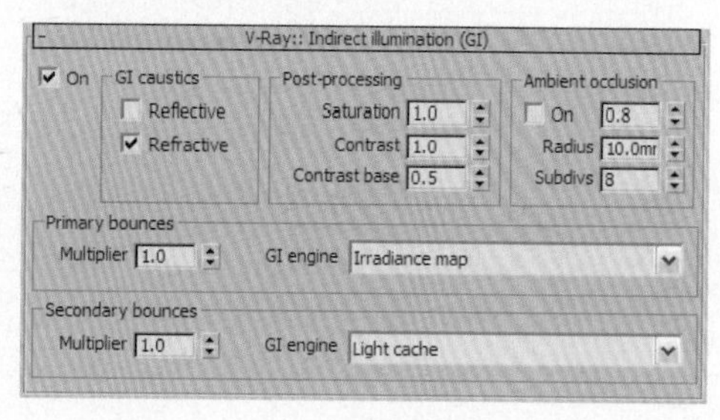

图9.7

06 在 V-Ray:: Irradiance map （发光贴图）卷展栏中设置参数，如图9.8所示。

07 在 V-Ray:: Light cache （灯光缓存）卷展栏中设置参数，如图9.9所示。

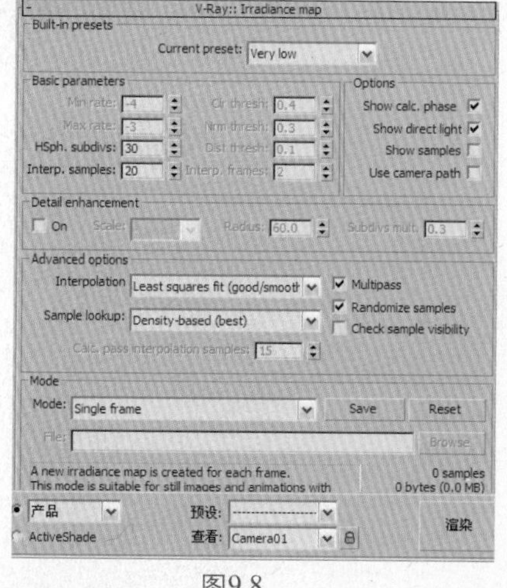

图9.8

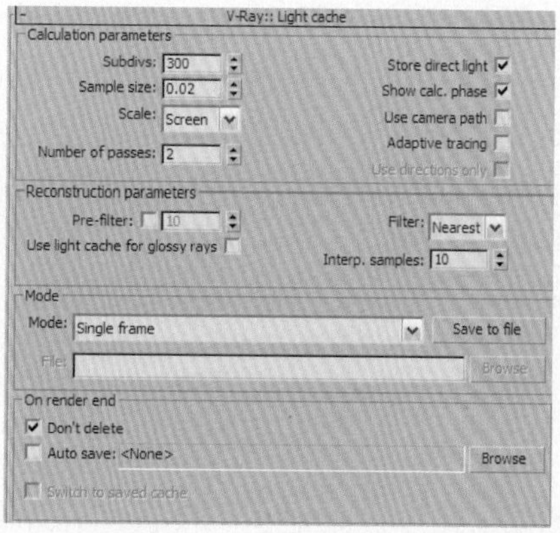

图9.9

08 在 V-Ray:: Environment （环境）卷展栏中，单击GI Environment (skylight) override右侧的贴图通道按钮，为其添加一个VRayHDRI程序贴图，参数设置如图9.10所示。

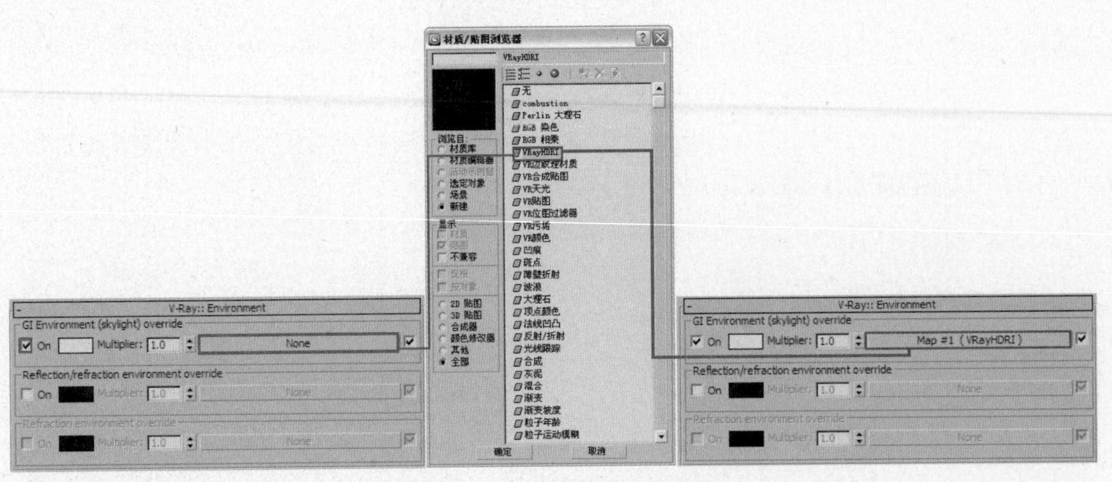

图9.10

09 把GI Environment（skylight）override右侧的VRayHDRI程序贴图拖动到材质球上，设置其参数，如图9.11所示。HDRI文件为本书所附光盘提供的"第9章\工业渲染-车\贴图\金属和焦散.hdr"文件。

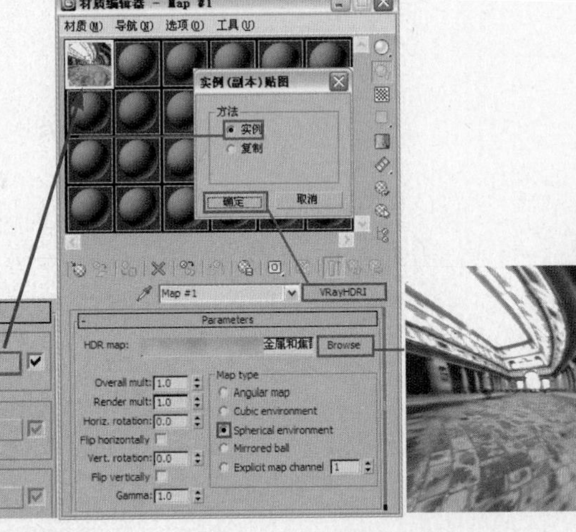

图9.11

10 进入 V-Ray:: Environment （环境）卷展栏，先勾选Reflection/refraction environment override下面的On复选框，然后将GI Environment（skylight）override右侧的VRayHDRI程序贴图关联复制到Reflection/refraction environment override右侧的贴图通道上，具体参数设置如图9.12所示。

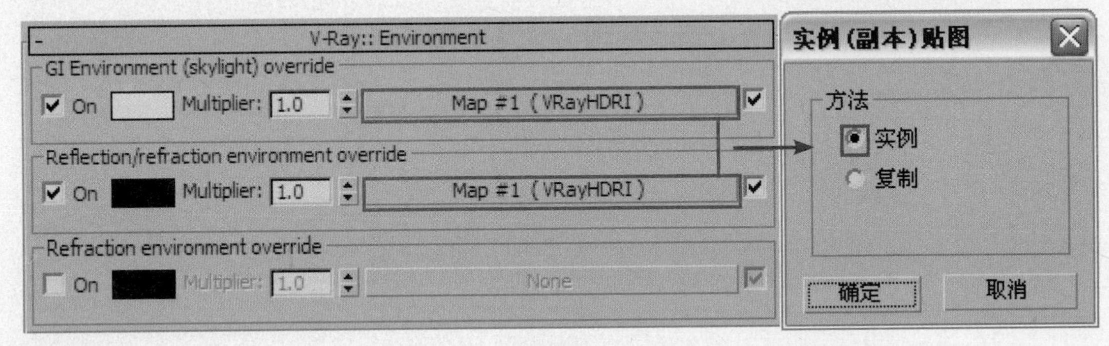

图9.12

2. 布置场景灯光

本场景的光线来源为VRayLight面光源和点光源。

01 首先创建室外天光。单击 （创建）按钮，进入创建命令面板，再单击 （灯光）按钮，在下拉菜单中选择VRay选项，然后在"对象类型"卷展栏中单击 VRayLight 按钮，在场景开口区域创建一盏VRayLight面光源，如图9.13所示。灯光参数设置如图9.14所示。

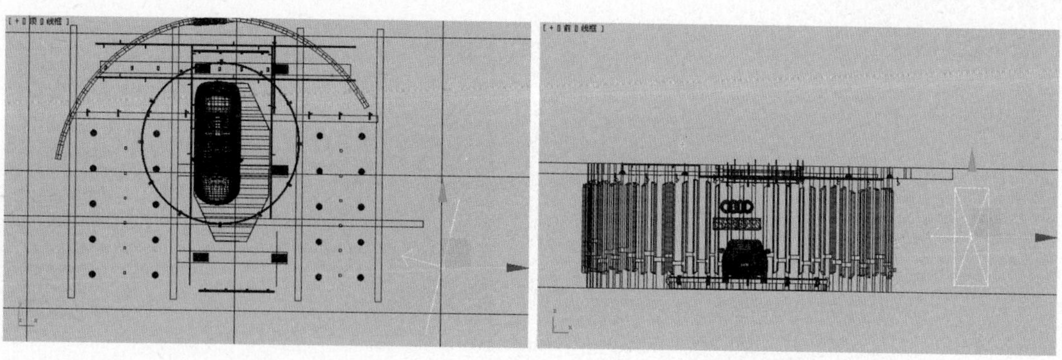

图9.13

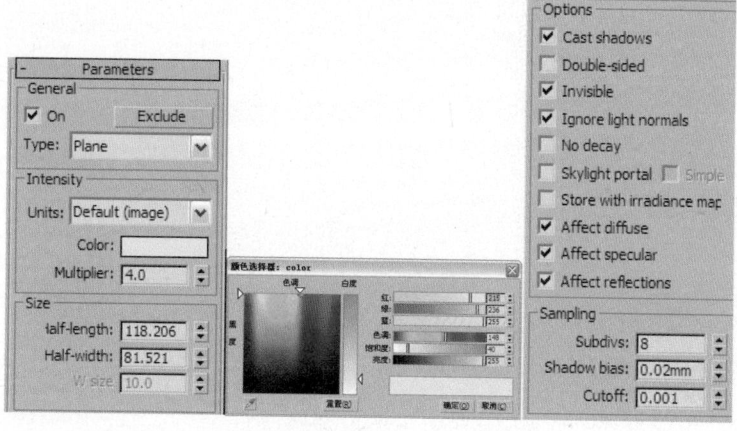

图9.14

02 选中刚刚创建的VRayLight01，通过 （移动）、 （缩放）、 （旋转）等工具将其关联复制出3盏，灯光的位置如图9.15所示。

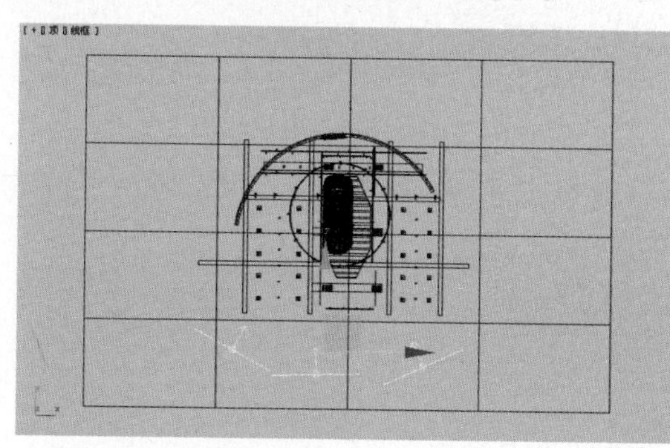

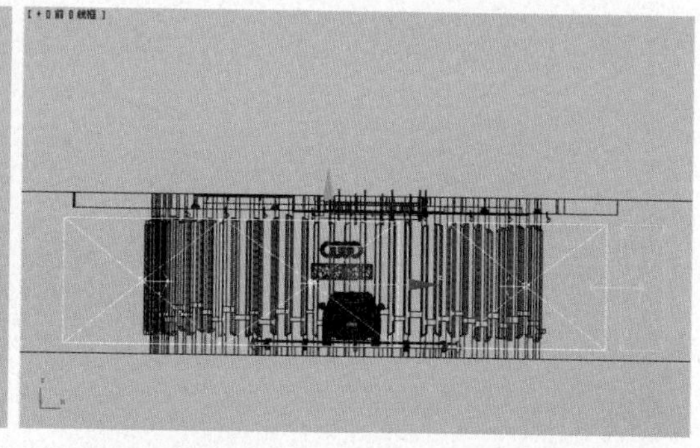

图9.15

03 对摄像机视图进行渲染，效果如图9.16所示。

04 从渲染画面可以看到，当前场景靠近光源的地方曝光比较严重。下面通过调整场景曝光参数来改善场景亮度。按F10键打开“渲染设置”对话框，进入V-Ray选项卡，在 V-Ray:: Color mapping （色彩映射）卷展栏中进行曝光控制，参数设置如图9.17所示。再次渲染，效果如图9.18所示。

图9.16

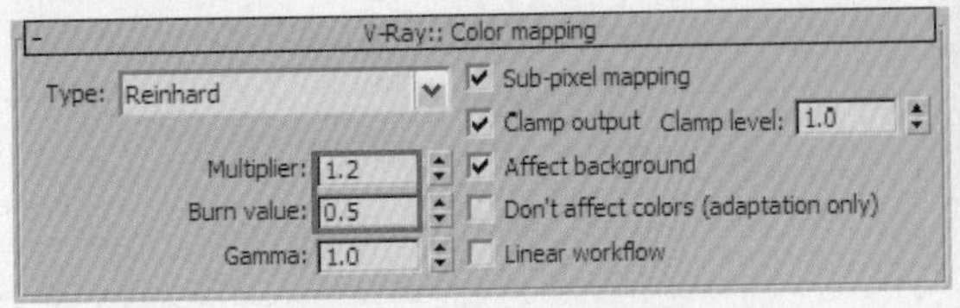

图9.17

图9.18

05 室外的灯光已创建完毕，下面创建室内的灯光效果。首先设置天花板上的筒灯效果。单击按钮，进入创建命令面板，之后单击（灯光）按钮，在下拉菜单中选择“光度学”选项，然后在“对象类型”卷展栏中单击 自由灯光 按钮，在如图9.19所示的位置创建一个自由灯光来模拟天花板筒灯的效果。

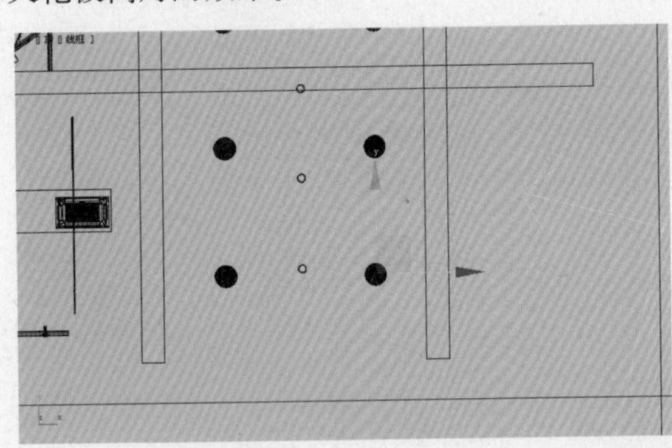

图9.19

06 进入修改命令面板，对创建的自由灯光参数进行设置，如图9.20所示。光域网文件为本书所附光盘提供的“第9章\工业渲染-车\贴图\10.IES”文件。

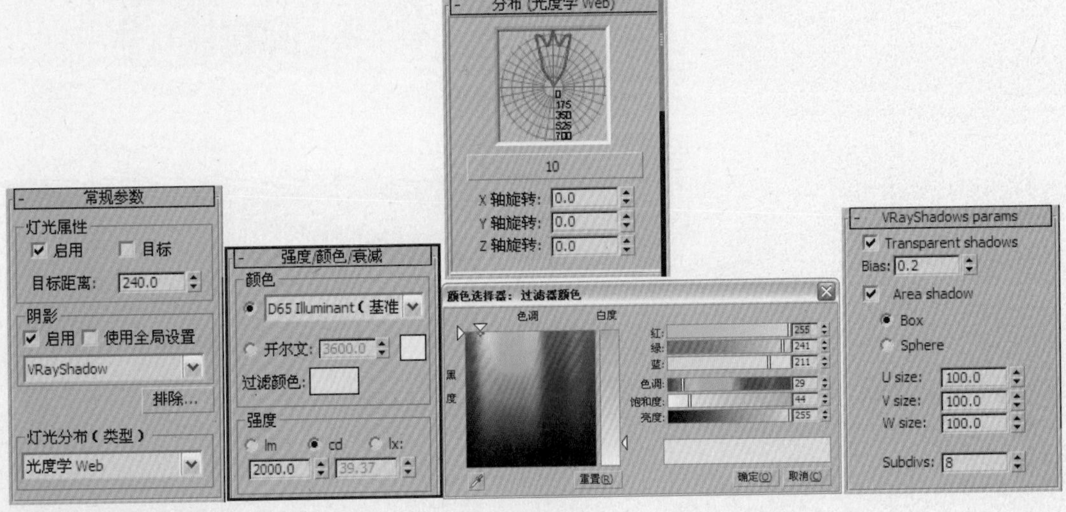

图9.20

07 在顶视图中，选中刚刚创建的自由灯光FPoint01，并将其关联复制出19盏，位置如图9.21所示。

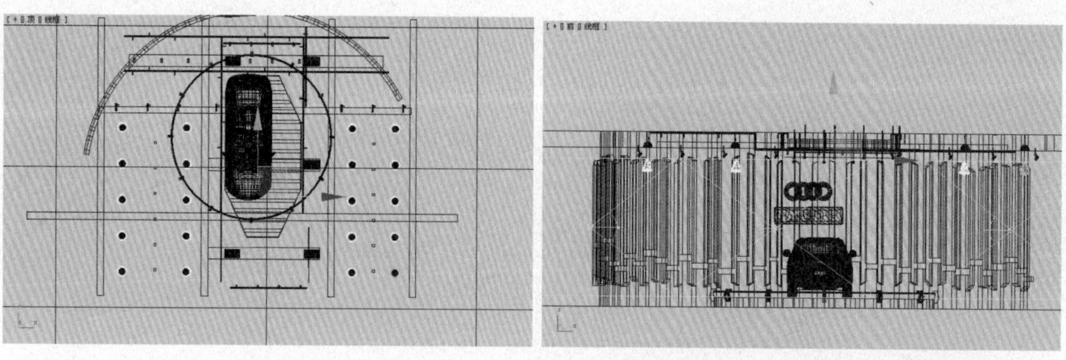

图9.21

08 对摄像机视图进行渲染，此时的效果如图9.22所示。

图9.22

09 接下来设置装饰射灯效果。在如图9.23所示的位置创建一盏目标灯光，并调整其目标点。具体参数设置如图9.24所示。光域网文件为本书所附光盘提供的“第9章\工业渲染-车\贴图\28.IES”文件。

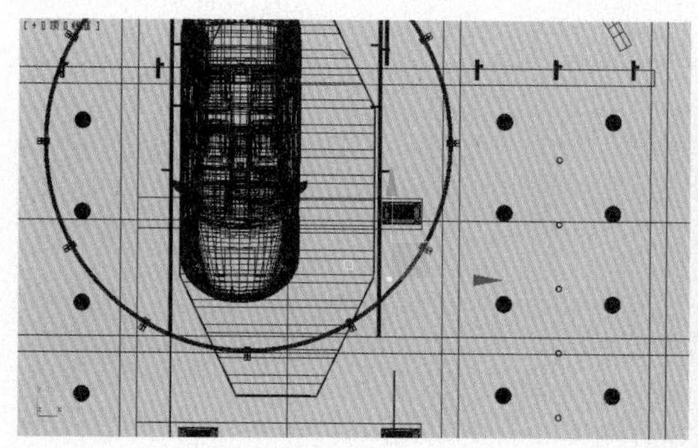

图9.23

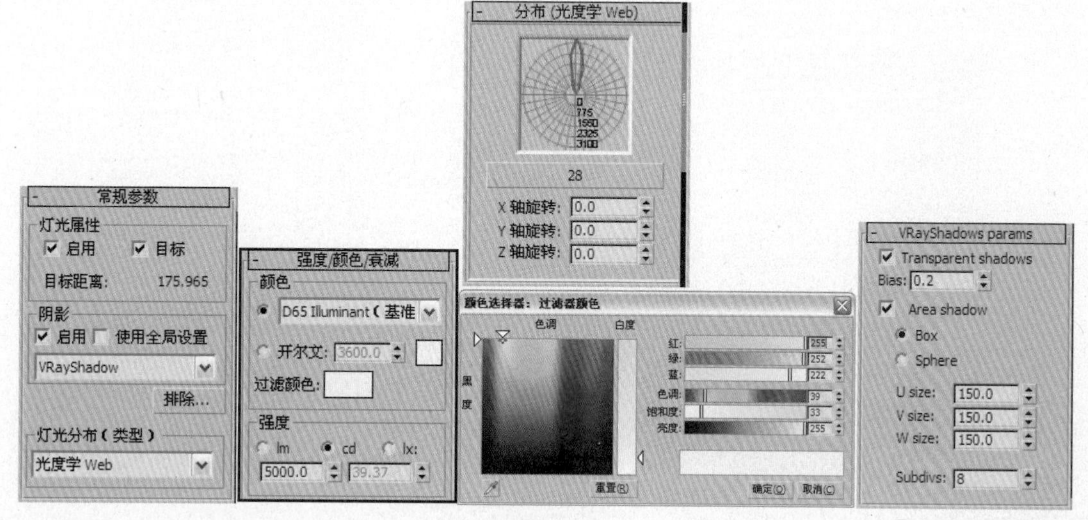

图9.24

10 在顶视图中，选中刚刚创建的目标灯光Point01，并将其关联复制出11盏，位置如图9.25所示。

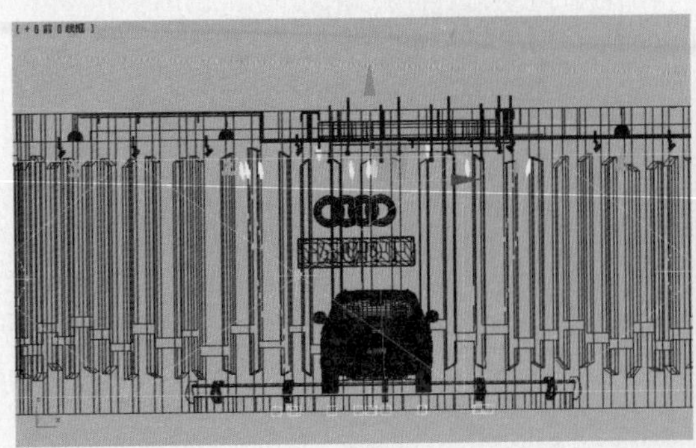
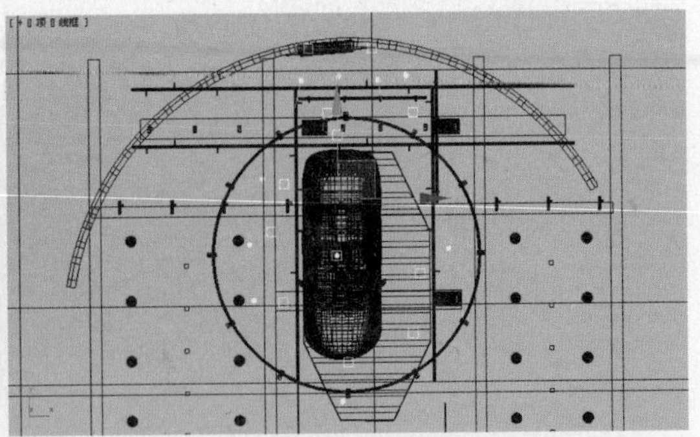

图9.25

11 对摄像机视图进行渲染，此时效果如图9.26所示。

12 最后为汽车设置一盏补光。在汽车上方创建一盏VRayLight面光源，如图9.27所示。灯光参数设置如图9.28所示。

图9.26

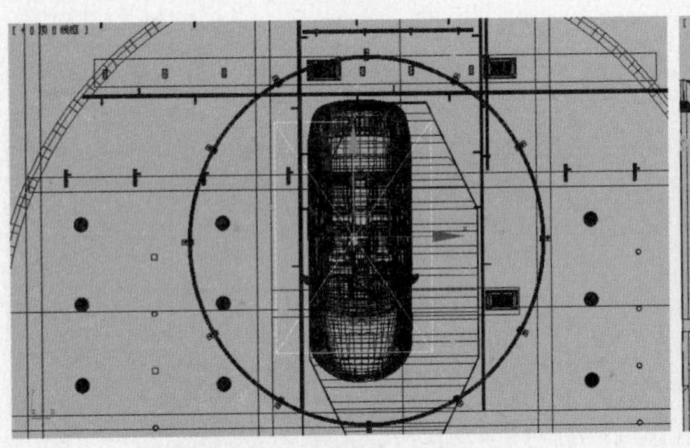
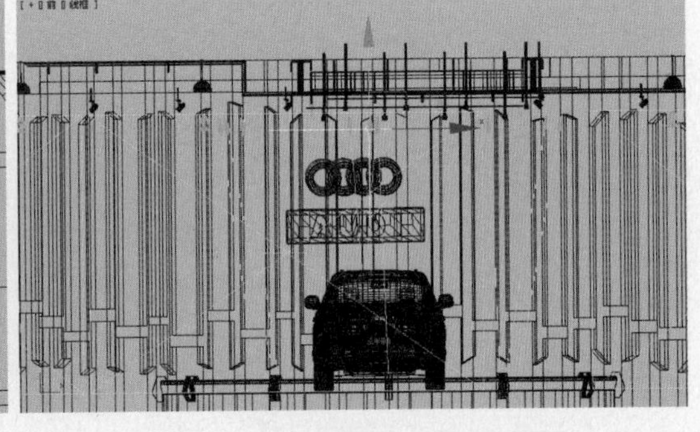

图9.27

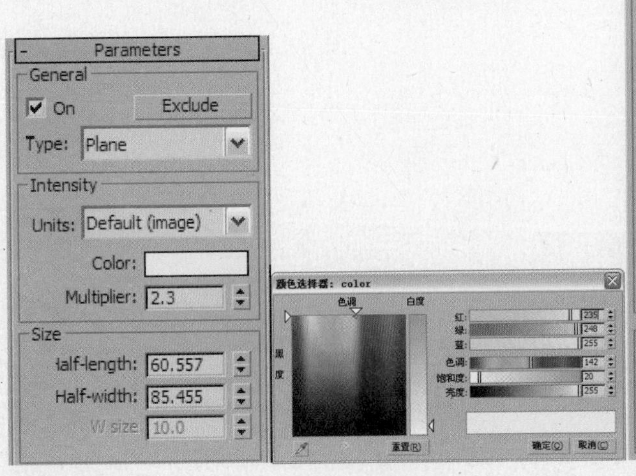

图9.28

13 对摄像机视图进行渲染，此时效果如图9.29所示。

上面已经对场景的灯光进行了布置，最终测试结果比较满意。测试完灯光效果后，下面进行材质设置。

图9.29

9.1.2 设置场景材质

汽车材质是比较丰富的，主要集中在车漆、车玻璃及轮胎的设置上，如何很好地展现这些材质的效果是表现的重点与难点。

> **Note 提示 9** 在制作模型的时候就必须清楚物体材质的区别。另外，将同一种材质的物体进行成组或附加，这样可以为赋予物体材质提供很多方便。

01 首先设置汽车外壳的车漆材质。按M键打开“材质编辑器”对话框，在“材质编辑器”对话框中选择一个空白材质球，单击 Standard 按钮，将其设置为VRayMtl材质，并将该材质命名为“车漆01”。具体参数设置如图9.30所示。

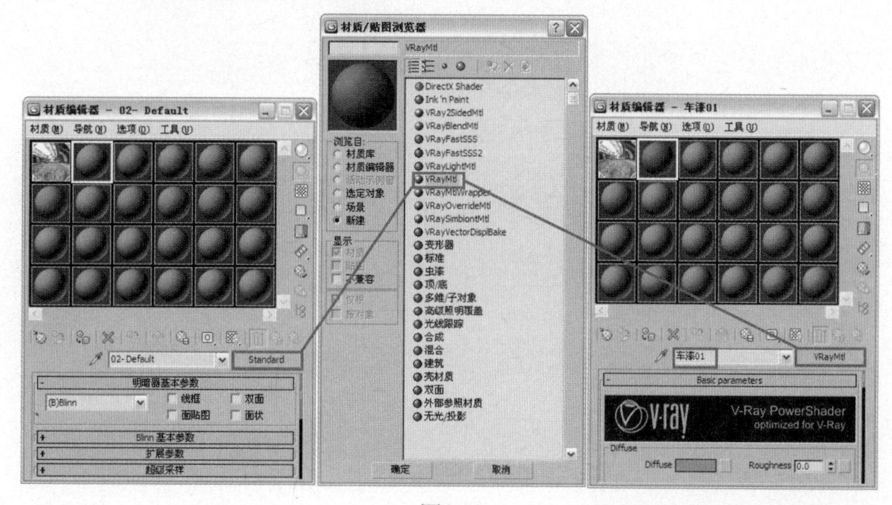

图9.30

02 设置其反射参数，如图9.31所示。

03 单击 VRayMtl 按钮，将其设置为 VRayBlendMtl （VRay混合材质）。具体参数设置如图9.32所示。

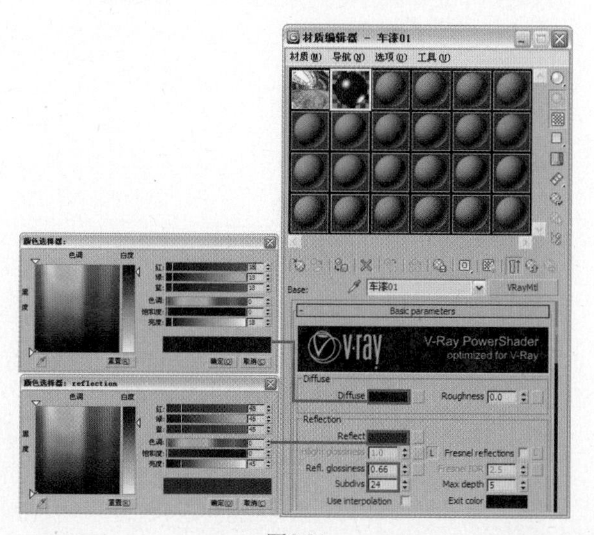

图9.31

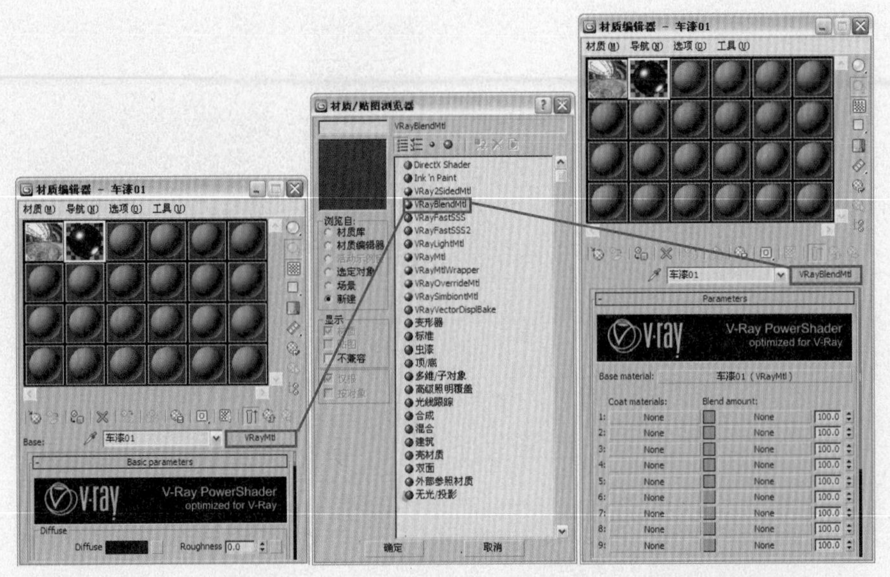

图9.32

04 单击Coat materials下面“1”右侧的材质贴图通道按钮，为其添加一个VRayMtl材质，并将该材质命名为“亮漆”，具体参数设置如图9.33所示。

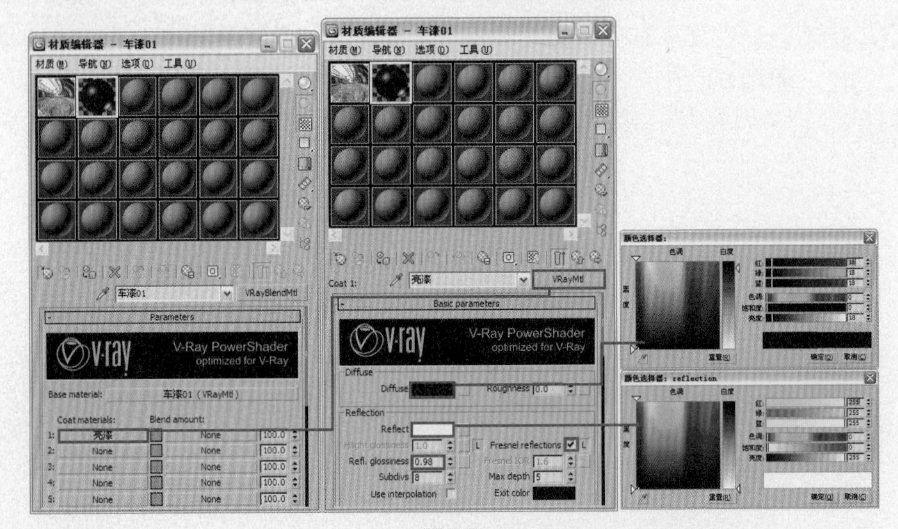

图9.33

05 将该材质指定给物体“车漆01”。对摄像机视图进行渲染，局部效果如图9.34所示。

06 接着设置车漆效果。选择一个空白材质球，将其设置为VRayMtl材质，并将该材质命名为“车漆02”，具体参数设置如图9.35所示。

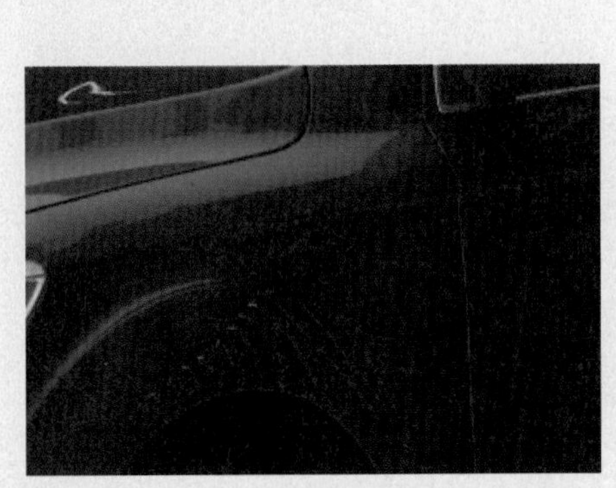

图9.34

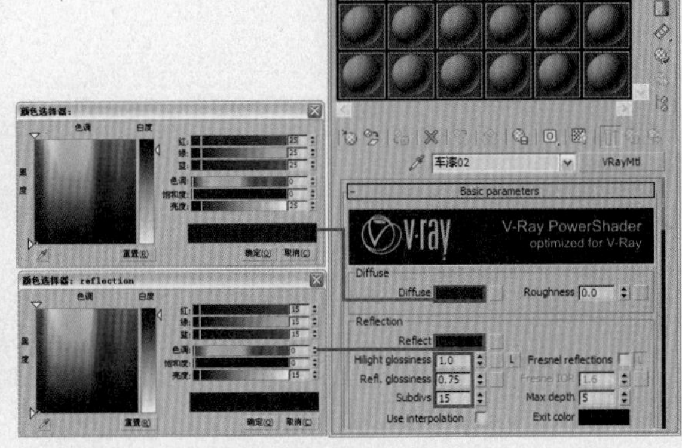

图9.35

07 将该材质指定给物体“车漆02”。对摄像机视图进行渲染，效果如图9.36所示。

图9.36

08 汽车玻璃材质的设置。选择一个空白材质球，将其设置为VRayMtl材质，并将该材质命名为“挡风玻璃”。单击Reflect右侧的贴图通道按钮，为其添加一个“位图”贴图。具体参数设置如图9.37所示。贴图文件为本书所附光盘提供的“第9章\工业渲染-车\贴图\HDM_01_opacity.bmp”。

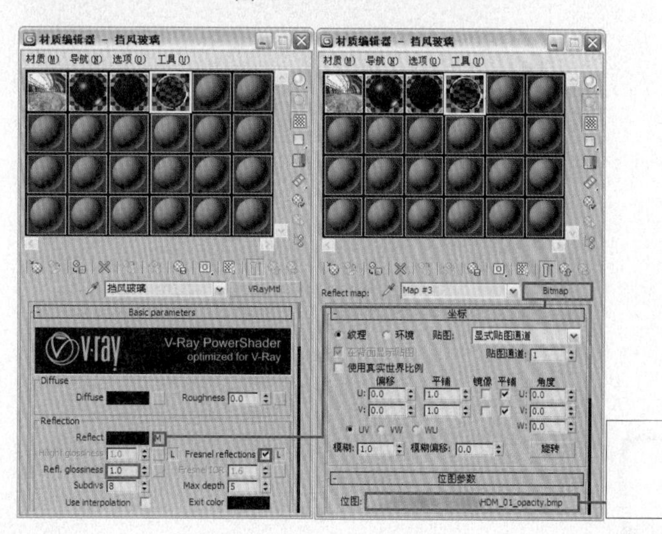

图9.37

09 在 Bitmap （位图）层级，进入“输出”卷展栏，设置其RGB级别，如图9.38所示。

10 返回VRayMtl材质层级，进入Maps卷展栏，将Reflect右侧的贴图复制（非关联）到Opacity右侧的贴图通道上。设置 Bitmap （位图）参数，如图9.39所示。

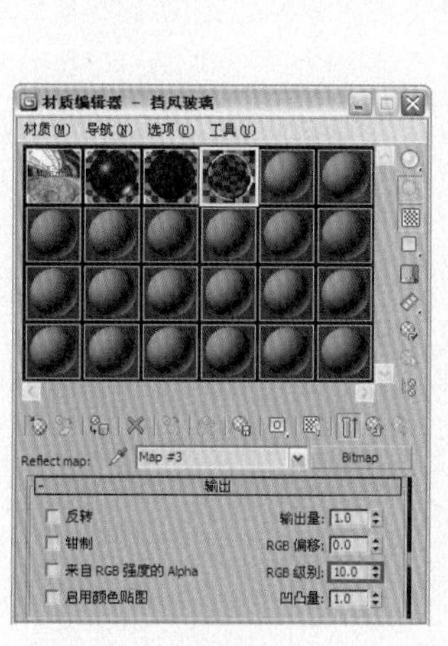

图9.38

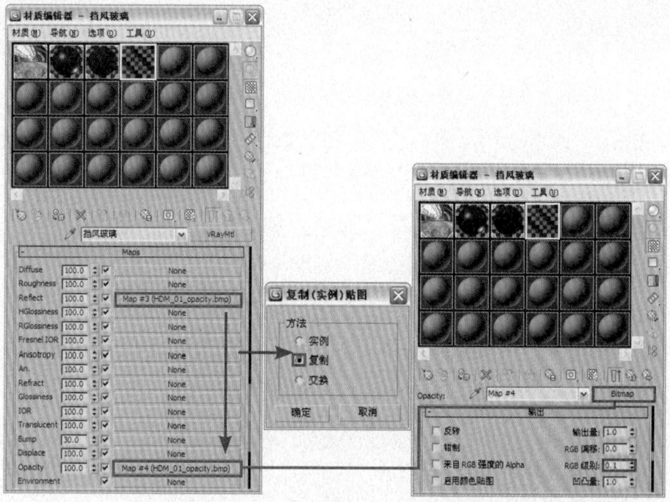

图9.39

11 将该材质指定给物体“挡风玻璃”。对摄像机视图进行渲染，挡风玻璃的局部效果如图9.40所示。

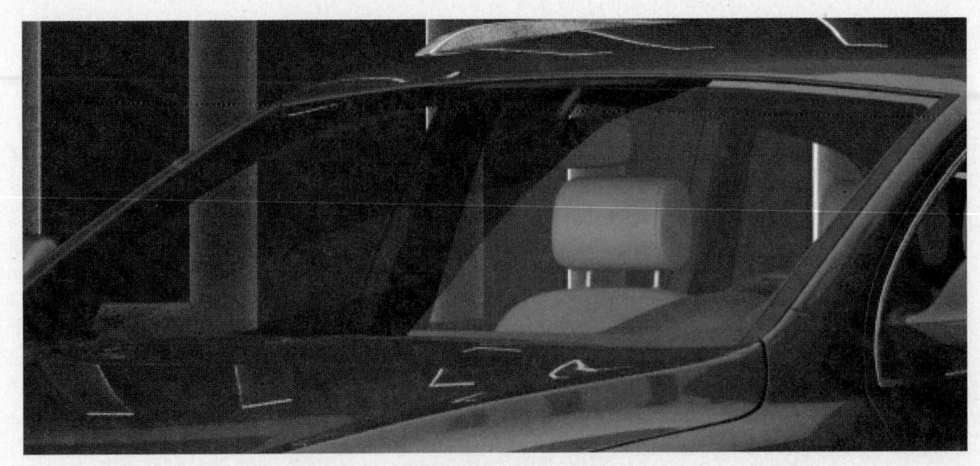

图9.40

12 汽车轮胎材质的设置。选择一个空白材质球，将其设置为VRayMtl材质，并将该材质命名为“车轮胎”。具体参数设置如图9.41所示。

13 将该材质指定给物体“车轮胎”。对摄像机视图进行渲染，轮胎的局部效果如图9.42所示。

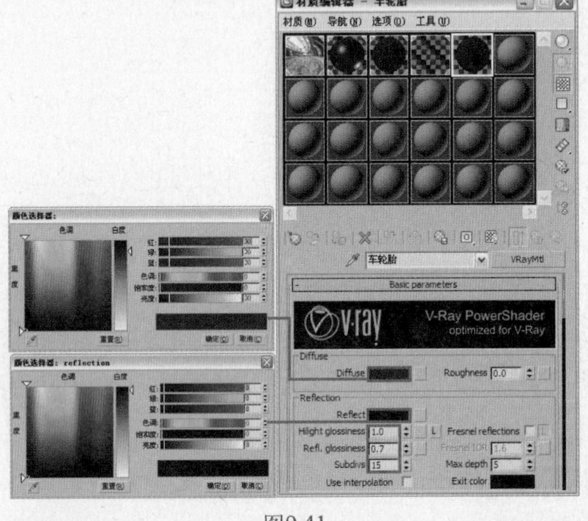

图9.41

图9.42

14 接下来设置车轮毂材质。选择一个空白材质球，将其设置为VRayMtl材质，并将该材质命名为“车轮毂”。具体参数设置如图9.43所示。

15 进入BRDF卷展栏，设置高光类型，如图9.44所示。

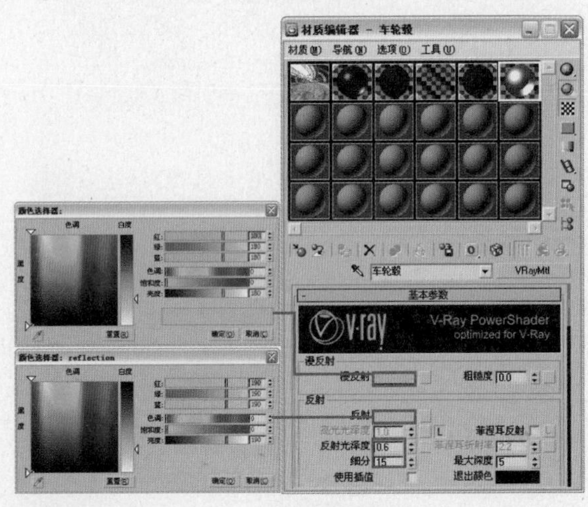

图9.43

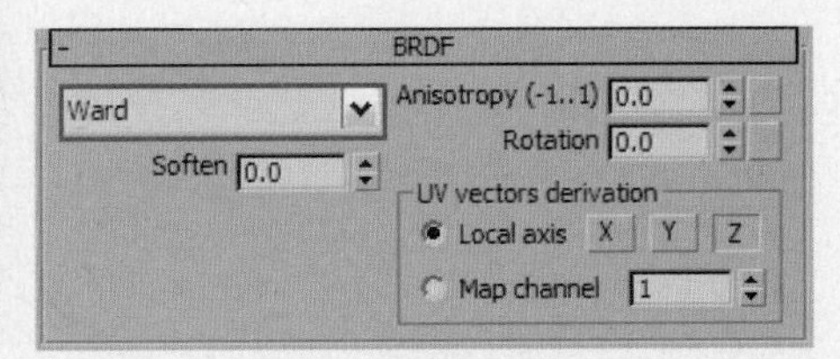

图9.44

16 将该材质指定给物体“车轮毂”。对摄像机视图进行渲染，车轮毂的局部效果如图9.45所示。

17 最后设置车灯里面的白色银漆材质。选择一个空白材质球，将其设置为VRayMtl材质，并将该材质命名为“光亮银漆”。具体参数设置如图9.46所示。

图9.45

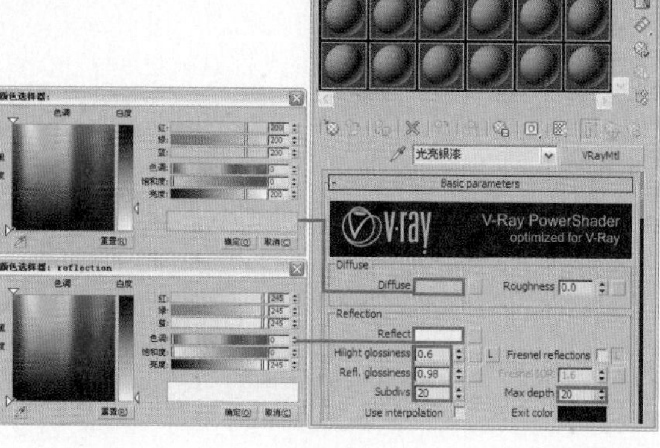

图9.46

18 进入BRDF卷展栏，设置高光类型，如图9.47所示。

19 将该材质指定给物体“光亮银漆”。对摄像机视图进行渲染，车灯的局部效果如图9.48所示。

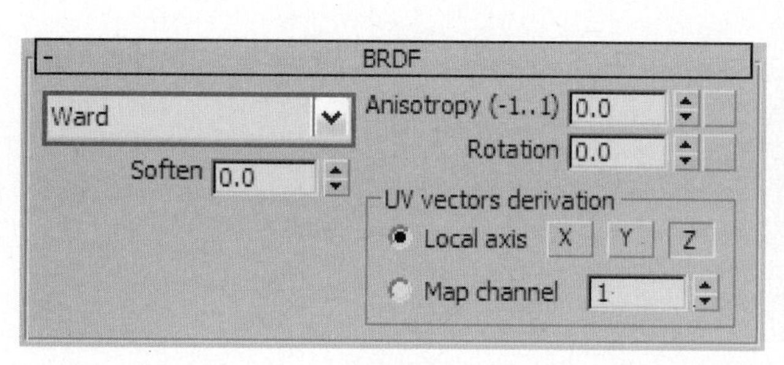

图9.47

图9.48

至此，场景的灯光测试和材质设置都已经完成。下面将对场景进行最终渲染设置。

9.1.3 最终渲染设置

1. 最终测试灯光效果

场景中的材质设置完毕后需要对场景进行渲染，观察此时的场景效果。对摄像机视图进行渲染，如图9.49所示。

观察渲染效果，发现场景整体有点暗。下面将通过提高曝光参数来提高场景亮度，参数设置如图9.50所示。再次渲染，效果如图9.51所示。

图9.49

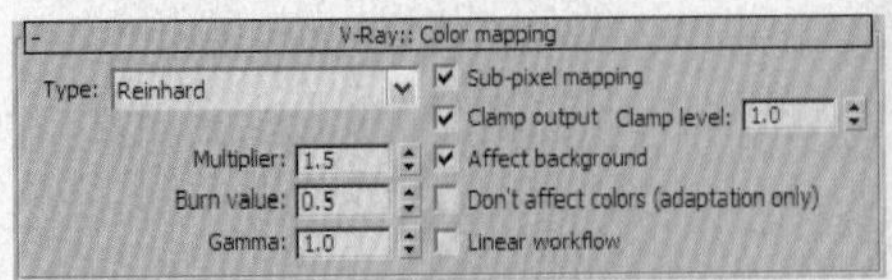

图9.50

图9.51

观察渲染效果，发现场景光线无须再调整。接下来设置最终渲染参数。

2. 灯光细分参数设置

01 首先将用来模拟室外天光的VRayLight的灯光细分值设置为20，如图9.52所示。

02 然后将模拟筒灯的FPoint灯光和Point灯光的灯光阴影细分值设置为15，如图9.53所示。

03 最后将补光VRayLight的灯光细分值设置为15，如图9.54所示。

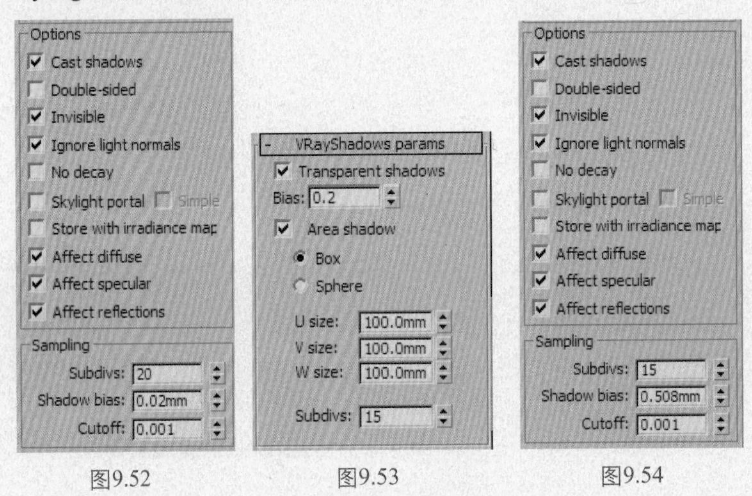

图9.52　图9.53　图9.54

3. 设置保存发光贴图和灯光贴图的渲染参数

在第4.1.4节中已经讲解过保存发光贴图和灯光贴图的方法，这里就不再重复，只对渲染级别设置进行讲解。

01 进入 V-Ray:: Irradiance map 卷展栏，设置参数如图9.55所示。

02 进入 V-Ray:: Light cache 卷展栏，设置参数如图9.56所示。

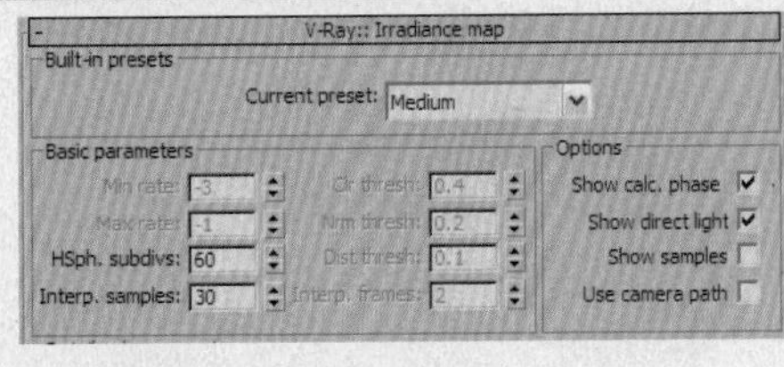

图9.55

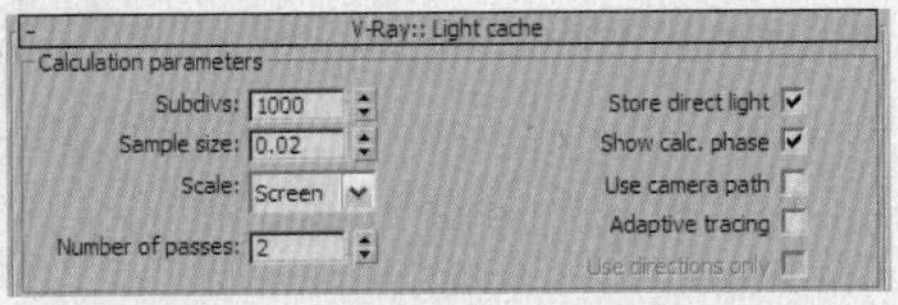

图9.56

03 在 V-Ray:: DMC Sampler （准蒙特卡罗采样器）卷展栏中设置参数，如图9.57所示，这是模糊采样设置。

渲染级别设置完毕，最后设置保存发光贴图和灯光贴图的参数并进行渲染即可。

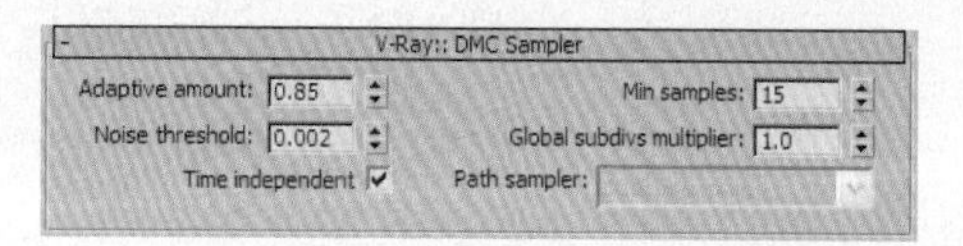

图9.57

4. 最终成品渲染

最终成品渲染的参数设置如下。

01 当发光贴图和灯光贴图计算完毕后，在“渲染设置”对话框的“公用”选项卡中设置最终渲染图像的输出尺寸，如图9.58所示。

02 在V-Ray:: Image sampler (Antialiasing)卷展栏中设置抗锯齿和过滤器，如图9.59所示。

图9.58

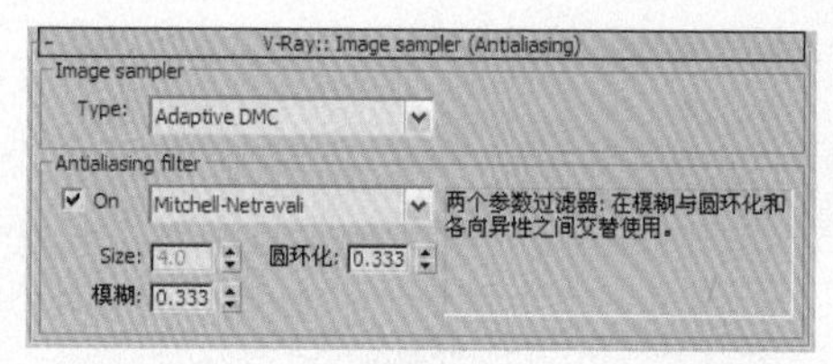

图9.59

03 最终渲染完成的效果如图9.60所示。

图9.60

Work 9.2 手机渲染

3ds Max 2010+VRay

VRay ART SHOU JI XUAN RAN

本实例是一个工业产品的渲染表现，有非常强的针对性和实用性，强调设计理念和制作技术的完美结合。

本场景采用了日光的表现手法，案例效果如图9.61所示。

下面首先进行测试渲染参数设置，然后进行灯光设置。

图9.61

9.2.1 手机测试渲染设置

打开配套光盘中的“第9章\工业渲染-手机\手机源文件.max”场景文件，如图9.62所示，可以看到这是一个已经创建好的手机模型。

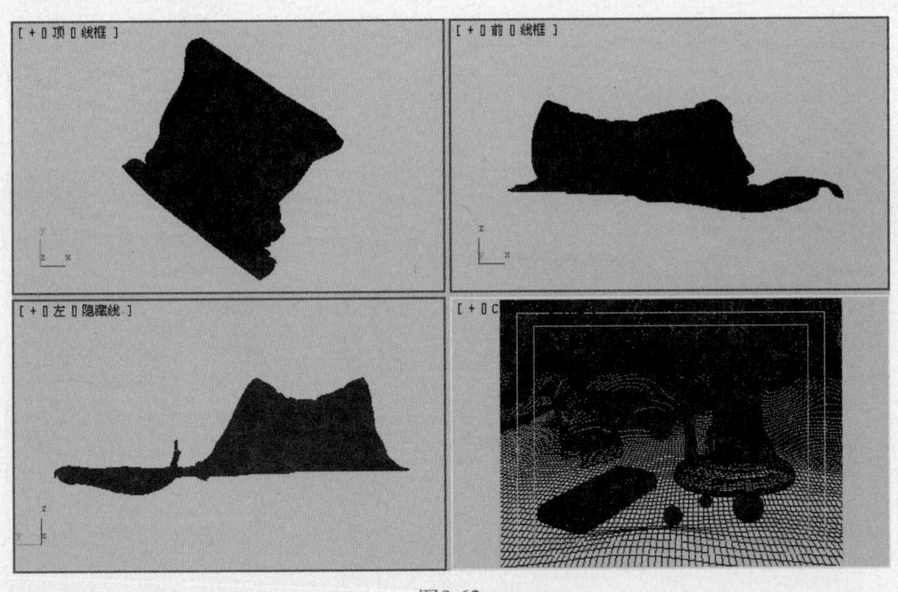

图9.62

下面首先进行测试渲染参数设置。

1. 设置测试渲染参数

测试渲染参数的设置步骤如下。

01 按F10键打开“渲染设置”对话框，在“公用”选项卡的“指定渲染器”卷展栏中单击“产品级”右侧的...（选择渲染器）按钮，然后在弹出的“选择渲染器”对话框中选择安装好的V-Ray Adv 1.50.SP3a渲染器，如图9.63所示。

02 按F10键打开“渲染设置”对话框，在“公用”选项卡的“公用参数”卷展栏中设置较小的图像尺寸，如图9.64所示。

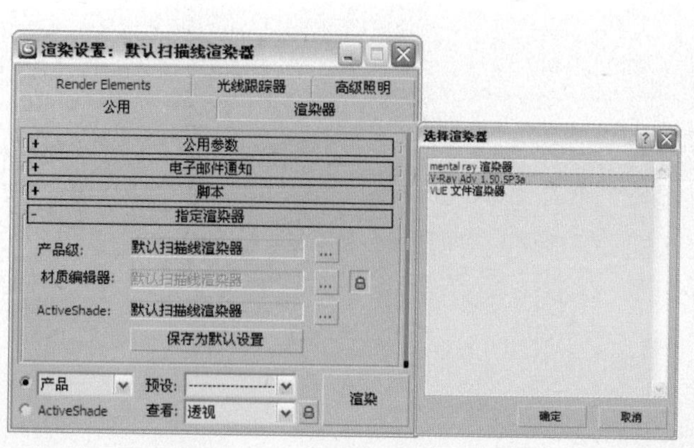

图9.63

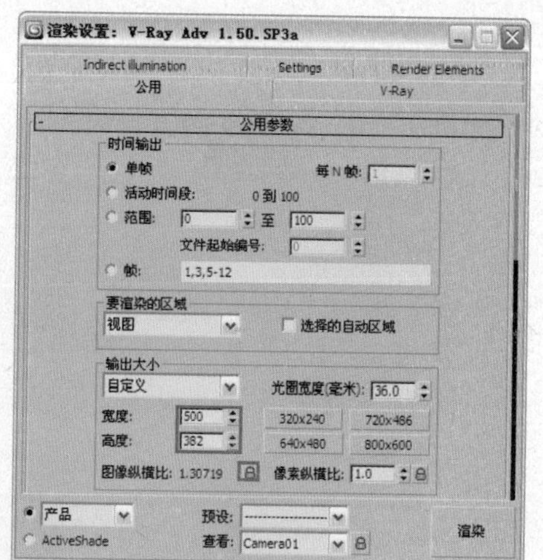

图9.64

03 进入V-Ray选项卡，在 V-Ray:: Global switches （全局开关）卷展栏中的参数设置如图9.65所示。

04 进入 V-Ray:: Image sampler (Antialiasing) （抗锯齿采样）卷展栏，参数设置如图9.66所示。

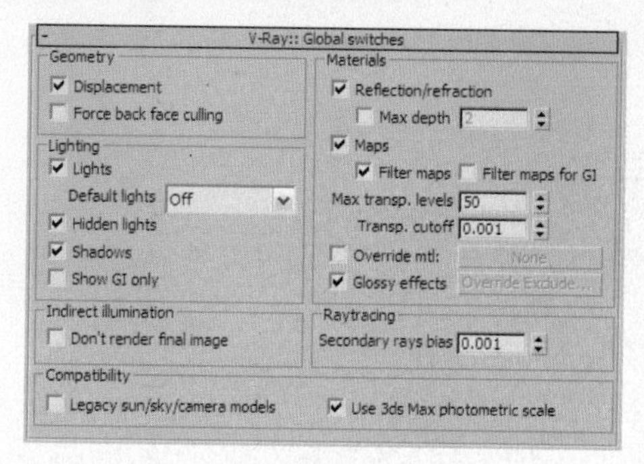

图9.65

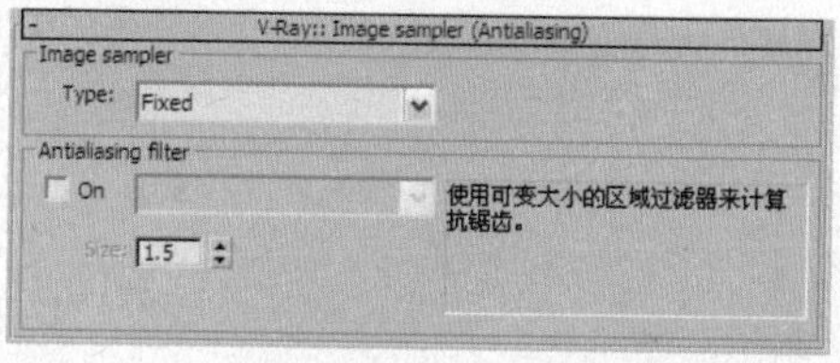

图9.66

05 进入Indirect illumination（间接照明）选项卡，在 V-Ray:: Indirect illumination (GI) （间接照明）卷展栏中设置参数，如图9.67所示。

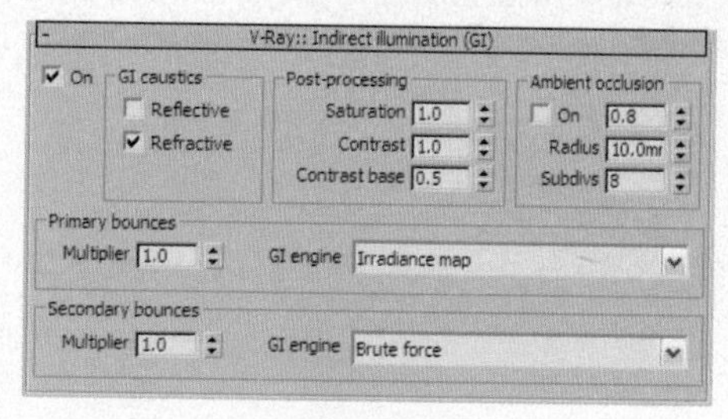

图9.67

06 在 V-Ray:: Irradiance map （发光贴图）卷展栏中设置参数，如图9.68所示。

07 在 V-Ray:: Brute force GI （强力全局照明）卷展栏中设置参数，如图9.69所示。

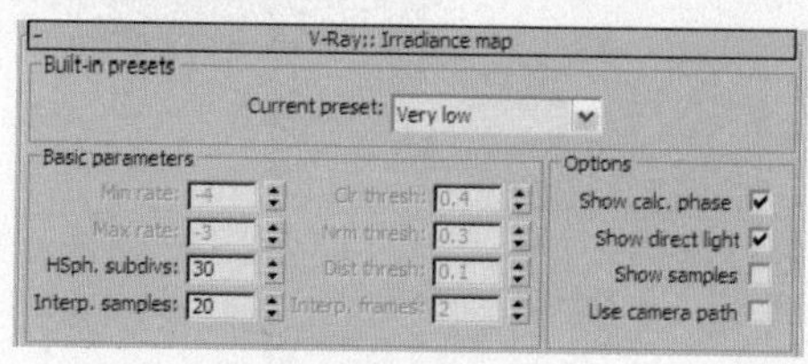

图9.68

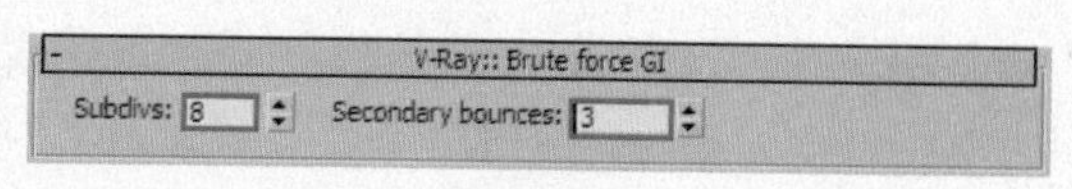

图9.69

08 在 V-Ray:: Environment （环境）卷展栏中，勾选GI Environment（skylight）override下面的On复选框，设置环境颜色如图9.70所示。

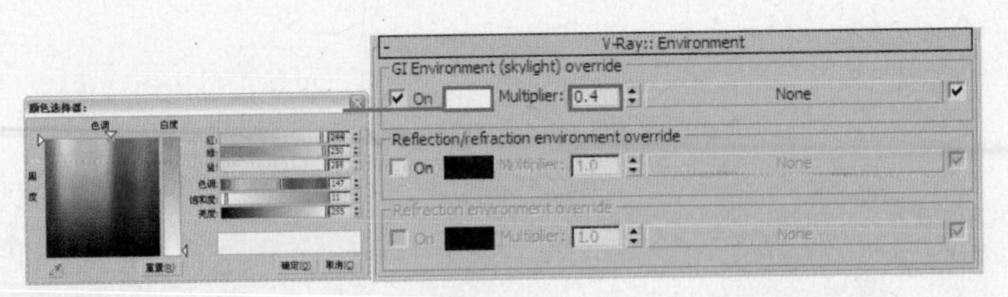

图9.70

09 进入 V-Ray:: Environment （环境）卷展栏，先勾选Reflection/refraction environment override下面的On复选框，然后单击Reflection/refraction environment override右侧的贴图通道按钮，为其添加一个VRayHDRI程序贴图，具体参数设置如图9.71所示。

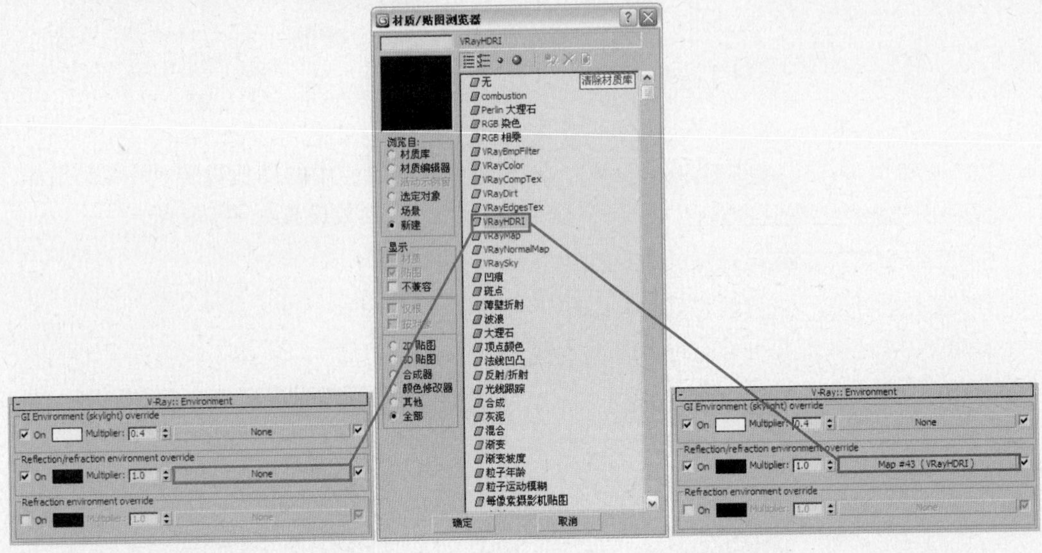

图9.71

10 把Reflection/refraction environment override右侧的VRayHDRI程序贴图拖动到材质球上，设置其参数，如图9.72所示。HDRI文件为本书所附光盘提供的“第9章\工业渲染-车\贴图\金属和焦散.hdr”文件。

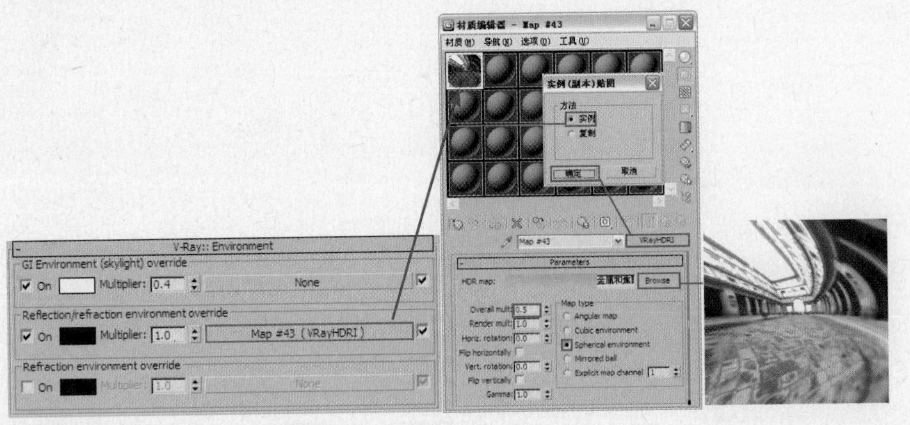

图9.72

2. 布置场景灯光

本场景光线来源为VRayLight面光源和点光源。

01 首先创建阳光效果。单击 （创建）按钮，进入创建命令面板，再单击 （灯光）按钮，在下拉菜单中选择“标准”选项，然后在“对象类型”卷展栏中单击 目标平行光 按钮，在场景中创建一盏目标平行光，如图9.73所示。灯光参数设置如图9.74所示。

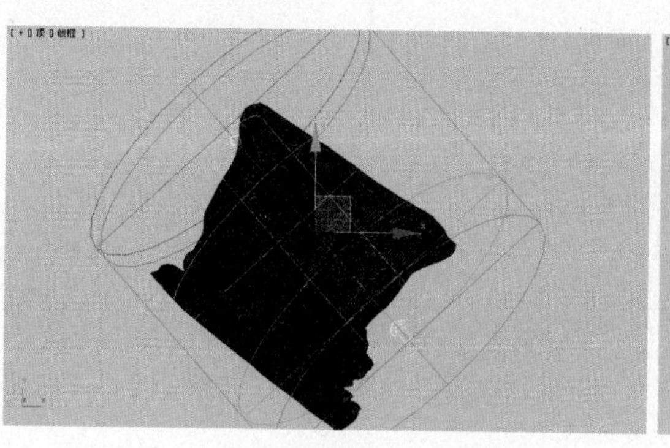
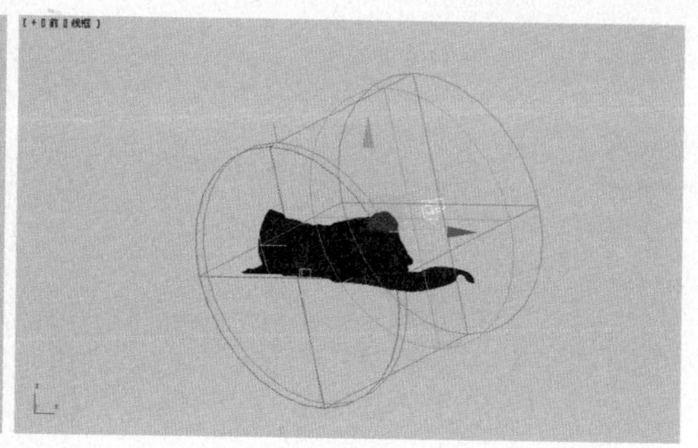

图9.73

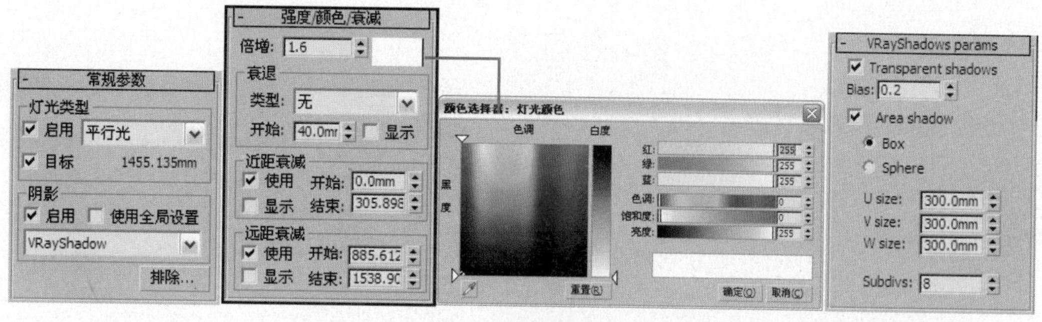

图9.74

02 对摄像机视图进行渲染，效果如图9.75所示。

03 从渲染画面可以看到，当前场景有点暗，下面通过调整场景曝光参数来改善场景亮度。按F10键打开“渲染设置”对话框，进入V-Ray选项卡，在 V-Ray:: Color mapping （色彩映射）卷展栏中进行曝光控制，参数设置如图9.76所示。再次渲染，效果如图9.77所示。

图9.75

V-Ray:: Color mapping
Type: Linear multiply
Dark multiplier: 2.1
Bright multiplier: 1.0
Gamma: 1.0
Sub-pixel mapping
Clamp output Clamp level: 1.0
Affect background
Don't affect colors (adaptation only)
Linear workflow

图9.76

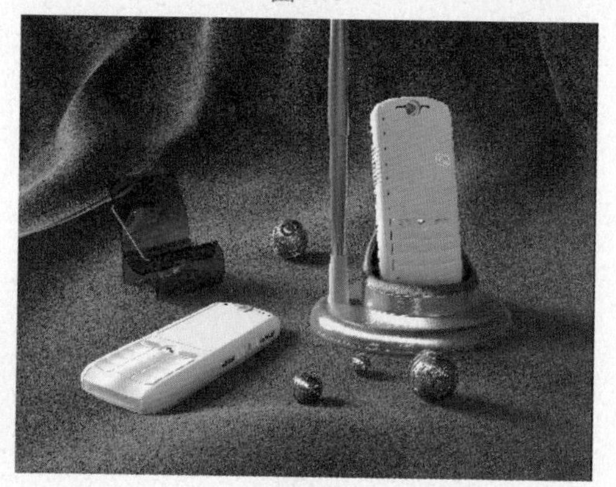

图9.77

04 接着设置环境光。这里选用泛光灯来制作。单击（创建）按钮，进入创建命令面板，再单击（灯光）按钮，在下拉菜单中选择“标准”选项，然后在“对象类型”卷展栏中单击 泛光灯 按钮，在场景中创建一盏泛光灯，如图9.78所示。灯光参数设置如图9.79所示。

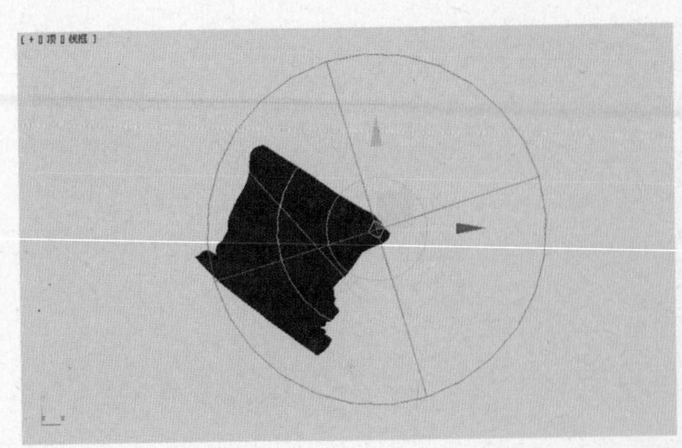

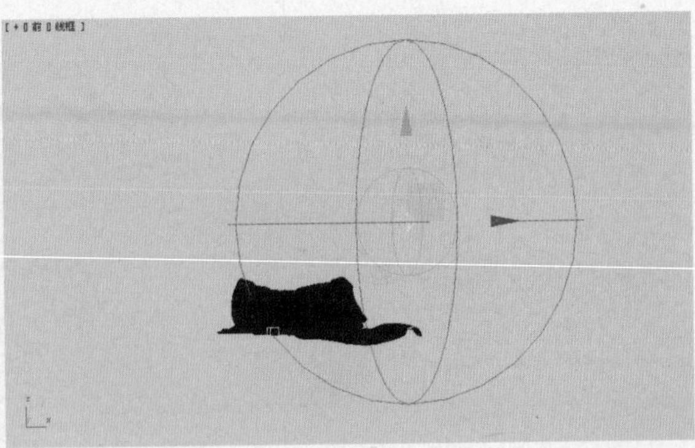

图9.78

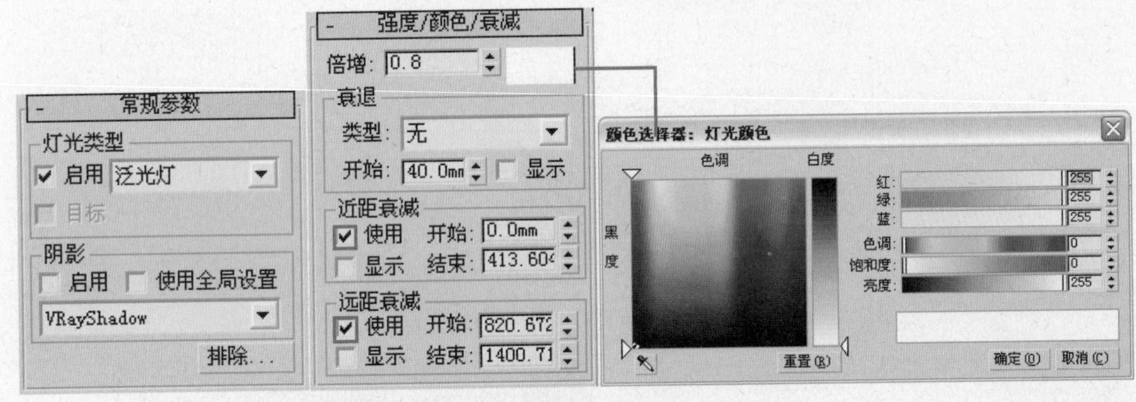

图9.79

05 对摄像机视图进行渲染，此时的效果如图9.80所示。

图9.80

06 最后设置一盏补光。在如图9.81所示的位置创建一盏VRayLight面光源，灯光参数设置如图9.82所示。

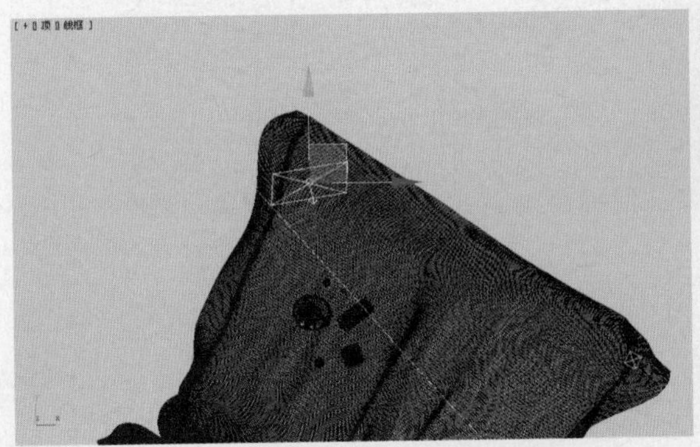

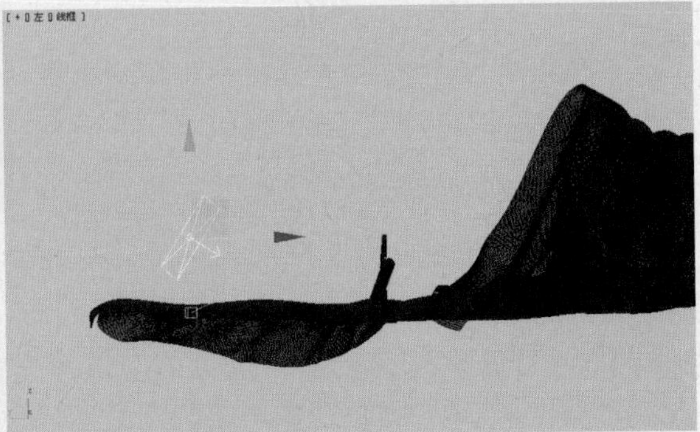

图9.81

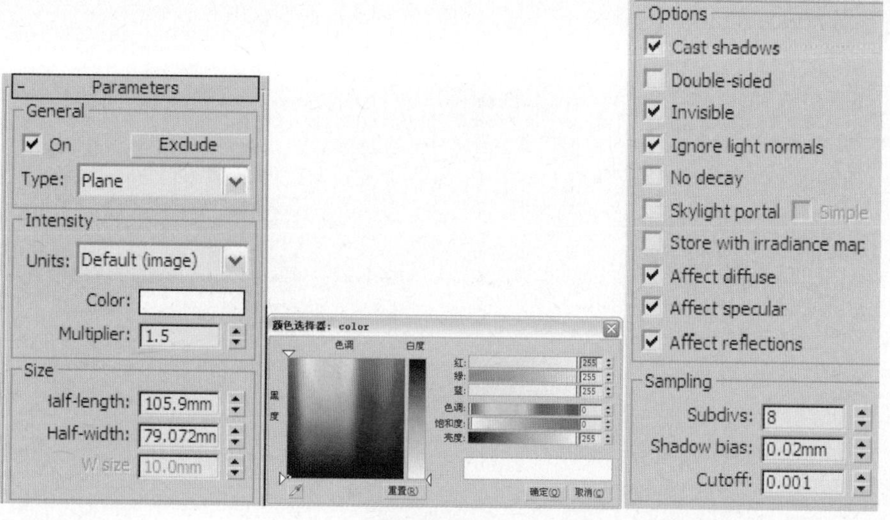

图9.82

07 对摄像机视图进行渲染，此时的效果如图9.83所示。

图9.83

上面已经对场景的灯光进行了布置，最终测试结果比较满意。测试完灯光效果后，下面进行材质设置。

9.2.2 设置场景材质

01 首先设置手机屏幕玻璃材质。选择一个空白材质球，将其设置为VRayMtl材质，并将该材质命名为“屏幕玻璃”，具体参数设置如图9.84所示。

02 将该材质指定给物体“屏幕玻璃”。对摄像机视图进行渲染，效果如图9.85所示。

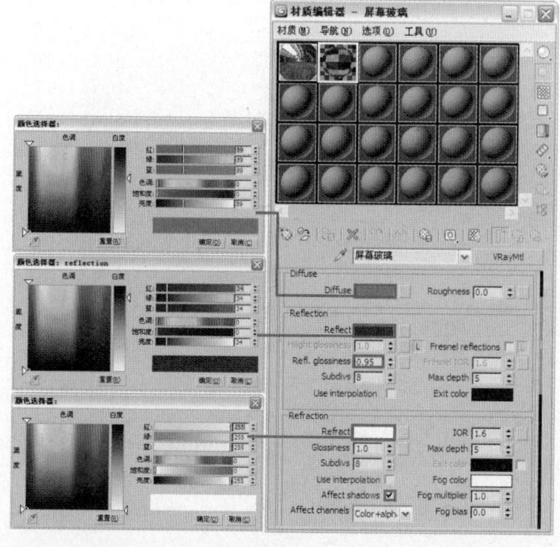

图9.84

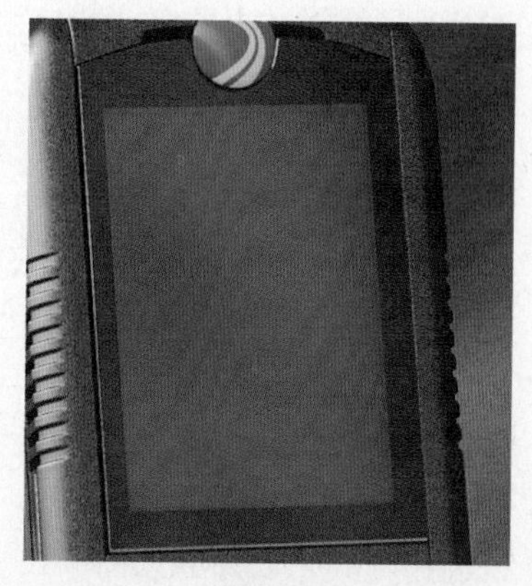

图9.85

03 接下来设置手机屏幕材质。选择一个空白材质球，将其设置为VRayLightMtl材质，并将该材质命名为“手机屏幕”，具体参数设置如图9.86所示。

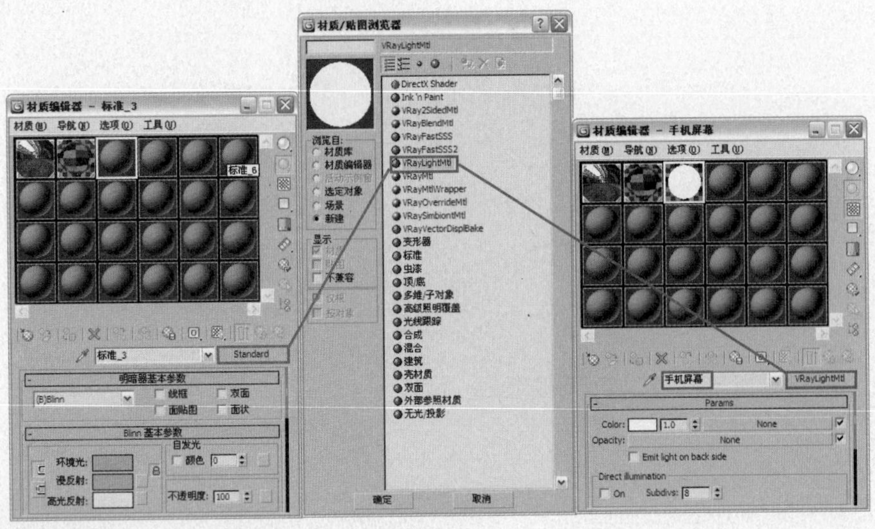

图9.86

04 单击Color右侧的贴图通道按钮，为其添加一个“位图”贴图，具体参数设置如图9.87所示。贴图文件为本书所附光盘提供的“第9章\工业渲染-手机\贴图\saa.jpg”。

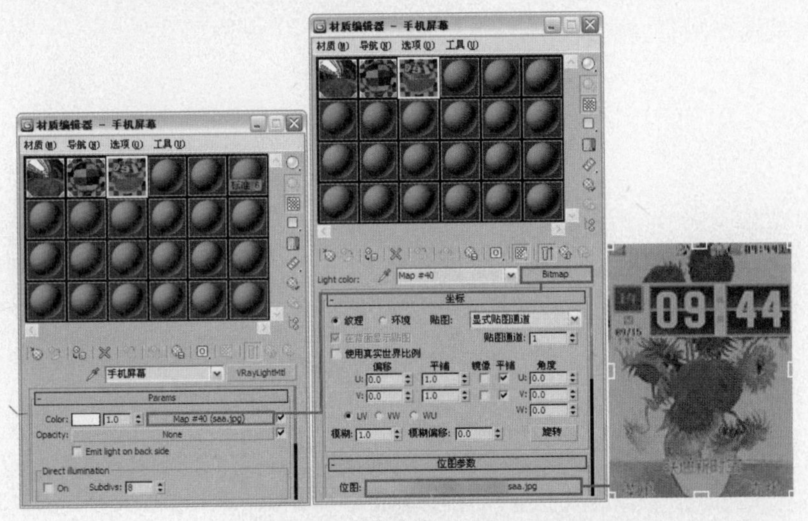

图9.87

05 将该材质指定给物体“手机屏幕”。对摄像机视图进行渲染，效果如图9.88所示。

图9.88

06 接下来设置手机黑塑料材质。选择一个空白材质球，将其设置为VRayMtl材质，并将该材质命名为“黑色塑料”，具体参数设置如图9.89所示。将该材质指定给物体“黑色塑料”。对摄像机视图进行渲染，效果如图9.90所示。

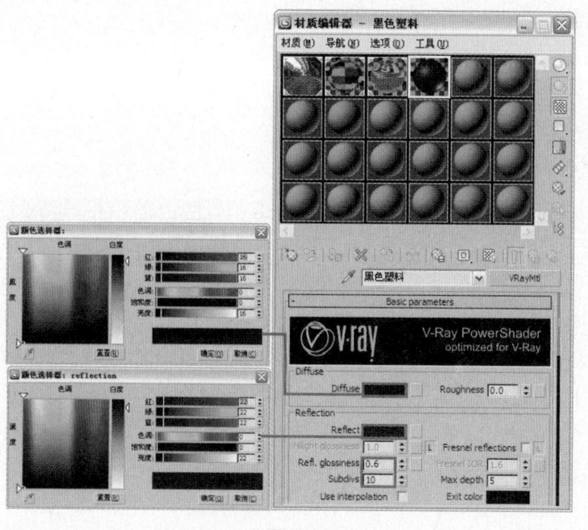

图9.89

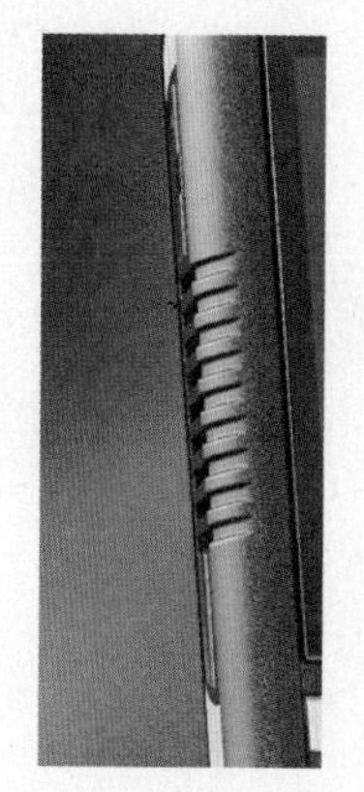

图9.90

07 手机键盘材质的设置。选择一个空白材质球，将其设置为VRayMtl材质，并将该材质命名为“键盘”。单击Diffuse右侧的贴图通道按钮，为其添加一个“位图”贴图，具体参数设置如图9.91所示。贴图文件为本书所附光盘提供的“第9章\工业渲染-手机\贴图\arch20_066_keys.jpg”。

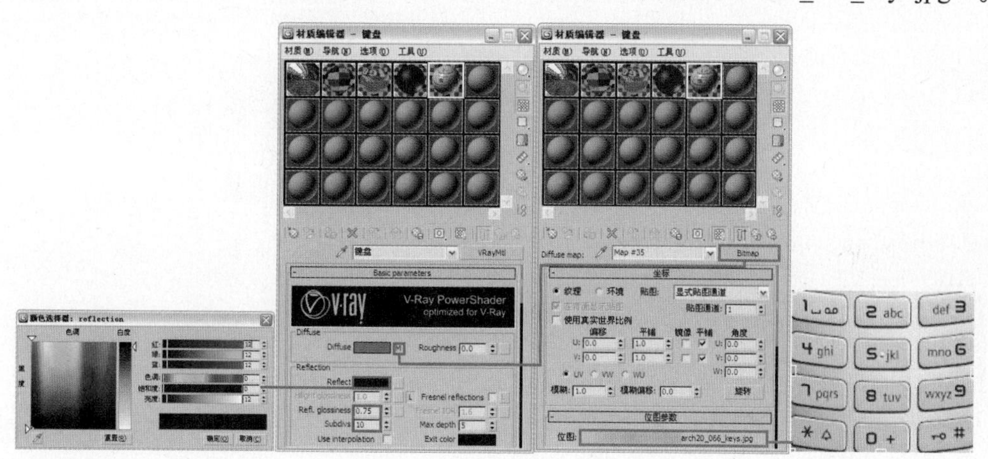

图9.91

08 返回VRayMtl材质层级，进入BRDF卷展栏，设置其高光类型，如图9.92所示。将该材质指定给物体“键盘”。对摄像机视图进行渲染，键盘的局部效果如图9.93所示。

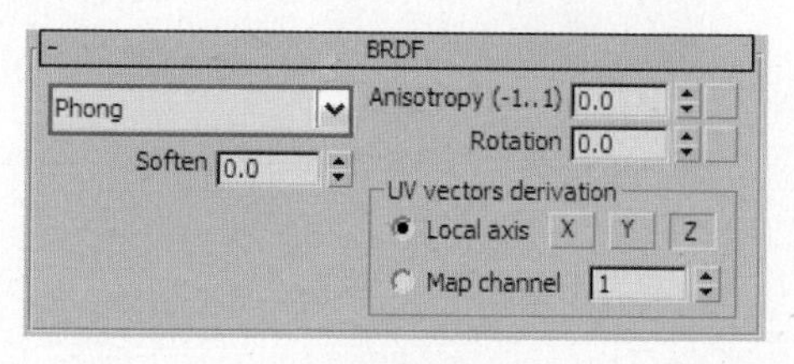

图9.92

图9.93

09 设置手机金属材质。选择一个空白材质球，将其设置为VRayMtl材质，并将其命名为“手机金属”。具体参数设置如图9.94所示。将材质指定给物体“手机金属”。对摄像机视图进行渲染，手机金属的局部效果如图9.95所示。

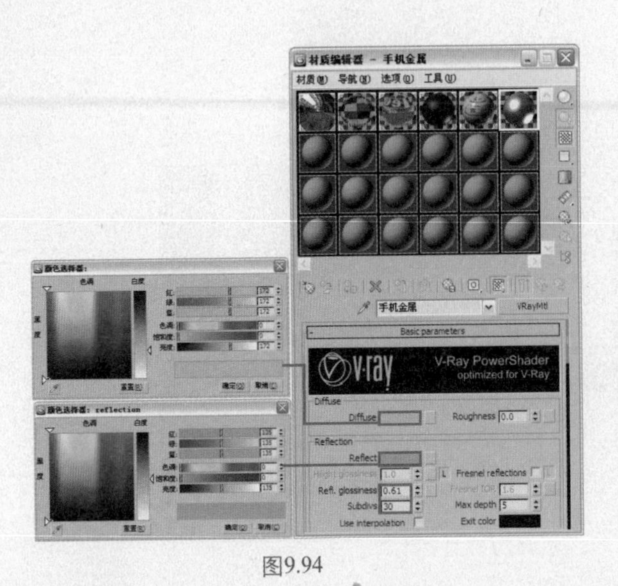

图9.94

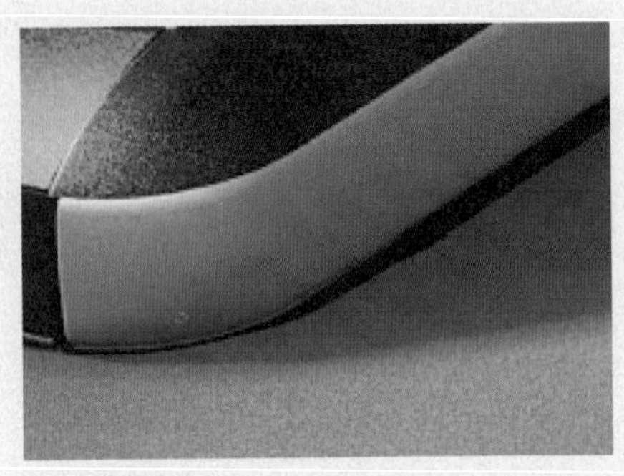

图9.95

10 最后设置手机充电接口材质。选择一个空白材质球，将其设置为VRayMtl材质，并将该材质命名为“手机尾部”。单击Diffuse右侧的贴图通道按钮，为其添加一个“位图”贴图，具体参数设置如图9.96所示。贴图文件为本书所附光盘提供的“第9章\工业渲染-手机\贴图\111.jpg”。

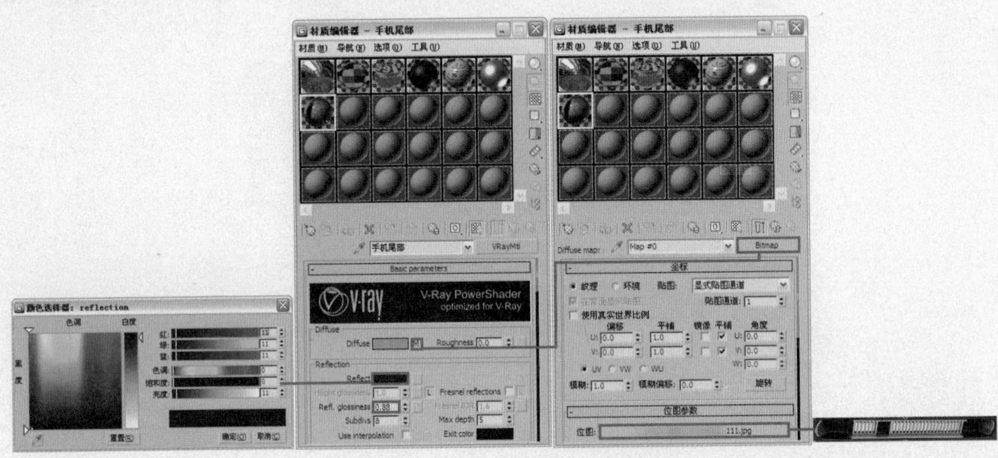

图9.96

11 将该材质指定给物体“手机尾部”。对摄像机视图进行渲染，手机充电接口的局部效果如图9.97所示。

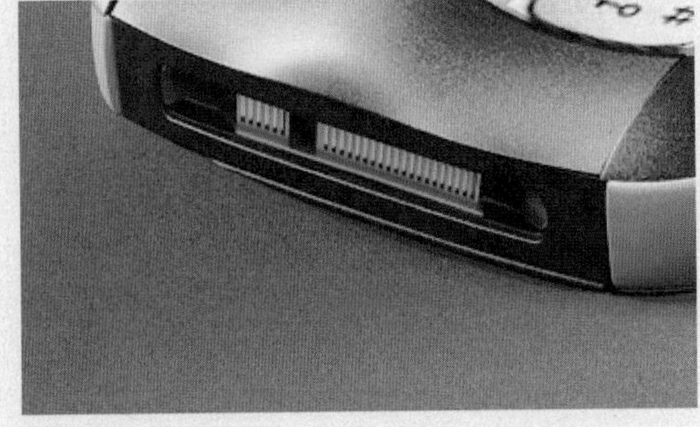

图9.97

至此，场景的灯光测试和材质设置都已经完成。下面将对场景进行最终渲染设置。

9.2.3 最终渲染设置

1. 最终测试灯光效果

场景中的材质设置完毕后需要对场景进行渲染，观察此时的场景效果。对摄像机视图进行渲染，如图9.98所示。

观察渲染效果，发现场景光线无须再调整。接下来设置最终渲染参数。

图9.98

2. 灯光细分参数设置

01 首先将场景中的Direct01灯光阴影细分值设置为24，如图9.99所示。

02 然后将补光VRayLight的灯光细分值设置为18，如图9.100所示。

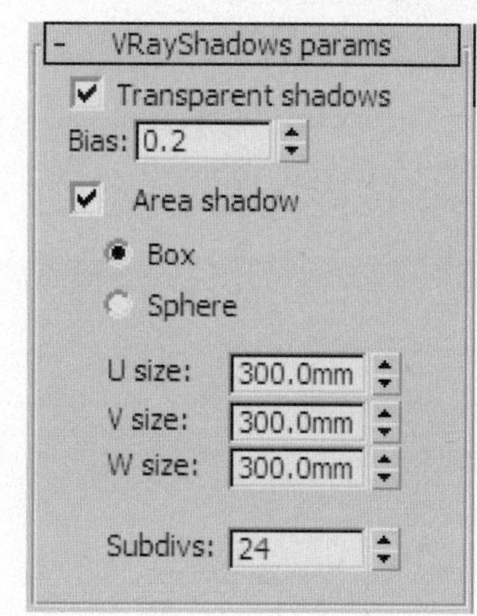

图9.99

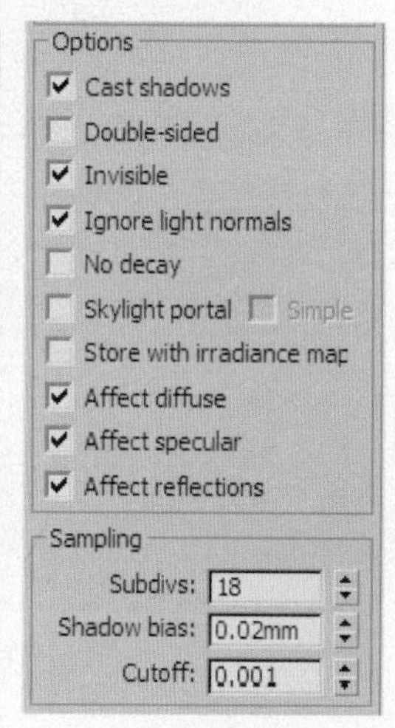

图9.100

3. 设置保存发光贴图和灯光贴图的渲染参数

在4.1.4节中已经讲解过保存发光贴图和灯光贴图的方法，这里不再重复，只对渲染级别设置进行讲解。

01 进入 V-Ray:: Irradiance map 卷展栏，设置参数如图9.101所示。

02 进入 V-Ray:: Brute force GI 卷展栏，设置参数如图9.102所示。

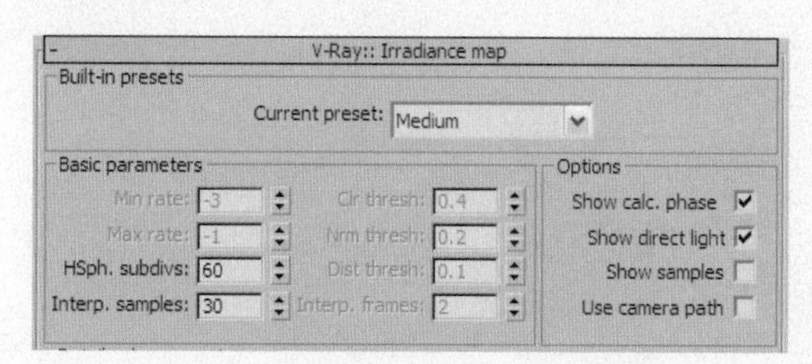

图9.101

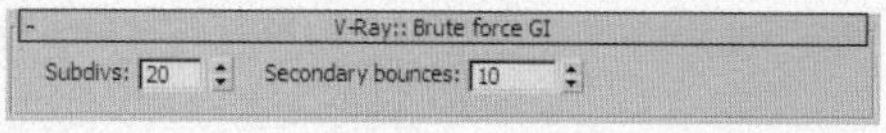

V-Ray:: Brute force GI
Subdivs: 20 Secondary bounces: 10

图9.102

03 在 V-Ray:: DMC Sampler （准蒙特卡罗采样器）卷展栏中设置参数如图9.103所示，这是模糊采样设置。

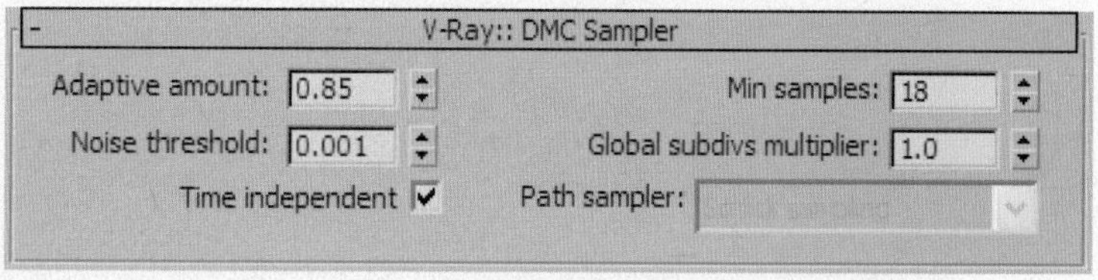

V-Ray:: DMC Sampler
Adaptive amount: 0.85 Min samples: 18
Noise threshold: 0.001 Global subdivs multiplier: 1.0
Time independent Path sampler:

图9.103

渲染级别设置完毕，最后设置保存发光贴图和灯光贴图的参数并进行渲染即可。

4. 最终成品渲染

最终成品渲染的参数设置如下。

01 当发光贴图和灯光贴图计算完毕后，在“渲染设置”对话框的“公用”选项卡中设置最终渲染图像的输出尺寸，如图9.104所示。

02 在V-Ray:: Image sampler (Antialiasing)卷展栏中设置抗锯齿和过滤器，如图9.105所示。

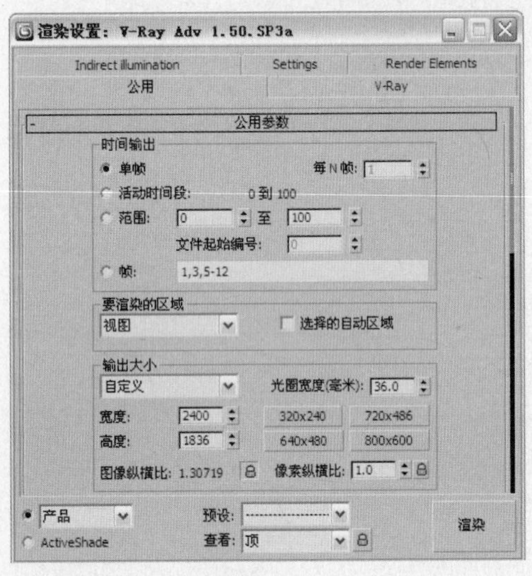

图9.104

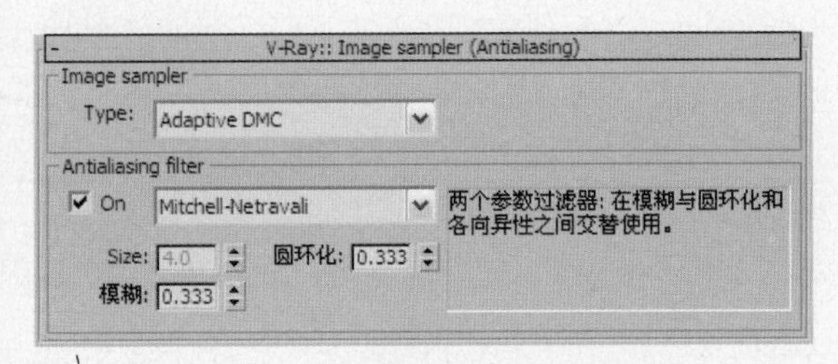

图9.105

03 最终渲染完成的效果如图9.106所示。

图9.106

Work 9.3 双龙鼎渲染

3ds Max 2010+VRay

VRay ART SHUANG LONG DING XUAN RAN

本实例是一个古董罐子的渲染表现，有非常强的针对性和实用性，强调设计理念和制作技术的完美结合。

本场景采用了日光的表现手法，案例效果如图9.107所示。

下面首先进行测试渲染参数设置，然后进行灯光设置。

图9.107

9.3.1 双龙鼎测试渲染设置

打开配套光盘中的“第9章\工业渲染-双龙鼎\双龙鼎源文件.max”场景文件，如图9.108所示，可以看到这是一个已经创建好的古董罐子展示模型。

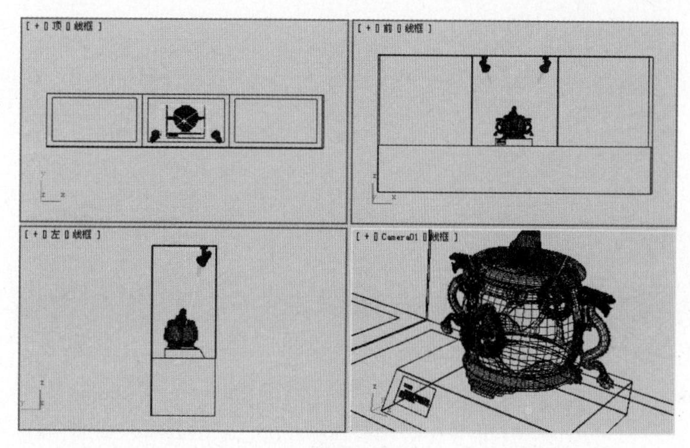

图9.108

1. 设置测试渲染参数

下面首先进行测试渲染参数设置。

测试渲染参数的设置步骤如下。

01 按F10键打开“渲染设置”对话框，在“公用”选项卡的“指定渲染器”卷展栏中单击“产品级”右侧的 ... （选择渲染器）按钮，然后在弹出的“选择渲染器”对话框中选择安装好的V-Ray Adv 1.50.SP3a渲染器，如图9.109所示。

图9.109

02 按F10键打开“渲染设置”对话框，在“公用”选项卡的“公用参数”卷展栏中设置较小的图像尺寸，如图9.110所示。

03 进入V-Ray选项卡，在 V-Ray:: Global switches （全局开关）卷展栏中的参数设置如图9.111所示。

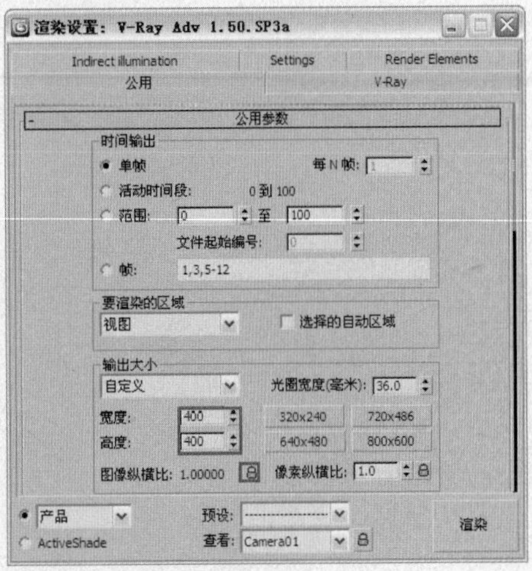

图9.110

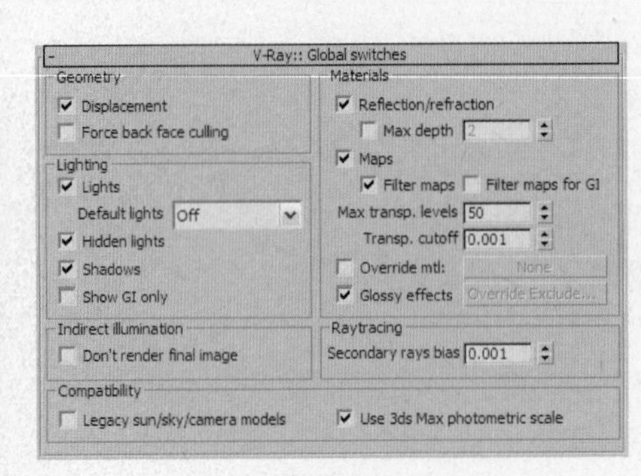

图9.111

04 进入 V-Ray:: Image sampler (Antialiasing) （抗锯齿采样）卷展栏，参数设置如图9.112所示。

05 进入Indirect illumination（间接照明）选项卡，在 V-Ray:: Indirect illumination (GI) （间接照明）卷展栏中设置参数，如图9.113所示。

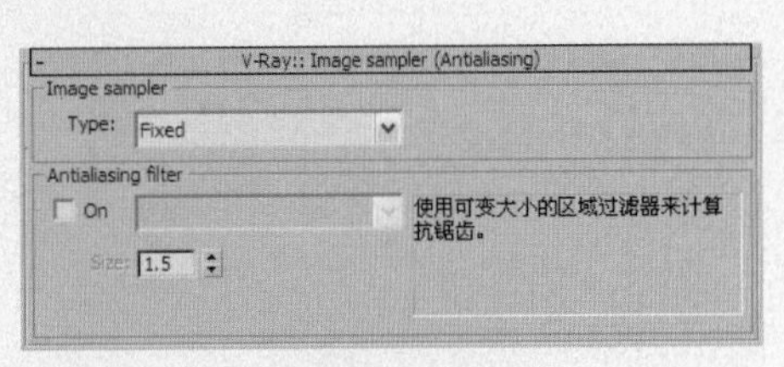

图9.112

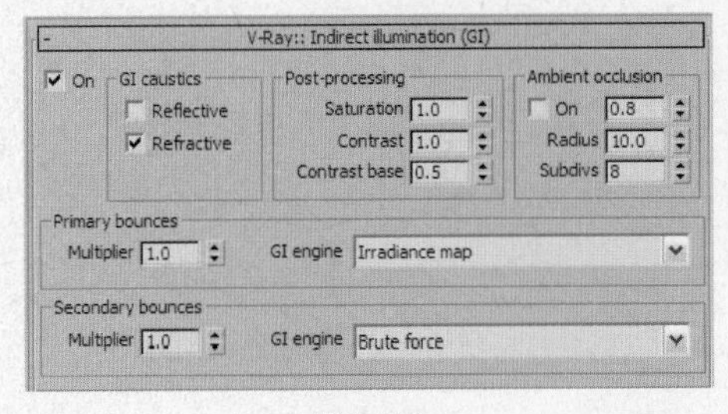

图9.113

06 在 V-Ray:: Irradiance map （发光贴图）卷展栏中设置参数，如图9.114所示。

07 在 V-Ray:: Brute force GI （强力全局照明）卷展栏中设置参数，如图9.115所示。

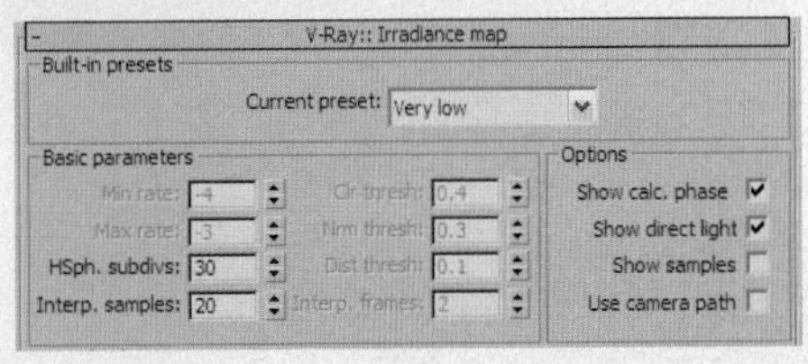

图9.114

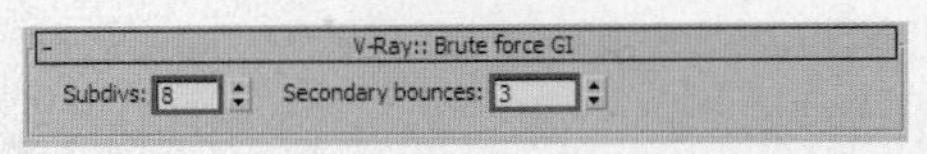

图9.115

08 在 V-Ray:: Environment （环境）卷展栏中，单击GI Environment（skylight）override右侧的贴图通道按钮，为其添加一个VRayHDRI程序贴图，参数设置如图9.116所示。

图9.116

09 把GI Environment（skylight）override右侧的VRayHDRI程序贴图拖动到材质球上，设置其参数如图9.117所示。HDRI文件为本书所附光盘提供的“第9章\工业渲染-双龙鼎\贴图\室内.hdr”文件。

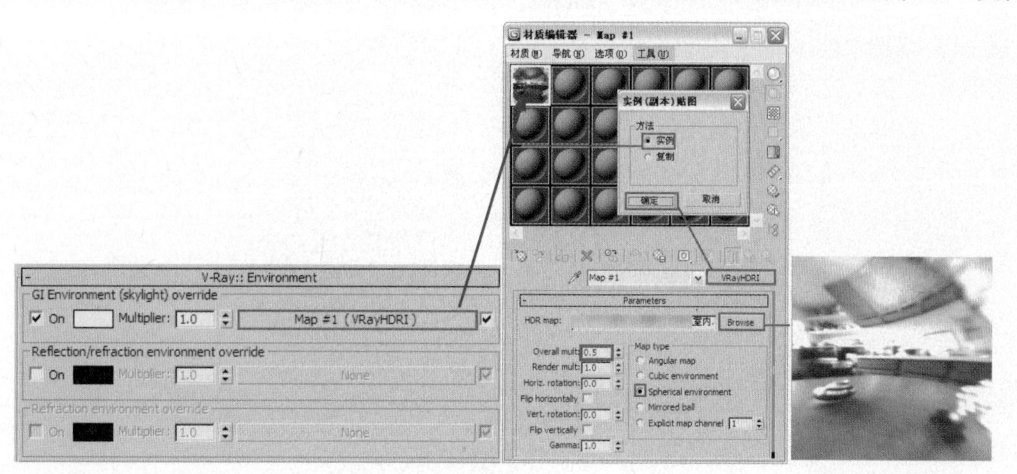

图9.117

10 进入 V-Ray:: Environment （环境）卷展栏，先勾选Reflection/refraction environment override下面的On复选框，然后单击Reflection/refraction environment override右侧的贴图通道按钮，为其添加一个VRayHDRI程序贴图，具体参数设置如图9.118所示。

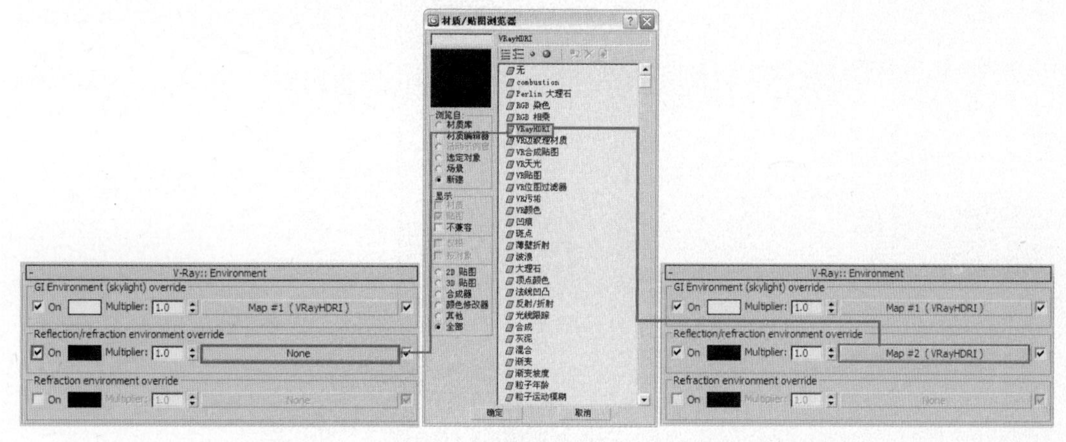

图9.118

11 把GI Environment（skylight）override右侧的VRayHDRI程序贴图拖动到材质球上，设置其参数，如图9.119所示。HDRI文件为本书所附光盘提供的“第9章\工业渲染-双龙鼎\贴图\室内.hdr”文件。

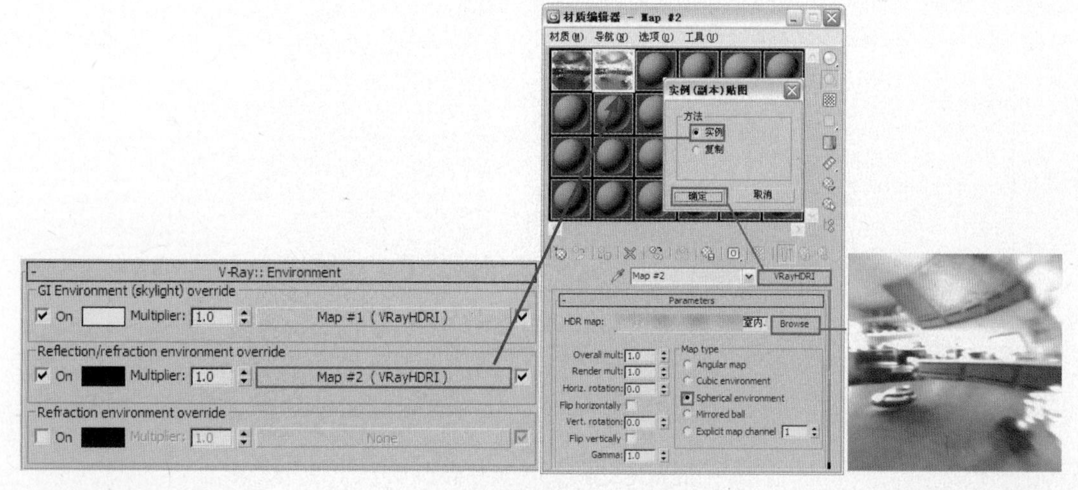

图9.119

2. 布置场景灯光

本场景的光线来源为VRayLight面光源和目标灯光光源。

01 首先设置场景中的装饰射灯效果。单击（创建）按钮进入创建命令面板，之后单击（灯光）按钮，在下拉菜单中选择“光度学”选项，然后在“对象类型”卷展栏中单击 目标灯光 按钮，在如图9.120所示的位置创建一个目标灯光来模拟装饰射灯效果。

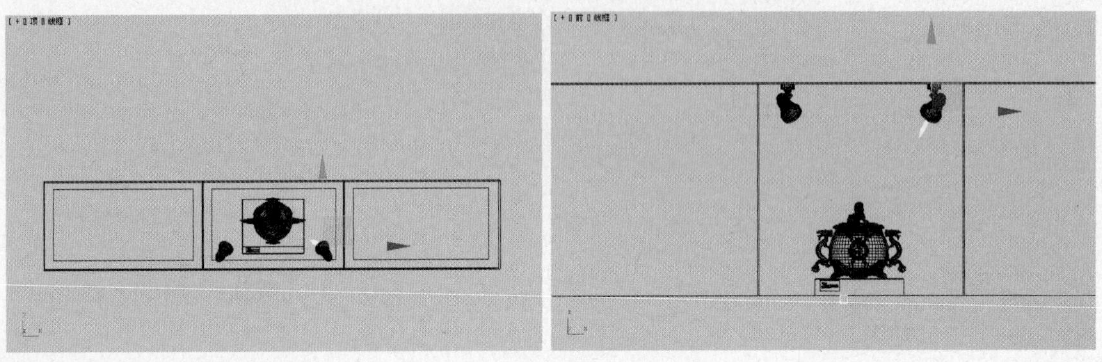

图9.120

02 进入修改命令面板，对创建的目标灯光Point01参数进行设置，如图9.121所示。光域网文件为本书所附光盘提供的“第9章\工业渲染-双龙鼎\贴图\12.IES”文件。

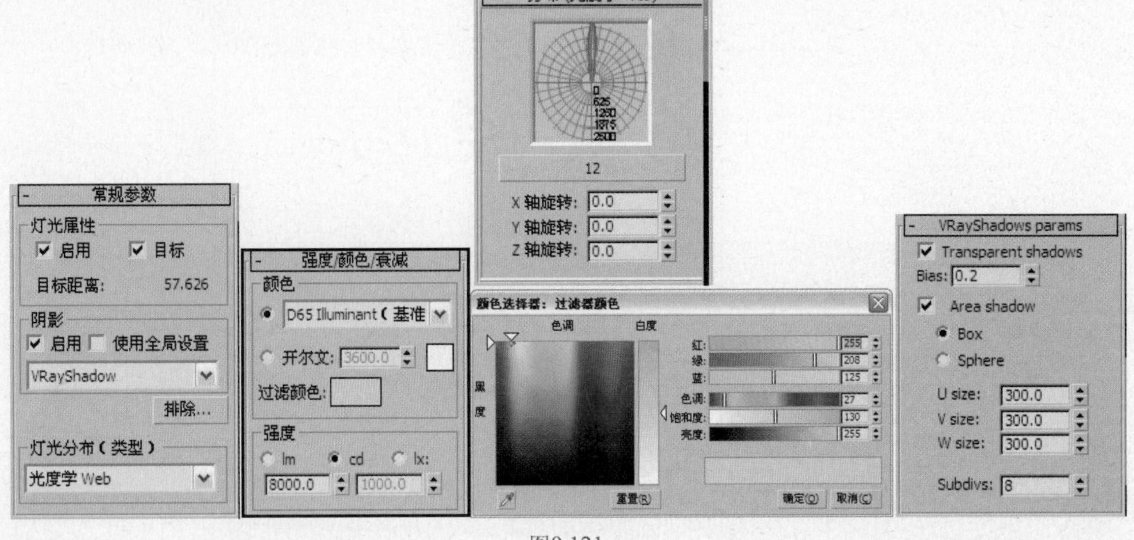

图9.121

03 在顶视图中，选中刚刚创建的目标灯光Point01，并将其关联复制出一盏，位置如图9.122所示。

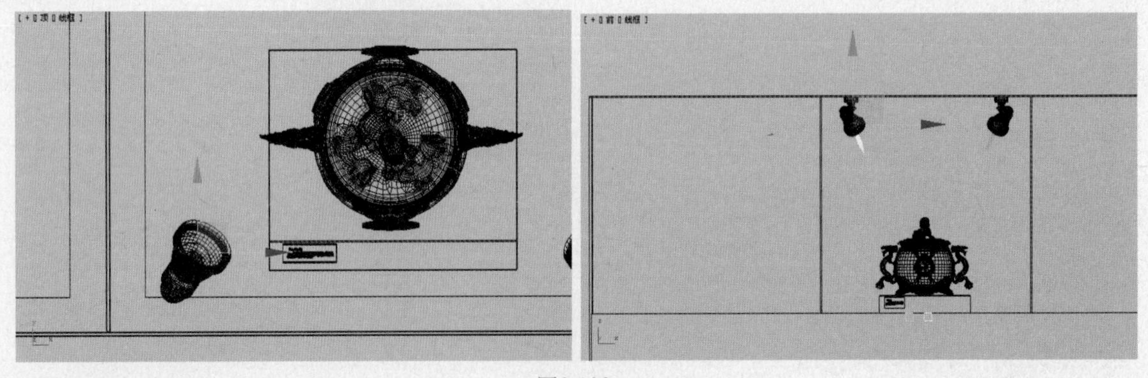

图9.122

图9.123

04 对摄像机视图进行渲染，效果如图9.123所示、

05 从渲染画面可以看到，当前场景靠近光源的地方曝光比较严重。下面通过调整场景曝光参数来改善场景亮度。按F10键打开“渲染设置”对话框，进入V-Ray选项卡，在 V-Ray:: Color mapping （色彩映射）卷展栏中进行曝光控制，参数设置如图9.124所示。再次渲染，效果如图9.125所示。

V-Ray:: Color mapping
Type: Reinhard
Sub-pixel mapping
Clamp output Clamp level: 1.0
Multiplier: 1.0
Affect background
Burn value: 0.45
Don't affect colors (adaptation only)
Gamma: 1.0
Linear workflow

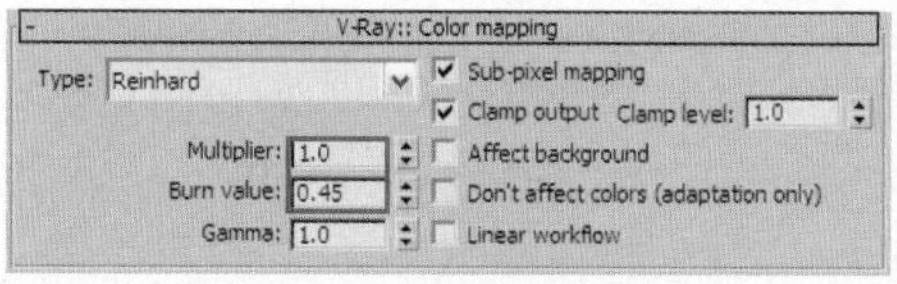

图9.124

图9.125

06 最后为场景设置一盏补光。单击（创建）按钮，进入创建命令面板，再单击（灯光）按钮，在下拉菜单中选择VRay选项，然后在“对象类型”卷展栏中单击 VRayLight 按钮，在如图9.126所示的位置创建一盏VRayLight面光源。灯光参数设置如图9.127所示。

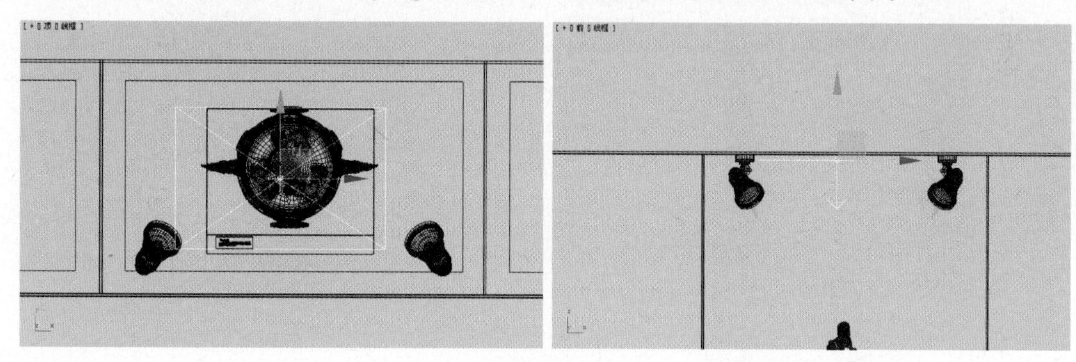
图9.126

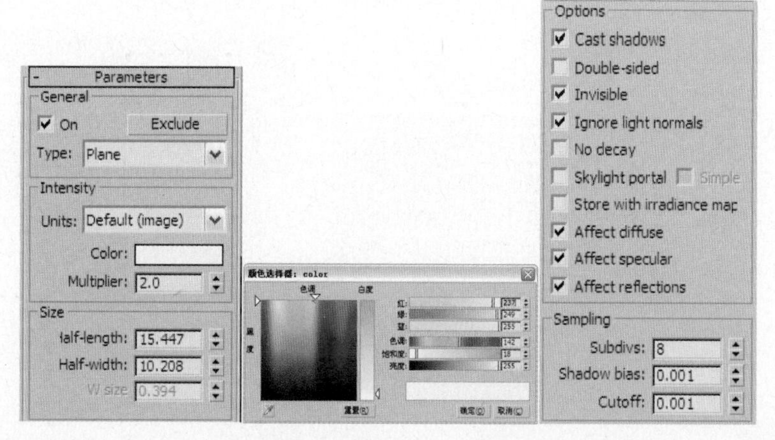

图9.127

07 对摄像机视图进行渲染，效果如图9.128所示。

图9.128

上面已经对场景的灯光进行了布置，最终测试结果比较满意。测试完灯光效果后，下面进行材质设置。

9.3.2 设置场景材质

罐子材质比较简单，主要集中在金属和陶瓷的设置上，如何很好地展现这些材质的效果是表现的重点与难点。

Note 提示 9

▶ 在制作模型的时候就必须清楚物体材质的区别。另外，将同一种材质的物体进行成组或附加，这样可以为赋予物体材质提供很多方便。

01 首先设置古董罐子的金属材质。按M键打开“材质编辑器”，在“材质编辑器”对话框中选择一个空白材质球，单击 Standard 按钮，将其设置为VRayMtl材质，并将该材质命名为“罐子金属”。具体参数设置如图9.129所示。

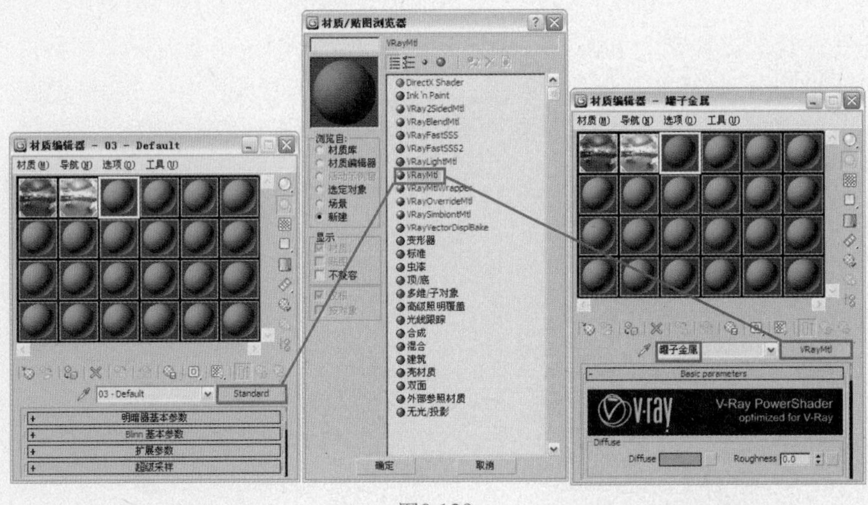

图9.129

02 单击Diffuse右侧的贴图通道按钮，为其添加一个“位图”贴图，具体参数设置如图9.130所示。贴图文件为本书所附光盘提供的“第9章\工业渲染-双龙鼎\贴图\Archmodels_64_006_color_01.jpg”。

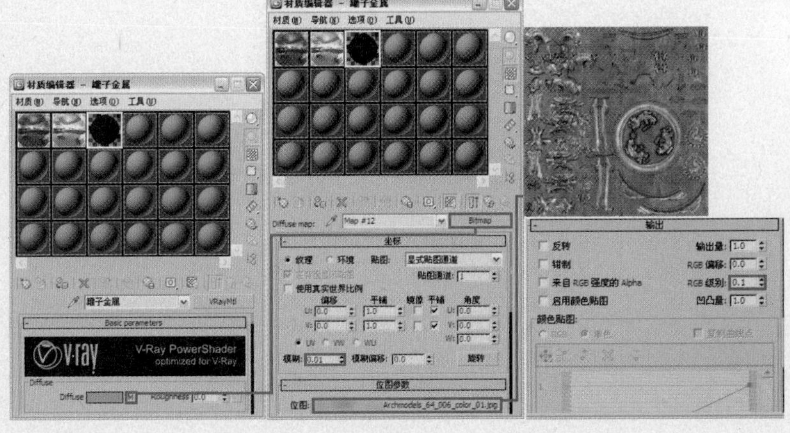

图9.130

03 返回VRayMtl材质层级，单击Reflect右侧的贴图通道按钮，为其添加一个“衰减”程序贴图。进入“衰减”层级，单击第一个颜色通道按钮，为其添加一个“位图”贴图，具体参数设置如图9.131所示。贴图文件为本书所附光盘提供的“第9章\工业渲染-双龙鼎\贴图\Archmodels_64_006_color_01.jpg”。

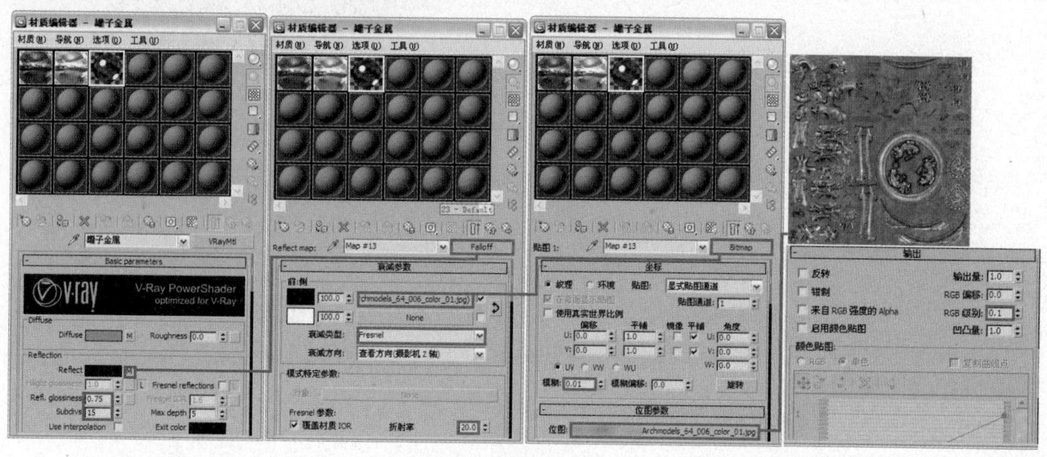

图9.131

04 将第一个颜色通道按钮上的贴图拖曳复制（非实例）到第二个颜色通道按钮上，设置贴图的参数，如图9.132所示。

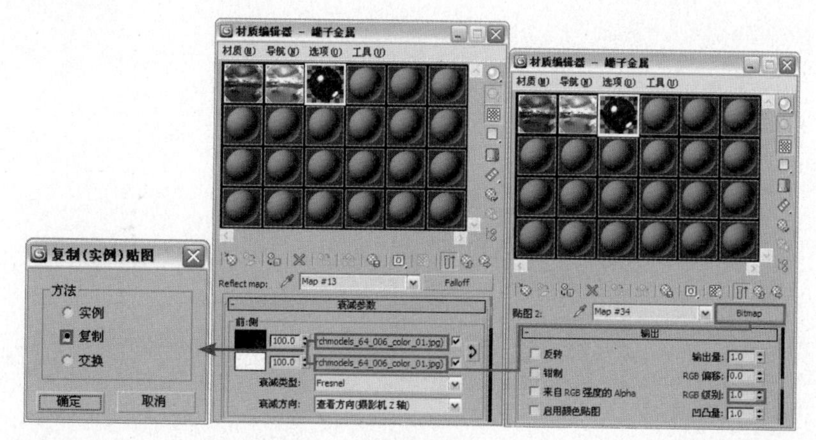

图9.132

05 返回VRayMtl材质层级，进入Maps卷展栏，单击RGlossiness右侧的贴图通道按钮，为其添加一个“位图”贴图，具体参数设置如图9.133所示。贴图文件为本书所附光盘提供的“第9章\工业渲染-双龙鼎\贴图\Archmodels_64_006_color_01.jpg”。

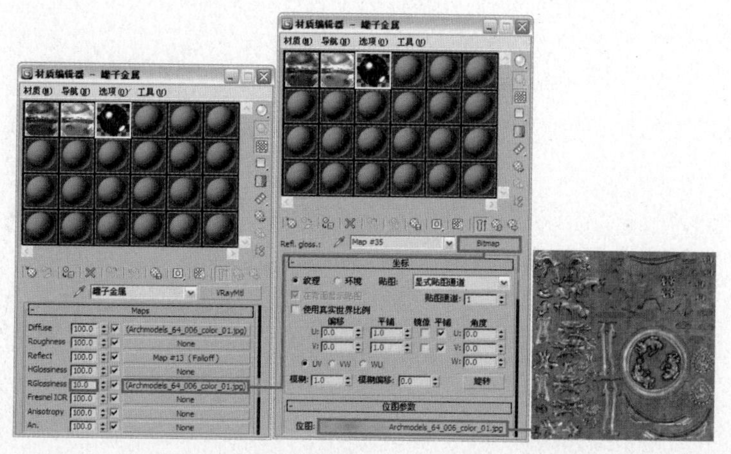

图9.133

06 返回VRayMtl材质层级，在Maps卷展栏下，单击Bump右侧的贴图通道按钮，为其添加一个“法线凹凸”程序贴图。在Normal Bump层级，单击“法线”右侧的贴图通道按钮，为其添加一个“位图”贴图，具体参数设置如图9.134所示。贴图文件为本书所附光盘提供的“第9章\工业渲染-双龙鼎\贴图\Archmodels_64_006_normalbump.jpg”。

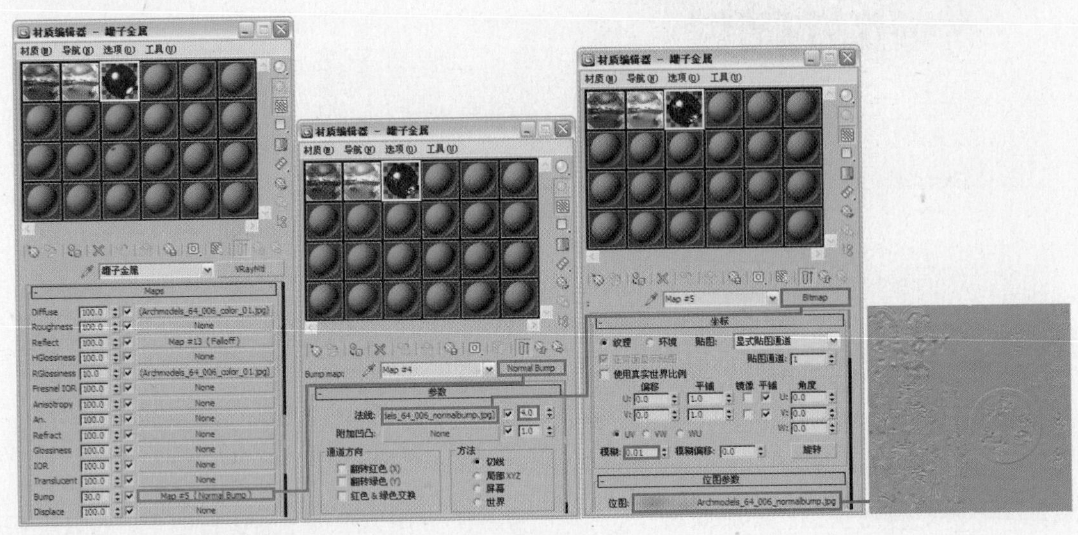

图9.134

07 返回Normal Bump层级，单击“附加凹凸”右侧的贴图通道按钮，为其添加一个“噪波”程序贴图。具体参数设置如图9.135所示。

08 将该材质指定给物体“罐子金属”。对摄像机视图进行渲染，罐子金属部分的局部效果如图9.136所示。

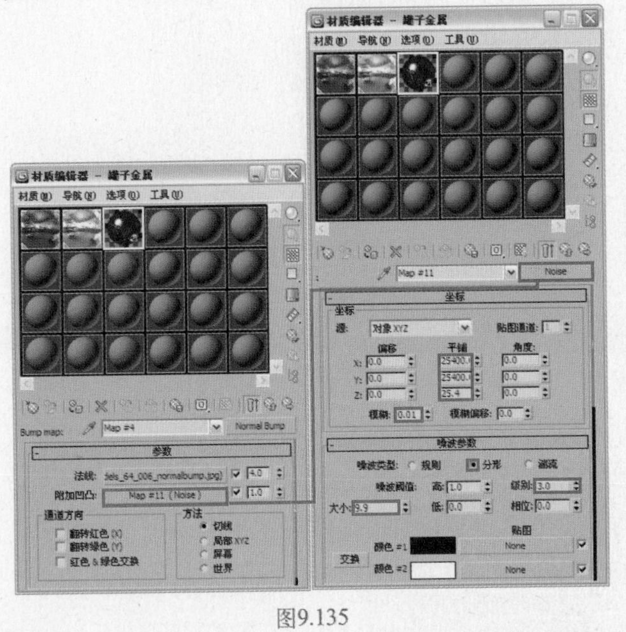

图9.135

图9.136

09 接下来设置罐子陶瓷材质。选择一个空白材质球，将其设置为VRayMtl材质，并将该材质命名为“罐子陶瓷”。单击Diffuse右侧的贴图通道按钮，为其添加一个“衰减”程序贴图。进入“衰减”层级，单击第一个颜色通道按钮，为其添加一个“位图”贴图，具体参数设置如图9.137所示。贴图文件为本书所附光盘提供的“第9章\工业渲染-双龙鼎\贴图\Archmodels_64_006_Color_02.jpg”。

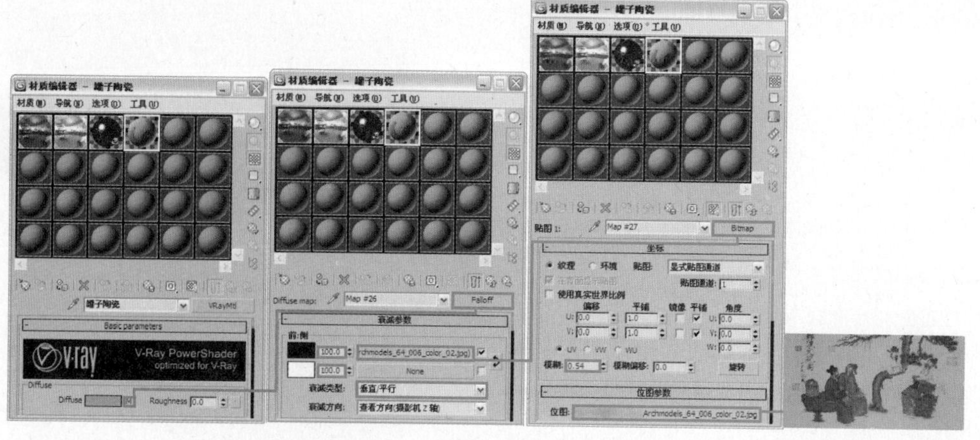

图9.137

10 返回“衰减”程序贴图层级，将第一个颜色通道按钮上的贴图复制（非实例）到第二个贴图通道上，设置贴图的参数如图9.138所示。

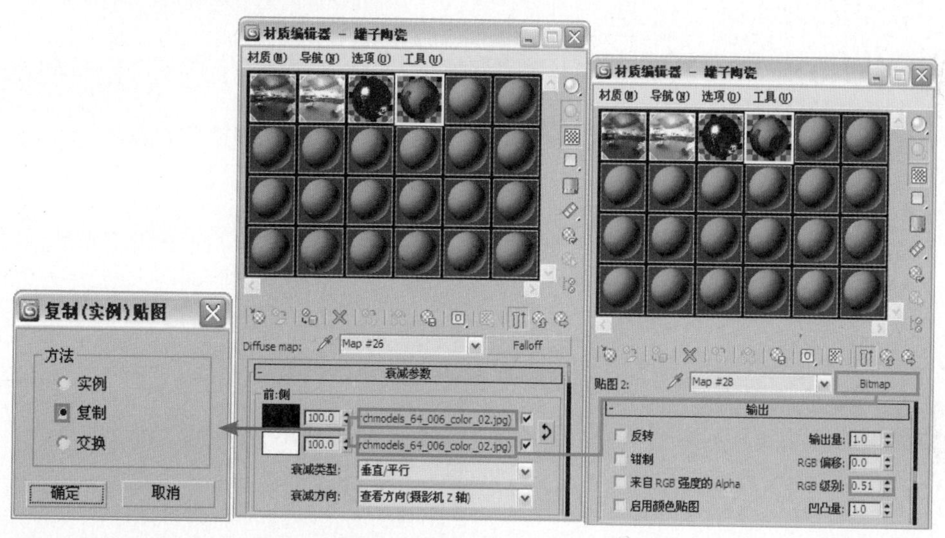

图9.138

11 返回VRayMtl材质层级，单击Reflect右侧的贴图通道按钮，为其添加一个“衰减”程序贴图，在“衰减”层级，单击第二个颜色通道按钮，为其添加一个“位图”贴图。具体参数设置如图9.139所示。贴图文件为本书所附光盘提供的“第9章\工业渲染-双龙鼎\贴图\Archmodels_64_006_glassreflect.jpg”。

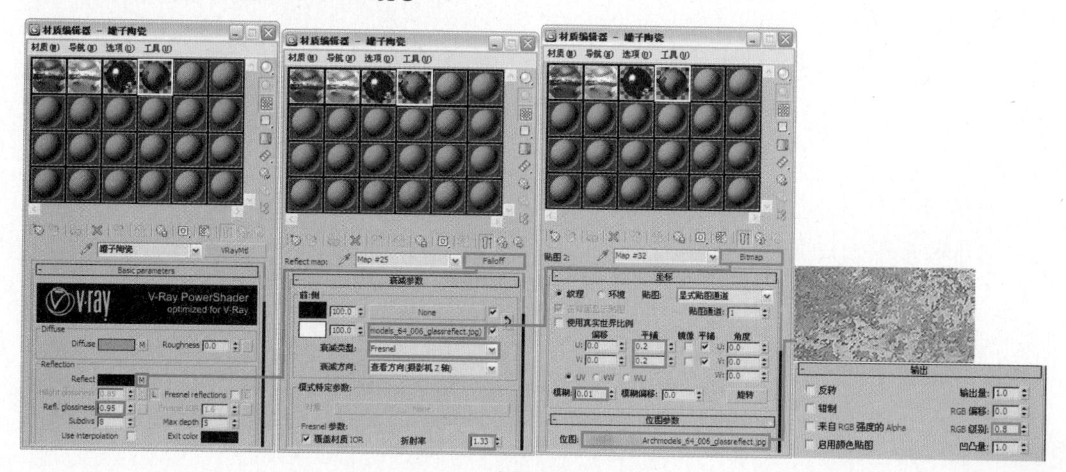

图9.139

12 返回上一材质层级，设置其曲线参数，如图9.140所示。

13 返回VRayMtl材质层级，进入Maps卷展栏，单击Bump右侧的贴图通道按钮，为其添加一个“位图”贴图，具体参数设置如图9.141所示。贴图文件为本书所附光盘提供的“第9章\工业渲染-双龙鼎\贴图\Archmodels_64_006_glassreflect.jpg”。

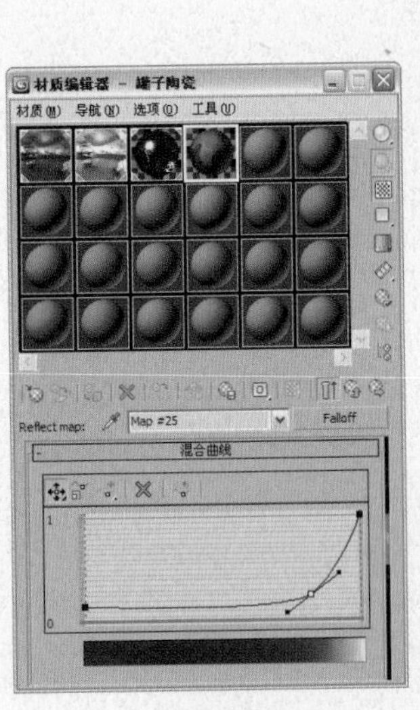

图9.140

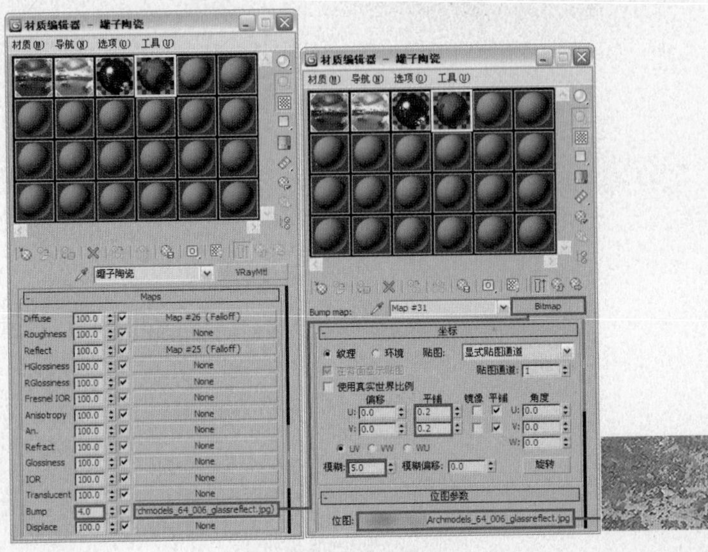

图9.141

14 将该材质指定给物体“罐子陶瓷”。对摄像机视图进行渲染，陶瓷的局部效果如图9.142所示。

图9.142

至此，场景的灯光测试和材质设置都已经完成。下面将对场景进行最终渲染设置。

9.3.3 最终渲染设置

1. 最终测试灯光效果

场景中的材质设置完毕后需要对场景进行渲染。观察此时的场景效果。对摄像机视图进行渲染，如图9.143所示。

图9.143

观察渲染效果，发现场景整体有点暗。下面将通过提高曝光参数来提高场景亮度，参数设置如图9.144所示。再次渲染，效果如图9.145所示。

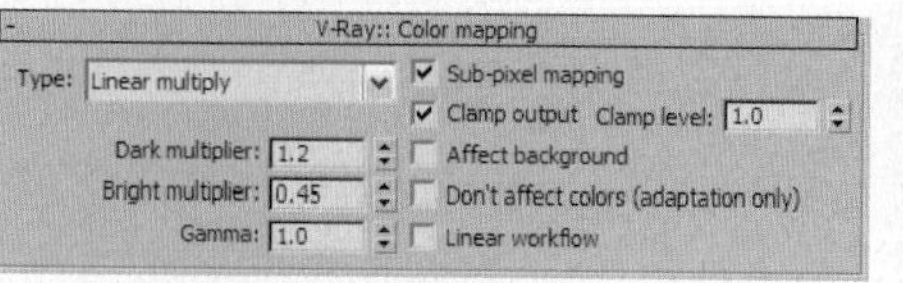

图9.144

图9.145

观察渲染效果，发现场景光线无须再调整。接下来设置最终渲染参数。

2. 灯光细分参数设置

01 首先将用来模拟装饰灯光的Point灯光的灯光阴影细分值设置为20，如图9.146所示。

02 再将补光VRayLight的灯光细分值设置为15，如图9.147所示。

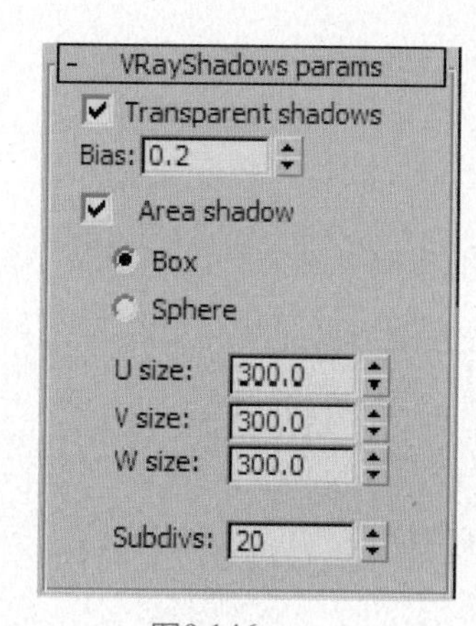

图9.146

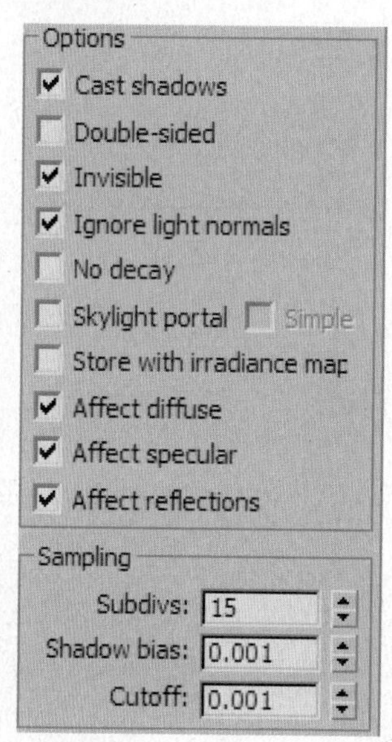

图9.147

3. 设置保存发光贴图和灯光贴图的渲染参数

4.1.4节中已经讲解过保存发光贴图和灯光贴图的方法，这里不再重复，只对渲染级别设置进行讲解。

01 进入 V-Ray:: Irradiance map 卷展栏，设置参数如图9.148所示。

02 进入 V-Ray:: Brute force GI 卷展栏，设置参数如图9.149所示。

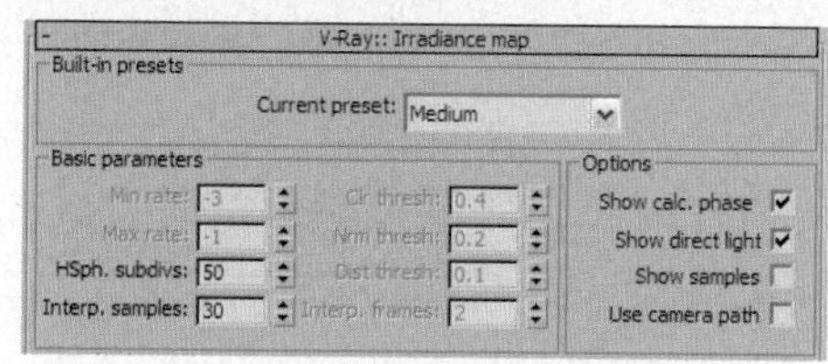

图9.148

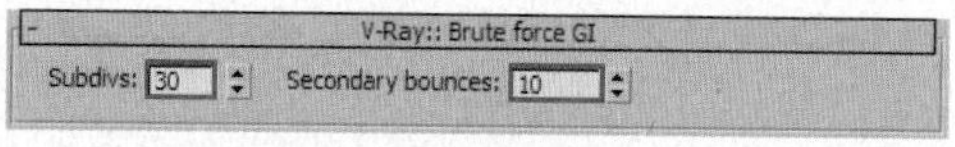

V-Ray:: Brute force GI

Subdivs: 30 Secondary bounces: 10

图9.149

03 在 V-Ray:: DMC Sampler （准蒙特卡罗采样器）卷展栏中设置参数，如图9.150所示，这是模糊采样设置。

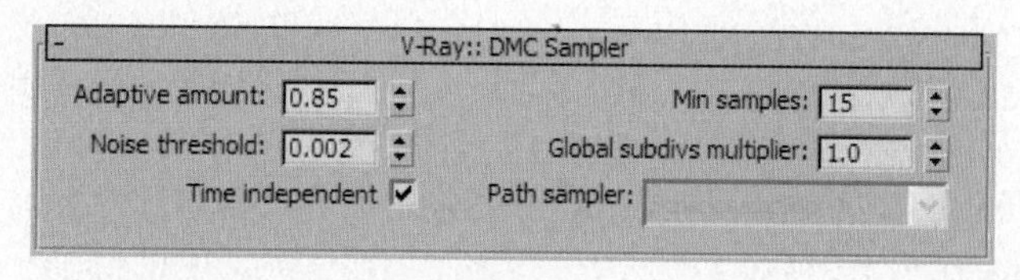

图9.150

渲染级别设置完毕，最后设置保存发光贴图和灯光贴图的参数并进行渲染即可。

4. 最终成品渲染

最终成品渲染的参数设置如下。

01 当发光贴图和灯光贴图计算完毕后，在“渲染设置”对话框的“公用”选项卡中设置最终渲染图像的输出尺寸，如图9.151所示。

02 在V-Ray:: Image sampler (Antialiasing)卷展栏中设置抗锯齿和过滤器，如图9.152所示。

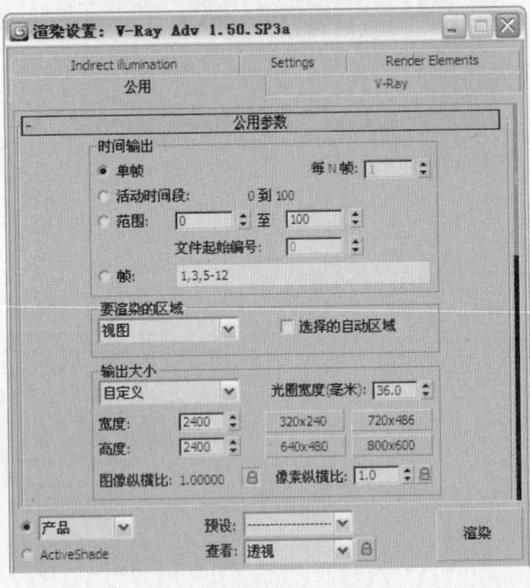

图9.151

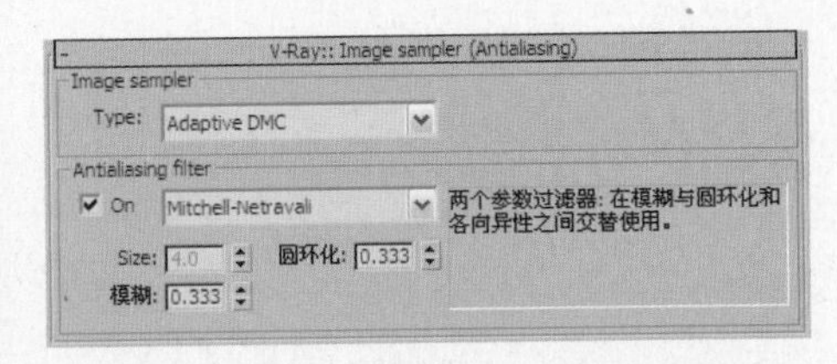

图9.152

03 最终渲染完成的效果如图9.153所示。

图9.153

光盘\视频\第10章视频

光盘\第10章\KTV包房\KTV包房效果文件.MAX

光盘\第10章\欧式大厅\欧式大厅效果文件.MAX

第10章 室内外渲染

Work 10.1 KTV包房空间

3ds Max 2010+VRay

VRay ART KTV BAO FANG KONG JIAN

本实例是一个现代风格的KTV包房空间，其绚丽的色彩、柔和的光影、简洁的室内造型，营造了一个轻松、愉悦的氛围。

本场景中采用了室内光源的表现手法，时间大约为晚上9点，案例效果如图10.1所示。

如图10.2所示为包房模型的线框效果图。

下面首先进行测试渲染参数设置，然后进行灯光设置。

图10.1

图10.2

10.1.1 KTV包房测试渲染设置

打开配套光盘中的“第10章\KTV包房\KTV包房源文件.max”场景文件，如图10.3所示。可以看到这是一个已经创建好的场景模型，并且场景中的摄像机已经创建好。

下面首先进行测试渲染参数设置，然后进行灯光设置。灯光布置主要是室内光源的建立。

图10.3

1. 设置测试渲染参数

测试渲染参数的设置步骤如下。

01 按F10键打开“渲染设置”对话框，渲染器已经设置为V-Ray Adv 1.50.SP3a渲染器。在 公用参数 卷展栏中设置较小的图像尺寸，如图10.4所示。

02 进入V-Ray选项卡，在 V-Ray:: Global switches （全局开关）卷展栏中的参数设置如图10.5所示。

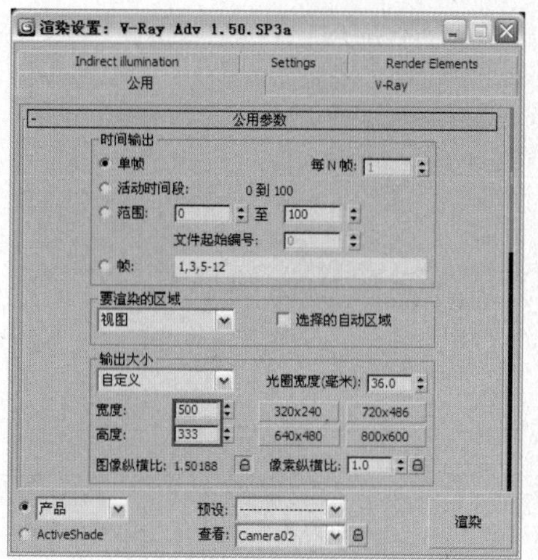

图10.4

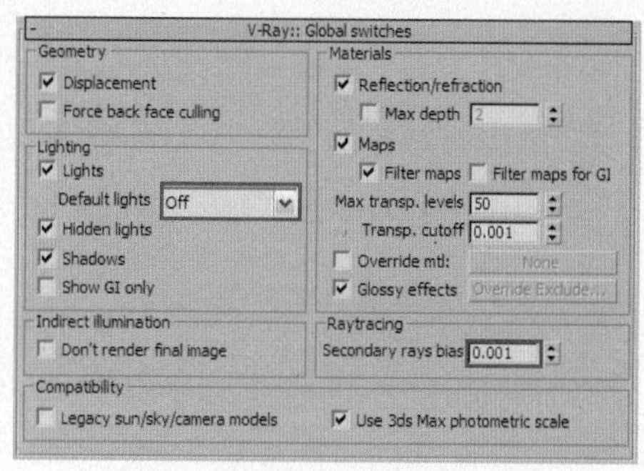

图10.5

03 进入 V-Ray:: Image sampler (Antialiasing) （抗锯齿采样）卷展栏，参数设置如图10.6所示。

04 进入Indirect illumination（间接照明）选项卡，在 V-Ray:: Indirect illumination (GI) （间接照明）卷展栏中设置参数，如图10.7所示。

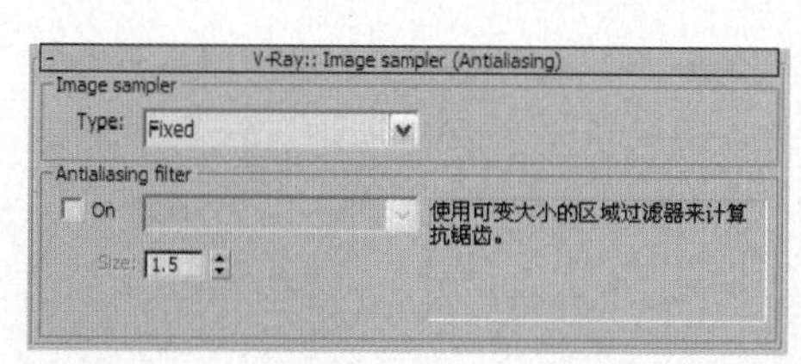

图10.6

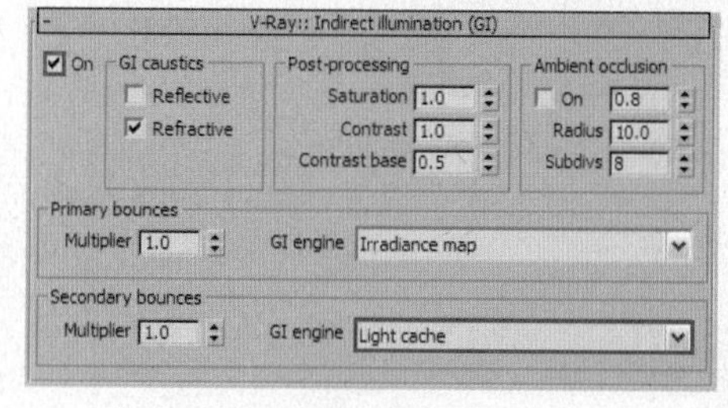

图10.7

05 在 V-Ray:: Irradiance map （发光贴图）卷展栏中设置参数，如图10.8所示。

06 在 V-Ray:: Light cache （灯光缓存）卷展栏中设置参数，如图10.9所示。

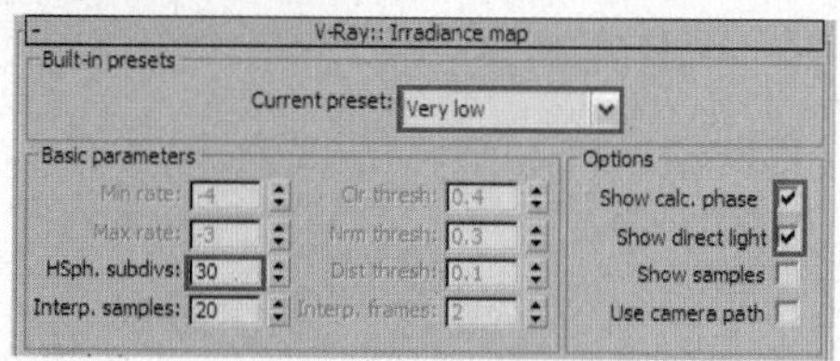

图10.8

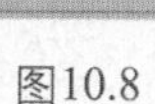

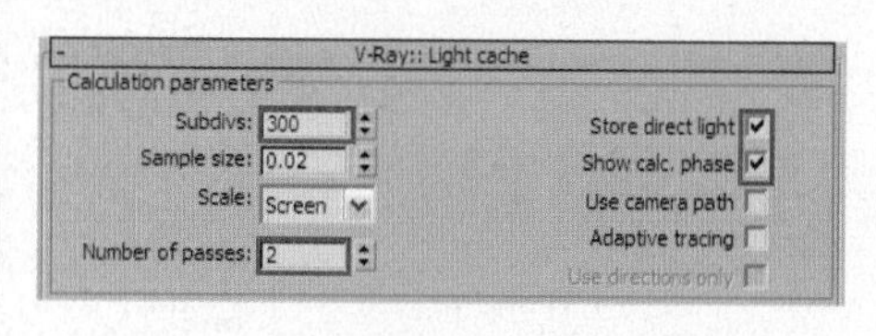

图10.9

Note 提示 10 预设测试渲染参数是根据自己的经验和计算机本身的硬件配制得到的一个相对低的渲染设置，读者在这里可以作为参考。当然，读者也可以自己尝试一些其他参数设置。

2. 布置场景灯光

本场景的光线来源主要为室内灯光。在为场景创建灯光前，首先用一种白色材质覆盖场景中的所有物体，这样便于观察灯光对场景的影响。

01 按M键打开“材质编辑器”对话框，选择一个空白材质球，单击 Standard 按钮，在弹出的“材质/贴图浏览器”对话框中选择VRayMtl材质，将该材质命名为“替换材质”。具体参数设置如图10.10所示。

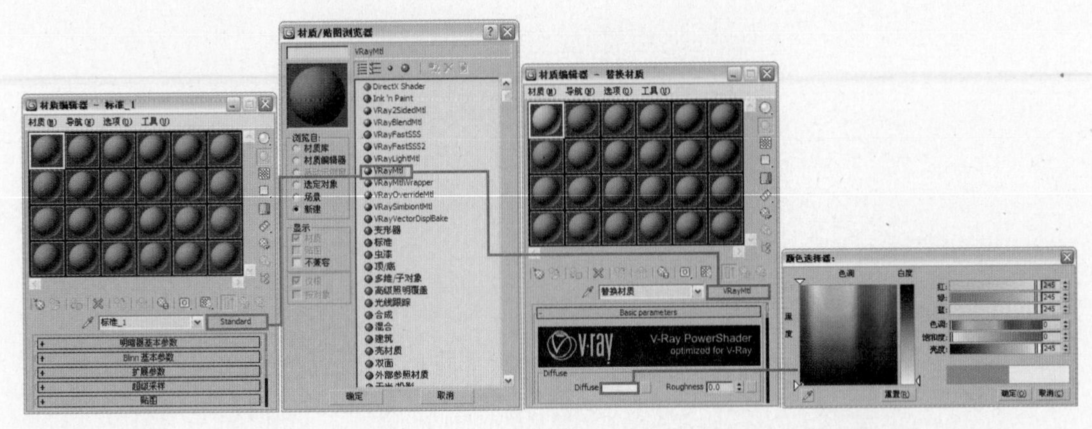

图10.10

02 按F10键打开“渲染设置”对话框，进入V-Ray选项卡，在 V-Ray:: Global switches （全局开关）卷展栏中，勾选Override mtl（覆盖材质）前的复选框，然后进入“材质编辑器”对话框中，将“替换材质”的材质球拖放到Override mtl右侧的None贴图通道按钮上，并以“实例”方式进行关联复制。具体参数设置如图10.11所示。

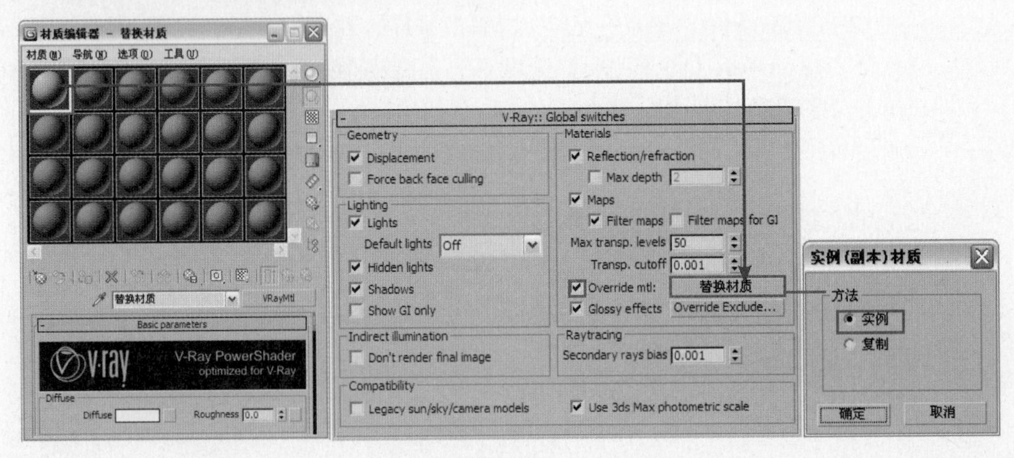

图10.11

03 下面创建顶部的筒灯灯光。单击 （创建）按钮，进入创建命令面板，之后单击 （灯光）按钮，在下拉菜单中选择“光度学”选项，然后在“对象类型”卷展栏中单击 目标灯光 按钮，在如图10.12所示的位置创建一盏目标灯光来模拟筒灯灯光。

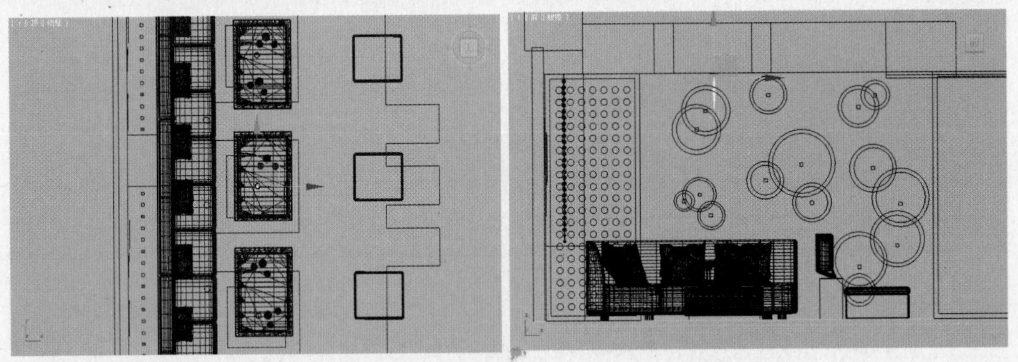

图10.12

04 进入修改命令面板，对创建的目标灯光参数进行设置，如图10.13所示。光域网文件为本书所附光盘提供的“第10章\KTV包房\贴图\中间亮.IES”文件。

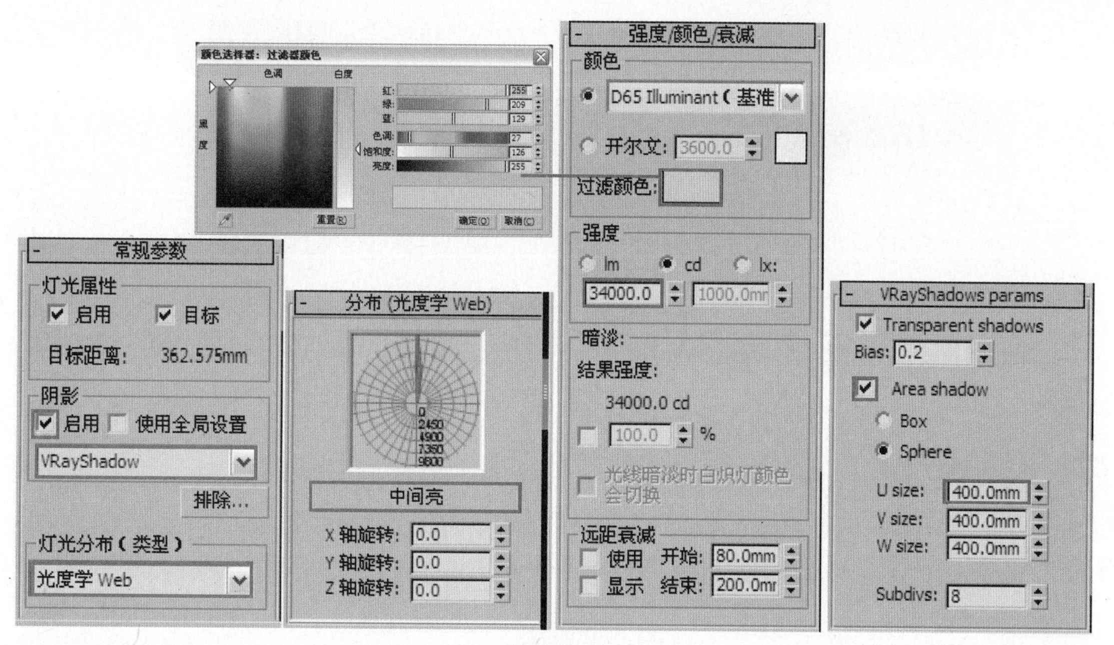

图10.13

05 在顶视图中，将刚刚创建的用来模拟筒灯灯光的目标灯光关联复制出8盏灯光，各个灯光的位置如图10.14所示。对摄像机视图进行渲染，此时的灯光效果如图10.15所示。

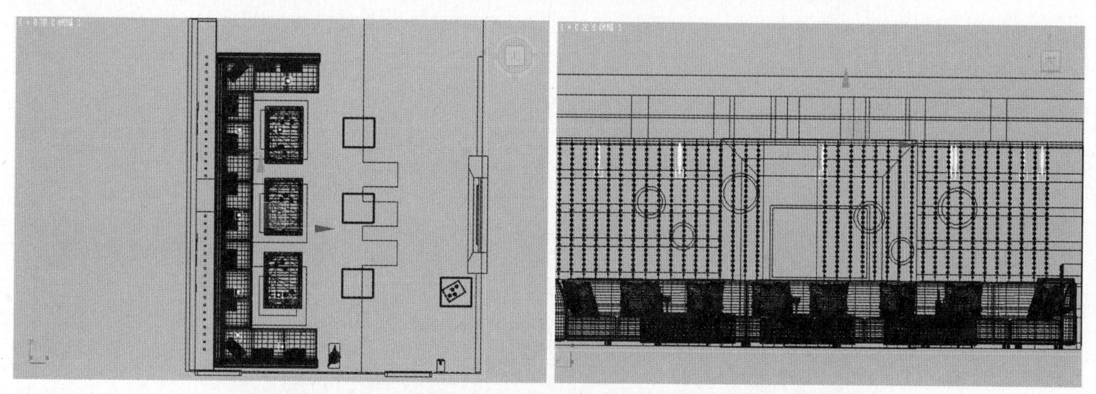

图10.14

图10.15

06 下面创建射灯灯光。单击（创建）按钮，进入创建命令面板，单击（灯光）按钮，在下拉菜单中选择“光度学”选项，然后在“对象类型”卷展栏中单击 目标灯光 按钮，在如图10.16所示的位置创建一盏目标灯光来模拟射灯灯光。

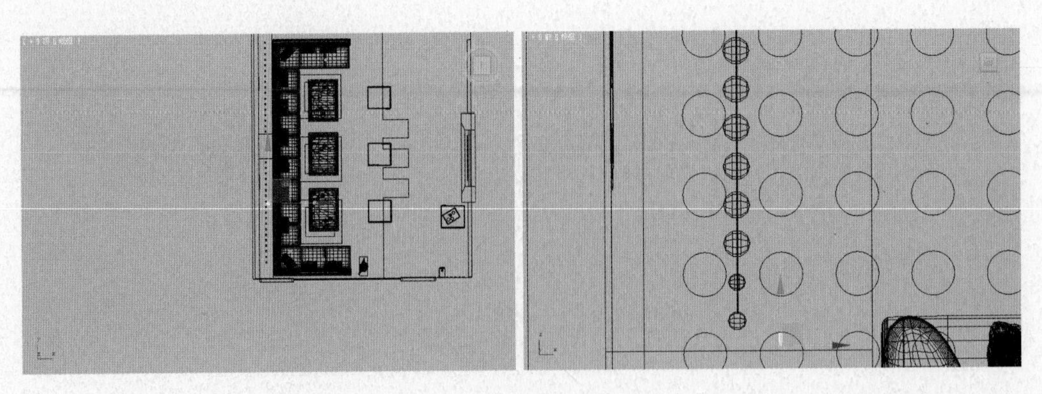

图10.16

07 进入修改命令面板，对创建的目标灯光参数进行设置，如图10.17所示。光域网文件为本书所附光盘提供的“第10章\KTV包房\贴图\经典筒灯.IES”文件。

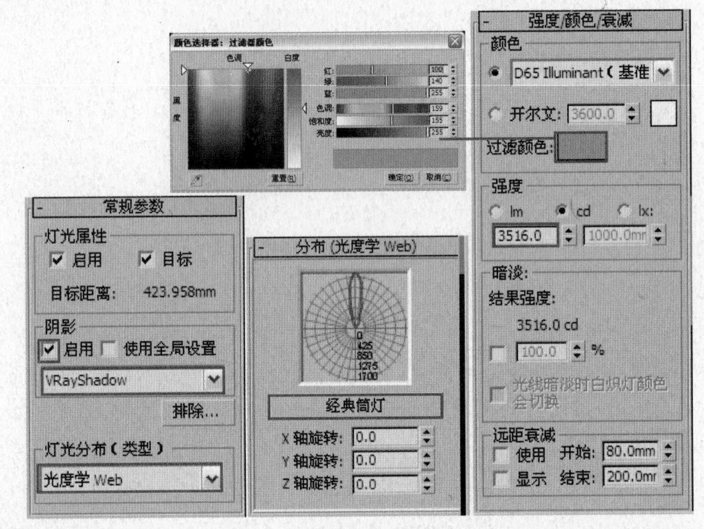

图10.17

08 在顶视图中，将刚刚创建的用来模拟射灯灯光的目标灯光关联复制出8盏灯光，各个灯光的位置如图10.18所示。对摄像机视图进行渲染，此时的灯光效果如图10.19所示。

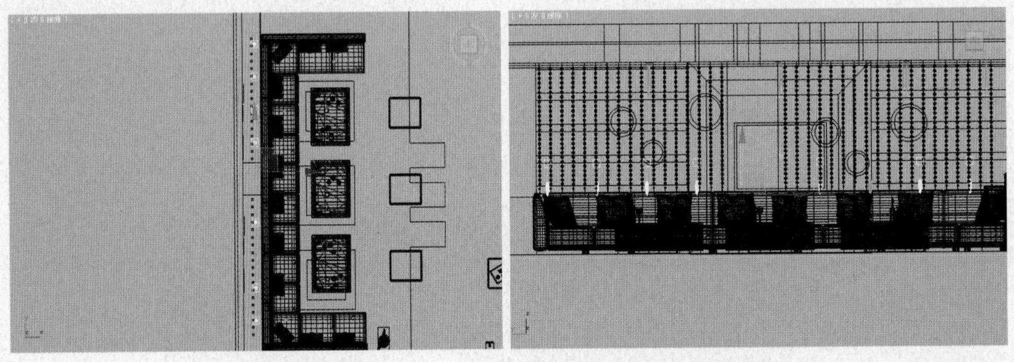

图10.18

09 下面开始创建电视机屏幕产生的光照效果。在如图10.20所示的位置创建一盏VRayLight来模拟屏幕发出的光。灯光参数设置如图10.21所示。

图10.19

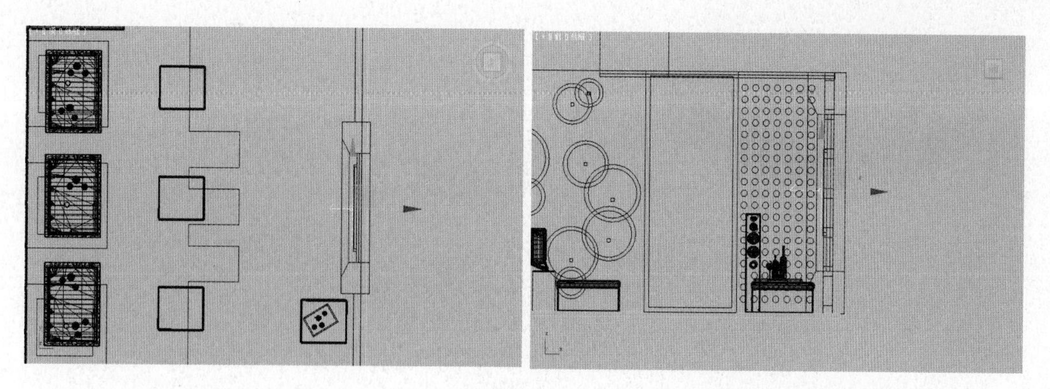

图10.20

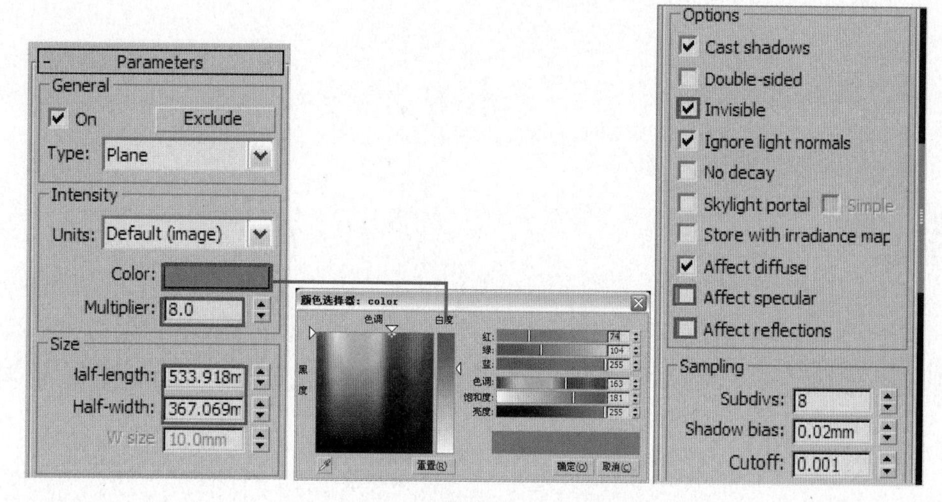

图10.21

10 对摄像机视图进行渲染，此时场景的灯光效果如图10.22所示。

图10.22

11 下面创建室内的暗藏灯光。在如图10.23所示的位置创建一盏VRayLight灯光，灯光参数设置如图10.24所示。

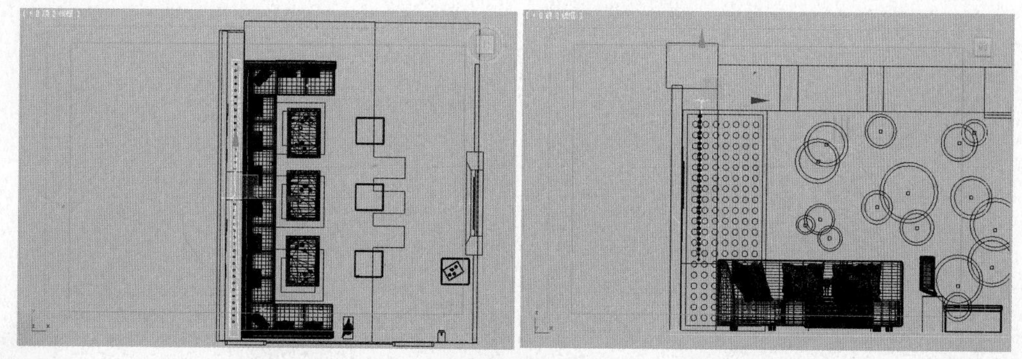

图10.23

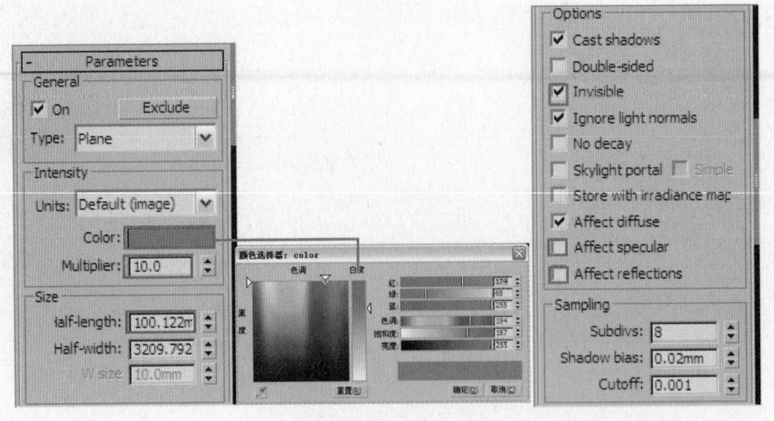

图10.24

12 对摄像机视图进行渲染，此时的灯光效果如图10.25所示。

图10.25

13 从渲染效果中可以发现，场景由于灯光的照射而曝光严重。下面通过调整场景曝光参数来降低场景亮度。按F10键打开“渲染设置”对话框，进入V-Ray选项卡，在 V-Ray:: Color mapping （色彩映射）卷展栏中进行曝光控制，参数设置如图10.26所示。再次渲染，效果如图10.27所示。

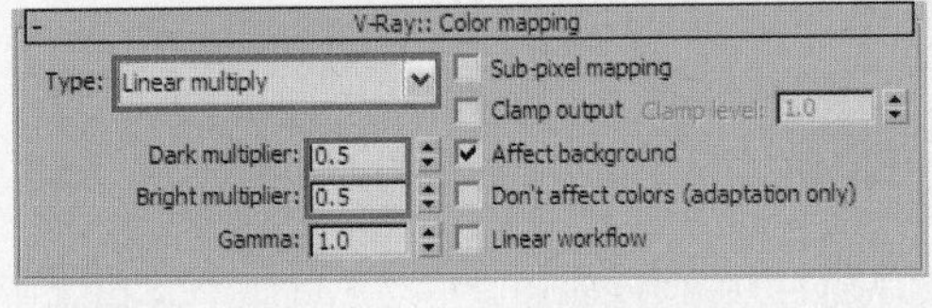

图10.26

图10.27

Note 提示 10 观察渲染结果，发现场景亮度问题已经解决。

上面已经对场景的灯光进行了布置，最终测试结果比较满意。测试完灯光效果后，下面进行材质设置。

10.1.2 设置场景材质

KTV包房场景的材质是比较丰富的，主要集中在地板、墙纸及布料等材质设置上，如何很好地展现这些材质的效果是表现的重点与难点。

Note 提示 10 在制作模型的时候就必须清楚物体材质的区别。另外，将同一种材质的物体进行成组或塌陷，这样可以为赋予物体材质提供很多方便。

01 在设置场景材质前，首先要取消前面对场景物体所设置的材质替换状态。按F10键打开“渲染设置”对话框，在 V-Ray:: Global switches （全局开关）卷展栏中，取消Override mtl前的复选框的勾选状态，如图10.28所示。

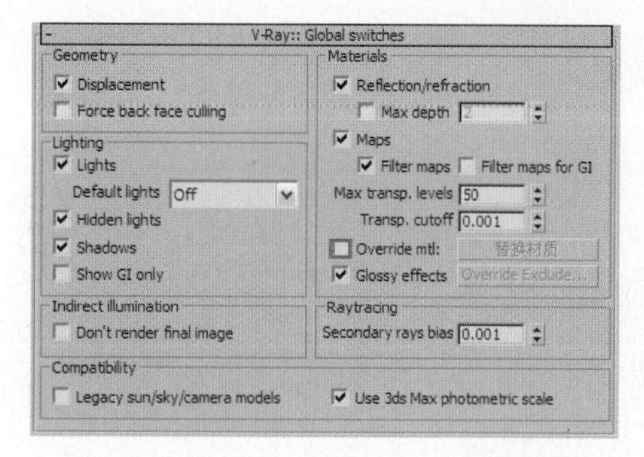

图10.28

02 下面开始设置地面材质。选择一个空白材质球，将材质设置为VRayMtl材质，并将该材质命名为“地面”，单击Diffuse右侧的贴图按钮，为其添加一个“位图”贴图，参数设置如图10.29所示。贴图文件为本书所附光盘提供的“第10章\KTV包房\贴图\2-杭非.jpg”文件。

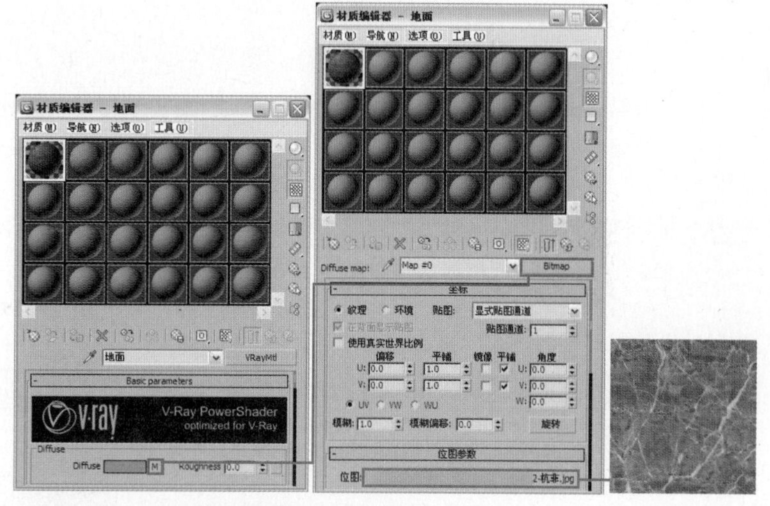
图10.29

03 返回VRayMtl材质层级，单击Reflect右侧的贴图通道按钮，为其添加一个“衰减”程序贴图，参数设置如图10.30所示。

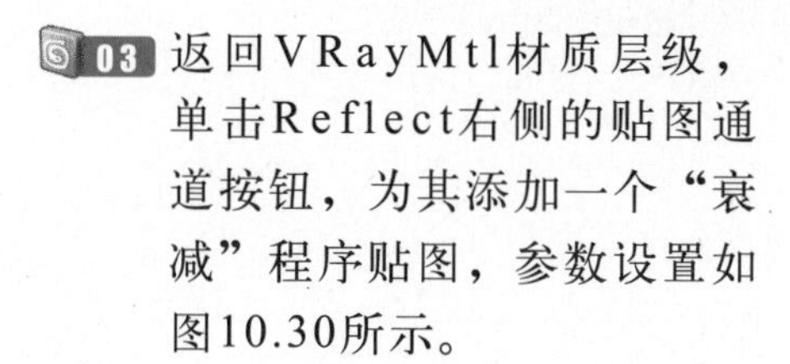

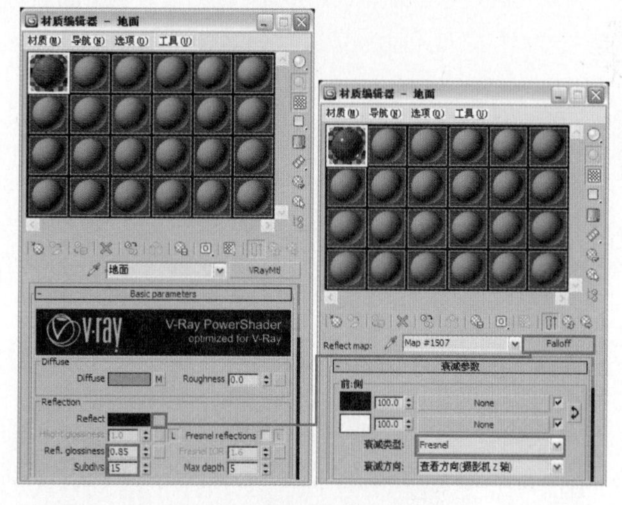
图10.30

04 将制作好的材质指定给物体“地面”。对摄像机视图进行渲染，地面效果如图10.31所示。

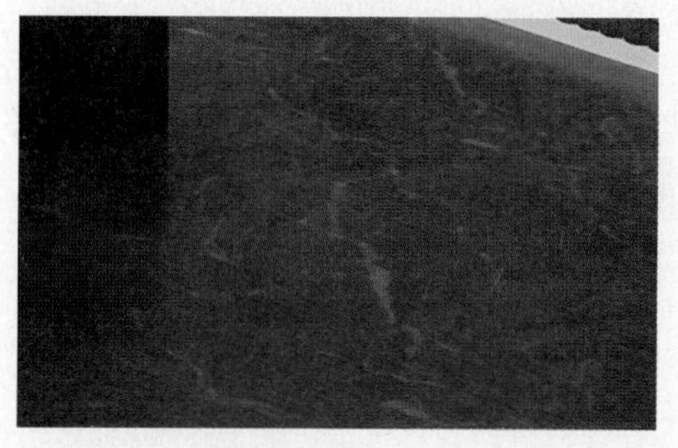
图10.31

05 下面开始设置沙发布材质。选择一个空白材质球，将材质设置为VRayMtl材质，并将该材质命名为“沙发布”，单击Diffuse右侧的贴图按钮，为其添加一个“衰减”程序贴图，参数设置如图10.32所示。

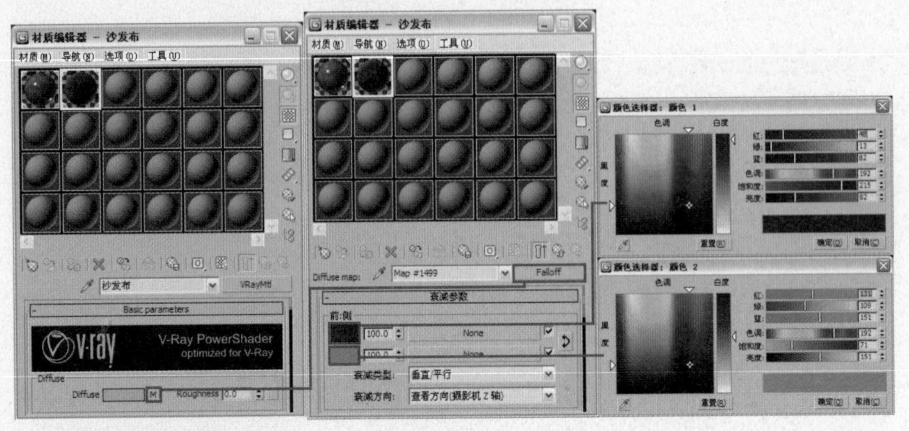

图10.32

06 返回VRayMtl材质层级，进入BRDF卷展栏，参数设置如图10.33所示。

07 将制作好的材质指定给物体“沙发”。对摄像机视图进行渲染，沙发效果如图10.34所示。

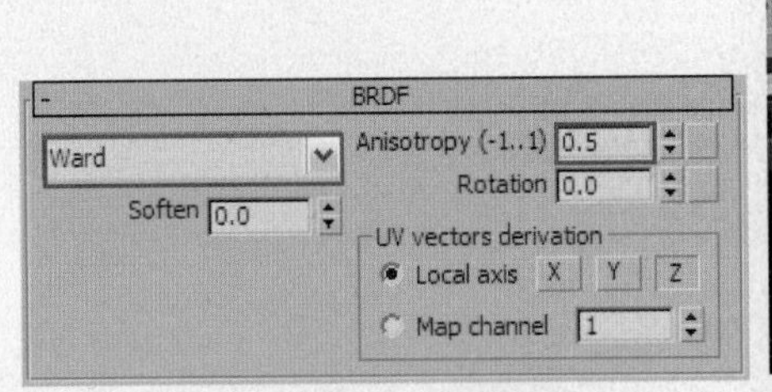

图10.33

图10.34

Note 提示 10

场景中的部分物体材质已经事先设置好，这里仅对场景中的主要材质进行讲解。

08 下面开始设置靠垫布料材质。选择一个空白材质球，将材质设置为VRayMtl材质，并将该材质命名为“靠垫布”，单击Diffuse右侧的贴图按钮，为其添加一个“衰减”程序贴图，参数设置如图10.35所示。

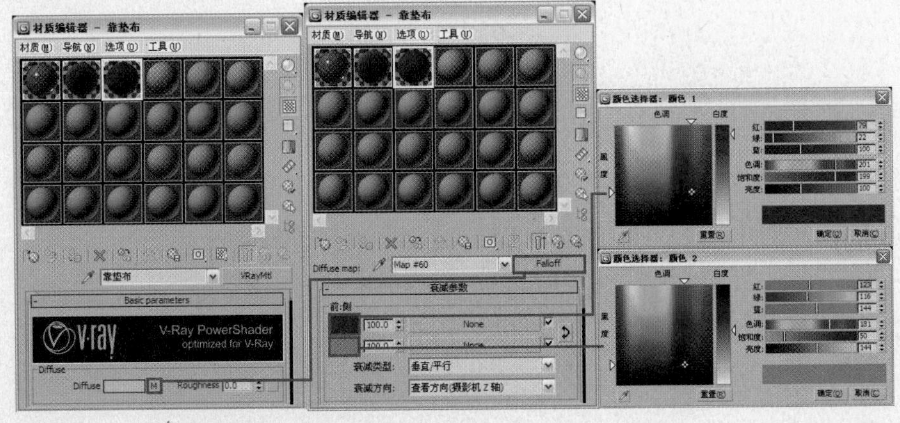

图10.35

09 返回VRayMtl材质层级，单击Reflect右侧的颜色按钮，参数设置如图10.36所示。

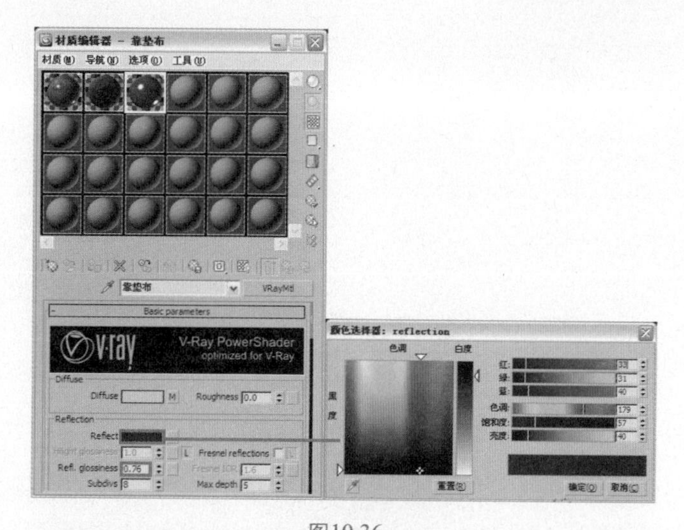

图10.36

10 返回VRayMtl材质层级，进入BRDF卷展栏，参数设置如图10.37所示。

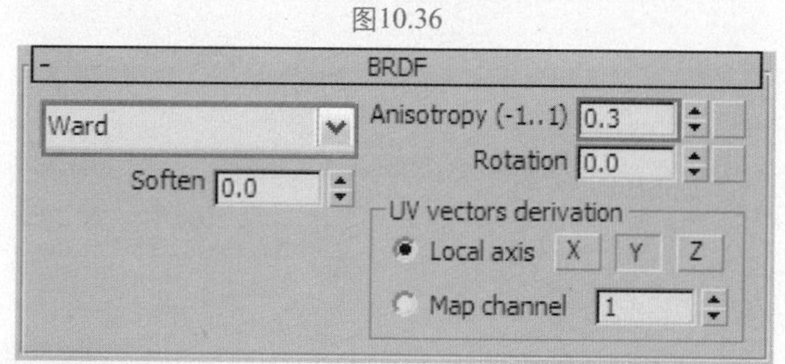

图10.37

11 返回VRayMtl材质层级，进入Maps卷展栏，为Bump贴图通道添加一个“位图”贴图，具体参数设置如图10.38所示。贴图文件为本书所附光盘提供的“第10章\KTV包房\贴图\BED_ZT.JPG”文件。

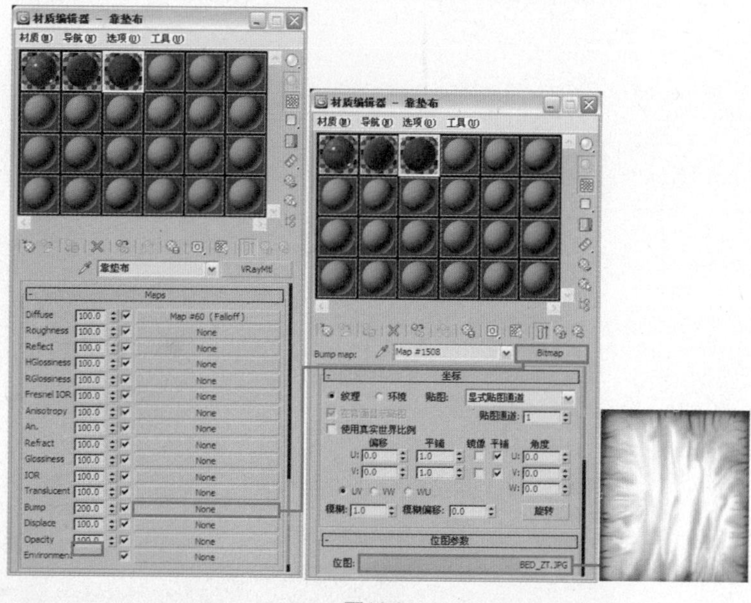

图10.38

12 将制作好的布料材质指定给物体“靠垫”。对摄像机视图进行渲染，靠垫效果如图10.39所示。

图10.39

13 室内的发光灯片材质设置。选择一个空白材质球，并将其命名为“发光灯片”，具体参数设置如图10.40所示。

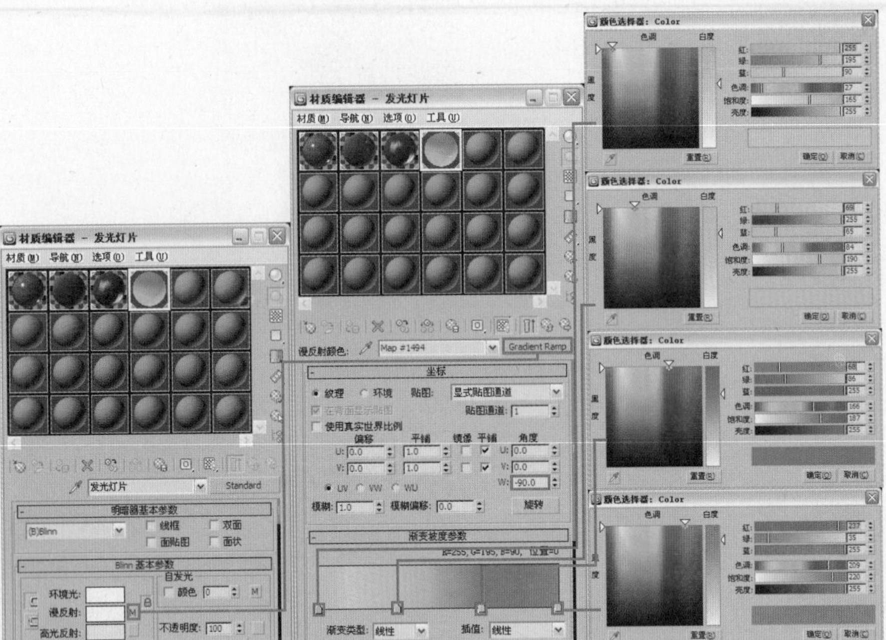
图10.40

14 将设置好的材质指定给物体“发光灯片”。对摄像机视图进行渲染，局部效果如图10.41所示。

图10.41

15 下面开始设置坐垫材质。选择一个空白材质球，将材质设置为VRayMtl材质，并将该材质命名为“坐垫”。单击Diffuse右侧的贴图按钮，为其添加一个“衰减”程序贴图，参数设置如图10.42所示。

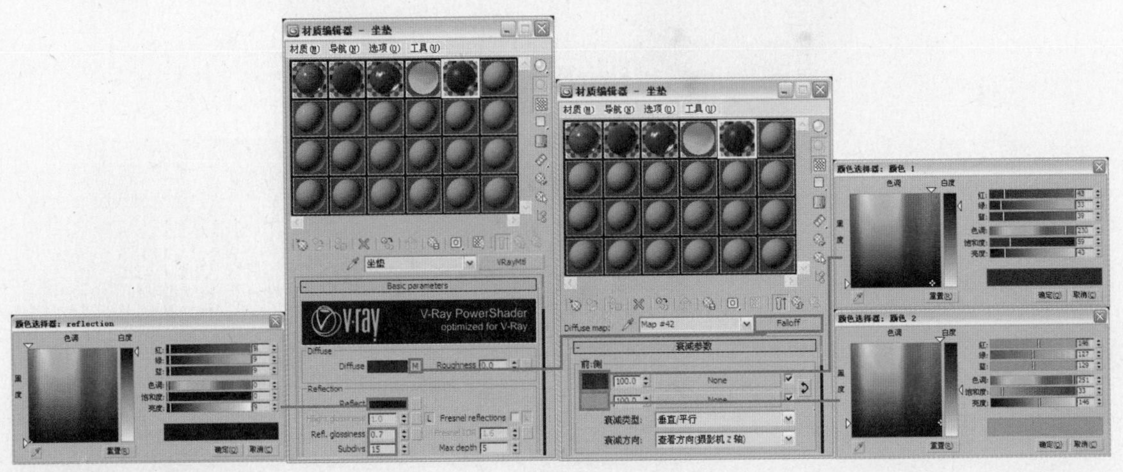
图10.42

16 将设置好的材质指定给物体“坐垫”。对摄像机视图进行渲染，局部效果如图10.43所示。

图10.43

至此，场景的灯光测试和材质设置都已经完成。下面将对场景进行最终渲染设置。最终渲染设置将决定图像的最终渲染品质。

10.1.3 最终渲染设置

1. 最终测试灯光效果

场景中的材质设置完毕后需要对场景进行渲染。观察此时场景整体的灯光效果。对摄像机视图进行渲染，效果如图10.44所示。

图10.44

观察渲染效果，场景光线稍微有点暗。调整一下曝光参数，具体设置如图10.45所示。再次对摄像机视图进行渲染，效果如图10.46所示。

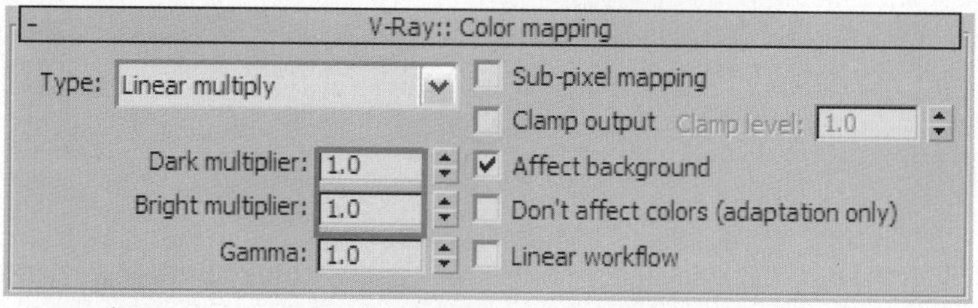

V-Ray:: Color mapping

Type: Linear multiply

Sub-pixel mapping

Clamp output Clamp level: 1.0

Dark multiplier: 1.0

Affect background

Bright multiplier: 1.0

Don't affect colors (adaptation only)

Gamma: 1.0

Linear workflow

图10.45

观察渲染效果，发现场景光线无须再调整。接下来设置最终渲染参数。

图10.46

2. 灯光细分参数设置

提高灯光细分值可以有效地减少场景中的杂点，但渲染速度也会相对降低。所以，只需要提高一些开启阴影设置的主要灯光的细分值，而且不能设置得过高。下面对场景中的主要灯光进行细分设置。

01 将室内模拟筒灯灯光的目标灯光的灯光阴影细分值设置为24，如图10.47所示。

02 将室内暗藏灯光的灯光细分值设置为24，如图10.48所示。

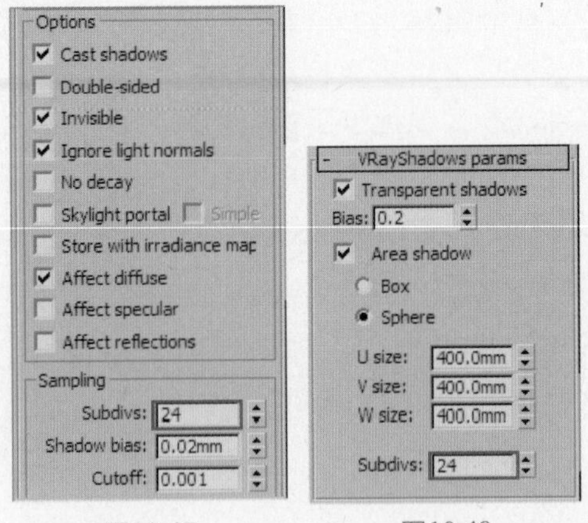

图10.47　图10.48

3. 设置保存发光贴图和灯光贴图的渲染参数

前面已经讲解过保存发光贴图和灯光贴图的方法，这里不再重复，只对渲染级别设置进行讲解。

01 下面进行渲染级别设置。进入 V-Ray:: Irradiance map 卷展栏，设置参数如图10.49所示。

02 进入 V-Ray:: Light cache 卷展栏，设置参数如图10.50 所示。

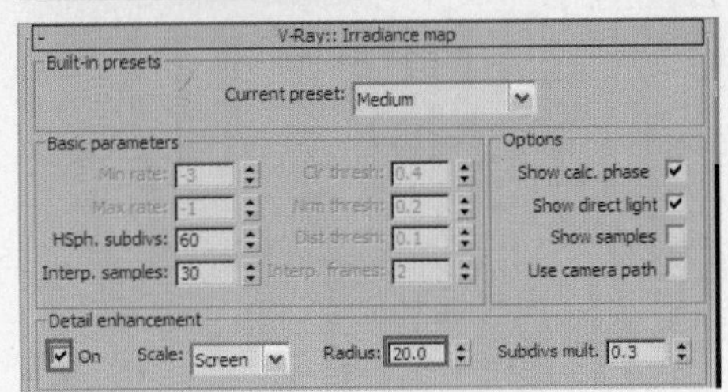

图10.49

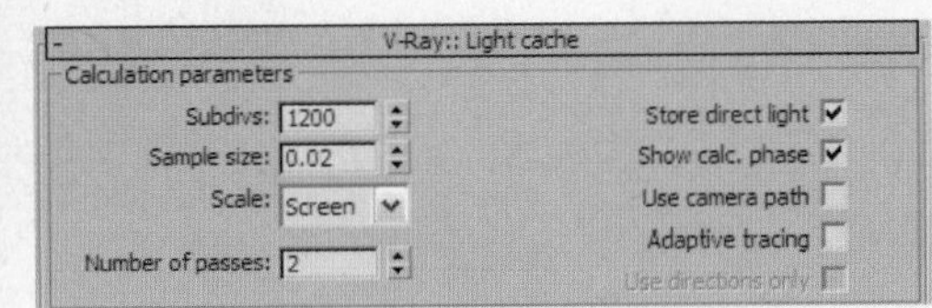

图10.50

03 在 V-Ray:: DMC Sampler （准蒙特卡罗采样器）卷展栏中设置参数，如图10.51所示，这是模糊采样设置。

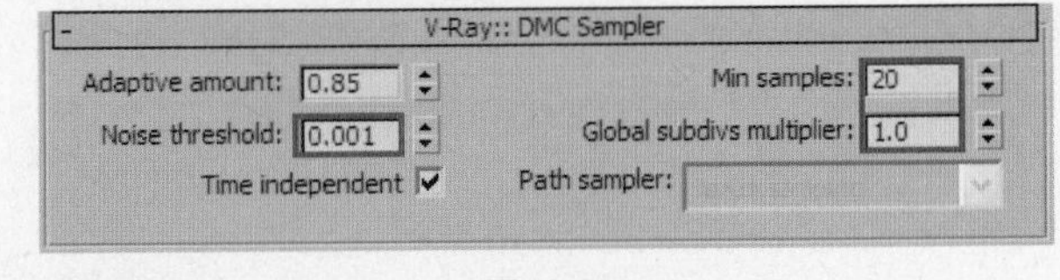

图10.51

渲染级别设置完毕，最后设置保存发光贴图和灯光贴图的参数并进行渲染即可。

4. 最终成品渲染

最终成品渲染的参数设置如下。

01 当发光贴图和灯光贴图计算完毕后，在“渲染设置”对话框的“公用”选项卡中设置最终渲染图像的输出尺寸，如图10.52所示。

02 在 V-Ray:: Image sampler (Antialiasing) 卷展栏中设置抗锯齿和过滤器，如图10.53所示。

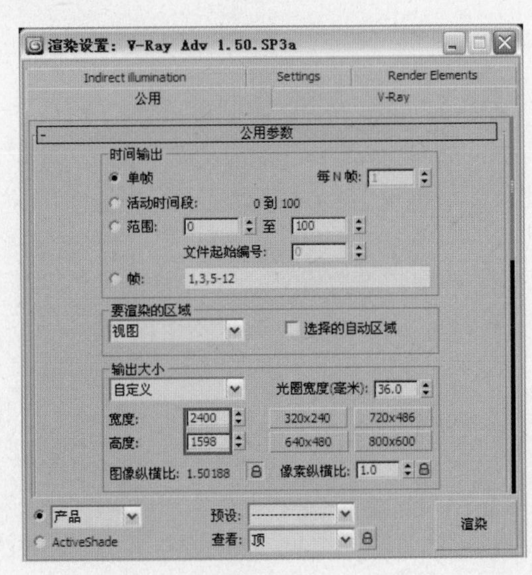

图10.52

03 最终渲染完成的效果如图10.54所示。

最后使用Photoshop软件对图像的亮度、对比度以及饱和度进行调整，以使效果更加生动、逼真。后期处理后的最终效果如图10.55所示。

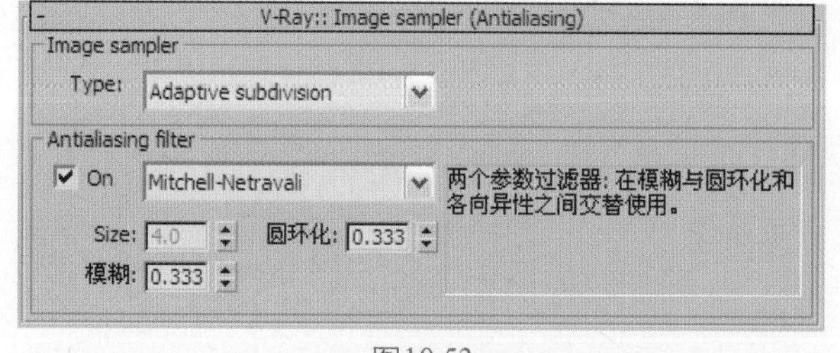

图10.53

图10.54

图10.55

Work 10.2 欧式大厅空间

3ds Max 2010+VRay

VRay ART OU SHI DA TING KONG JIAN

1. 效果展示

本案例展示了一个欧式豪华大厅空间。精美的吊灯、柔和的灯光，使整个空间散发出迷人的温情：整个室内色彩华丽，并用金色予以协调，其质地从单一到多样，整个客厅一派富丽堂皇。另外，黄色基调的壁纸渲染出了整个房间雅丽的氛围。

本场景采用了室外天光和室内灯光的表现手法，案例效果如图10.56所示。

如图10.57所示为欧式大厅模型的线框效果图。

欧式客厅其他角度的效果如图10.58所示。

图10.56

图10.57

图10.58

2. 技术要点

本案例在渲染过程中使用的技术要点如下。

灯光类型：VRayLight、目标灯光

材质类型：地面材质、沙发布料材质、沙发金属材质

下面首先进行测试渲染参数设置，然后进行灯光设置。

10.2.1 欧式客厅测试渲染设置

打开配套光盘中的“第10章\欧式大厅\欧式大厅源文件.max”场景文件，如图10.59所示。可以看到这是一个已经创建好的客厅场景模型，并且场景中的摄像机已经创建好。

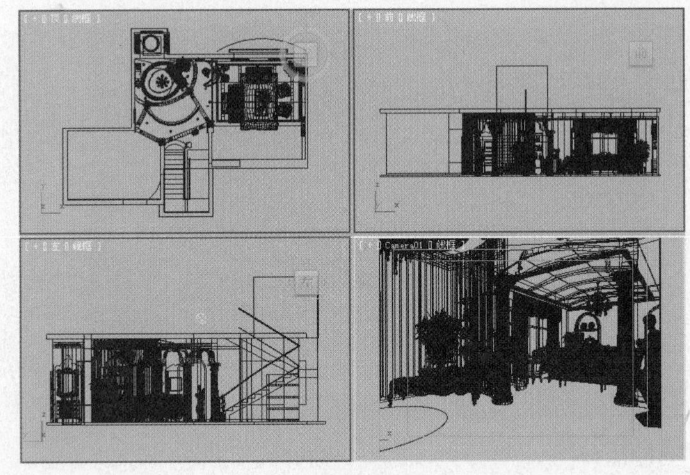

图10.59

下面首先进行测试渲染参数设置，然后为场景布置灯光。灯光布置包括室外天光以及室内人造光源等的创建，其中室外天光为场景的主要照明光源，对场景的亮度及层次起着决定性的作用。

1. 设置测试渲染参数

测试渲染参数的设置步骤如下。

01 首先需要将默认的渲染器类型更改为VRay渲染器。按F10键打开“渲染设置”对话框，在“公用”选项卡的“指定渲染器”卷展栏中单击“产品级”右侧的...（选择渲染器）按钮，然后在弹出的“选择渲染器”对话框中选择安装好的V-Ray Adv 1.50.SP3a渲染器，如图10.60所示。渲染器设置为VRay渲染器后，“渲染设置”对话框的界面发生了变化。打开其中的V-Ray选项卡，可以看到选择好的VRay渲染器面板，如图10.61所示。

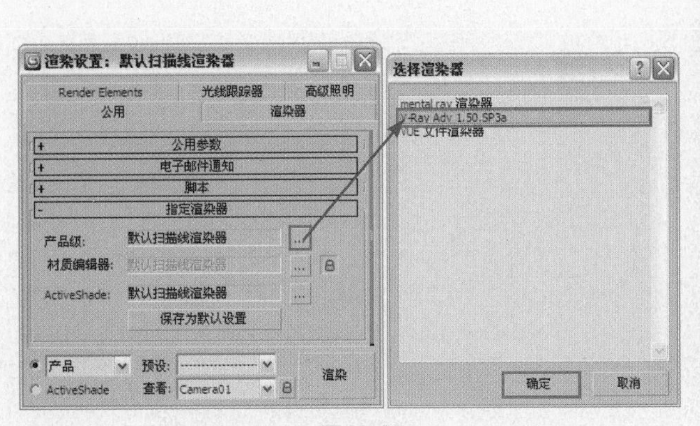

图10.60

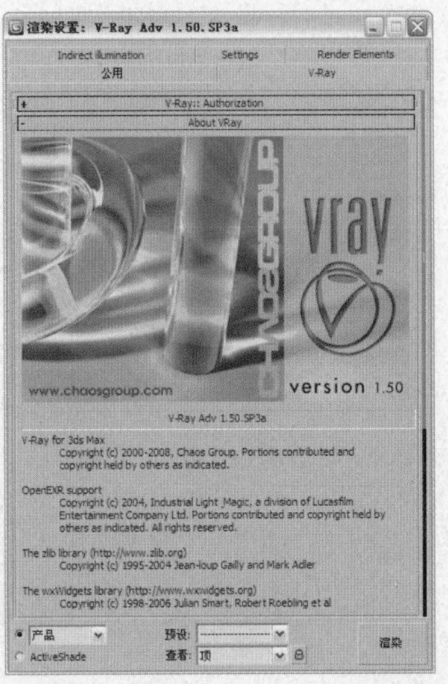

图10.61

02 在“公用参数”卷展栏中设置较小的图像尺寸，如图10.62所示。

03 进入V-Ray选项卡，在 V-Ray:: Global switches （全局开关）卷展栏中的参数设置如图10.63所示。

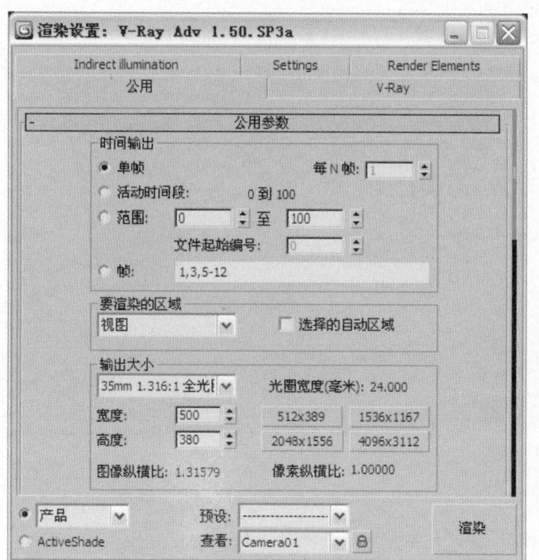

图10.62

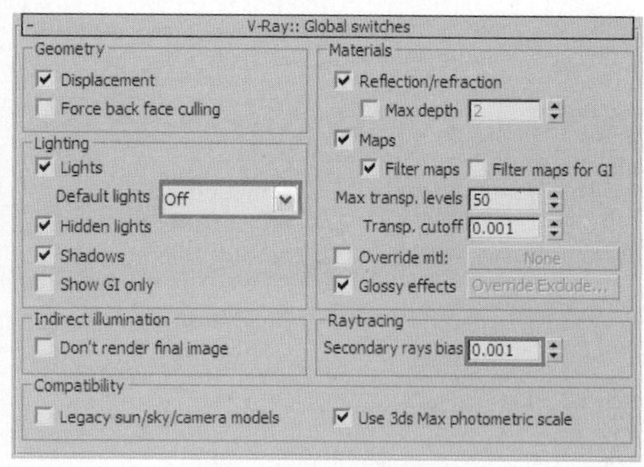

图10.63

04 进入 V-Ray:: Image sampler (Antialiasing) （抗锯齿采样）卷展栏，参数设置如图10.64所示。

05 进入Indirect illumination（间接照明）选项卡，在 V-Ray:: Indirect illumination (GI) （间接照明）卷展栏中设置参数，如图10.65所示。

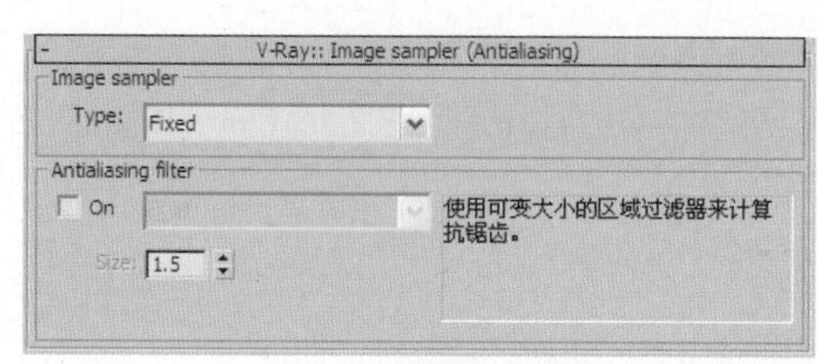

图10.64

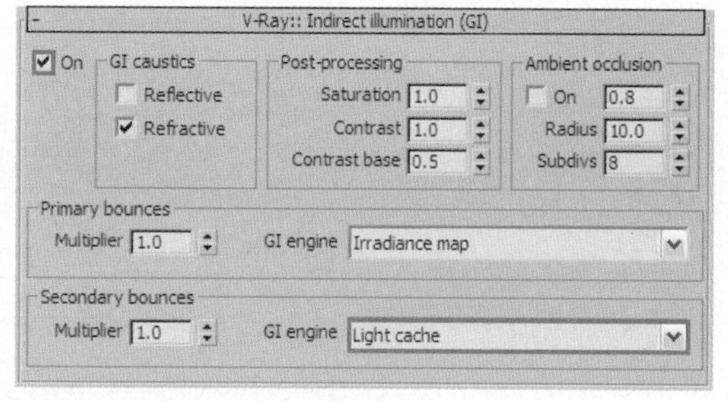

图10.65

06 在 V-Ray:: Irradiance map （发光贴图）卷展栏中设置参数，如图10.66所示。

07 在 V-Ray:: Light cache （灯光缓存）卷展栏中设置参数，如图10.67所示。

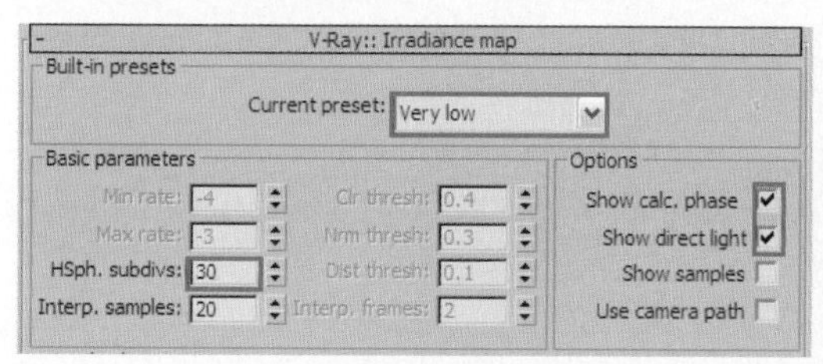

图10.66

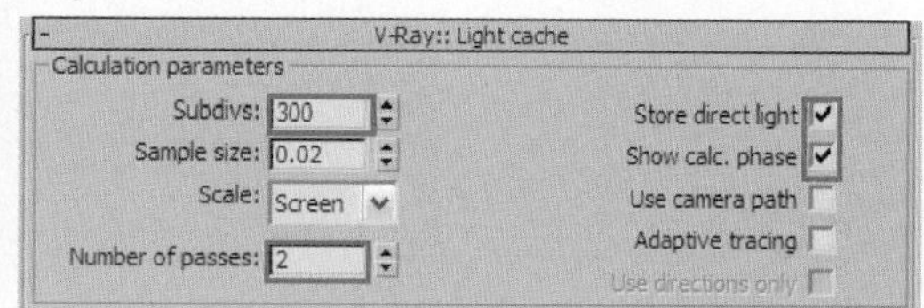

图10.67

Note 提示 10

提示：预设测试渲染参数是根据自己的经验和计算机本身的硬件配制得到的一个相对低的渲染设置，读者在这里可以作为参考。当然，读者也可以自己尝试一些其他参数设置。

2. 布置场景灯光

01 首先创建室外的天光。单击 (创建）按钮，进入创建命令面板，再单击 (灯光）按钮，在下拉菜单中选择VRay选项，然后在“对象类型”卷展栏中单击 VRayLight 按钮，在场景的阳面窗户外部区域创建一盏VRayLight面光源，如图10.68所示。灯光参数设置如图10.69所示。

图10.68

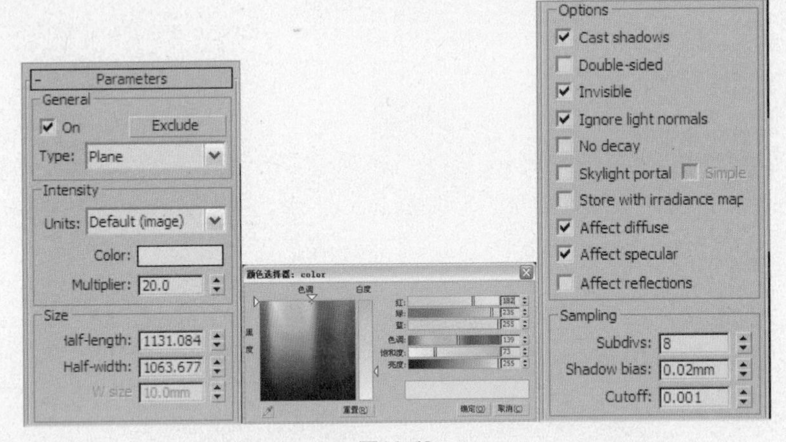

图10.69

02 对摄像机视图进行渲染，效果如图10.70所示。

图10.70

03 从渲染画面可以看到，当前场景直接光照的地方曝光比较严重。下面通过调整场景曝光参数来改善场景亮度。按F10键打开“渲染设置”对话框，进入V-Ray选项卡，在 V-Ray:: Color mapping 卷展栏中进行曝光控制，参数设置如图10.71所示。再次渲染，效果如图10.72所示。

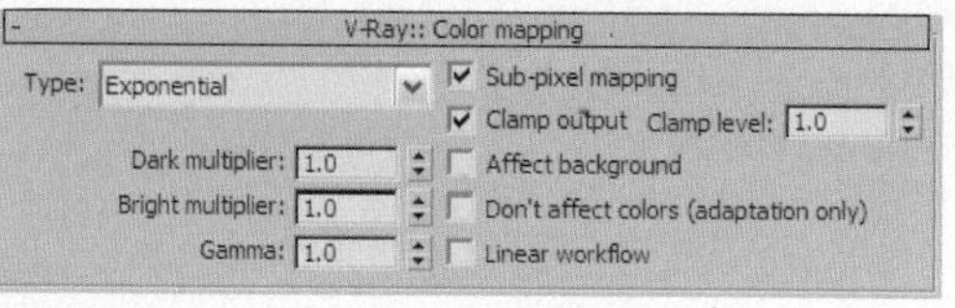

图10.71

图10.72

04 接着创建天光。在如图10.73所示的位置创建一盏VRayLight面光源来模拟室外天光，灯光参数设置如图10.74所示。

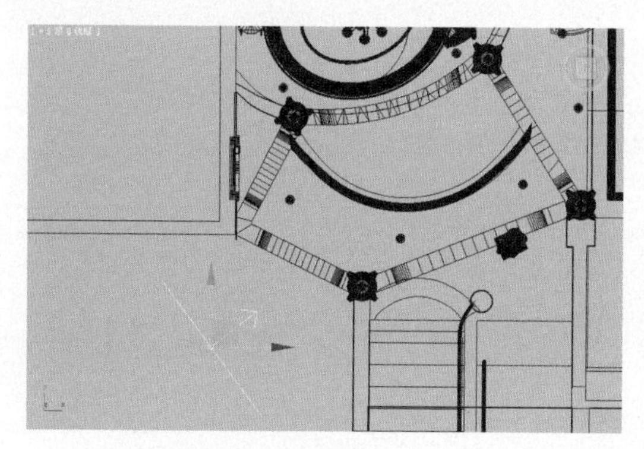

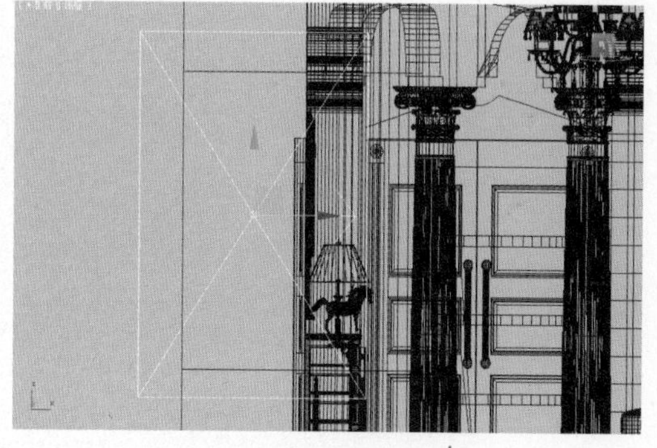

图10.73

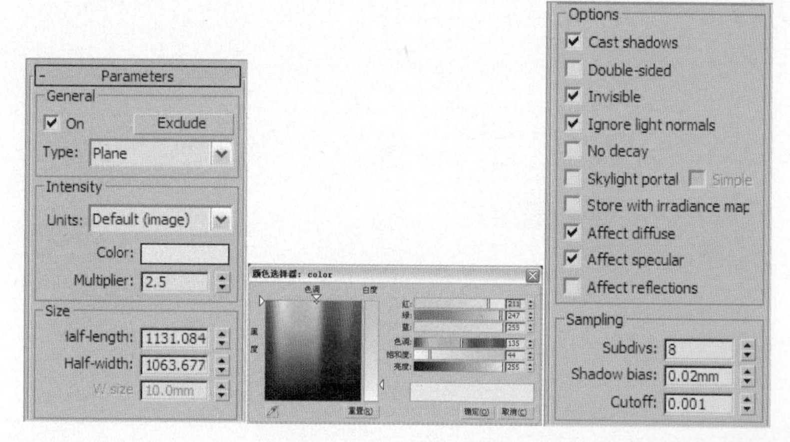

图10.74

05 对摄像机视图进行渲染，效果如图10.75所示。

图10.75

06 接着设置楼梯处的天光。在如图10.76所示的位置创建一盏VRayLight面光源，灯光参数设置如图10.77所示。

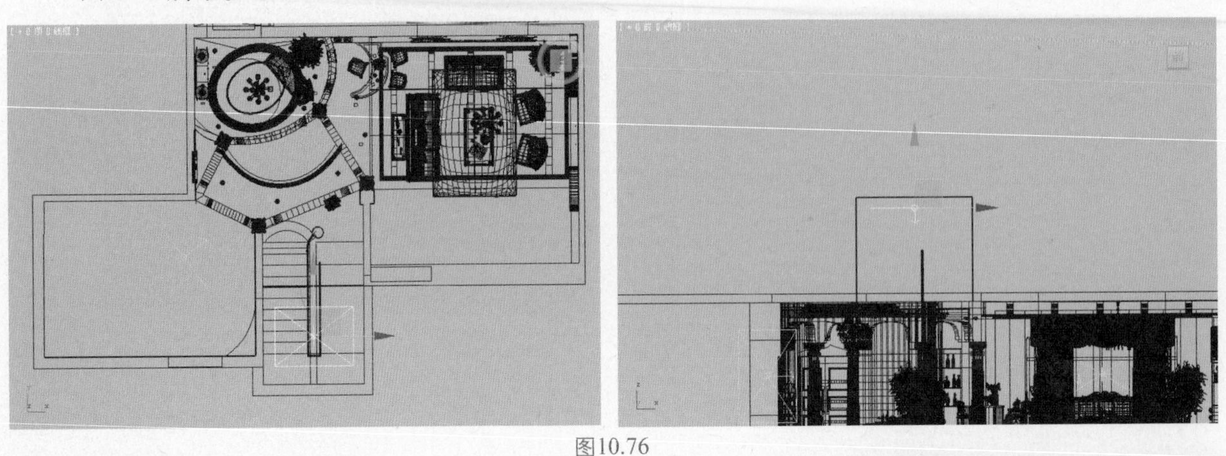

图10.76

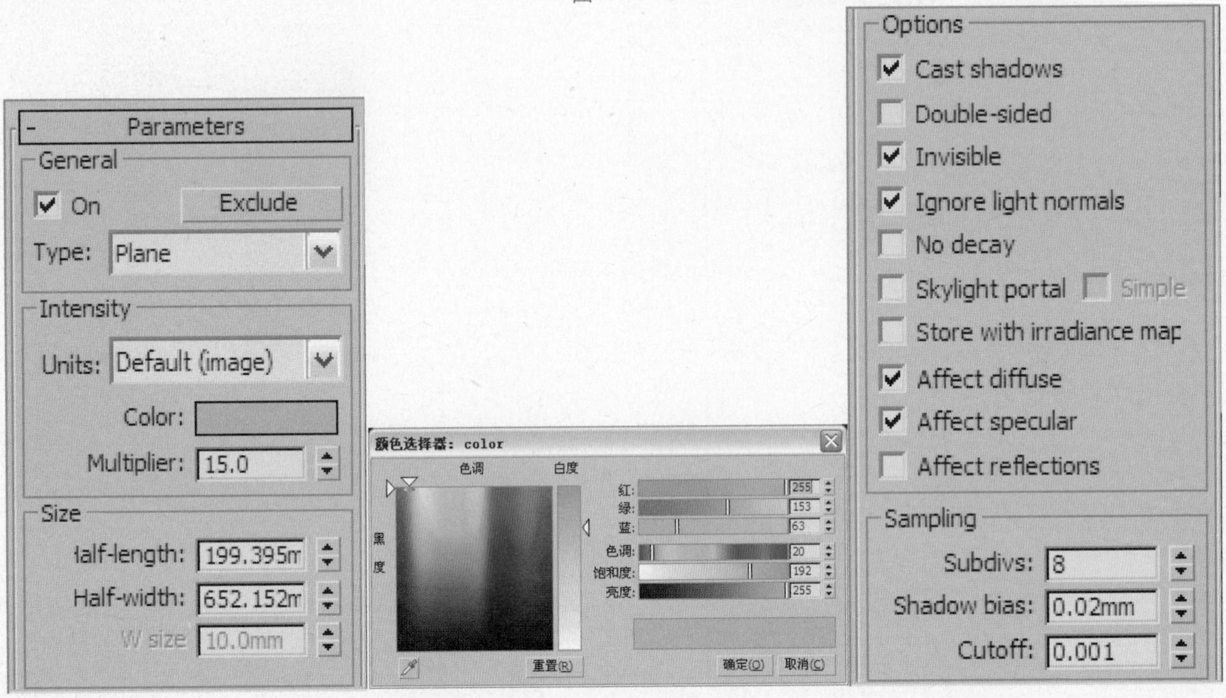

Parameters
General
On　Exclude
Type: Plane
Intensity
Units: Default (image)
Color:
Multiplier: 15.0
Size
Half-length: 199.395m
Half-width: 652.152m
W size 10.0mm

颜色选择器：color
色调　白度　黑度
红: 255
绿: 153
蓝: 63
色调: 20
饱和度: 192
亮度: 255
重置(R)　确定(O)　取消(C)

Options
Cast shadows
Double-sided
Invisible
Ignore light normals
No decay
Skylight portal　Simple
Store with irradiance map
Affect diffuse
Affect specular
Affect reflections
Sampling
Subdivs: 8
Shadow bias: 0.02mm
Cutoff: 0.001

图10.77

07 接着在如图10.78所示的楼梯口位置创建一盏VRayLight面光源来模拟室外天光，灯光参数设置如图10.79所示。

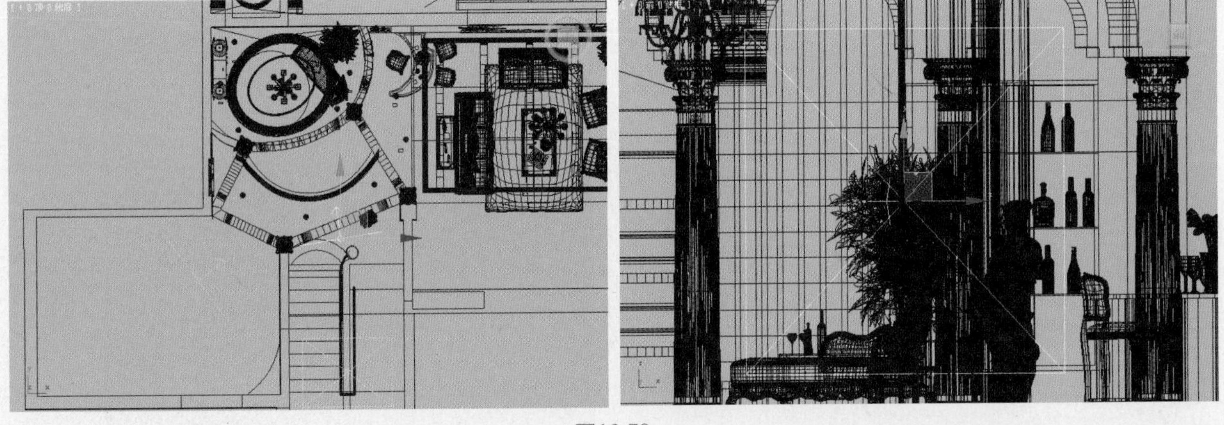

图10.78

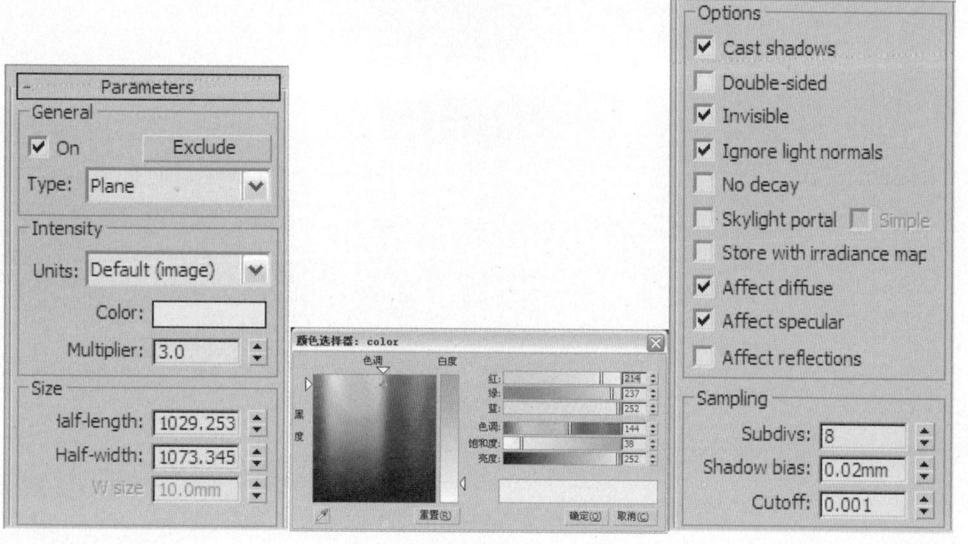

图10.79

08 此时对摄像机视图进行渲染，效果如图10.80所示。

图10.80

09 室外的灯光已创建完毕，下面创建室内的灯光效果。首先设置顶面筒灯效果。单击（创建）按钮，进入创建命令面板，之后单击（灯光）按钮，在下拉菜单中选择“光度学”选项，然后在“对象类型”卷展栏中单击 目标灯光 按钮，在如图10.81所示的位置创建一个目标灯光来模拟装饰筒灯效果。

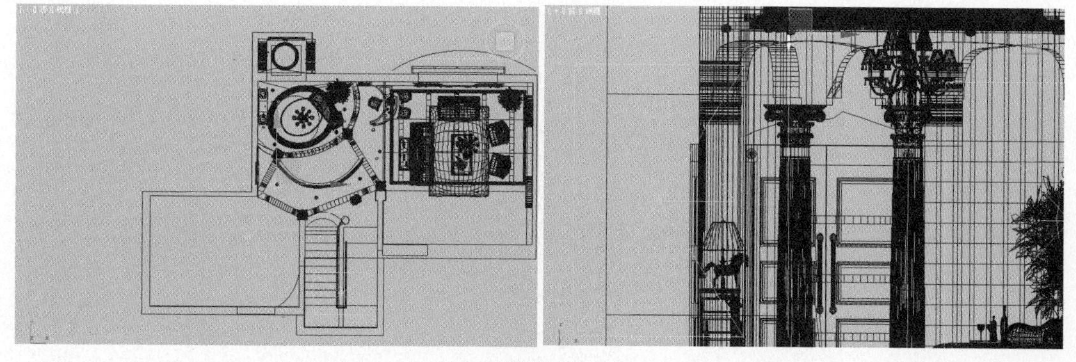

图10.81

10 进入修改命令面板，对创建的目标灯光参数进行设置，如图10.82所示。光域网文件为本书所附光盘提供的“第10章\欧式大厅\贴图\28.IES”文件。

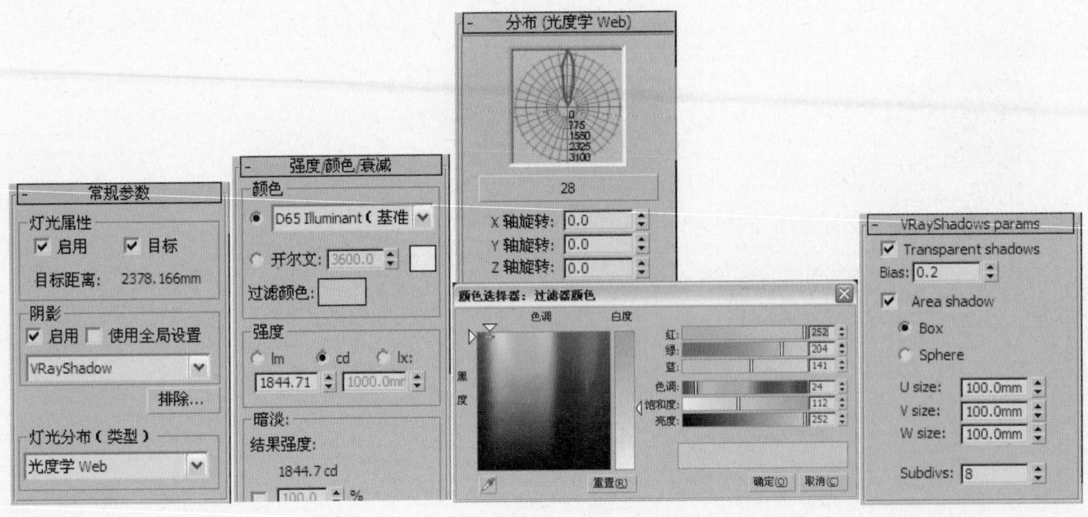

图10.82

11 在顶视图中，选中刚刚创建的目标灯光Point01，通过移动、旋转等工具将其关联复制出17盏，位置如图10.83所示。

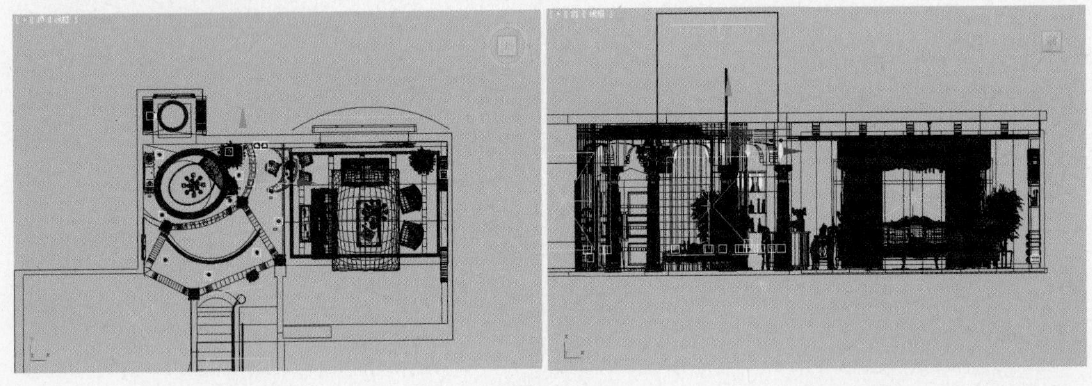

图10.83

12 对摄像机视图进行渲染，此时的效果如图10.84所示。

图10.84

13 接下来设置场景中的暗藏灯带效果。首先设置客厅顶部和装饰柜的暗藏灯光效果。在如图10.85所示的位置创建一盏VRayLight面光源，灯光参数设置如图10.86所示。

图10.85

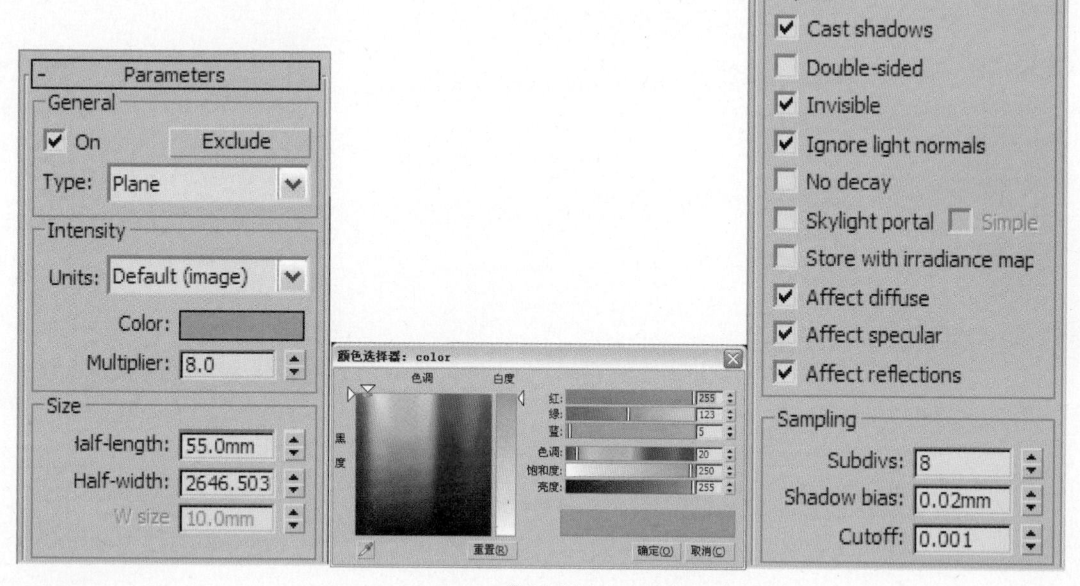

图10.86

14 选中刚刚创建的VRayLight05，通过移动、旋转及缩放等工具将其关联复制出5盏，灯光位置如图10.87所示。

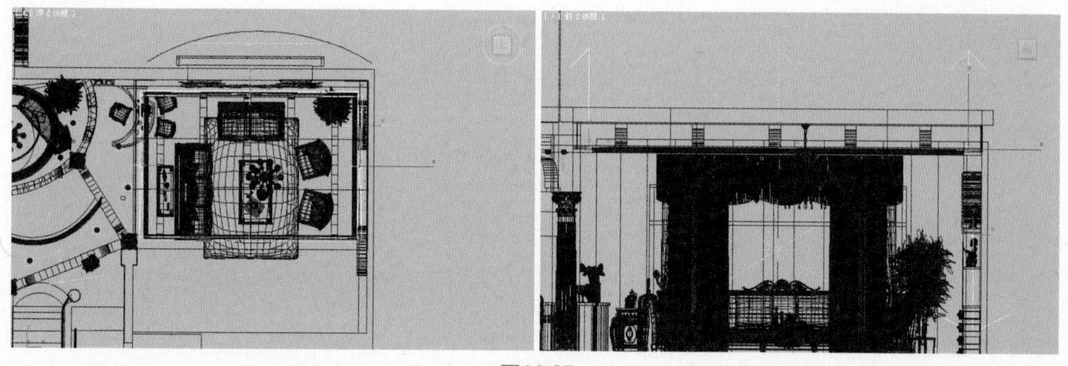

图10.87

15 接下来设置过道圆顶暗藏的灯带效果。在如图10.88所示的位置创建一盏VRayLight面光源，灯光参数设置如图10.89所示。

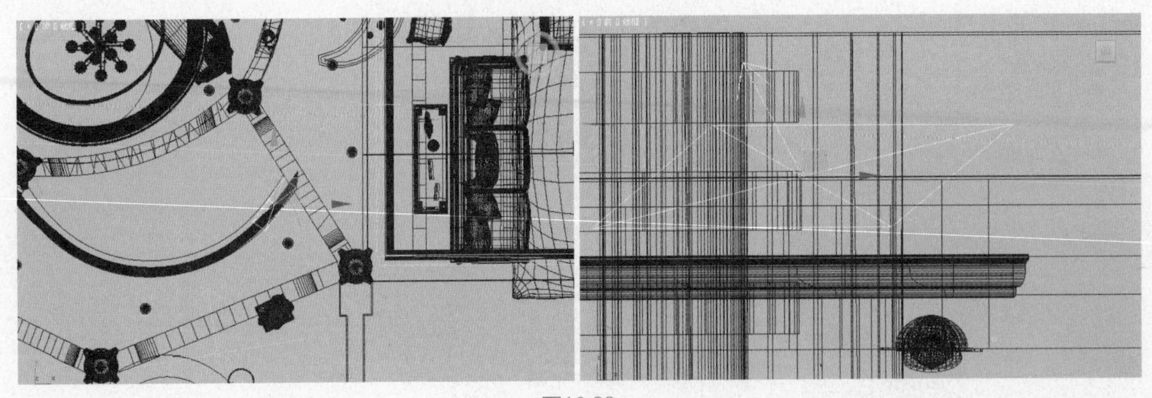

图10.88

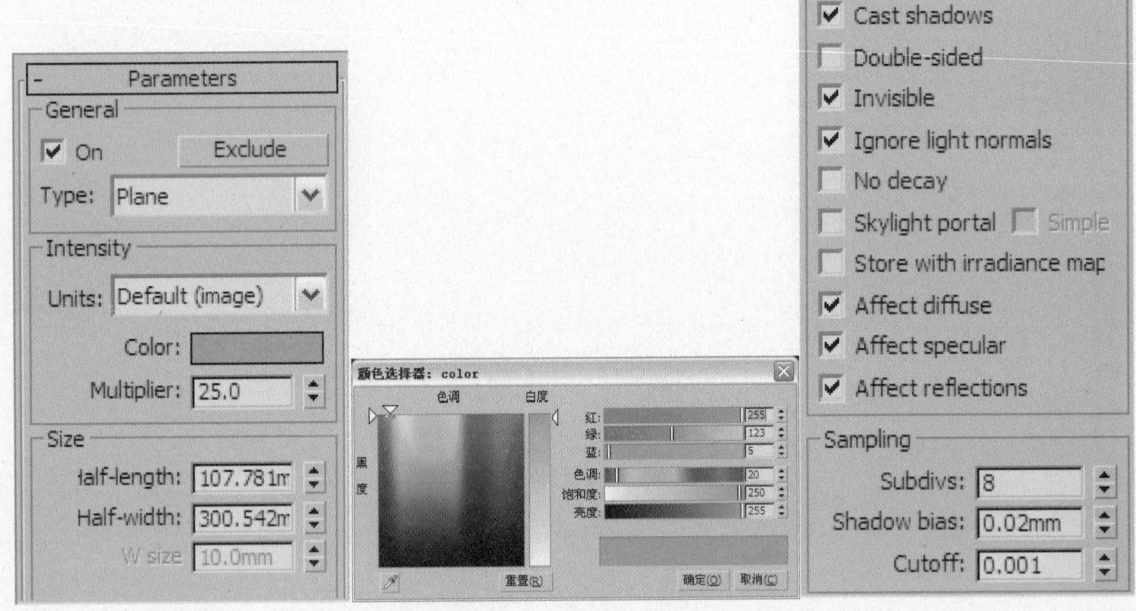

图10.89

16 选中刚刚创建的VRayLight11，通过移动、旋转及缩放等工具将其关联复制出22盏，灯光位置如图10.90所示。

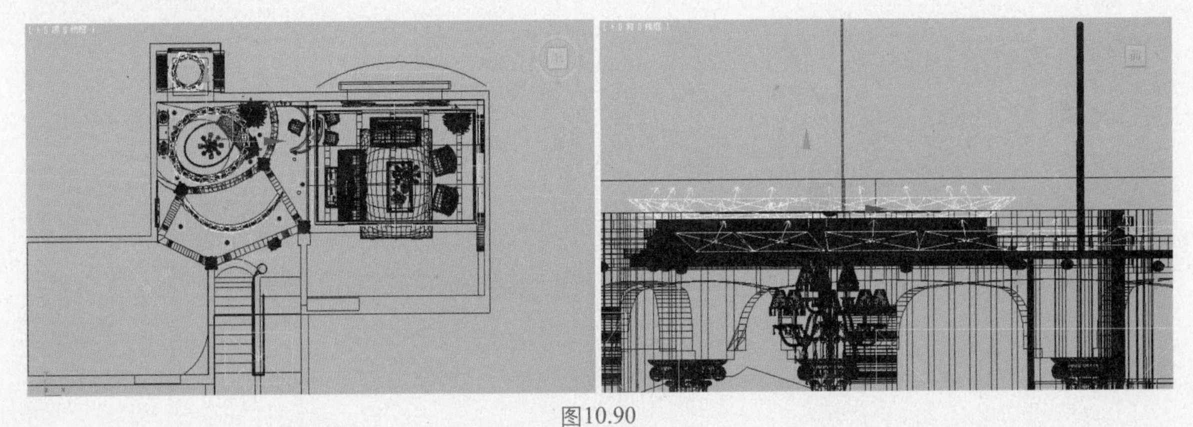

图10.90

17 对摄像机视图进行渲染，此时的效果如图10.91所示。

图10.91

18 观察渲染效果，可以看到小沙发和沙发顶部有点暗，这里需要为其添加一盏补光。在如图10.92所示的位置创建一盏VRayLight球形光，灯光参数设置如图10.93所示。

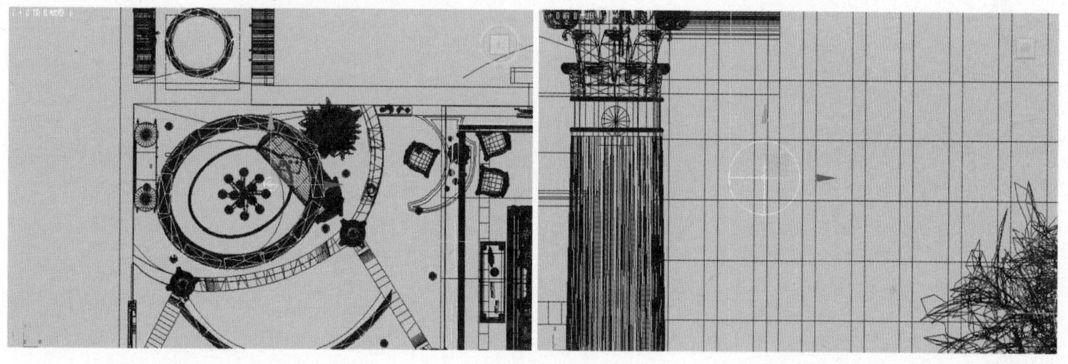

图10.92

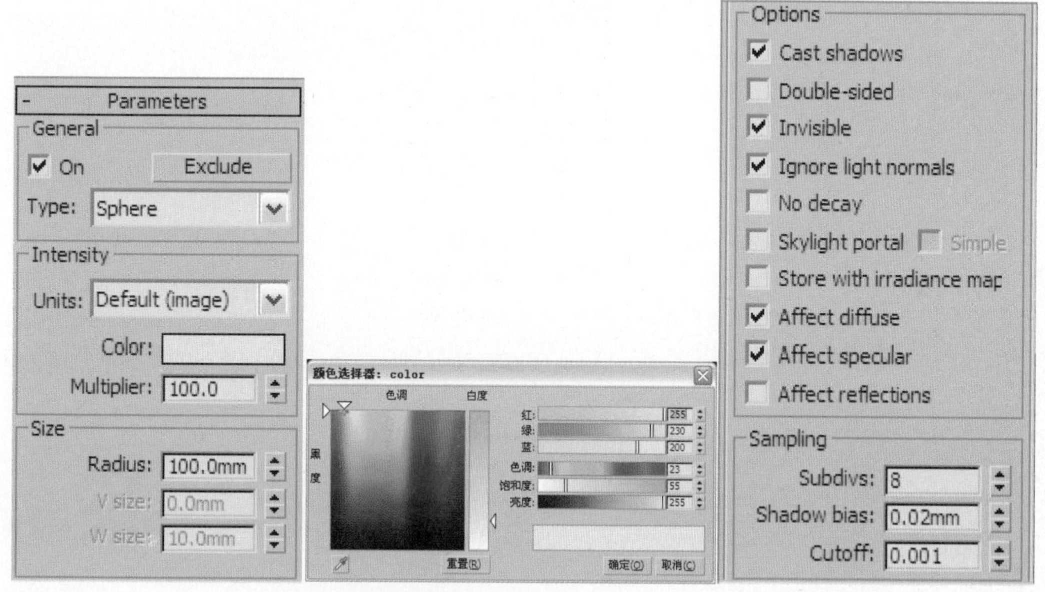

图10.93

19 接着为客厅茶几创建一盏补光。灯光位置如图10.94所示，灯光的具体参数设置如图10.95所示。

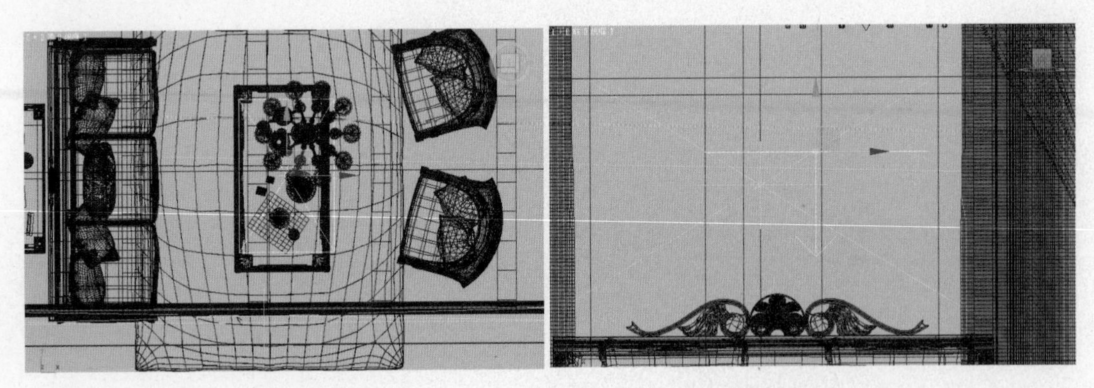

图10.94

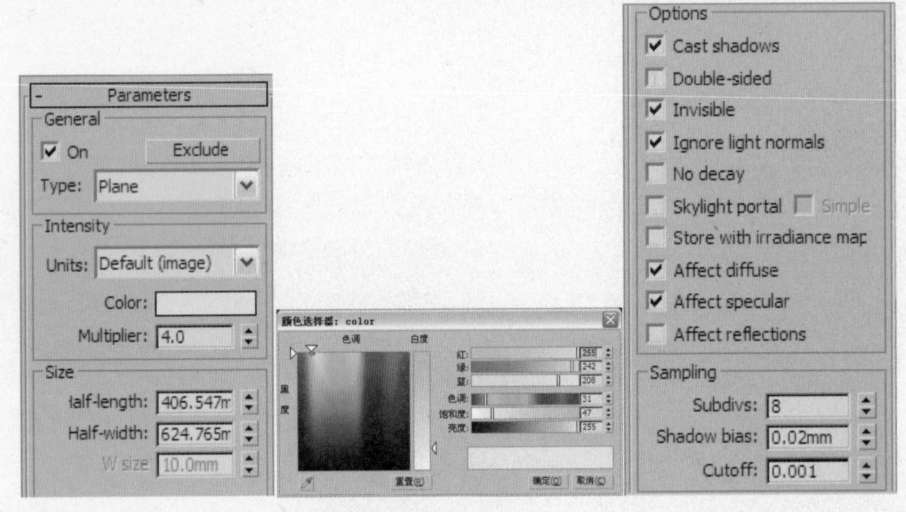

图10.95

20 最后对摄像机视图进行渲染，效果如图10.96所示。

图10.96

上面已经对场景的灯光进行了布置，最终测试结果比较满意。测试完灯光效果后，下面进行材质设置。

10.2.2 设置场景材质

为了提高设置场景材质时的测试渲染速度，可以在灯光布置完毕后对测试渲染参数下的发光贴图和灯光贴图进行保存，然后在设置场景材质时调用保存好的发光贴图和灯光贴图进行测试渲染，从而提高渲染速度。

Note 提示 10 在制作模型的时候就必须清楚物体材质的区别。另外，将同一种材质的物体进行成组或塌陷，这样可以为赋予物体材质提供很多方便。

01 首先设置地面材质。选择一个空白材质球，将其设置为VRayMtl材质，并将该材质命名为“地面”。单击Diffuse右侧的贴图通道按钮，为其添加一个“输出”程序贴图，具体参数设置如图10.97所示。

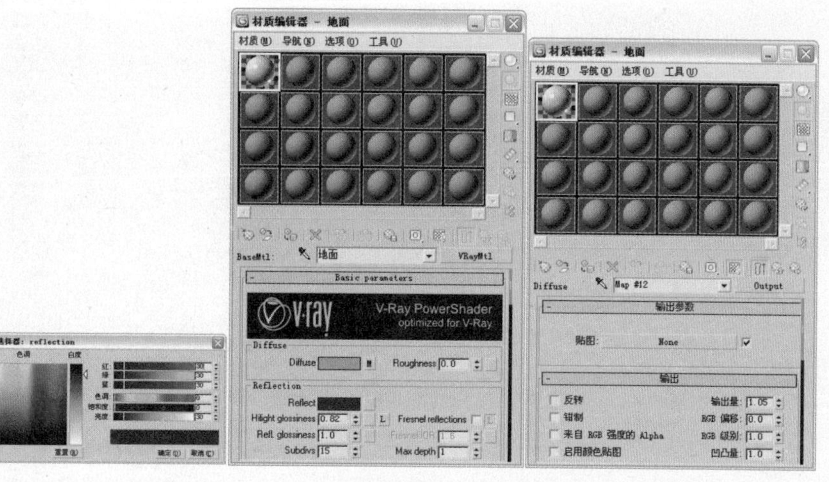

图10.97

02 在“输出”贴图层级，单击“贴图”右侧的贴图通道按钮，为其添加一个“位图”贴图，具体参数设置如图10.98所示。贴图文件为本书所附光盘提供的“第10章\欧式大厅\贴图\dz.jpg”。

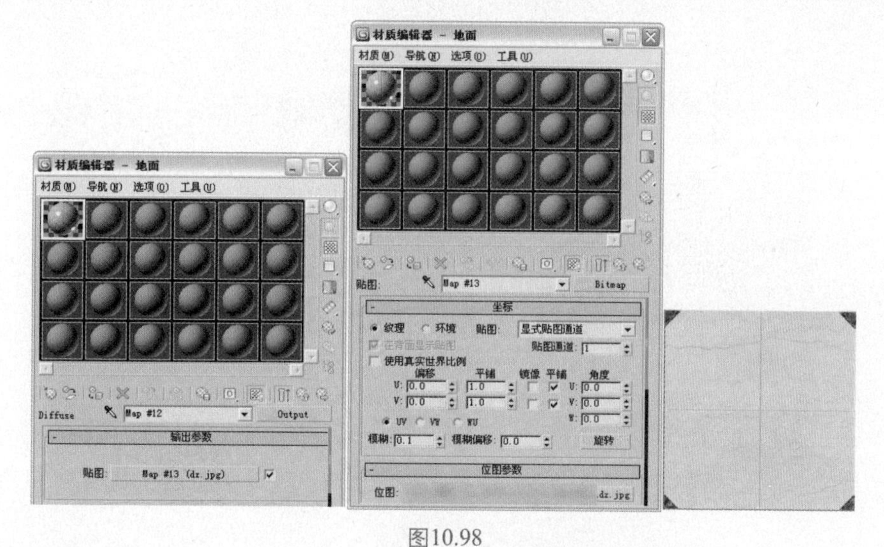

图10.98

03 返回VRayMtl材质层级，进入Maps卷展栏，将Diffuse右侧的贴图关联复制到Bump右侧的贴图通道上。具体参数设置如图10.99所示。

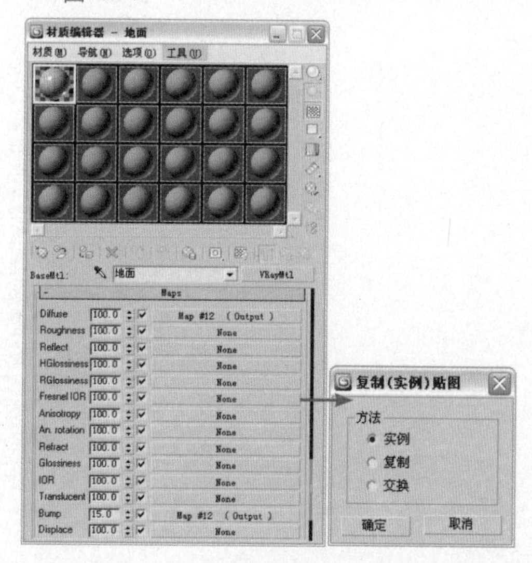

图10.99

04 由于木地板颜色比较深，容易产生溢色现象，这里需要为其添加一个VRayMtlWrapper包裹材质，具体参数设置如图10.100所示。

05 将制作好的材质指定给物体“地面”。对摄像机视图进行渲染，效果如图10.101所示。

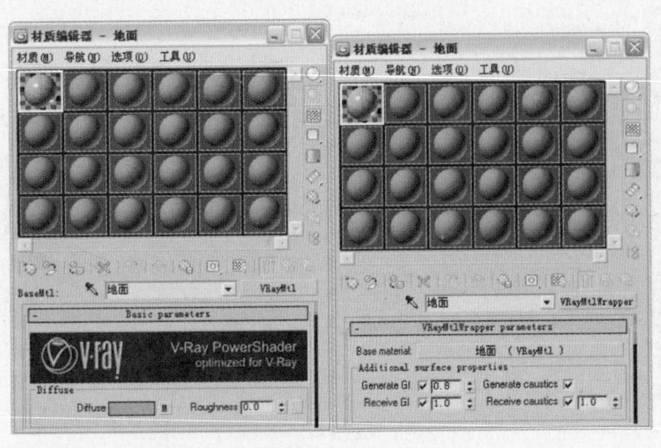

图10.100

图10.101

06 接着设置场景中的木质材质。选择一个空白材质球，将其设置为VRayMtl材质，并将该材质命名为“黑色木质”。单击Diffuse右侧的贴图通道按钮，为其添加一个“位图”贴图，具体参数设置如图10.102所示。贴图文件为本书所附光盘提供的“第10章\欧式大厅\贴图\WW-144.jpg”。

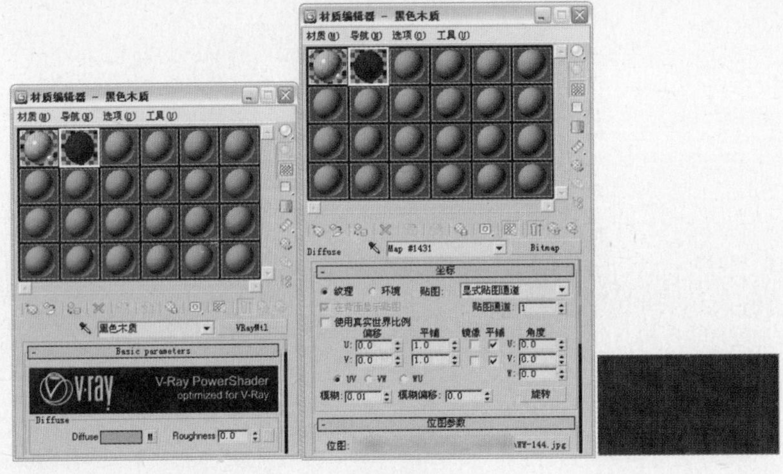

图10.102

07 返回VRayMtl材质层级，单击Reflect右侧的贴图通道按钮，为其添加一个“衰减”程序贴图。具体参数设置如图10.103所示。

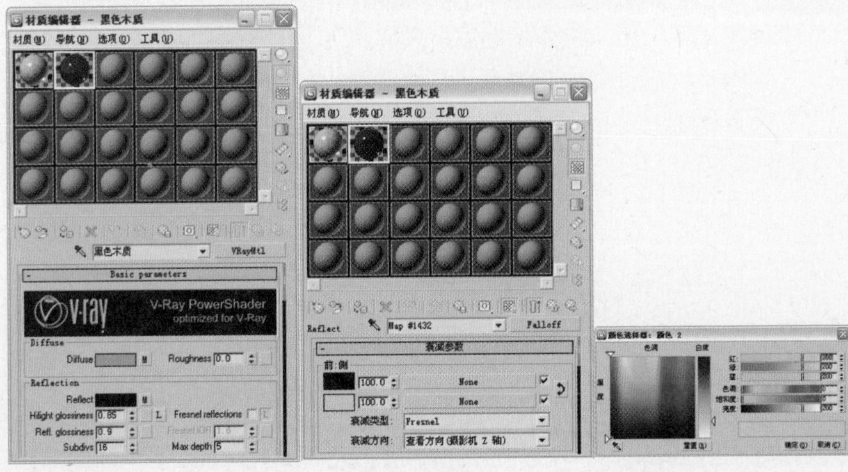

图10.103

08 返回VRayMtl材质层级，进入Maps卷展栏，单击Bump右侧的贴图通道按钮，为其添加一个“位图”贴图，具体参数设置如图10.104所示。贴图文件为本书所附光盘提供的“第10章\欧式大厅\贴图\011.jpg”。

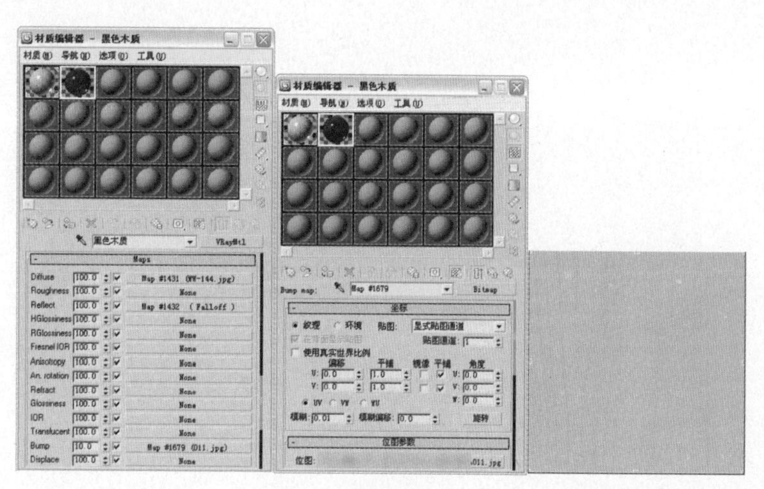

图10.104

09 将该材质指定给物体“黑色木质”。对摄像机视图进行渲染，木质的局部效果如图10.105所示。

10 接下来设置客厅沙发材质。选择一个空白材质球，将其设置为VRayMtl材质，并将该材质命名为“沙发布纹”。具体参数设置如图10.106所示。

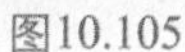

图10.105

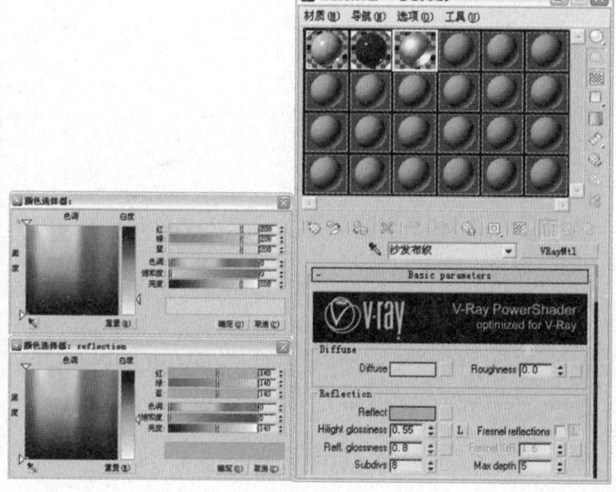

图10.106

11 进入BRDF卷展栏，修改其高光类型，如图10.107所示。

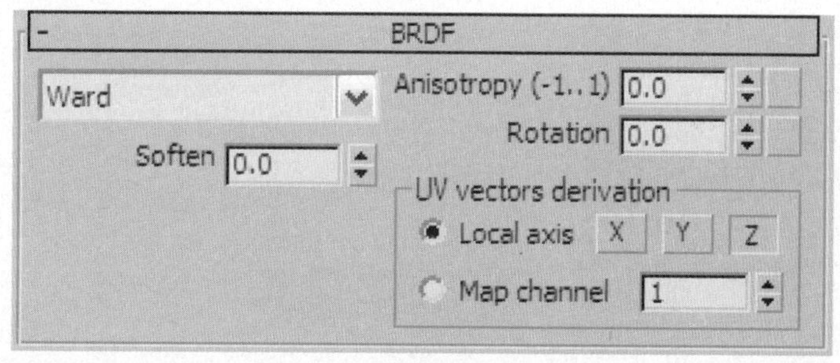

图10.107

12 返回VRayMtl材质层级，进入Maps卷展栏，单击Bump右侧的贴图通道按钮，为其添加一个“位图”贴图，具体参数设置如图10.108所示。贴图文件为本书所附光盘提供的“第10章\欧式大厅\贴图\A-A-022at.jpg”。

13 将该材质指定给物体"沙发布纹"。对摄像机视图进行渲染，沙发的局部效果如图10.109所示。

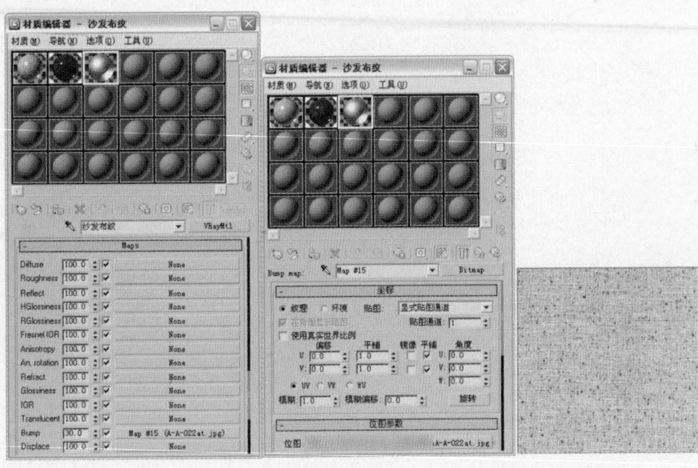
图10.108

图10.109

14 接下来设置小沙发红布材质。选择一个空白材质球，将其设置为VRayMtl材质，并将该材质命名为"红布沙发"。单击Diffuse右侧的贴图通道按钮，为其添加一个"衰减"程序贴图，进入"衰减"贴图层级，单击第一个颜色通道按钮，为其添加一个"位图"贴图。具体参数设置如图10.110所示。贴图文件为本书所附光盘提供的"第10章\欧式大厅\贴图\布 (8).jpg"。

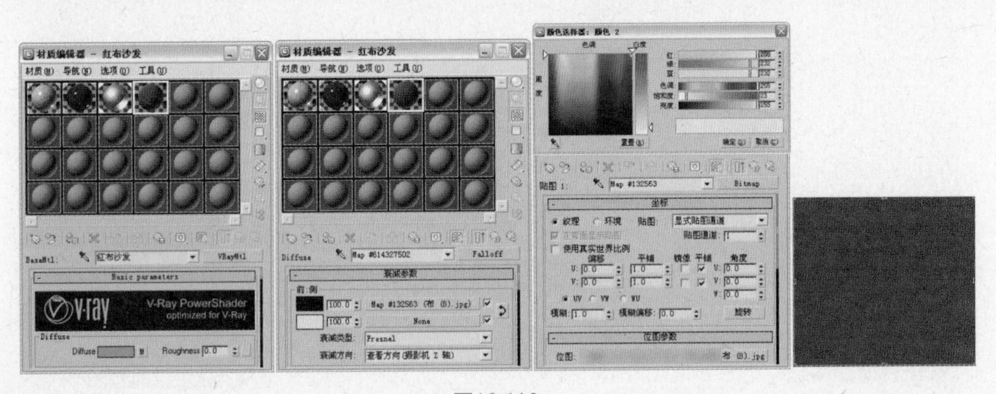
图10.110

15 返回VRayMtl材质层级，进入Maps卷展栏，单击Bump右侧的贴图通道按钮，为其添加一个"位图"贴图，具体参数设置如图10.111所示。贴图文件为本书所附光盘提供的"第10章\欧式大厅\贴图\bump.jpg"。

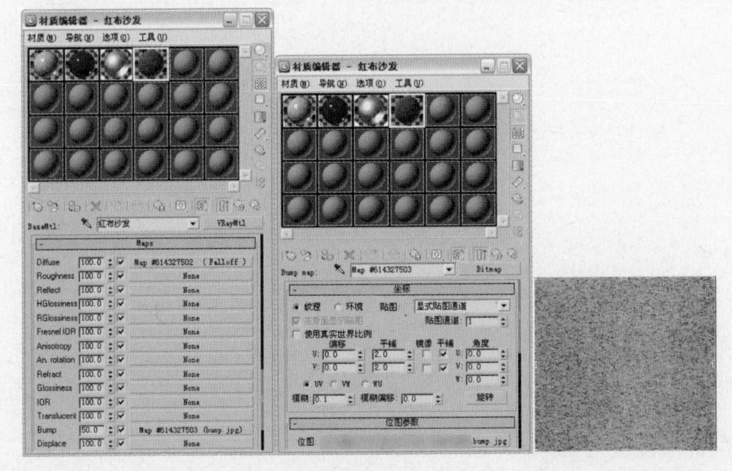
图10.111

16 将该材质指定给物体“红布沙发”。对摄像机视图进行渲染，小沙发的局部效果如图10.112所示。

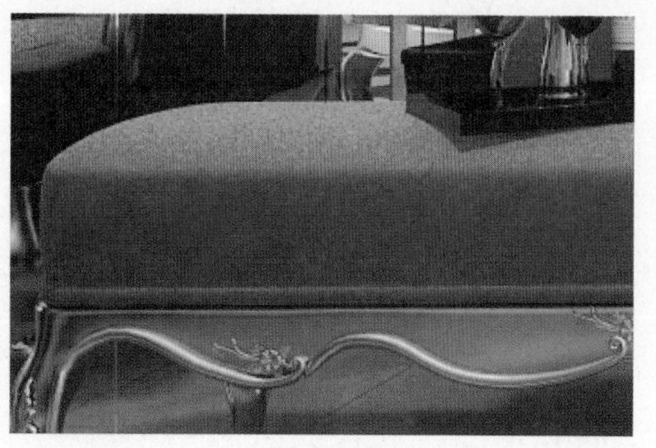

图10.112

17 接下来设置两种金属材质。首先设置一种光亮的金属挡板材质。选择一个空白材质球，将其设置为VRayMtl材质，并将该材质命名为“光亮金属”，具体参数设置如图10.113所示。将制作好的材质指定给物体“光亮金属”。对摄像机视图进行渲染，金属挡板的局部效果如图10.114所示。

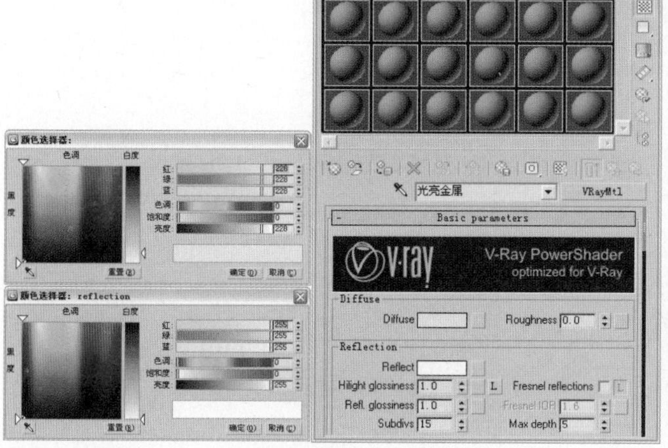

图10.113　　图10.114

18 接下来设置沙发金属材质。选择一个空白材质球，将其设置为VRayMtl材质，并将该材质命名为“沙发金属”，具体参数设置如图10.115所示。将制作好的材质指定给物体“沙发金属”。对摄像机视图进行渲染，沙发金属的局部效果如图10.116所示。

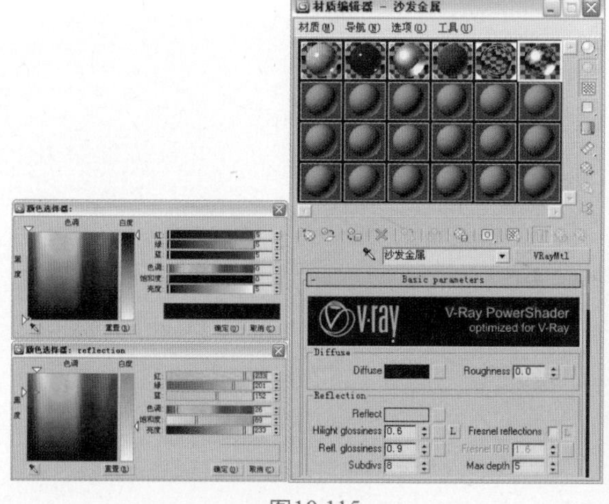

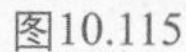

图10.115　　图10.116

19 最后设置装饰柱子白漆材质。选择一个空白材质球，将其设置为VRayMtl材质，并将该材质命名为“白油漆”，具体参数设置如图10.117所示。将该材质指定给物体“白油漆”。对摄像机视图进行渲染，柱子的局部效果如图10.118所示。

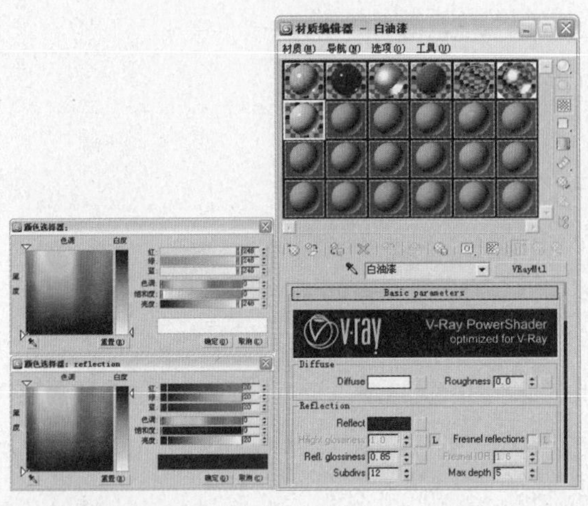

图10.117

图10.118

至此，场景的灯光测试和材质设置都已经完成。下面将对场景进行最终渲染设置。

10.2.3 最终渲染设置

1. 最终测试灯光效果

场景中的材质设置完毕后需要取消对发光贴图和灯光贴图的调用。再次对场景进行渲染，观察此时的场景效果，如图10.119所示。

图10.119

观察渲染效果，发现场景整体有点暗。下面将通过提高曝光参数来提高场景亮度，参数设置如图10.120所示。再次渲染，效果如图10.121所示。

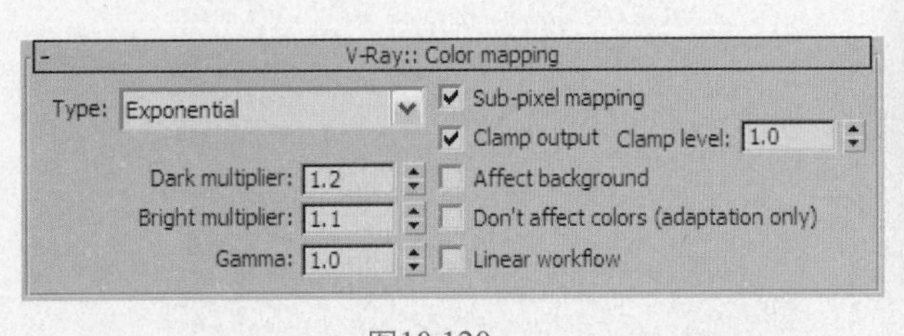

图10.120

图10.121

观察渲染效果，发现场景光线无须再调整。接下来设置最终渲染参数。

2. 灯光细分参数设置

01 首先将场景中用来模拟室外天光的VRayLight的灯光细分值设置为24，如图10.122所示。

02 然后将场景中用来模拟筒灯的Point目标灯光的灯光阴影细分值设置为15，如图10.123所示。

03 最后将场景中模拟暗藏灯光、补光的VRayLight的灯光细分值设置为10，如图10.124所示。

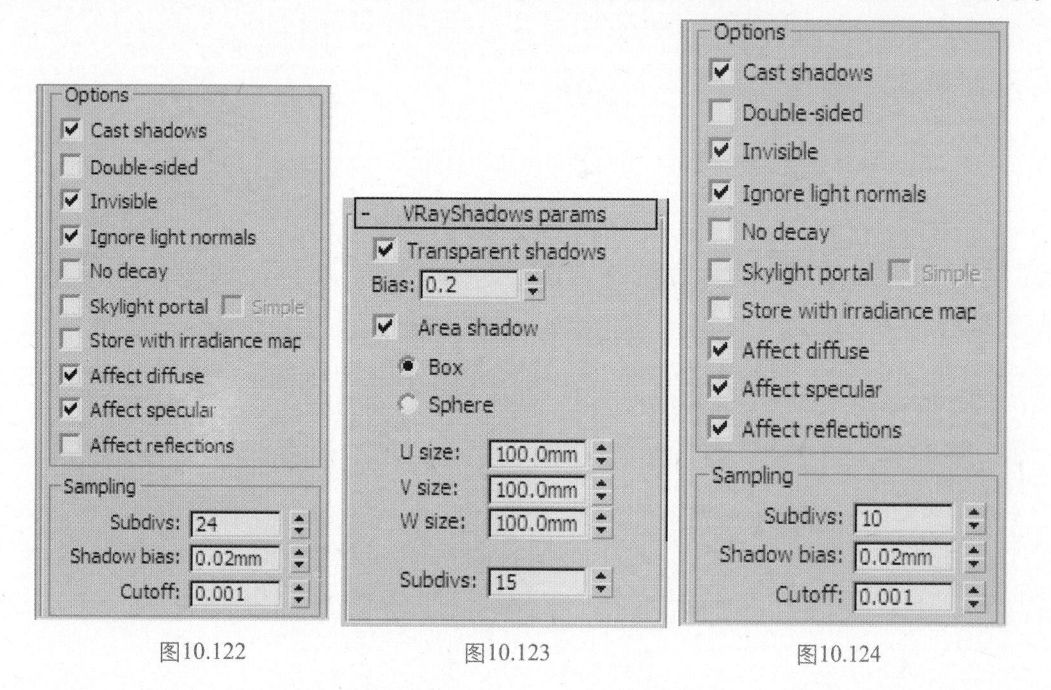

图10.122　　图10.123　　图10.124

3. 设置保存发光贴图和灯光贴图的渲染参数

前面已经讲解过保存发光贴图和灯光贴图的方法，这里不再重复，只对渲染级别设置进行讲解。

01 下面进行渲染级别设置。进入 V-Ray:: Irradiance map 卷展栏，设置参数如图10.125所示。

02 进入 V-Ray:: Light cache 卷展栏，设置参数如图10.126所示。

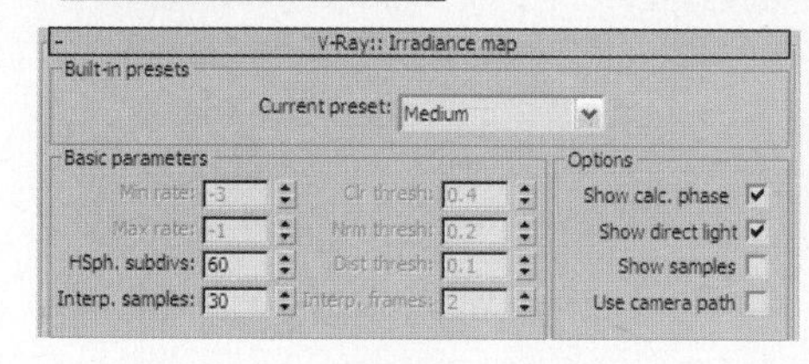

图10.125

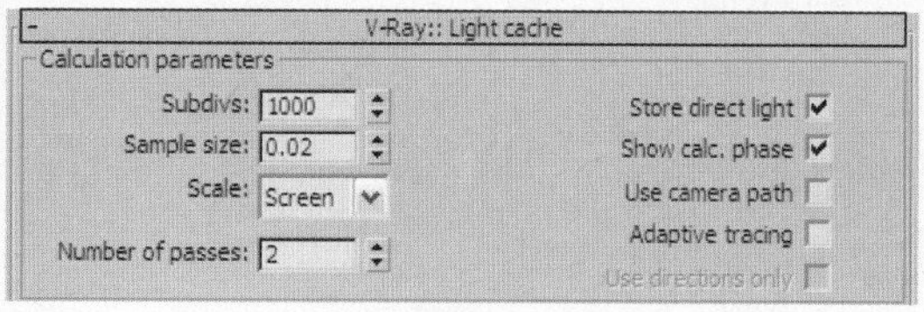

图10.126

03 在 V-Ray:: DMC Sampler （准蒙特卡罗采样器）卷展栏中设置参数，如图10.127所示，这是模糊采样设置。

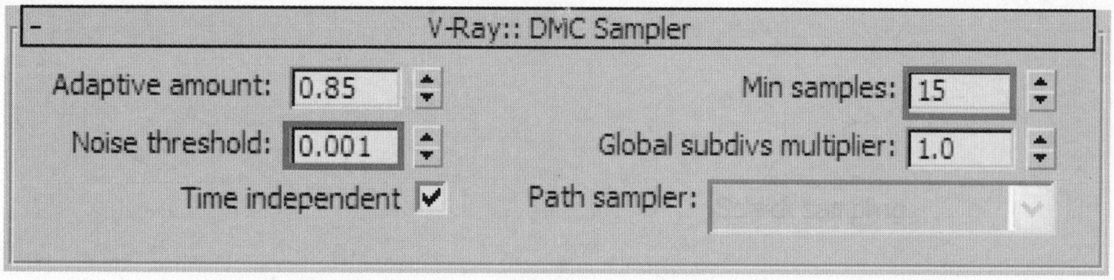

图10.127

渲染级别设置完毕，最后设置保存发光贴图和灯光贴图的参数并进行渲染即可。

4. 最终成品渲染

最终成品渲染的参数设置如下。

01 当发光贴图和灯光贴图计算完毕后，在“渲染设置”对话框的“公用”选项卡中设置最终渲染图像的输出尺寸，如图10.128所示。

02 在 V-Ray:: Image sampler (Antialiasing) 卷展栏中设置抗锯齿和过滤器，如图10.129所示。

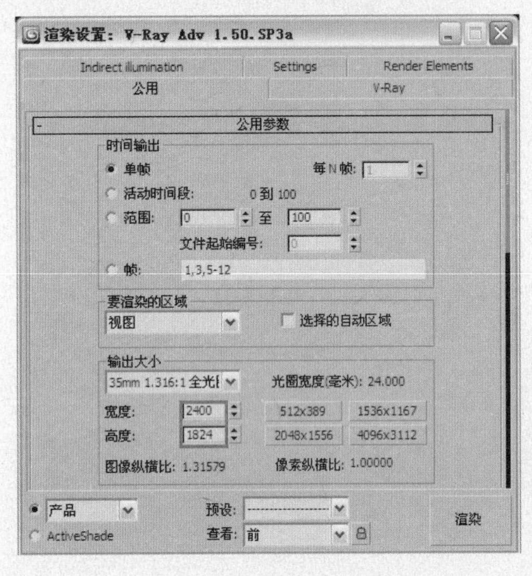

图10.128

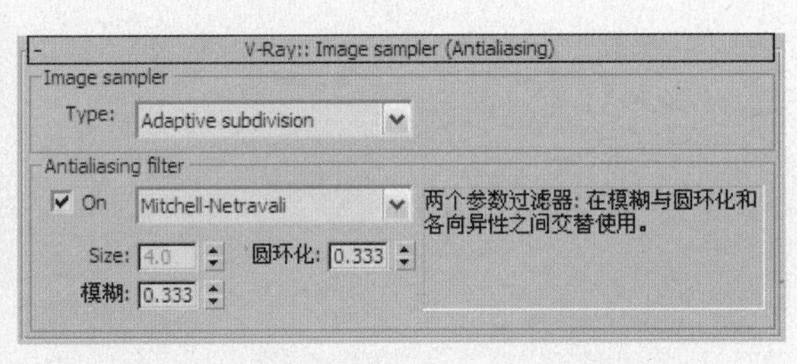

图10.129

03 最终渲染完成的效果如图10.130所示。

最后使用Photoshop软件对图像的亮度、对比度以及饱和度进行调整，以使效果更加生动、逼真。后期处理后的最终效果如图10.131所示。

图10.130

图10.131

Work 10.3 商务楼空间

3ds Max 2010+VRay

VRay ART SHANG WU LOU KONG JIAN

图10.132

本实例表现的是一栋商务楼的外观效果。场景采用人眼的视角进行渲染，后期采用了写实的方法进行制作。丰富的灯光效果、地面的行人，使整个场景看起来十分和谐。光洁而带有较强反射的窗玻璃给人一种强烈的现代气息。

商务楼的黄昏外观案例效果如图10.132所示。

如图10.133所示为商务楼夜景外观模型的线框效果图。

图10.133

10.3.1 商务楼夜景外观测试渲染设置

打开配套光盘中的“第10章\商务楼夜景\商务楼夜景外观源文件.max”场景文件，如图10.134所示。可以看到这是一个已经创建好的商务楼场景模型，并且场景中的摄像机已经创建好。

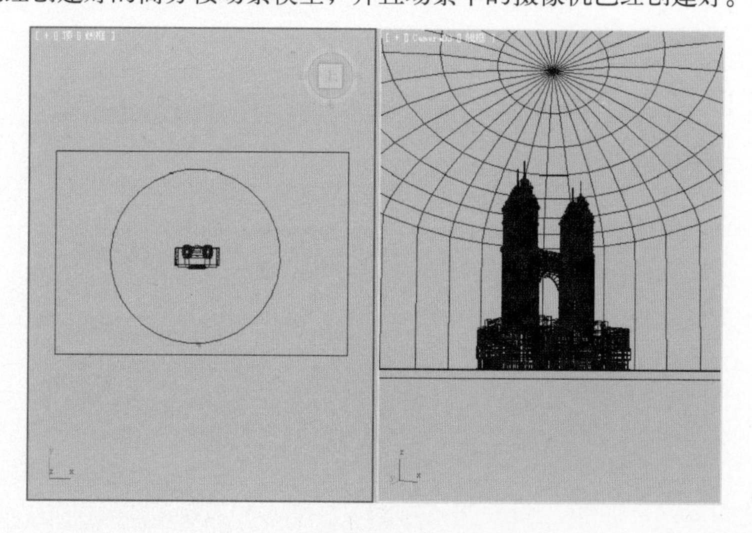

图10.134

下面首先进行测试渲染参数设置，然后进行灯光设置。

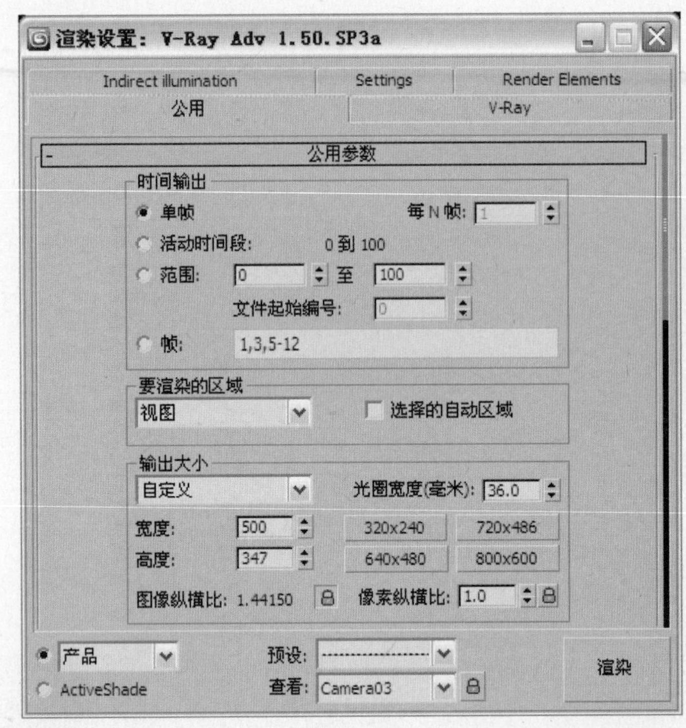

图10.135

1. 设置测试渲染参数

测试渲染参数的设置步骤如下。

01 按F10键打开“渲染设置”对话框，渲染器已经设置为V-Ray Adv 1.50.SP3a渲染器，在“公用参数”卷展栏中设置较小的图像尺寸，如图10.135所示。

02 进入V-Ray选项卡，在 V-Ray:: Global switches （全局开关）卷展栏中的参数设置如图10.136所示。

03 进入 V-Ray:: Image sampler (Antialiasing) （抗锯齿采样）卷展栏，参数设置如图10.137所示。

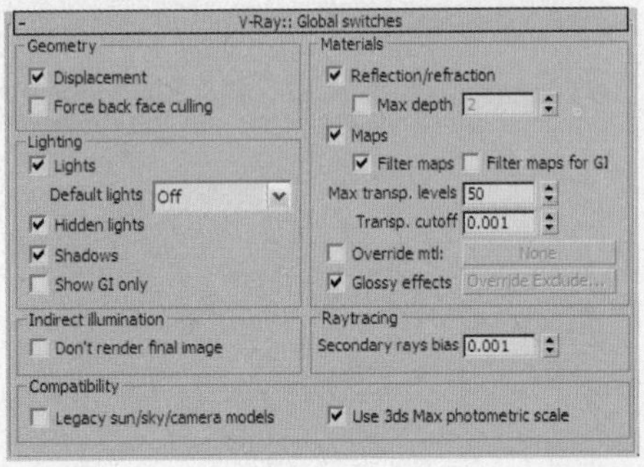

图10.136

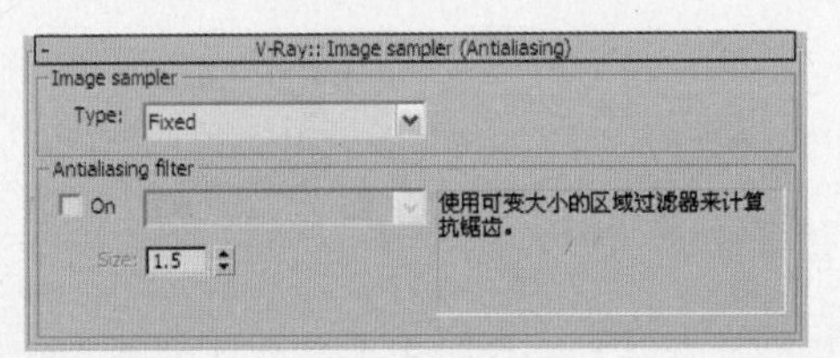

图10.137

04 进入Indirect illumination选项卡，在 V-Ray:: Indirect illumination (GI) （间接照明）卷展栏中设置参数，如图10.138所示。

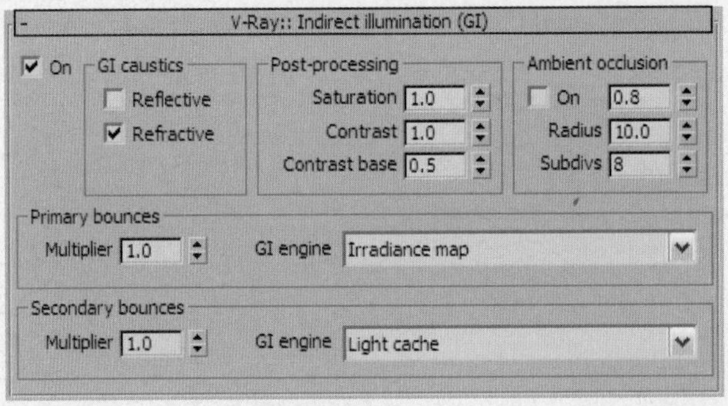

图10.138

05 在 V-Ray:: Irradiance map （发光贴图）卷展栏中设置参数，如图10.139所示。

06 在 V-Ray:: Light cache （灯光缓存）卷展栏中设置参数，如图10.140所示。

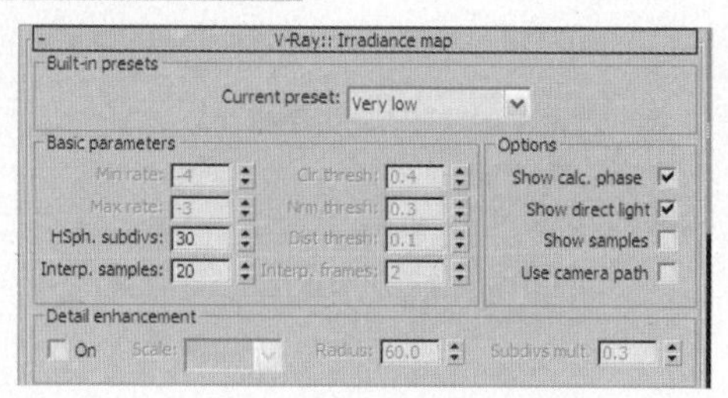

图10.139

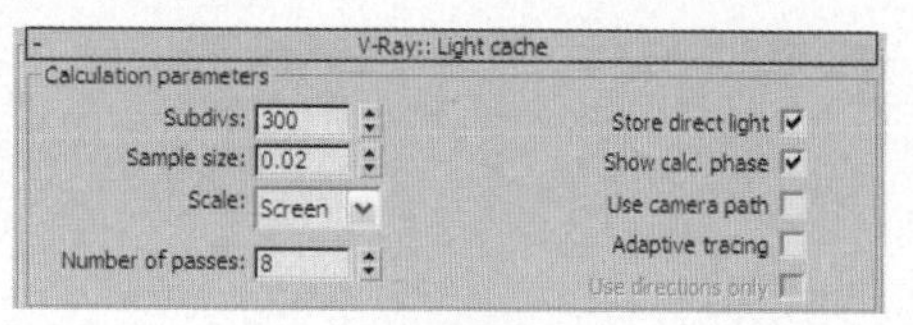

图10.140

Note 提示 10

预设测试渲染参数是根据自己的经验和计算机本身的硬件配制得到的一个相对低的渲染设置，读者在这里可以作为参考。当然，读者也可以自己尝试一些其他参数设置。

2. 布置场景灯光

下面开始为场景布置灯光。由于场景在室外，而且渲染器又选择了VRay，所以灯光布置会相对简单一些。

01 创建环境光。下面创建一盏“泛光灯”来模拟环境光。单击 （创建）按钮，进入创建命令面板，单击 （灯光）按钮，在下拉菜单中选择“标准”选项，然后在“对象类型”卷展栏中单击 泛光灯 按钮，创建一盏泛光灯，位置如图10.141所示。参数设置如图10.142所示。

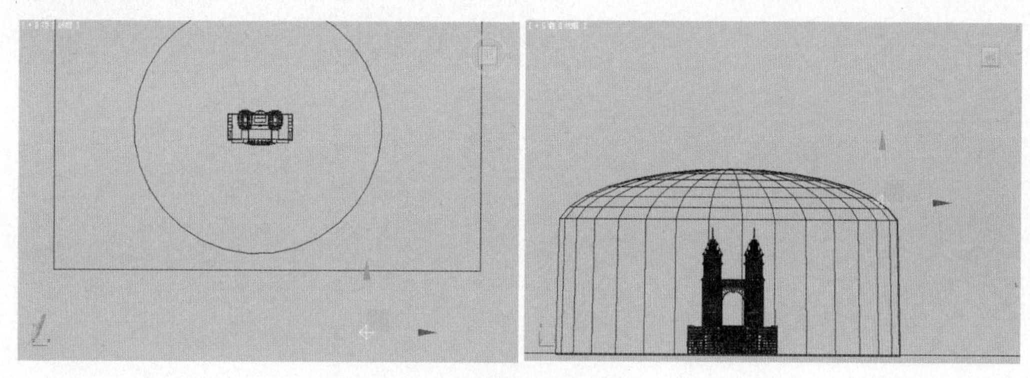

图10.141

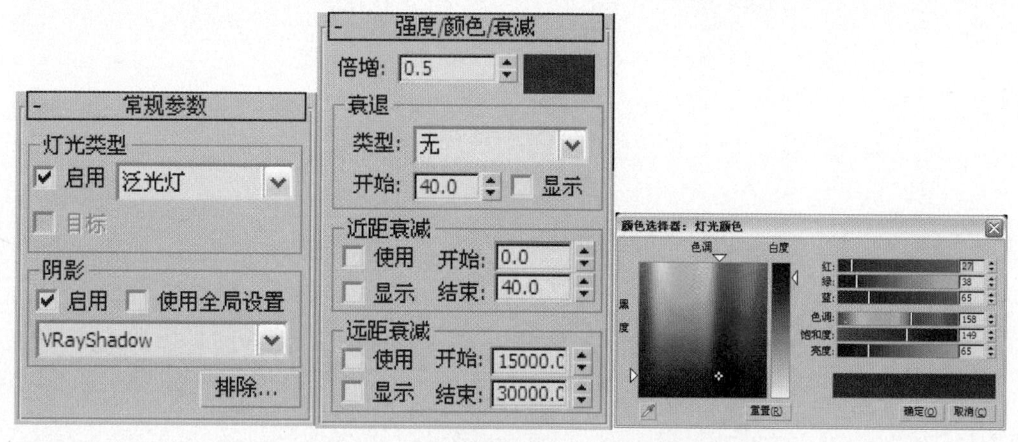

图10.142

02 在视图中选中刚刚创建的用来模拟环境光的泛光灯，将其关联复制出3盏灯光，灯光位置如图10.143所示。

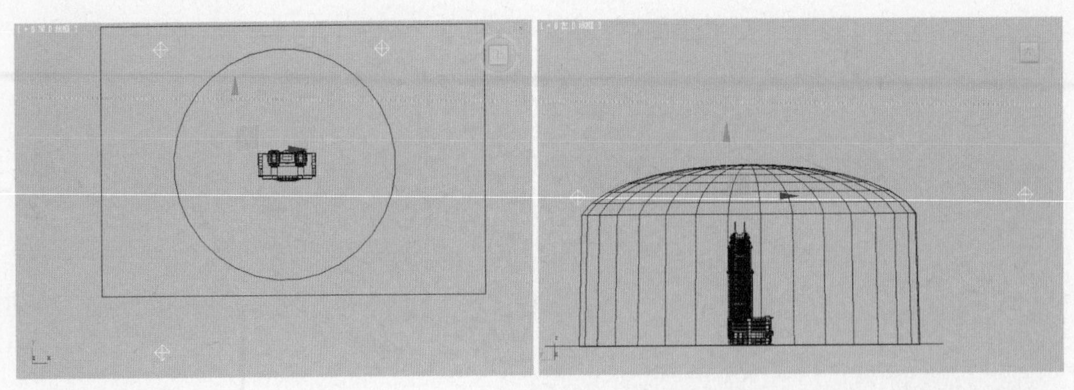

图10.143

03 对摄像机视图进行渲染，效果如图10.144所示。

图10.144

04 下面继续为场景创建灯光。在场景中创建一盏泛光灯，灯光位置如图10.145所示。

05 灯光参数设置如图10.146所示。

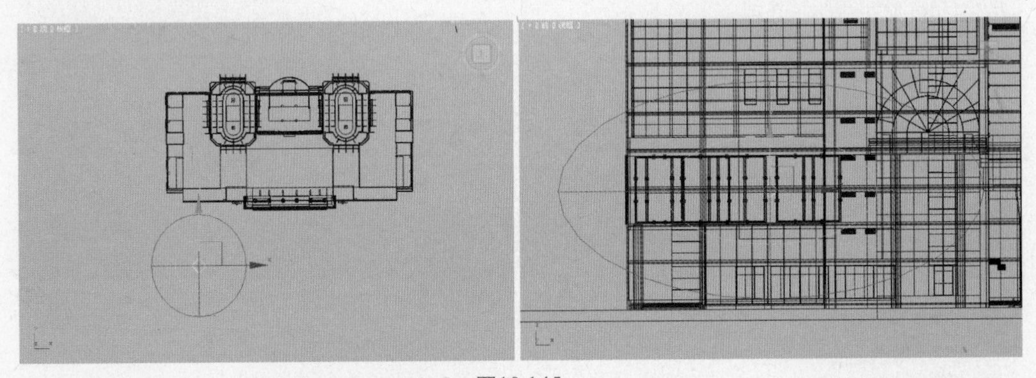

图10.145

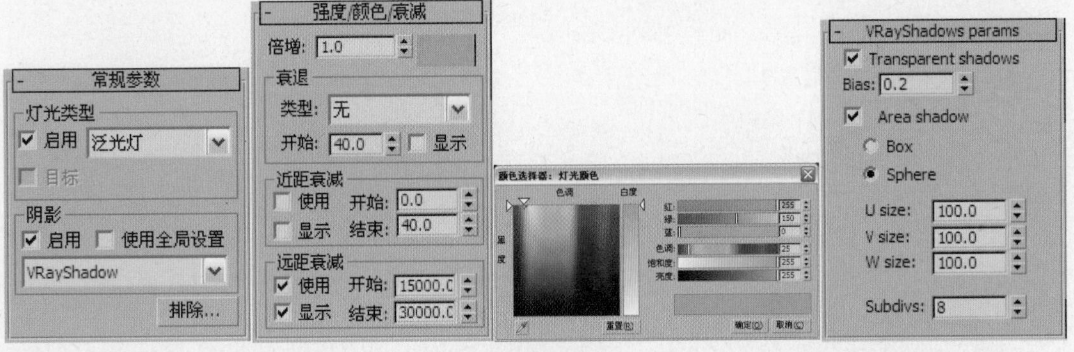

图10.146

06 在视图中选中刚刚创建的泛光灯，将其关联复制出3盏灯光，灯光位置如图10.147所示。

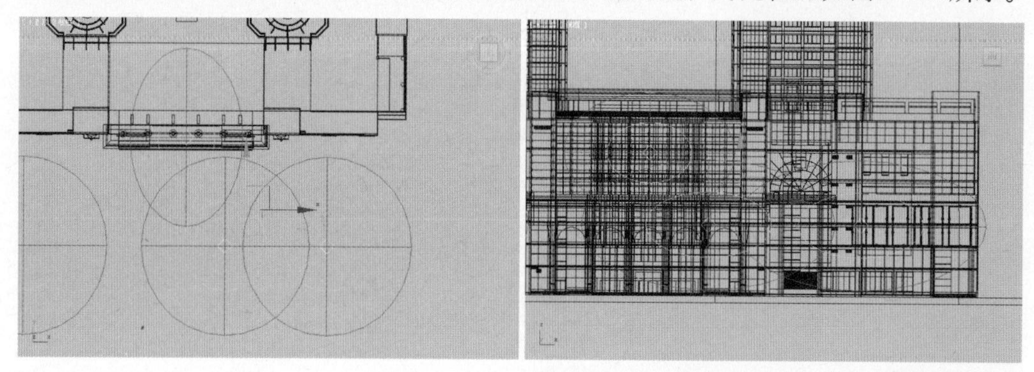

图10.147

07 对摄像机视图进行渲染，效果如图10.148所示。

图10.148

08 下面继续为场景创建灯光。在场景中创建一盏泛光灯，灯光位置如图10.149所示。

09 灯光参数设置如图10.150所示。

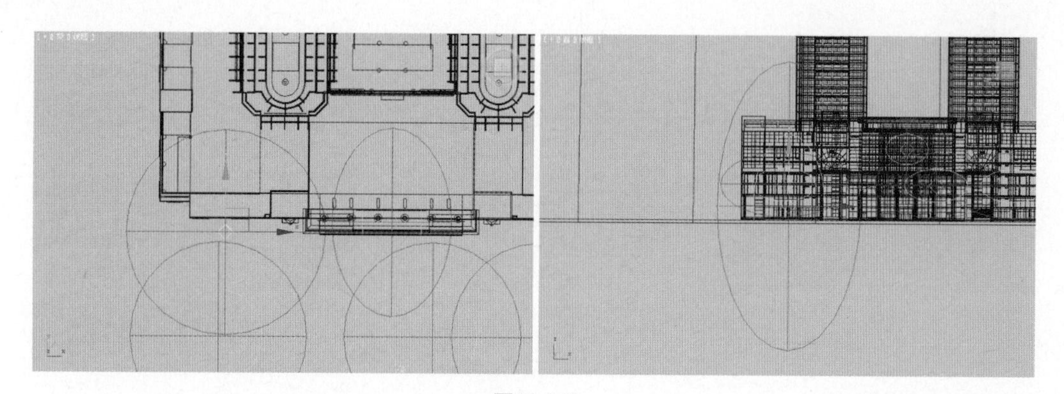

图10.149

图10.150

10 在视图中选中刚刚创建的泛光灯，将其关联复制出6盏灯光，灯光位置如图10.151所示。

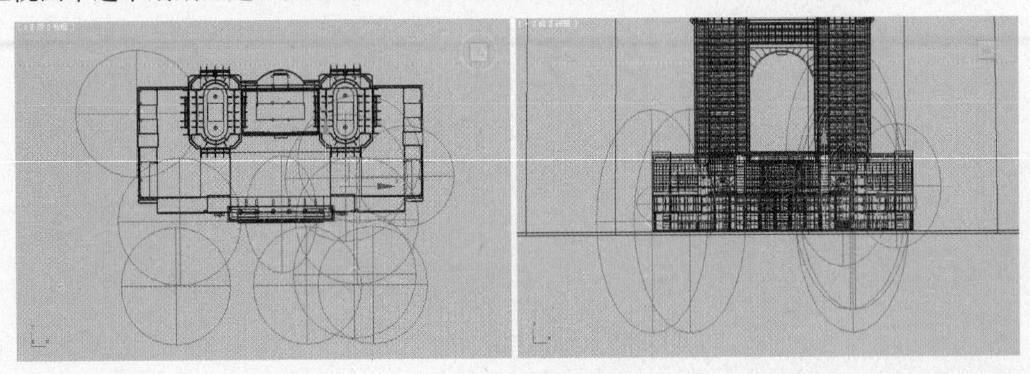

图10.151

11 对摄像机视图进行渲染，效果如图10.152所示。

图10.152

12 下面继续为场景创建灯光。在场景中创建一盏泛光灯，灯光位置如图10.153所示。

13 灯光参数设置如图10.154所示。

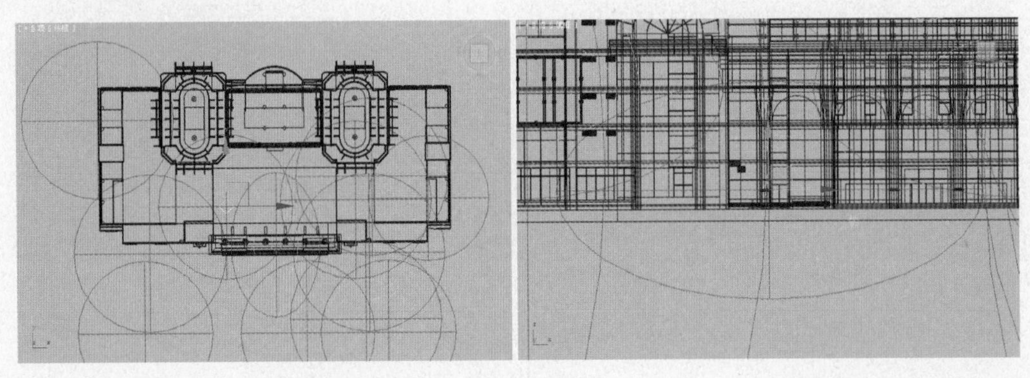

图10.153

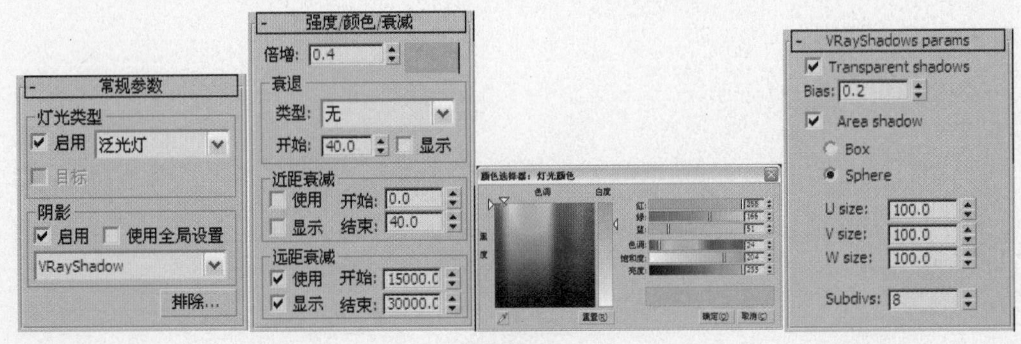

图10.154

14 在视图中选中刚刚创建的泛光灯，将其关联复制出15盏灯光，灯光位置如图10.155所示。

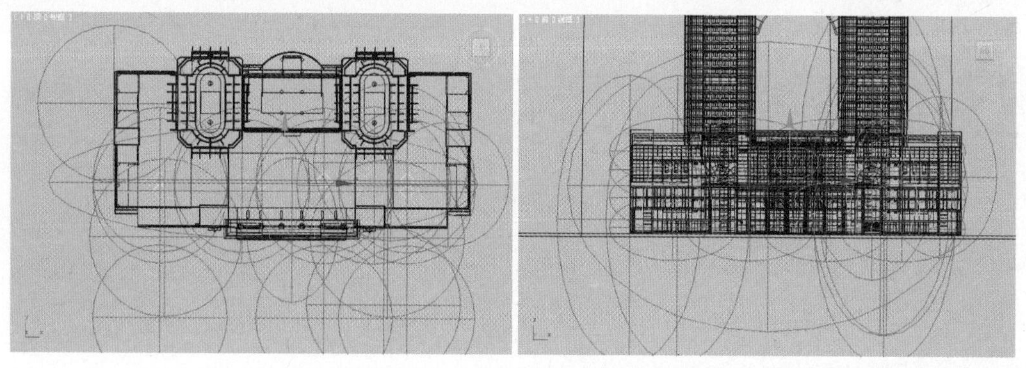

图10.155

15 对摄像机视图进行渲染，效果如图10.156所示。

图10.156

16 下面继续为商务楼创建底层的灯光。在场景中创建一盏泛光灯，灯光位置如图10.157所示。

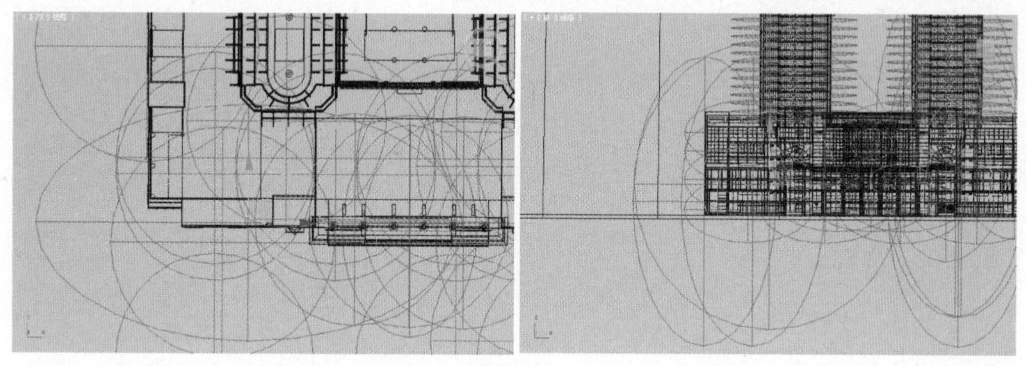

图10.157

17 灯光参数设置如图10.158所示。

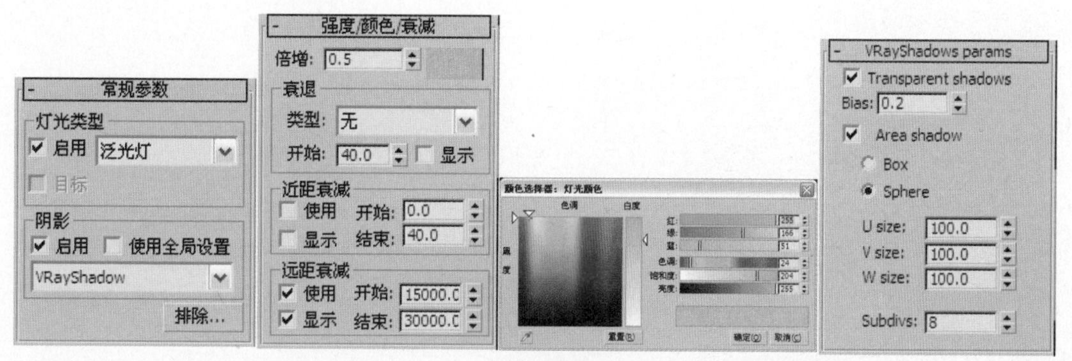

图10.158

18 在视图中选中刚刚创建的泛光灯，将其关联复制出两盏灯光，灯光位置如图10.159所示。

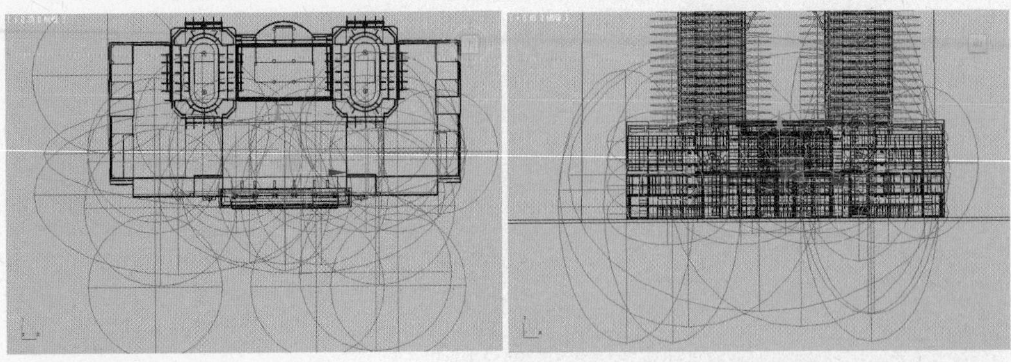

图10.159

19 对摄像机视图进行渲染，效果如图10.160所示。

图10.160

20 下面为商务楼创建室内各楼层的灯光。在场景中创建一盏泛光灯，灯光位置如图10.161所示。

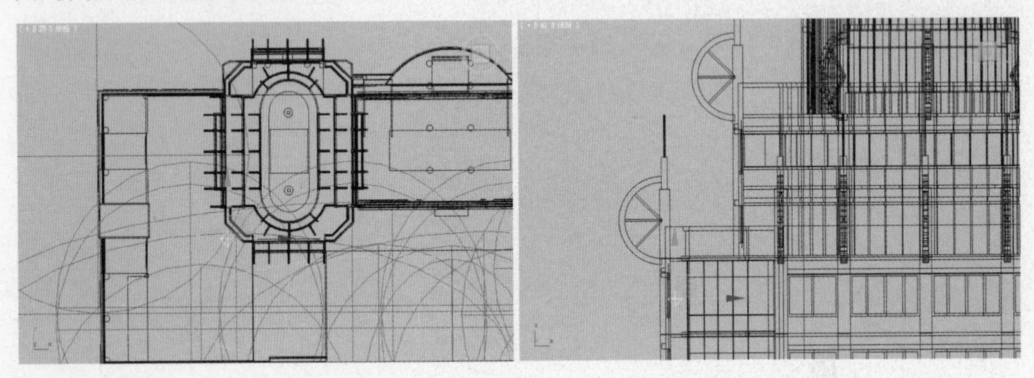

图10.161

21 灯光参数设置如图10.162所示。

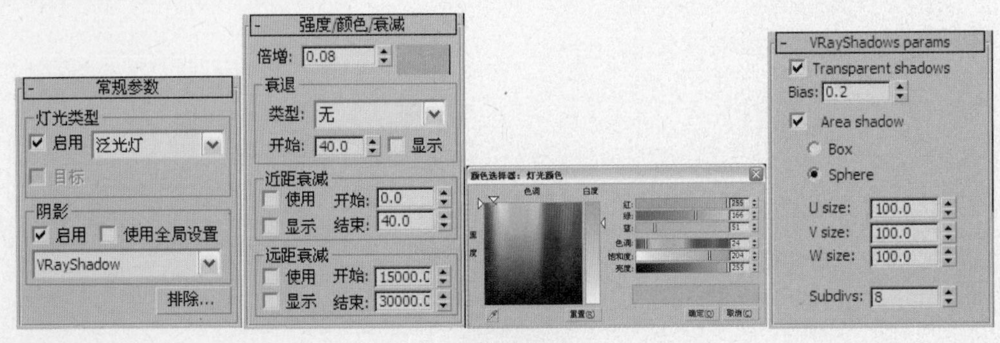

图10.162

22 在视图中选中刚刚创建的泛光灯，将其关联复制出63盏灯光，灯光位置如图10.163所示。

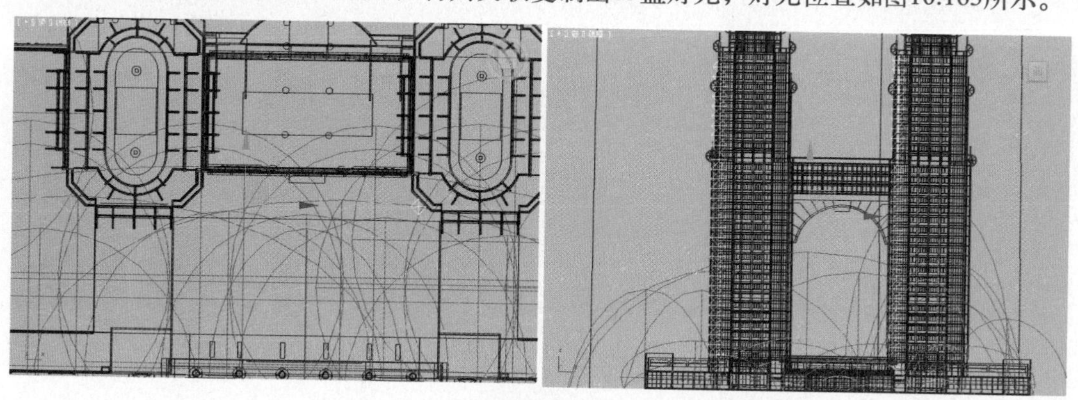

图10.163

23 对摄像机视图进行渲染，效果如图10.164所示。

24 观察渲染结果，发现场景有的地方曝光比较严重。下面通过设置曝光类型来对其进行修改。在“渲染设置”对话框的V-Ray选项卡中，进入 V-Ray:: Color mapping 卷展栏，对其参数进行设置，如图10.165所示。再次渲染，效果如图10.166所示。

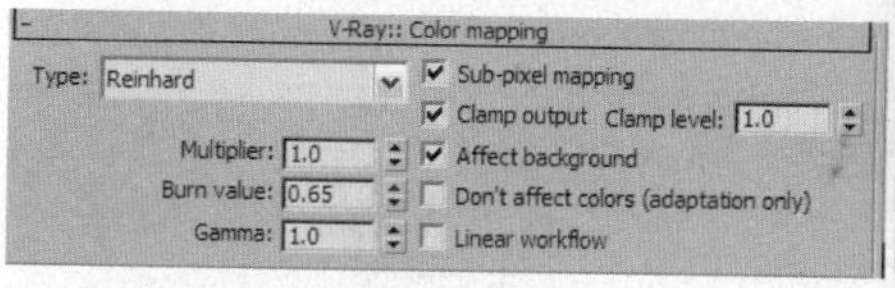

图10.164

V-Ray:: Color mapping

Type: Reinhard | Sub-pixel mapping
Clamp output Clamp level: 1.0
Multiplier: 1.0 | Affect background
Burn value: 0.65 | Don't affect colors (adaptation only)
Gamma: 1.0 | Linear workflow

图10.165

图10.166

25 下面继续为商务楼创建室内各楼层的灯光。在场景中创建一盏泛光灯，灯光位置如图10.167所示。

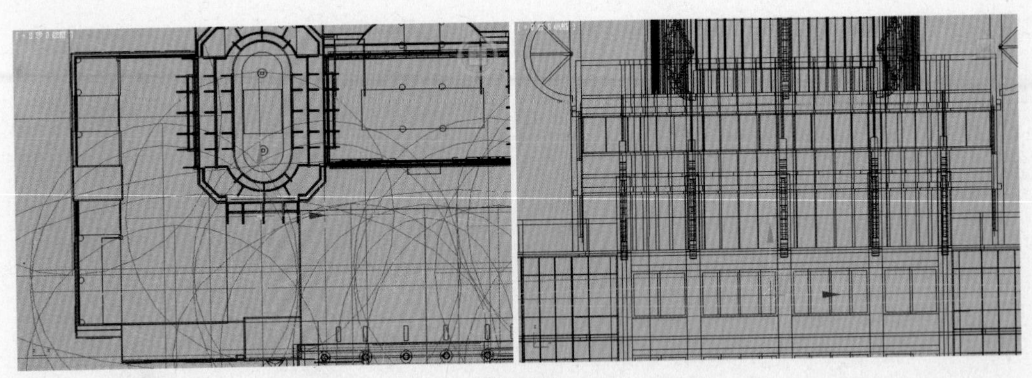

图10.167

26 灯光参数设置如图10.168所示。

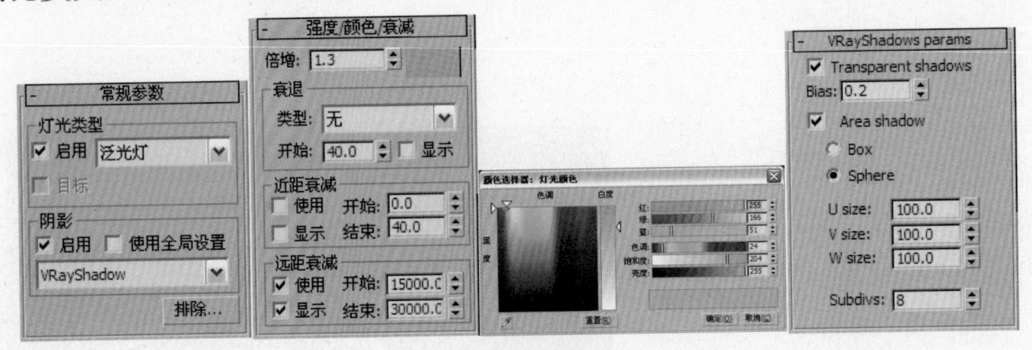

图10.168

27 在视图中选中刚刚创建的泛光灯，将其关联复制出63盏灯光，灯光位置如图10.169所示。

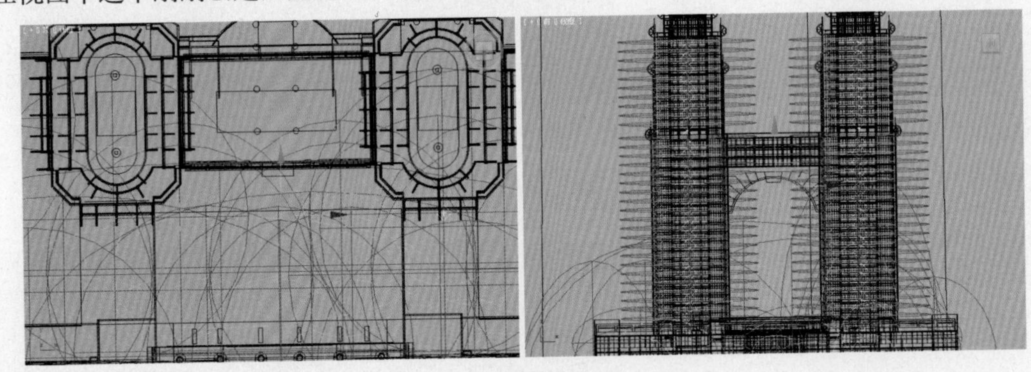

图10.169

28 对摄像机视图进行渲染，效果如图10.170所示。

图10.170

29 下面为场景创建补光。在场景中创建一盏VRayLight面光源，灯光位置如图10.171所示。

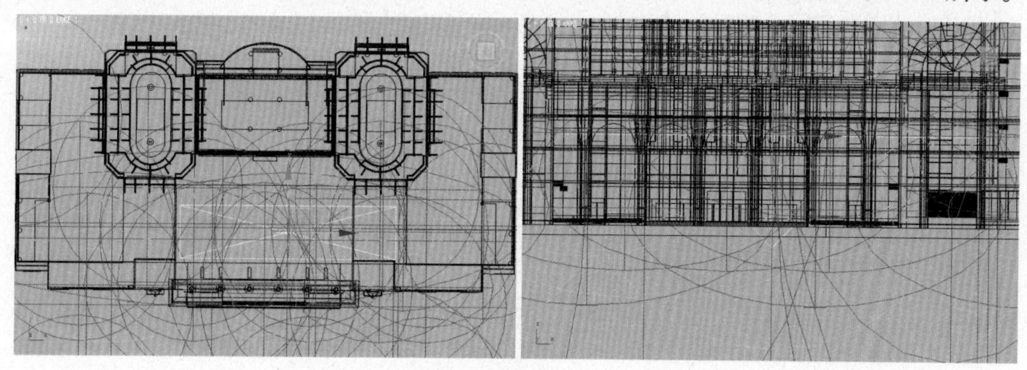

图10.171

30 灯光参数设置如图10.172所示。

31 对摄像机视图进行渲染，效果如图10.173所示。

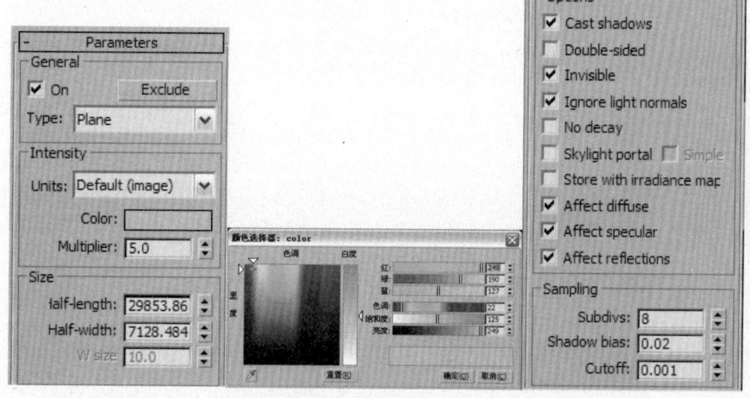

图10.172

图10.173

上面已经对场景的灯光进行了测试，最终测试结果比较满意。测试完灯光效果后，下面进行材质设置。

10.3.2 设置场景材质

灯光测试完成后，就可以为模型制作材质了。通常，首先设置主体模型的材质，如墙体、地面、门窗等，然后依次设置单个模型的材质。

01 在设置场景材质前，首先不要忘记取消前面对场景物体设置的材质替换状态。首先设置底层石材材质。在“材质编辑器”对话框中选择一个空白材质球，将其设置为VRayMtl材质，并将该材质命名为“底层石材”，单击Diffuse（漫反射）右侧的贴图按钮，为其添加一个“位图”贴图，具体参数设置如图10.174所示。贴图文件为本书所附光盘提供的“第10章\商务楼夜景\贴图\2005513161253168.jpg”文件。

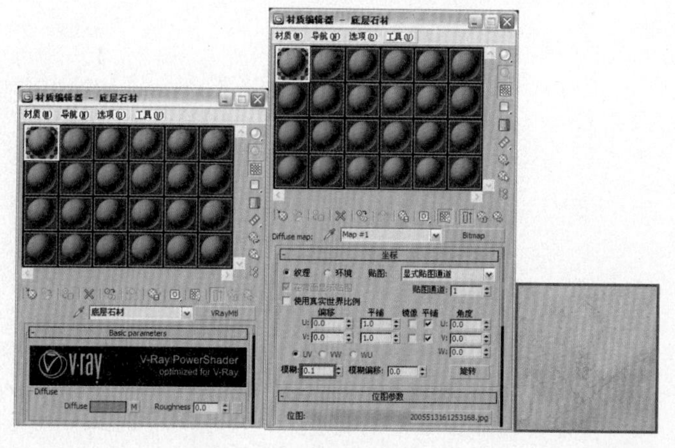

图10.174

02 返回VRayMtl材质层级，进入Maps卷展栏，把漫反射右侧的贴图通道按钮拖动到凹凸右侧的贴图通道按钮上进行非关联复制操作，参数设置如图10.175所示。

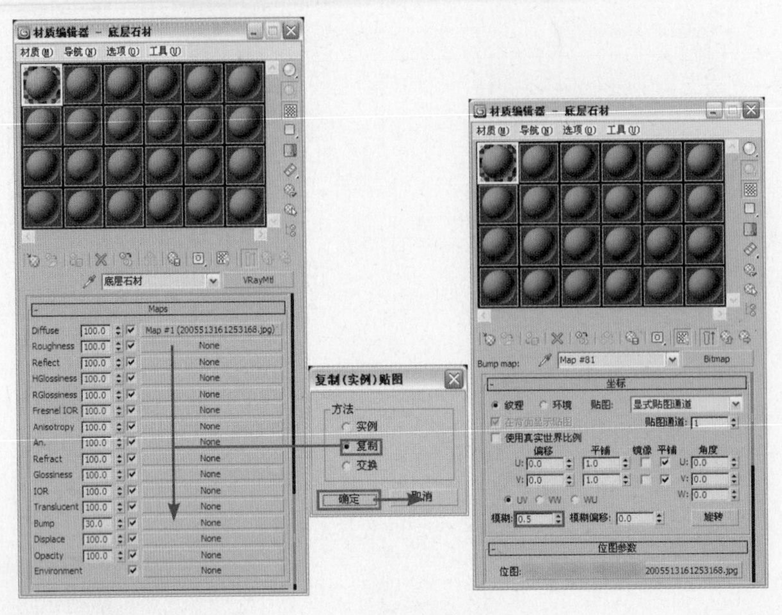

图10.175

03 将该材质指定给物体“底层石材”。对摄像机视图进行渲染，局部效果如图10.176所示。

图10.176

04 下面设置玻璃材质。在“材质编辑器”对话框中选择一个空白的“标准”材质球，并将该材质命名为“玻璃”，单击Diffuse（漫反射）右侧的贴图按钮，为其添加一个“位图”贴图，具体参数设置如图10.177所示。贴图文件为本书所附光盘提供的“第10章\商务楼夜景\贴图\bangong.jpg”文件。

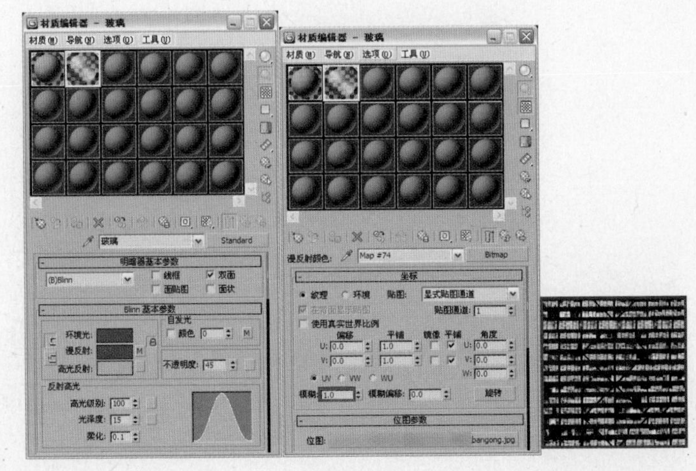

图10.177

05 将“漫反射”右侧的贴图通道按钮拖动到“颜色”右侧的贴图通道按钮上进行关联复制，参数设置如图10.178所示。

06 返回“标准”材质层级，进入Maps卷展栏，为反射右侧的贴图通道按钮添加一个“VRayMap”程序贴图，参数设置如图10.179所示。

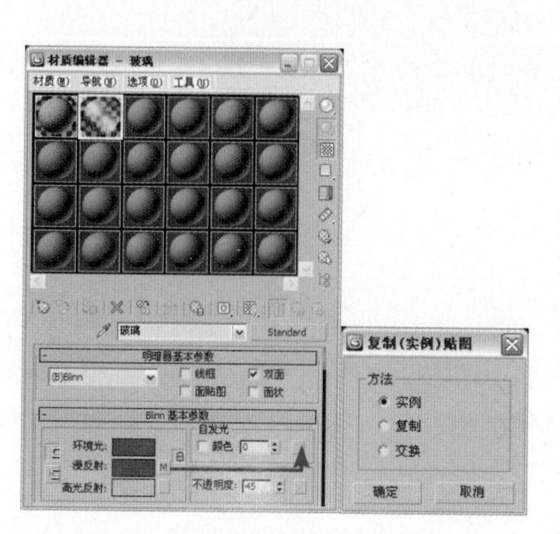

图10.178

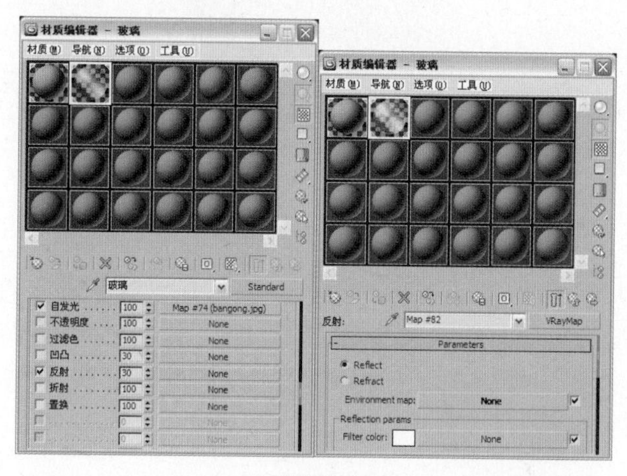

图10.179

07 将该材质指定给物体“玻璃”。对摄像机视图进行渲染，局部效果如图10.180所示。

图10.180

08 下面设置墙体材质。在“材质编辑器”对话框中选择一个空白材质球，将其设置为VRayMtl材质，并将该材质命名为“墙体”，单击Diffuse右侧的贴图按钮，为其添加一个“位图”贴图，具体参数设置如图10.181所示。贴图文件为本书所附光盘提供的“第10章\商务楼夜景\贴图\ms_067-2.jpg.jpg”文件。

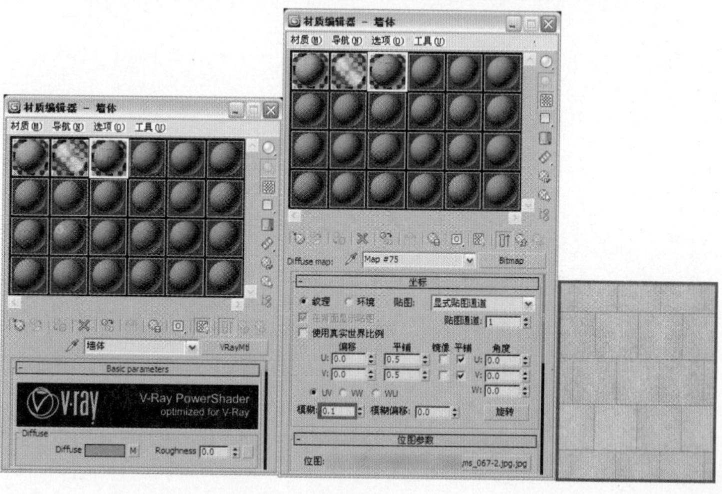

图10.181

09 返回VRayMtl材质层级，进入Maps卷展栏，把Diffuse右侧的贴图通道按钮拖动到凹凸右侧的贴图通道按钮上进行非关联复制操作，参数设置如图10.182所示。

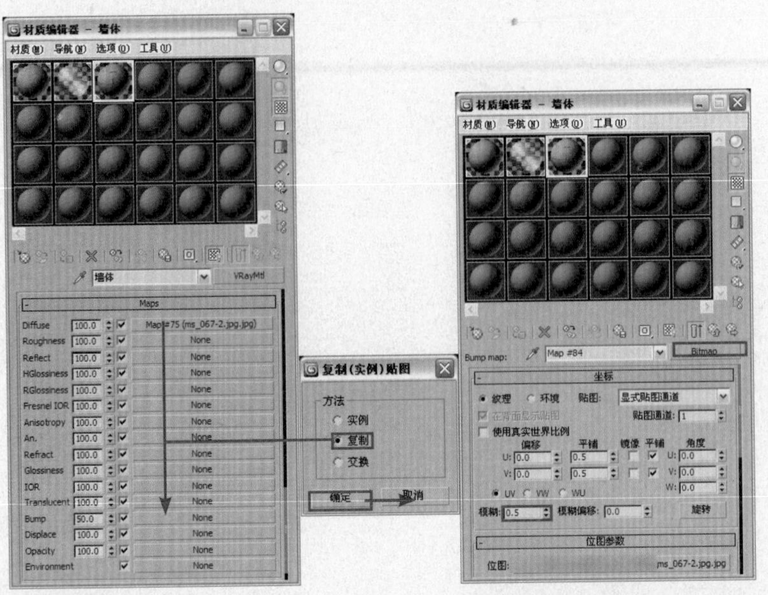

图10.182

图10.183

10 将该材质指定给物体“楼体”。对摄像机视图进行渲染，局部效果如图10.183所示。

至此，场景的灯光测试和材质设置都已经完成。下面将对场景进行最终渲染设置。最终渲染设置将决定图像的最终渲染品质。

10.3.3 最终渲染设置

最终图像渲染是效果图制作中最重要的一个环节。最终的设置将直接影响到图像的渲染品质，但是也不是所有的参数越高越好，主要是确保参数之间的一个相互平衡。下面对最终渲染设置进行讲解。

1. 最终测试灯光效果

图10.184

场景中的材质设置完毕后需要对场景进行渲染，观察此时的场景效果。对摄像机视图进行渲染，效果如图10.184所示。

观察渲染效果，发现场景光线无须再调整。接下来设置最终渲染参数。

2. 灯光细分参数设置

提高灯光细分值可以有效地减少场景中的杂点，但渲染速度也会相对降低，所以只需要提高一些开启阴影设置的主要灯光的细分值，而且不能设置得过高。下面对场景中的主要灯光进行细分设置：将泛光灯的阴影细分值设置为15，如图10.185所示。

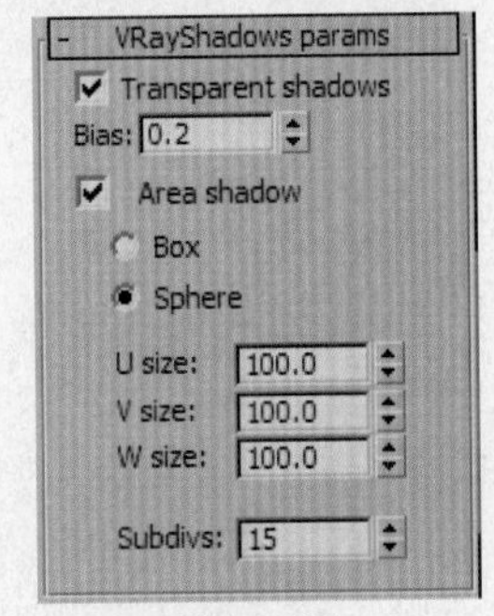

图10.185

3. 设置保存发光贴图和灯光贴图的渲染参数

4.1.4节已经讲解过保存发光贴图和灯光贴图的方法，这里不再重复，只对渲染级别设置进行讲解。

01 下面进行渲染级别设置。打开Indirect illumination选项卡，进入 V-Ray:: Irradiance map 卷展栏，设置参数如图10.186所示。

02 进入 V-Ray:: Light cache 卷展栏，设置参数如图10.187所示。

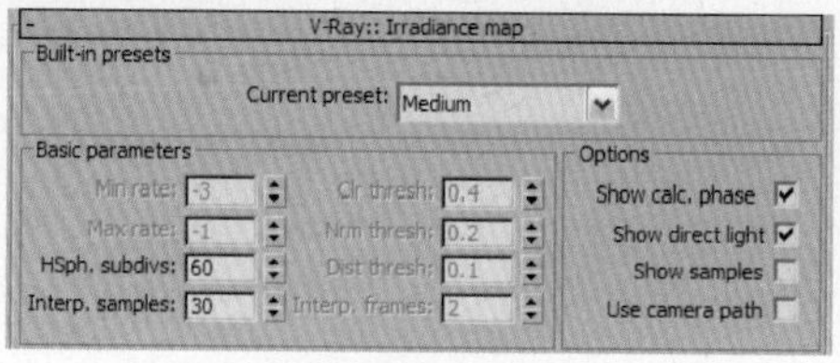

图10.186

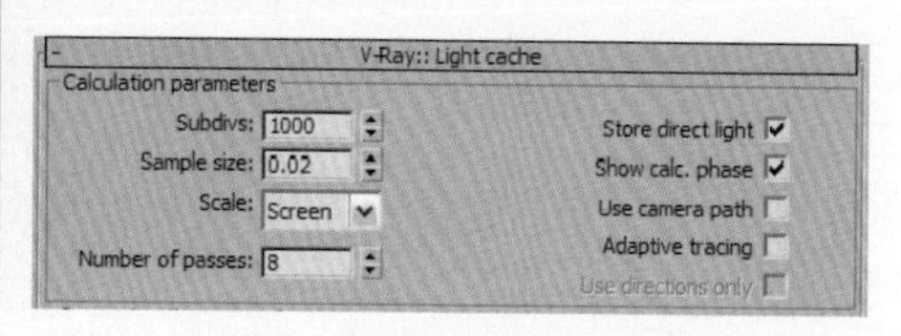

图10.187

03 打开Settings（设置）选项卡，在 V-Ray:: DMC Sampler 卷展栏中设置参数，如图10.188所示，这是模糊采样设置。

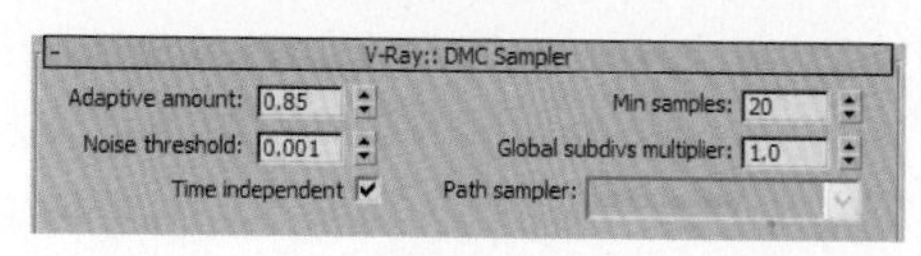

图10.188

4. 最终成品渲染

最终成品渲染的参数设置如下。

01 当发光贴图和灯光贴图计算完毕后，在“渲染设置”对话框的“公用”选项卡中设置最终渲染图像的输出尺寸，如图10.189所示。

02 在 V-Ray:: Global switches 卷展栏中取消Don't render final image（不渲染最终图像）选项的勾选，如图10.190所示。

图10.189

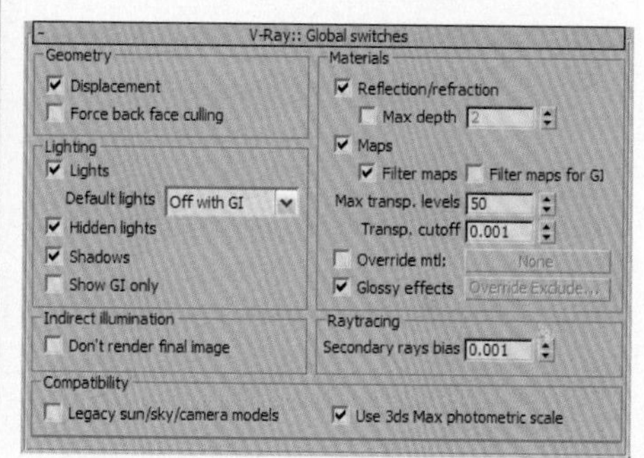

图10.190

03 在 V-Ray:: Image sampler (Antialiasing) 卷展栏中设置抗锯齿和过滤器，如图10.191所示。

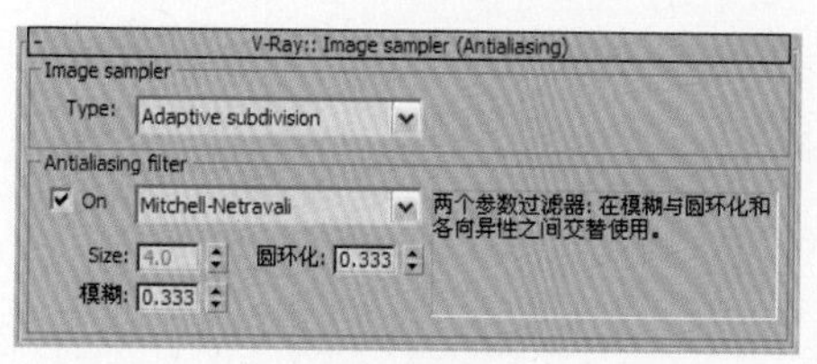

图10.191

04 最终渲染完成的效果如图10.192所示。

图10.192

5. 通道渲染

01 为了后期处理时能够快速方便地分离各个材质部分，接下来需要渲染一张能够区分各个材质的颜色通道图。具体制作方法如下：选择材质编辑器中已经设置好的材质，将其设置为“标准”材质，并为其指定一个高饱和度的颜色，色相尽量和其他材质的颜色区别明显一些，如图10.193所示。

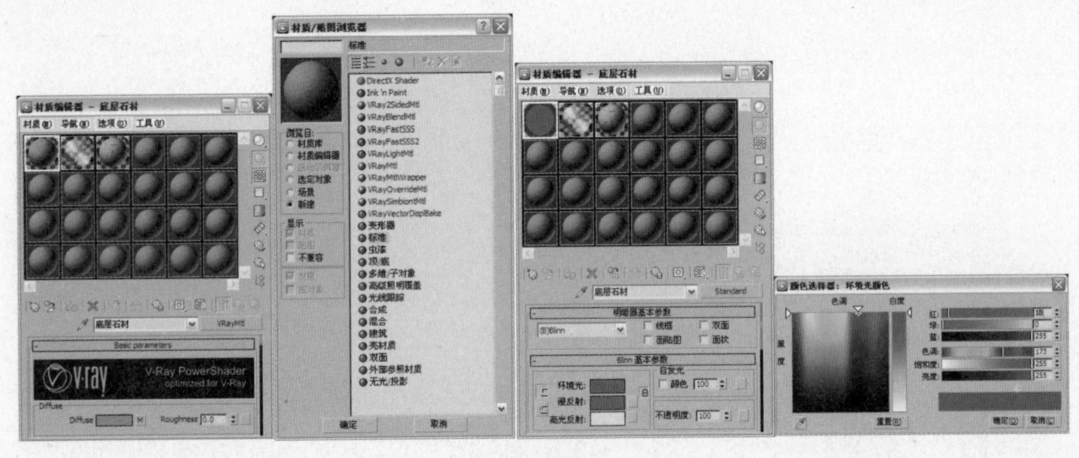

图10.193

Note 提示 10 在此我们用“标准”材质制作通道，通道的颜色尽量使用红色、绿色、蓝色、青色、洋红色、黄色、黑色和白色。目的是在PhotoShop后期调整中能更准确地选择各个要调整部分的选区。

02 将其余材质也设置为“标准”材质，设置不同的颜色即可。设置完成的材质编辑器如图 10.194所示。

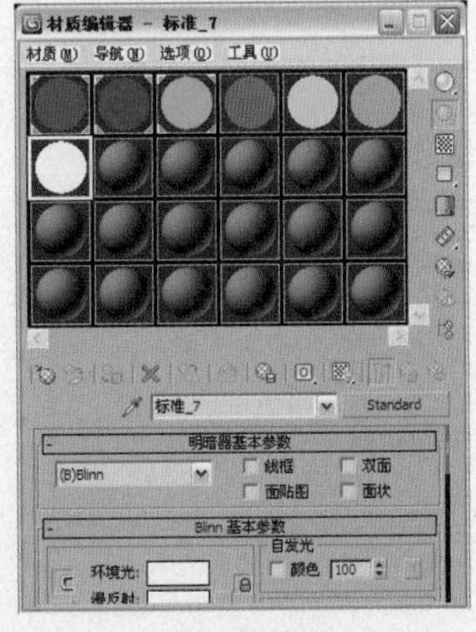

图10.194

Note 提示 10 渲染通道时另存一个文件，将“已赋材质物体”炸开，然后用吸管吸取它们的材质，并将其依次设置为“标准”材质。

03 打开Indirect illumination选项卡，在 V-Ray:: Indirect illumination (GI) 卷展栏中，取消间接照明，即取消On选项的勾选，如图10.195所示。

04 将场景中的灯光关闭，在其他参数不变的情况下对摄像机视图进行渲染，最后的通道效果如图 10.196所示。

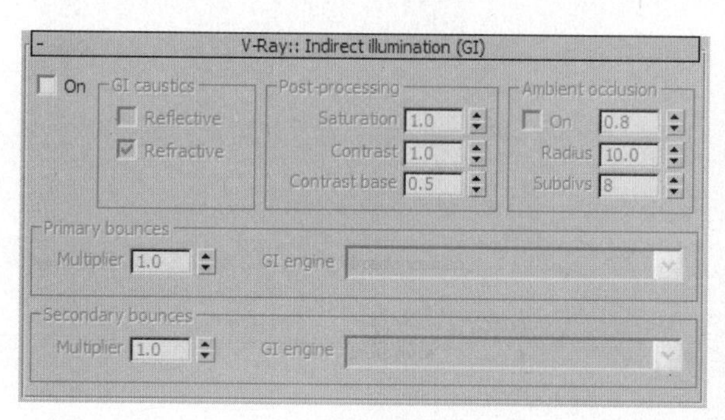

图10.195

图10.196

10.3.4 Photoshop后期处理

1. 初步处理画面

01 在Photoshop CS3软件中打开渲染效果文件以及通道图，如图10.197所示。

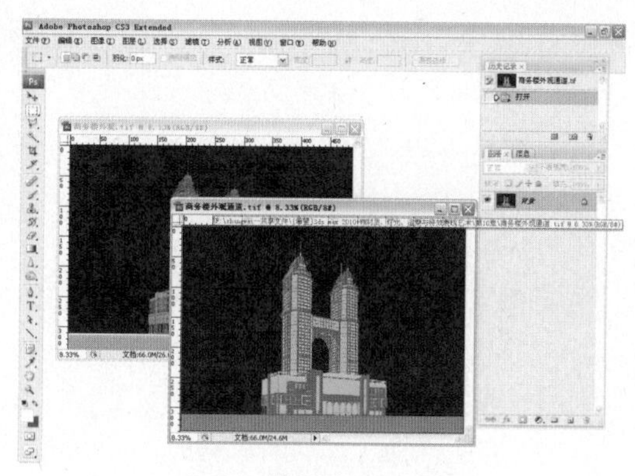

图10.197

02 在工具面板中单击 （移动工具）按钮，将通道文件拖放到渲染效果文件中，拖放时按住Shift键可以使图像自动对齐，将层命名为“通道”，如图10.198所示。

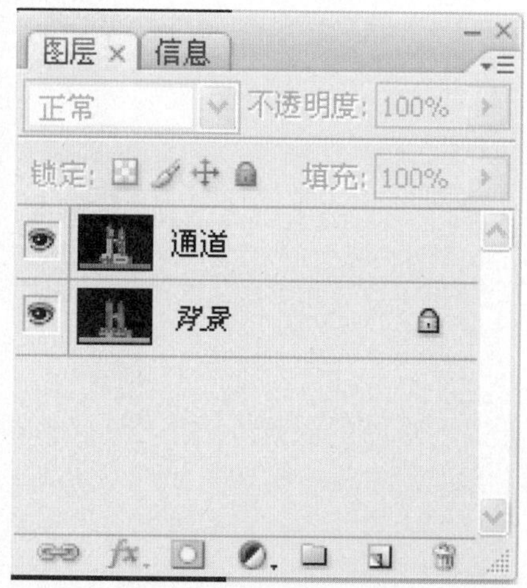

图10.198

03 在工具面板中单击 （裁切工具）按钮，裁切后的效果如图10.199所示。

图10.199

Note 提示 10

接下来的操作都会在渲染效果文件中进行，通道文件在执行完上述操作后就可以关闭了。

04 下面将建筑与背景分离。选择"通道"，在工具面板中选择魔棒工具，在灰色区域单击，按Ctrl+Shift+I组合键执行"反向"操作，选择"背景"图层，按Ctrl+J组合键（通过复制的图层）将选区内容复制到一个新层中，将层命名为"建筑"，隐藏"通道"后的效果如图10.200所示。

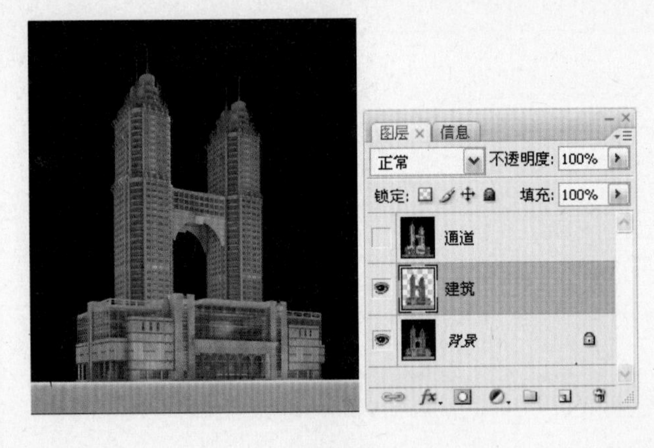

图10.200

05 下面调整建筑的对比度。选择"图层"→"新建调整图层"→"亮度/对比度"命令，设置接下来弹出的对话框，如图10.201所示，单击"确定"按钮退出该对话框。得到如图10.202所示的效果。如图10.203所示为应用"亮度/对比度"命令前后的对比效果。

图10.201　图10.202　图10.203

06 接下来为图像整体确定一个大的基调。首先为图像添加背景天空。选择"背景"图层，打开配套光盘中的"第10章\商务楼夜景\PSD素材\天空.psd"文件，按Shift键，使用移动工具将其拖至刚制作的文件中，得到图层"天空"，如图10.204 所示。

07 下面调整天空的色彩。打开“天空2.psd”，按Shift键，使用移动工具将其拖至刚制作的文件中，得到图层“天空2”，并设置此图层的混合模式为柔光，如图10.205所示。

图10.204

图10.205

08 下面制作路面1图像。接下来为图像添加路面。选择“天空2”图层，打开配套光盘中的“第10章\商务楼夜景\PSD素材\路面1.psd”文件，按Shift键，使用移动工具将其拖至刚制作的文件中，得到图层“路面1”，如图10.206所示。

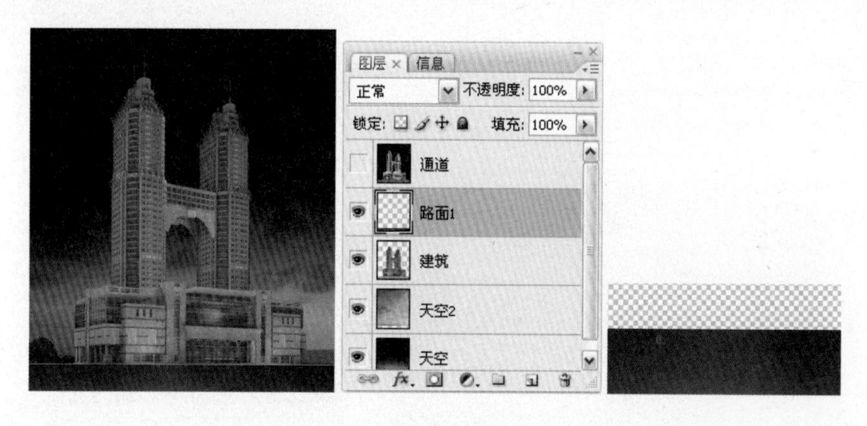

图10.206

2. 调整楼体

01 选择并显示“通道”，在工具面板上选择魔棒工具，并调整适当的容差，在玻璃处单击，隐藏“通道”，选择“建筑”图层，按Ctrl+J组合键（通过复制的图层）将选区内容复制到一个新层中，将层命名为“楼体玻璃”，并将此图层拖至“建筑”图层上方，如图10.207所示。

图10.207

02 下面调整玻璃的对比度。选择“图像”→“调整”→“亮度/对比度”命令，打开“亮度/对比度”对话框，参数设置如图10.208所示，单击“确定”按钮退出该对话框。

图10.208

03 下面调整下部楼体的亮度。选择并显示“通道”，在工具面板中选择魔棒工具，并调整适当的容差，在左侧楼的窗体处单击，隐藏“通道”，选择“建筑”图层，按Ctrl+J组合键（通过复制的图层）将选区内容复制到一个新层中，将层命名为“下部楼体”，并将此图层拖至“楼梯玻璃”图层上方，如图10.209所示。

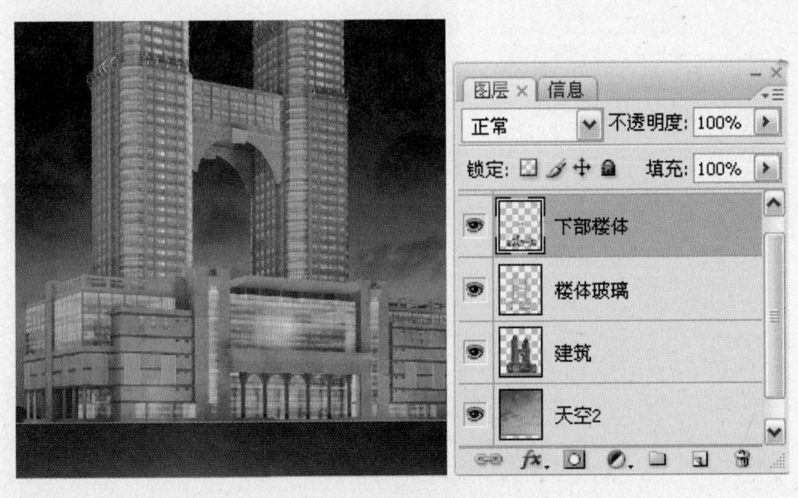

图10.209

04 下面调整下部楼体的对比度。选择“图像”→“调整”→“色阶”命令，打开“色阶”对话框，参数设置如图10.210所示，单击“确定”按钮退出该对话框。

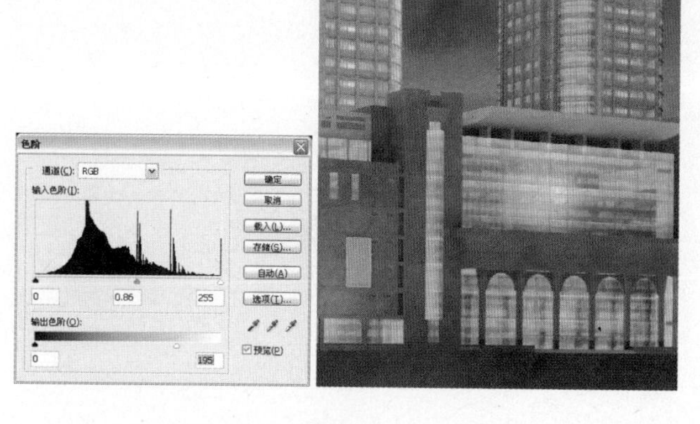

图10.210

05 下面调整楼体。选择并显示“通道”，在工具面板中选择魔棒工具，并调整适当的容差，在右侧楼的窗体处单击，隐藏“通道”，选择“建筑”图层，按Ctrl+J组合键（通过复制的图层）将选区内容复制到一个新层中，将层命名为“楼体”，并将此图层拖至“下部楼体”图层上方，如图10.211所示。

图10.211

06 选择“楼体”图层，将“楼体”图层拖动到下面的复制按钮上，得到“楼体 副本”图层，如图10.212所示。

07 将“楼体 副本”图层的混合模式设置为“柔光”，并把透明度设置为40%，参数设置如图10.213所示。

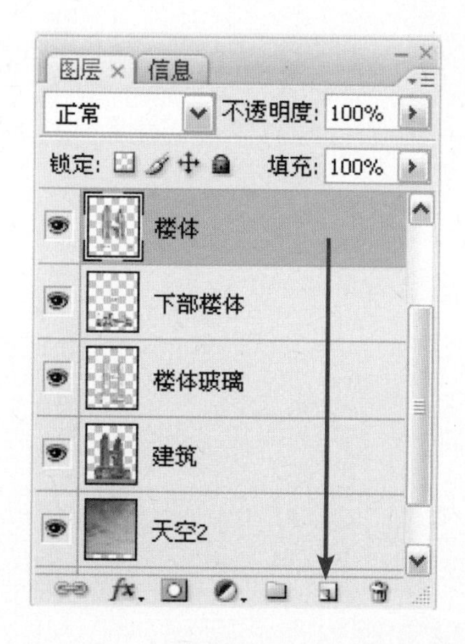

图10.212

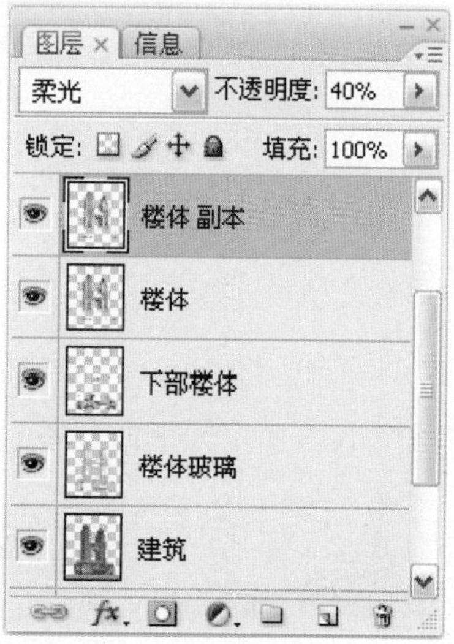

图10.213

08 按Ctrl+E组合键（合并图层），然后选择“图像”→“调整”→“色阶”命令，打开“色阶”对话框，参数设置如图10.214所示，单击“确定”按钮退出该对话框。效果如图10.215所示。

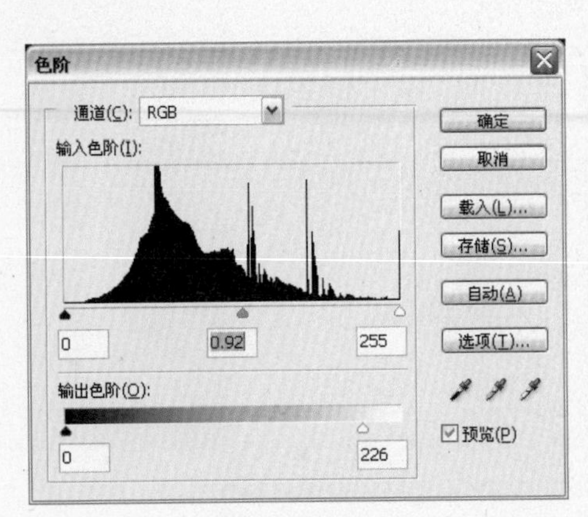

图10.214　　图10.215

09 下面调整护栏的对比度。选择并显示“通道”，在工具面板中选择魔棒工具，并调整适当的容差，在右侧楼的窗体处单击，隐藏“通道”，选择“建筑”图层，按Ctrl+J组合键（通过复制的图层）将选区内容复制到一个新层中，将层命名为“护栏”，并将此图层拖至“建筑”图层上方，如图10.216所示。

图10.216

10 下面调整护栏的对比度。选择“图像”→“调整”→“色阶”命令，打开“色阶”对话框，参数设置如图所示，单击“确定”按钮退出该对话框。效果如图10.217所示。

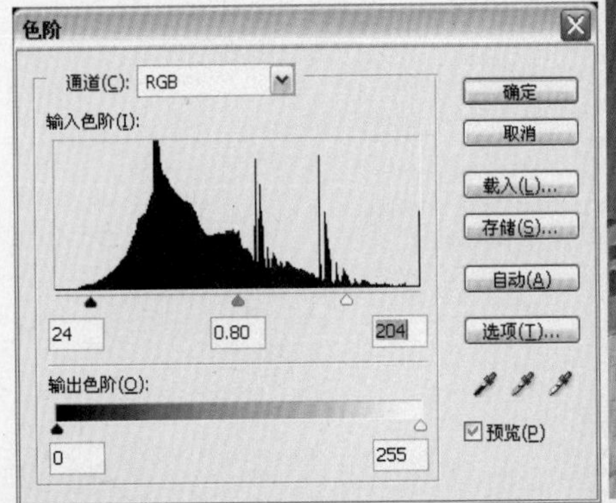

图10.217

3. 添加配景及整体调整

01 选择图层“路面1”，打开“配景树1.psd”，按Shift键，使用移动工具将其拖至刚制作的文件中，得到图层“配景树1”。得到的效果如图10.218所示。

图10.218

02 打开“配景树2.psd”，按Shift键，使用移动工具将其拖至刚制作的文件中，得到的效果如图10.219所示，同时得到图层“配景树2”。

图10.219

03 打开“路灯.psd”，按Shift键，使用移动工具将其拖至刚制作的文件中，得到的效果如图10.220所示，同时得到图层“路灯”。

图10.220

04 打开“店铺.psd”，按Shift键，使用移动工具将其拖至刚制作的文件中，得到的效果如图10.221所示，同时得到组“店铺”。

图10.221

05 打开“人.psd”，按Shift键，使用移动工具将其拖至刚制作的文件中，得到的效果如图10.222所示，同时得到组“人”。

图10.222

06 打开“路面2.psd”，按Shift键，使用移动工具将其拖至刚制作的文件中，得到的效果如图10.223所示，同时得到图层“路面2”。

图10.223

07 打开“配景建筑.psd”，按Shift键，使用移动工具将其拖至刚制作的文件中，得到的效果如图10.224所示，同时得到图层“配景建筑”。

图10.224

08 打开“路面3.psd”，按Shift键，使用移动工具将其拖至刚制作的文件中，得到的效果如图10.225所示，同时得到图层“路面3”。

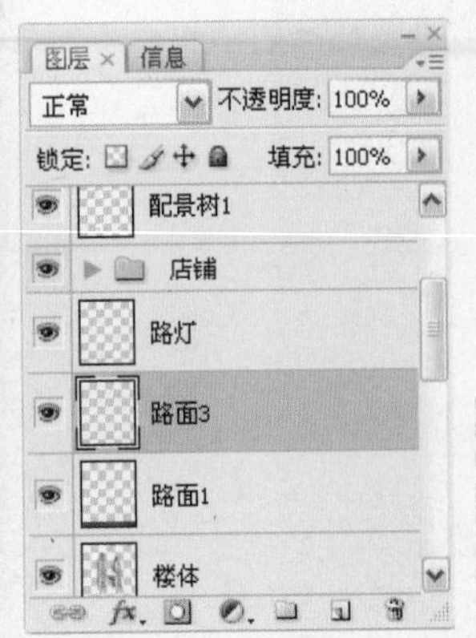

图10.225

09 下面制作广告牌。显示“通道”图层，利用魔棒工具选择“广告牌”通道后，选择“建筑”图层，按Ctrl+J组合键（通过复制的图层）将选区内容复制到一个新层中，将层命名为“广告牌”。隐藏“通道”后的效果如图10.226所示。

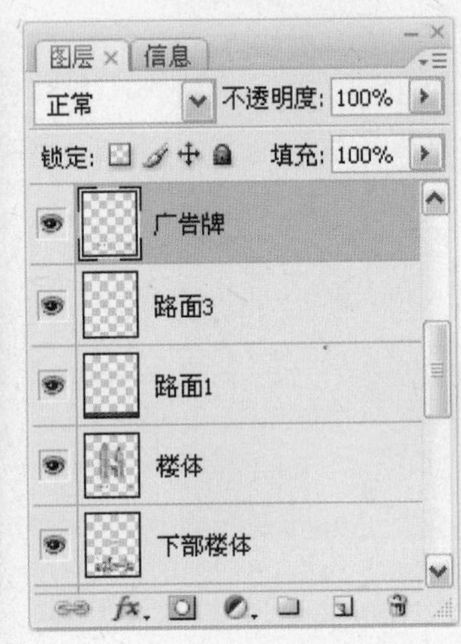

图10.226

10 打开“广告牌1.psd”，按Shift键，使用移动工具将其拖至刚制作的文件中，调整位置，按Ctrl键的同时用鼠标左键单击“广告牌”图层，然后按Ctrl+Shift+I（反选）组合键，最后按下Delete键将多余部分删除。得到的效果如图10.227所示，同时得到图层“广告牌1”。

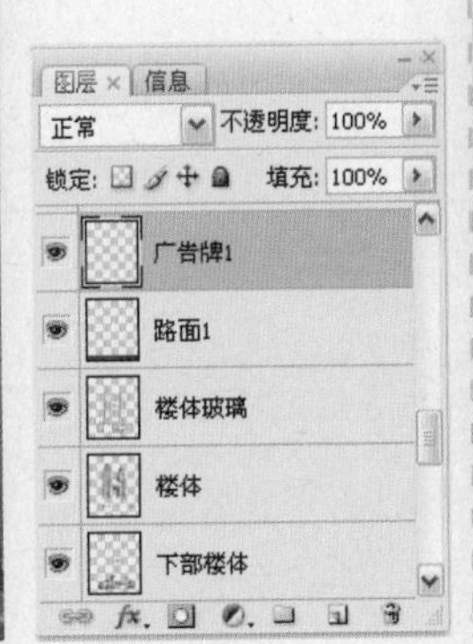

图10.227

11 利用上述同样的方法制作出广告牌2、广告牌3、广告牌4、广告牌5、广告牌6和广告牌7，得到的效果如图10.228所示。

图10.228

12 下面制作光晕效果。新建一个图层，将该图层命名为“光晕效果1”。利用画笔工具在窗玻璃处涂抹，并且将画笔不透明度设置为26%，效果如图10.229所示。

图10.229

13 将“光晕效果1”图层的混合模式设置为“线性减淡”，不透明度设置为34%，效果如图10.230所示。

14 利用上述同样的方法，制作出光晕效果2，效果如图10.231所示。

图10.230

图10.231

15 打开“光晕效果3.psd”，按Shift键，使用移动工具将其拖至刚制作的文件中，得到的效果如图10.232所示，同时得到图层“光晕效果3”。

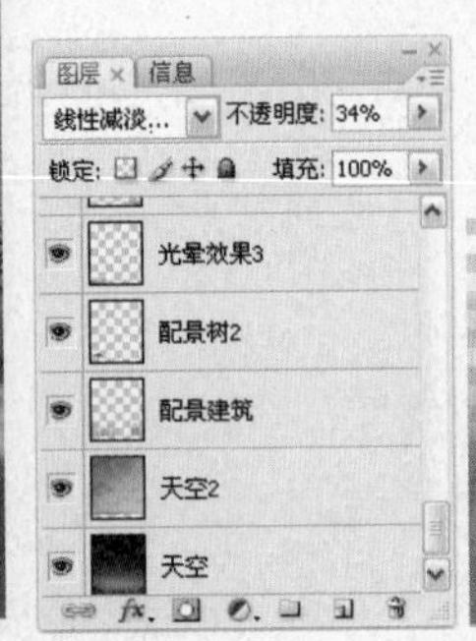

图10.232

16 打开“光晕效果3.psd”，按Shift键，使用移动工具将其拖至刚制作的文件中，得到的效果如图10.233所示，同时得到图层“光晕效果4”。

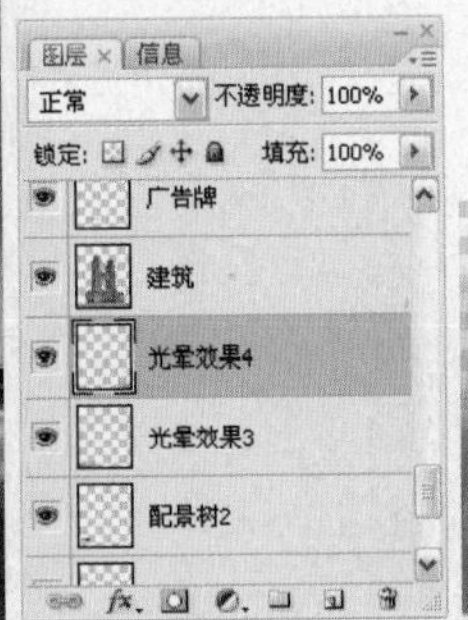

图10.233

17 按Ctrl+Alt+Shift+E组合键执行“盖印”操作，从而将当前所有可见的图像合并至一个新图层中，得到“盖印图层”。选择“滤镜”→“模糊”→“高斯模糊”命令，在弹出的对话框中设置“半径”数值为8.9，得到如图10.234所示的效果。

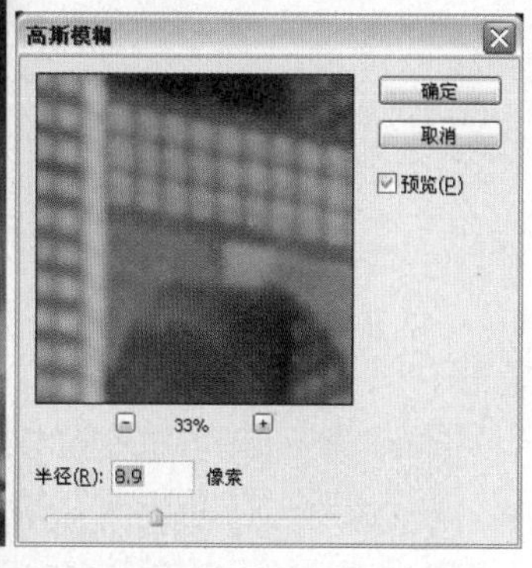

图10.234

18 设置“盖印图层”的混合模式为“柔光”，不透明度为40%，以融合图像，得到的效果如图10.235所示。

19 按Ctrl+Alt+Shift+E组合键执行“盖印”操作，从而将当前所有可见的图像合并至一个新图层中，得到“最终图”。选择“滤镜”→“锐化”→“USM锐化”命令，在弹出的对话框中进行参数设置后，得到如图10.236所示的效果。图10.237为应用“USM锐化”前后的对比效果。

图10.235

图10.236

图10.237

20 最终经过Photoshop处理后的图像效果如图10.238所示。

图10.238

《3ds Max 2010+VRay材质、灯光、渲染与特效表现艺术》读者交流区

尊敬的读者：

感谢您选择我们出版的图书，您的支持与信任是我们持续上升的动力。为了使您能通过本书更透彻地了解相关领域，更深入的学习相关技术，我们将特别为您提供一系列后续的服务，包括：

1．提供本书的修订和升级内容、相关配套资料；

2．本书作者的见面会信息或网络视频的沟通活动；

3．相关领域的培训优惠等。

请您抽出宝贵的时间将您的个人信息和需求反馈给我们，以便我们及时与您取得联系。

您可以任意选择以下三种方式之一与我们联系，我们都将记录和保存您的信息，并给您提供不定期的信息反馈。

1．电子邮件

您可以发邮件至 jsj@phei.com.cn 或 editor@broadview.com.cn。

2．信件

您可以写信至如下地址：北京万寿路 173 信箱博文视点，邮编：100036。

3．读者电话

您可以直接拨打我们的读者服务电话：010-88254369。

在您选择的联系方式中，您还可以告诉我们更多有关您个人的情况，及您对本书的意见、评论等，内容可以包括：

（1）您的姓名、职业、您关注的领域、您的电话、E-mail 地址或通信地址；

（2）您了解新书信息的途径、影响您购买图书的因素；

（3）您对本书的意见、您读过的同领域的图书、您还希望增加的图书、您希望参加的培训等。

如果您在后期想退出读者俱乐部，停止接收后续资讯，只需编写邮件“退订＋需退订的邮箱地址”发送至邮箱：market@broadview.com.cn 即可取消该项服务。

同时，我们非常欢迎您为本书撰写书评，将您的切身感受变成文字与广大书友共享。我们将挑选特别优秀的作品转载在我们的网站（www.broadview.com.cn）上，或推荐至 CSDN.NET 等专业网站上发表，被发表的书评的作者将获得价值 50 元的博文视点图书奖励。

我们期待您的消息！

博文视点愿与所有爱书的人一起，共同学习，共同进步！

通信地址：北京万寿路 173 信箱　博文视点（100036）　　电话：010-51260888

E-mail：jsj@phei.com.cn，editor@broadview.com.cn

反侵权盗版声明

举报电话：（010）88254396；（010）88258888
传　　真：（010）88254397
E-mail：　dbqq@phei.com.cn
通信地址：北京市万寿路173信箱
　　　　　电子工业出版社总编办公室
邮　　编：100036